全国高等农林院校“十三五”规划教材

计算机应用基础实验指导

Computer

扈　华　卢思安　主编

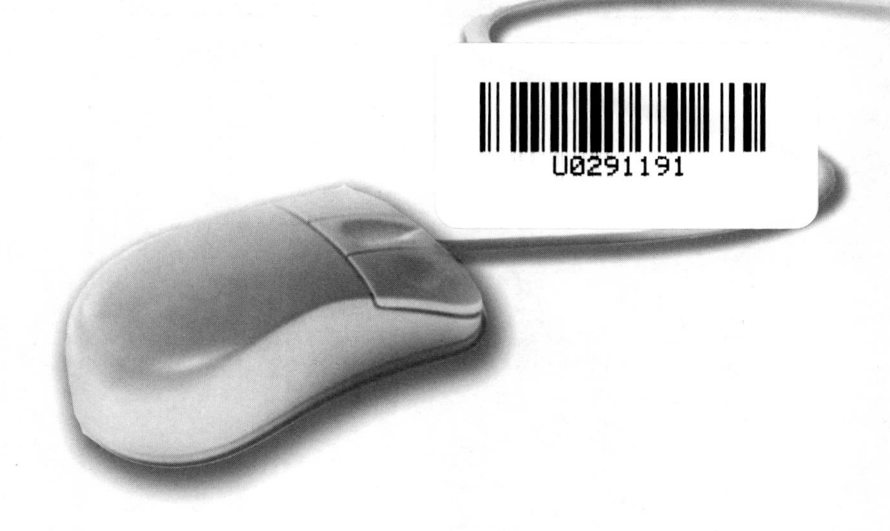

中国农业出版社
北　京

内容提要

本教材根据教育部《高等学校计算机基础教学发展战略研究报告暨计算机基础课程教学基本要求》，结合计算机技术及其应用不断发展的现状，以及社会发展对农林类专业计算机教学的实际需要而编写。

全书共5章36个实验，其中有专题型实验21个，综合型实验9个，案例型实验6个，内容包括Windows 10操作系统、Word 2016文字处理、Excel 2016电子表格、PowerPoint 2016演示文稿、计算机网络基础及应用。不仅详实介绍了文字处理、电子表格、演示文稿等常用办公及数据处理软件的使用方法，还从实用性的角度介绍了Windows 10操作系统以及计算机网络的基本配置和应用实例。

本教材可作为高等学校非计算机专业的大学计算机基础课程的实验教材及实践教学参考书，也可作为参加各类计算机考试的参考书，同时也可供广大计算机爱好者自学使用。

编写人员名单

主　编　扈　华　卢思安

参　编　闫　涛　张文婧　李慧旻　阿斯雅

前　言

随着大数据技术和人工智能学科的飞速发展，现代信息技术深刻改变着人类的生产、生活、学习及思维方式。尤其是其中的计算机技术，应用越来越普遍，已经成为人们日常生活、学习及工作过程中不可或缺的工具和手段。

按照教育部高等学校计算机基础课程教学指导委员会发布的《高等学校计算机基础教学发展战略研究报告暨计算机基础课程教学基本要求》以及计算机基础课程教学指导委员会农林类分指导委员会发布的《农林类计算机基础课程教学基本要求》的指示精神，本教材的每个实验都是以具体的问题和任务为出发点，详细介绍了解决问题的思路及具体操作步骤，目的是使读者不仅能够深刻理解与掌握计算机基础的理论知识，还能够从实践的角度进一步提高计算机的操作技能和解决实际问题的能力。希望此教材能激发学生对计算机理论知识和应用技术的学习热情，切实提高学生获取、分析和处理信息的能力，同时希望学生通过计算机基础的实验过程进一步巩固信息化的思维方式，为后续专业学习奠定坚实的计算机基础。

根据实验目的不同，本教材中的实验分为专题型实验、综合型实验、案例型实验。专题型实验主要是针对某类特定操作设计的实验；综合型实验是将专题型实验中的基本操作抽取出来，组成解决综合问题的实验；案例型实验是以实际应用场景为驱动、以拓展操作技能为目标的提高型综合实验。

本教材由多年从事计算机基础课程教学及实践教学的一线教师集体编写完成，编写大纲与内容经过多次集体研讨与审定，并广泛征求了不同层面专家、学者的建议和意见。根据编委会的安排，分工如下：第1章由闫涛编写；第2章由张文婧、阿斯雅编写；第3章由扈华、李慧旻编写；第4章由卢思安编写；第5章由李慧旻、扈华编写。全书由扈华、卢思安担任主编并进行统稿、定稿。

在本教材的编写过程中，编者们查阅资料、构思提纲、相互帮助与支持。特别是在校稿的过程中，编者们始终秉持着严谨的态度展开了一系列激烈的讨论，力求精益求精，充分体现了编者们在学术上求真务实的作风，在此谨向他们表示敬意与衷心的感谢！

由于信息技术发展较快，同时教材建设是一项长期的系统工程，需要在实践中不断进行完善和改进，加之编者水平有限，教材中难免存在疏漏和不足之处，敬请同行专家和广大读者予以批评、指正。

编　者

2021年5月于呼和浩特

目录

第1章　Windows 10 操作系统

● 本章实验内容

Windows 10 基本操作，Windows 10 文件管理，Windows 10 系统管理。

● 本章实验目标

1. 熟悉 Windows 10 操作系统。
2. 熟练掌握 Windows 10 桌面、任务栏、开始菜单等基本操作。
3. 熟练掌握 Windows 10 文件及文件夹操作。
4. 掌握 Windows 10 操作系统下硬件与软件管理。

● 本章重点与难点

1. 重点：Windows 10 基本操作，Windows 10 文件及文件夹操作。
2. 难点：快捷键的使用，扩展名的理解。

实验一　Windows 10 基本操作（一）

实验目的

1. 熟悉 Windows 10 操作系统桌面。
2. 熟练掌握 Windows 10 桌面图标、桌面背景、锁屏界面及屏幕分辨率的设置。

实验内容

1. 打开计算机，熟悉 Windows 10 操作系统的桌面环境。

2. 练习鼠标的基本操作：移动鼠标，选择文件或文件夹，打开文件或文件夹、快捷菜单命令。

3. 删除“网络”桌面图标，在桌面上添加“控制面板”图标，修改“此电脑”桌面图标为■，并允许主题修改图标。

4. 在桌面上新建一个“默认名称”的文本文档。将“此电脑”重命名为“我的电脑”。查看当前操作系统版本、内存大小、系统类型及计算机名称，并更改计算机名为 My-Computer。

5. 设置桌面图标为“小图标”，并按“项目类型”重新排列。

6. 将图片“星空.jpg”设置为桌面背景图案，选择“契合度”为“拉伸”；设置“主题色”为“从我的背景自动选取一种主题色”，并在开始菜单、任务栏和操作中心及标题栏显示该主题色。

7. 选择任意一幅图片作为锁屏界面，要求在登录屏幕上显示锁屏界面背景图片。设置在接通电源的情况下，经过 10 分钟后关闭屏幕。

8. 设置屏幕保护程序为“变换线”，等待 1 分钟，并且在恢复时显示登录屏幕。

9. 设置屏幕分辨率为“1440×900”，方向为“横向”，同时文本及应用等项目大小为 125%。

10. 设置屏幕的刷新频率为“75 赫兹”。

实验步骤

1. 启动计算机，进入 Windows 10 操作系统，如图 1-1 所示。

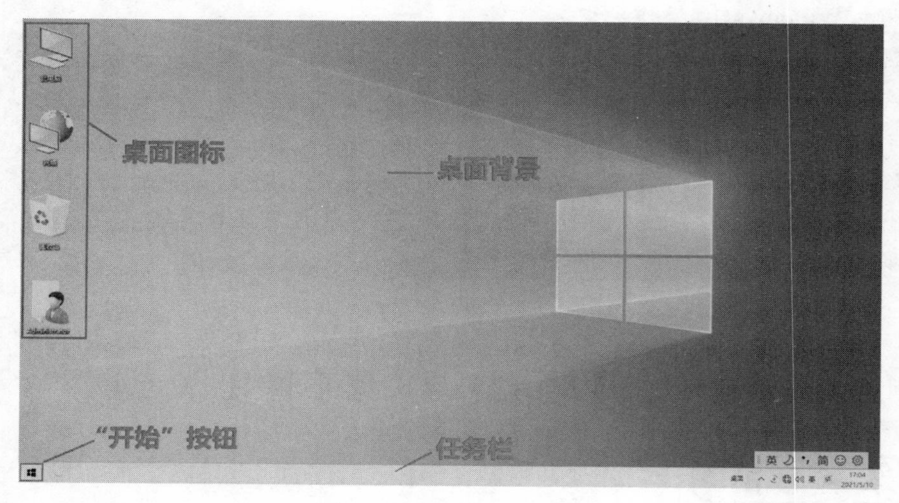

图 1-1　Windows 10 桌面

2. 鼠标的基本操作。

(1) 移动鼠标：移动鼠标指向某一桌面图标，此图标四周出现蓝色方框。

(2) 通过鼠标左键单击选中图标：移动鼠标至“此电脑”图标位置，鼠标左键单击“此电脑”图标，此时该图标被选中。单击图标、文件、文件夹，可以完成选中操作；单击菜单项、按钮可以完成打开和执行操作。

(3) 通过鼠标拖动改变图标位置：鼠标指向“此电脑”图标，按下鼠标左键并保持，移动鼠标，将“此电脑”图标拖动到桌面的其他位置，再松开鼠标左键。

(4) 通过鼠标拖动选中多个图标：在桌面空白区按下鼠标左键并保持，拖动鼠标，画出一个矩形，被矩形覆盖的图标均被选中。

(5) 通过单击鼠标右键打开快捷菜单：鼠标指向“此电脑”图标，按下鼠标右键，此时弹出该图标相关的快捷菜单，可以选择快捷菜单中的选项完成相应的操作。

视频 1-1
桌面显示设置

(6) 通过鼠标双击打开应用程序窗口：鼠标左键双击“此电脑”图标，打开“此电脑”窗口。

3. 在桌面上找到“网络”图标，在图标上单击鼠标右键，在快捷菜单中选择【删除】命令；还可以使用鼠标将其直接拖拽至回收站的方式完成删除操作。在桌面空白处右击鼠标，选择【个性化】。在打开的“设置”窗口中的“个性化”界面中，点击左侧窗格“主题”选项，在右侧界面点击“相关的设置”区域中的【桌面图标设置】，如图 1-2 所示。此时，弹出“桌面图标设置”对话框，在此对话框中勾选“桌面图标”区域中“控制面板”前的复选框，单击【确定】按钮，完成在桌面添加“控制面板”图标操作。同样的方式再次打开“桌面图标设置”对话框，在对话框中间区域单击“此电脑”图标，然后点击【更改图标】按钮，打开“更改图标”对话框，从列表中找到■图标，单击【确定】按钮，如图 1-3 所示。在“桌面图标设置”对话框中勾选“允许主题更改桌面图标”，单击【确定】按钮。

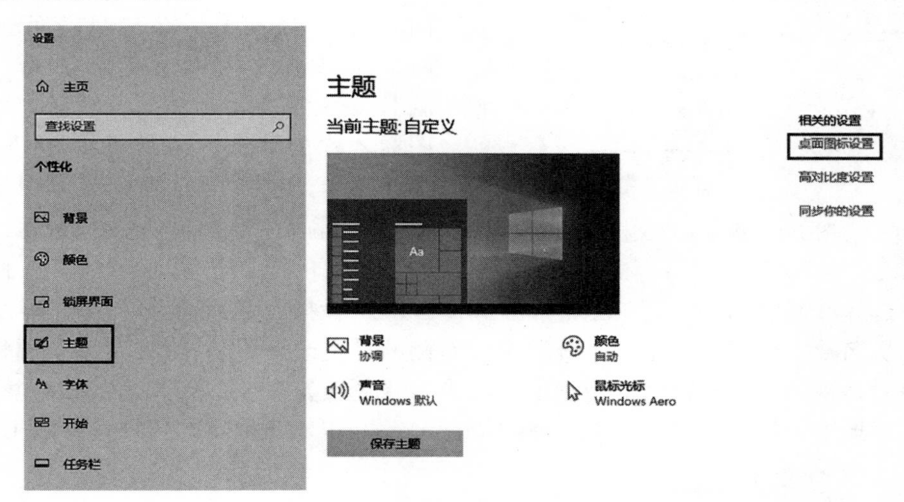

图 1-2　个性化界面的主题选项

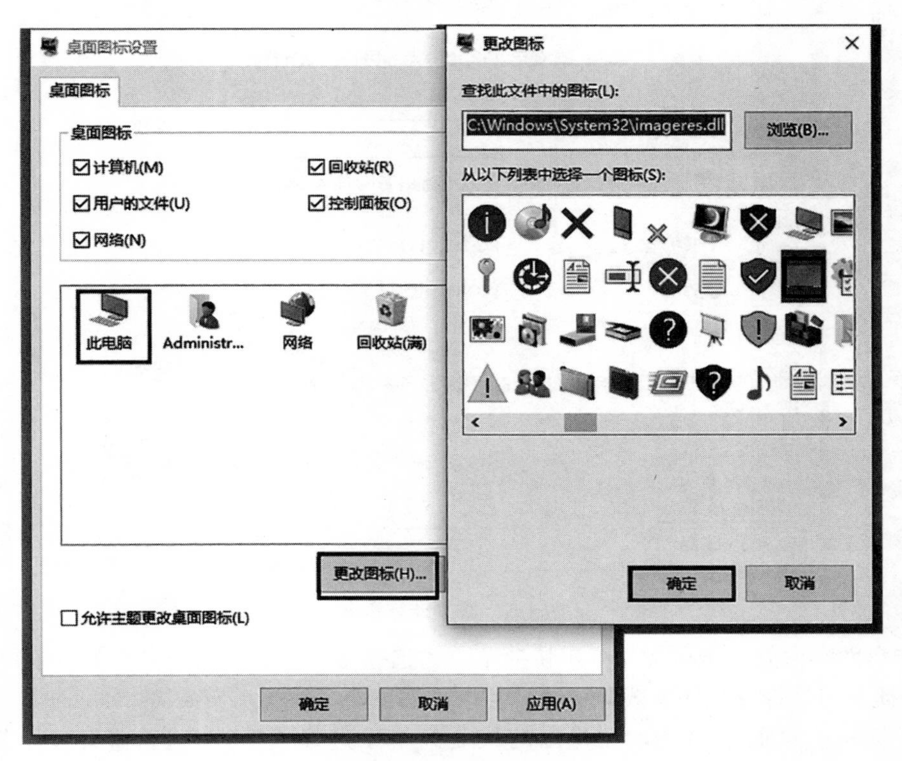

图 1-3　“桌面图标设置”对话框及“更改图标”对话框

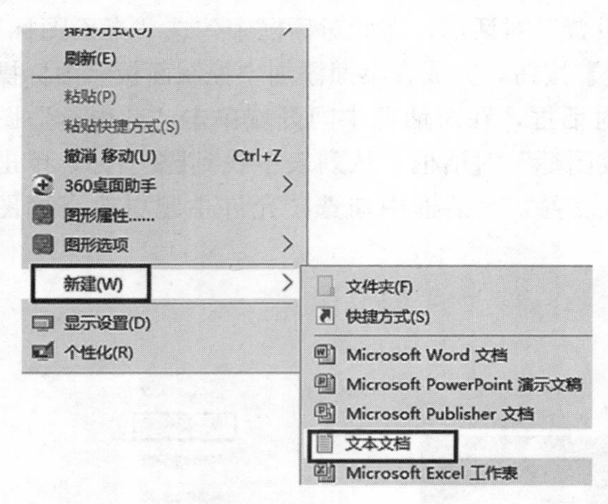

图 1-4　新建文本文档

4. 在桌面空白处右击鼠标，弹出快捷菜单，选择【新建】|【文本文档】，如图 1-4 所示，此时在桌面创建了一个默认名为“新建文本文档”的文本文件。在桌面上找到“此电脑”图标，鼠标左键两次单击该图标名称（注意：两次单击之间有一定时间间隔），当该图标名称呈蓝色选中状态时，即可修改图标名称，输入“我的电脑”，然后鼠标单击桌面任意区域即可完成图标名称的修改；或鼠标右击“此电脑”桌面图标，在弹出的快捷菜单中选择【重命名】，输入“我的电脑”完成修改。鼠标右击“我的电脑”桌面图标，在弹出的快捷菜单中选择【属性】，打开“系统”窗口，可以查看操作系统版本、处理器及内存大小、计算机名及工作组。点击“系统”窗口右侧的【更改设置】，弹出“系统属性”对话框。在该对话框的“计算机名”选项卡下，点击【更改】按钮，在弹出的“计算机名/域更改”对话框中，修改计算机名为“My-Computer”，单击【确定】按钮，如图 1-5 所示。

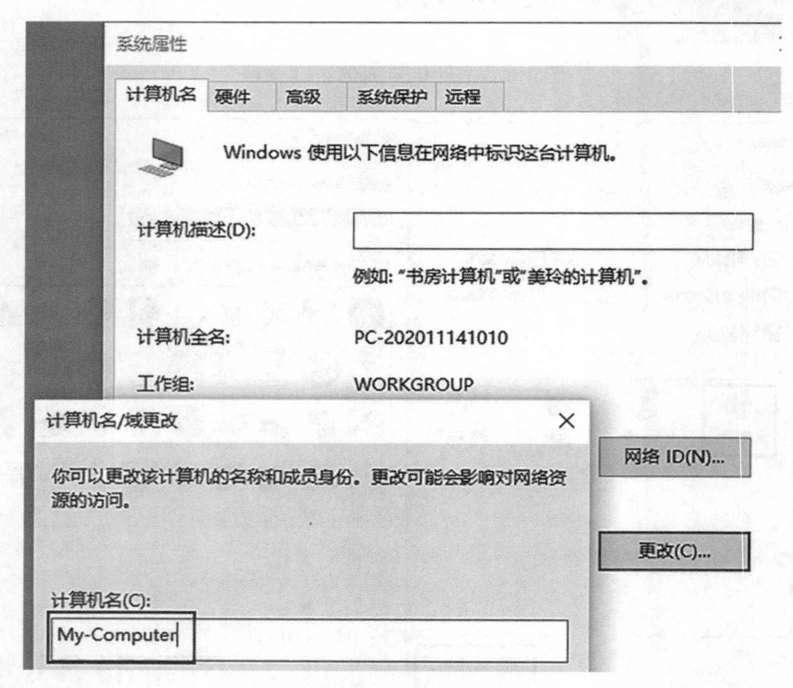

图 1-5　修改计算机名

5. 在桌面空白处右击鼠标，弹出快捷菜单，选择【查看】|【小图标】，同样的操作打开桌面快捷菜单选择【排序方式】|【项目类型】。

6. 鼠标右击桌面空白处，在弹出的快捷菜单中选择【个性化】，打开“个性化”窗口。默认显示“背景”界面，在“背景”界面的中间区域，点击【浏览】按钮，弹出

“打开”窗口，找到“星空 .jpg”存放位置并选择图片，再点击【选择图片】按钮，完成桌面背景图片设置。在“背景”界面的“选择契合度”下拉列表中选择【拉伸】，如图 1-6 所示，完成桌面背景图案的填充方式设置。在“个性化”窗口中，点击左侧窗格【颜色】选项。在右侧“颜色”界面中，勾选“从我的背景自动选取一种主题色”、“开始菜单、任务栏和操作中心”及“标题栏”的复选框。关闭“个性化”窗口。

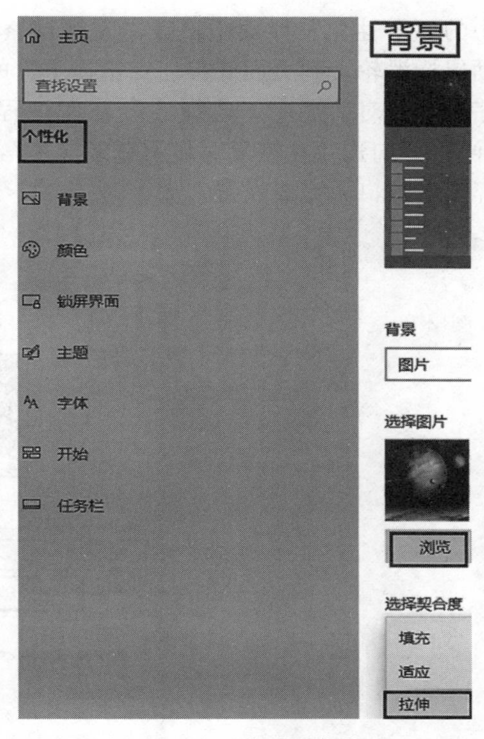

图 1-6　桌面背景图案设置

7. 在桌面空白处右击鼠标，弹出快捷菜单，选择【个性化】。在打开的“设置”窗口中的“个性化”界面中，点击左侧窗格【锁屏界面】选项。在右侧“锁屏界面”中，点击【浏览】按钮，弹出“打开”窗口，选择任意一幅图片作为锁屏图片，点击【选择图片】按钮。在“锁屏界面”窗口的底部，点击“在登录屏幕上显示锁屏界面背景图片”为【开】。点击界面下方的【屏幕超时设置】，如图 1-7 所示。在打开的“电源和睡眠”窗口中，设置“屏幕”栏中“在接通电源的情况下，经过以下时间后关闭”的下拉列表内容为【10 分钟】。然后关闭窗口，完成设置。

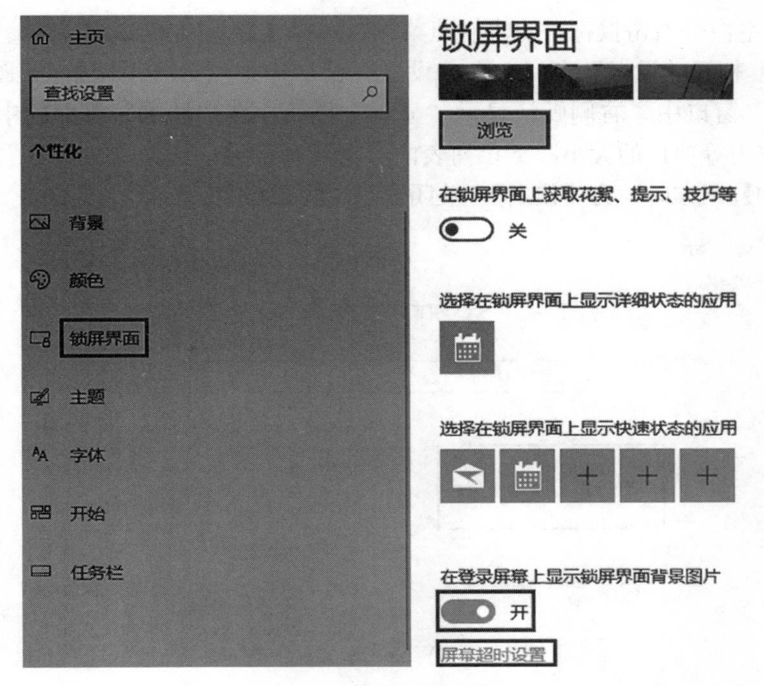

图 1-7　“锁屏界面”窗口

8. 在桌面空白处右击鼠标，弹出快捷菜单，选择【个性化】。在打开的“设置”窗口中的“个性化”界面中，点击左侧窗格【锁屏界面】选项。在右侧“锁屏界面”中，滚动鼠标滑轮，到页面底部。点击最下方的【屏幕保护程序设置】，在打开的“屏幕保护程序设置”对话框中，选择“屏幕保护程序”为【变幻线】，设置“等待”时间为【1分钟】；并勾选“在恢复时显示登录屏幕”，点击【确定】按钮，如图1-8所示，关闭“锁屏界面”窗口，完成设置。

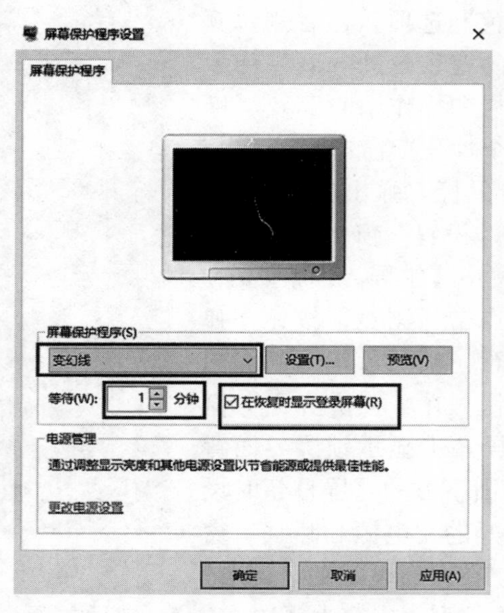

图1-8　“屏幕保护程序设置”对话框

9. 在桌面空白处右击鼠标，弹出快捷菜单，选择【显示设置】；或点击“开始”菜单中的【设置】⚙，打开“设置”窗口。在“设置”窗口中，点击【系统】，如图1-9所示。在打开的“系统”窗口中，右侧默认显示“显示”界面，在“显示”界面的中间区域，设置“更改文本、应用等项目的大小”下拉列表内容为【125%】；选择“分辨率”下拉列表内容为【1440×900】；“方向”为【横向】，关闭窗口，完成设置。

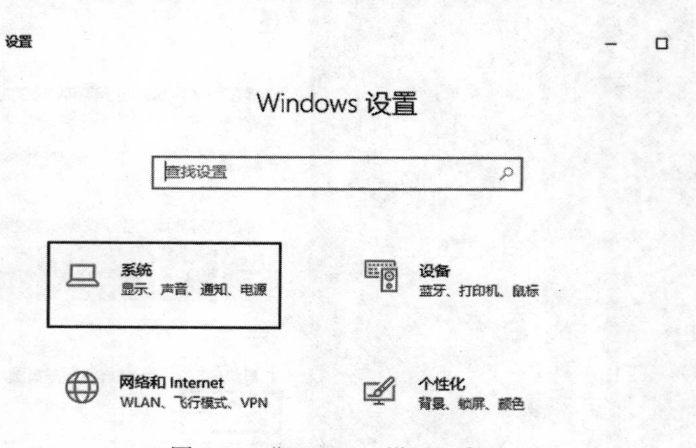

图1-9　“Windows 设置”窗口

10. 在桌面空白处右击鼠标，弹出快捷菜单，选择【显示设置】。在“显示”界面的下方，点击【高级显示设置】，打开“高级显示设置”窗口。在该窗口中点击【显示器1的显示适配器属性】，弹出适配器“属性”对话框，在“监视器”选项卡中，设置“屏幕刷新频率”为“75 赫兹”，点击【确定】按钮，如图 1-10 所示。

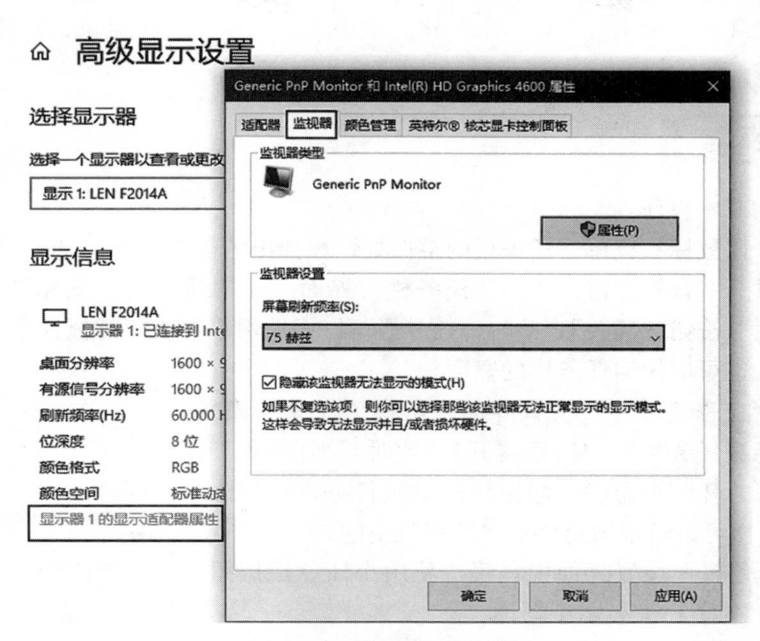

图 1-10　屏幕刷新频率设置

实验二　Windows 10 基本操作（二）

实验目的

1. 熟悉任务栏及“开始”菜单。
2. 掌握 Windows 10 任务栏设置、菜单、窗口，以及对话框的基本操作。
3. 熟练掌握快捷方式的创建。

实验内容

1. 任务栏的基本操作：设置任务栏为非锁定状态，查看效果；设置任务栏在桌面模式下可以自动隐藏，查看效果；设置任务栏为小任务栏按钮，查看效果；设置将鼠标移动到任务栏末端的“显示桌面”按钮时，使用“速览”预览桌面，查看效果；设置“从不合并”任务栏按钮，查看效果。

2. 设置通知区域关闭“时钟”、“音量”图标；同时关闭通知区域某应用程序图标，查看效果。

3. 将“桌面”设置在“任务栏”的“工具栏”中，在任务栏显示“搜索框”。

4. “开始”菜单操作：自定义“开始”菜单大小、磁贴设置、颜色及显示应用、文件夹设置。

5. 将 Windows 10 “开始”菜单变回 Windows 7 风格。

6. 打开一个文件夹或文件，进行最大化、最小化、还原、关闭窗口、移动窗口的操作，并查看效果。

1. 任务栏的基本操作：

视频 1-2
任务栏
基本操作

(1) 用鼠标右键单击任务栏的空白处，在弹出的快捷菜单中选择【任务栏设置】命令，打开“设置”窗口中的“任务栏”界面。在“任务栏”设置界面中，将“锁定任务栏”按钮选【关】。此时，任务栏可以根据用户习惯随意拖拽至屏幕上方或左右两侧，也可以拉伸任务栏的宽度。

(2) 在“任务栏”设置界面中，将“在桌面模式下自动隐藏任务栏”按钮选【开】。此时，当鼠标离开任务栏时，任务栏隐藏；当鼠标移动至任务栏位置时，任务栏出现。这样可以给桌面提供更多的视觉空间。

(3) 在“任务栏”设置界面中，将“使用小任务栏按钮”选【开】，此时，任务栏上显示小图标。

(4) 在“任务栏”设置界面中，选择“当你将鼠标移动到任务栏末端的‘显示桌面’按钮时，使用‘速览’预览桌面”按钮为【开】，如图 1-11 所示。此时，鼠标移动至任务栏的“显示桌面”处，桌面自动显示为无窗口状态，当鼠标离开“显示桌面”按钮，桌面又恢复原来所有窗口。

图 1-11　设置“任务栏”

(5) 在“任务栏”设置界面中，选择“合并任务栏按钮”下拉列表内容为【从不】，任务栏中应用程序不仅显示图标，同时还显示名称，如图 1-12 所示。

图 1-12　设置“从不合并任务栏按钮”效果

视频 1-3
通知区域
显示设置

2. 在“任务栏”设置界面的通知区域中，点击【打开或关闭系统图标】，在弹出的“打开或关闭系统图标”窗口中，关闭“时钟”和“音量”开关，查看任务栏右侧，时间和音量图标没有显示，如图 1-13 所示。如果想将图标再次显示，可以再次设置“时钟”和“音量”按钮为【开】。返回“任务栏”设置窗口，点击【选择哪些图标显示在任务栏上】，在弹出的“选择哪些图标显示在任务栏上”窗口中，点击“通知区域始终显示所

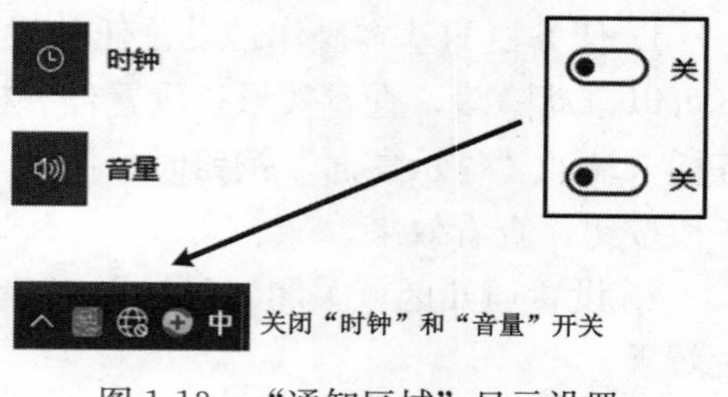

图 1-13　“通知区域”显示设置

有图标”按钮为【关】，同时点击某个应用程序（如“显卡”）按钮为【关】。此时，右侧通知区域不再显示该应用程序的图标。

3. 鼠标右击任务栏，在快捷菜单中选择【工具栏】｜【桌面】，此时，在工具栏中显示“桌面”，当鼠标点击工具栏中“桌面”右侧的»图标时，显示桌面列表，可以选择桌面文件快速打开，为办公带来便捷，如图 1-14 所示。

Window 10 操作系统根据版本的不同，搜索框的位置也有一些不同，有些在“开始”菜单中，而有些在任务栏左侧位置。鼠标右击任务栏空白区域，在快捷菜单中选择【搜索】｜【显示搜索框】，如图 1-15 所示。此时，搜索框显示在任务栏左侧。

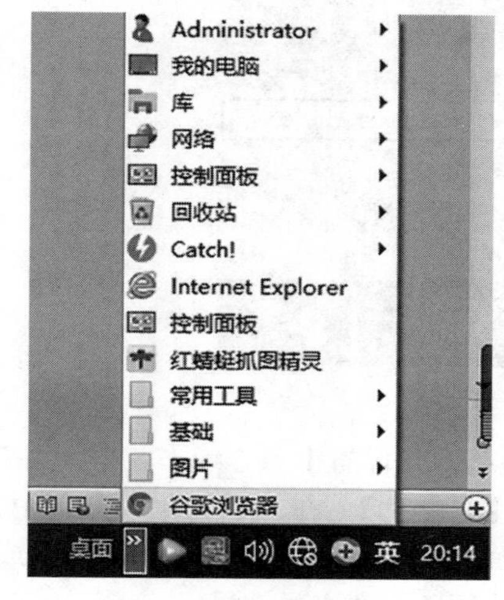

图 1-14　“任务栏”中桌面工具栏

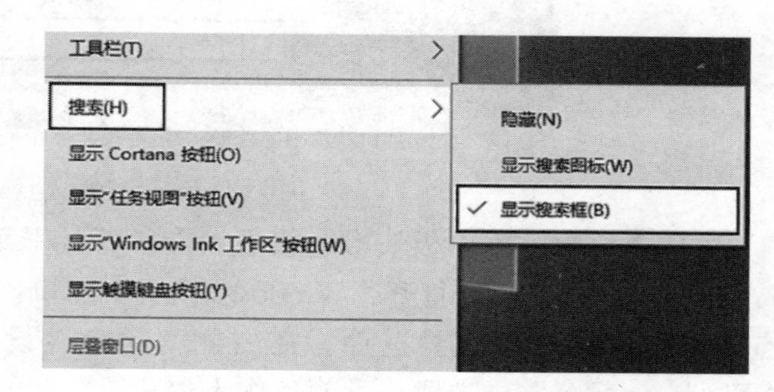

图 1-15　任务栏中“显示搜索框”设置

4. “开始”菜单设置。Windows 10“开始”菜单如图 1-16 所示。

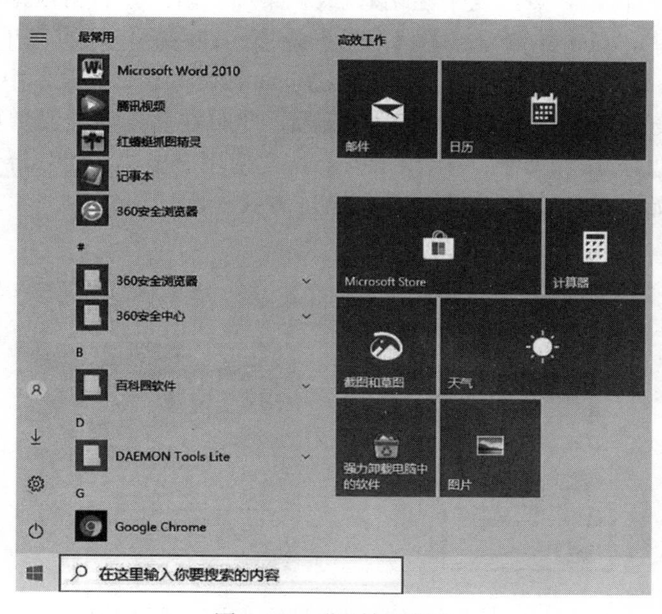

图 1-16　“开始”菜单

（1）根据个人喜好，鼠标拖动“开始”菜单的边缘，可以调整界面的尺寸。

（2）在“开始”菜单的“磁贴”栏中拖动分组或模块，可以调整模块的排列位置。鼠标右击“磁贴”中某一图标，在弹出的快捷菜单中，选择【从“开始”屏幕取消固定】，可以在“开始”菜单的“磁贴”中移除该图标。选择【调整大小】，可以更改图标大小。选择【更多】|【固定到任务栏】，可以将该图标固定到任务栏中，方便用户使用，如图 1-17 所示。

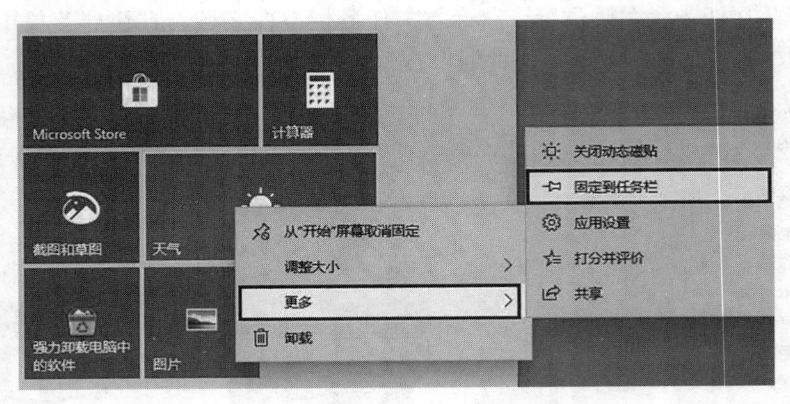

图 1-17　“磁贴”图标显示设置

（3）“开始”菜单板块颜色设置：在“开始”菜单中点击【设置】；或右击“开始”按钮，点击【设置】。打开“Windows 设置”窗口，点击【个性化】，在“个性化”窗口中，点击左侧窗格【颜色】选项。在右侧“颜色”设置界面中，从“最近使用的颜色”或“Windows 颜色”中选取一种颜色作为“开始”菜单的板块颜色，并查看效果。

（4）“开始”菜单中应用程序的显示方式设置：在“开始”菜单中点击【设置】，打开“Windows 设置”窗口，点击【个性化】；或在桌面空白处，右击鼠标，选择【个性化】。在“个性化”窗口中，点击左侧窗格的【开始】选项。在右侧打开的“开始”界面中，点击“在‘开始’菜单中显示应用列表”按钮为【开】，此时在“开始”菜单中，将显示所有应用程序。点击“显示最近添加的应用”按钮为【开】，此时在“开始”菜单中，将在所有应用程序上方显示“最近添加”，如图 1-18 所示。点击“使用全屏‘开始’屏幕”按钮为【开】，此时鼠标点击“开始”按钮，“开始”菜单以全屏方式显示。

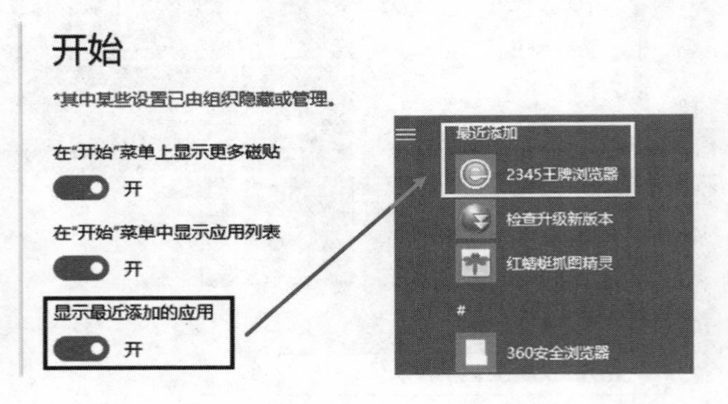

图 1-18　设置“开始”菜单显示“最近添加的应用”

在“开始”个性化设置窗口中，有时会看到“显示最常用的应用”为灰色，无法对其进行设置，如图 1-19 所示。此时只需要在“Windows 设置”窗口中点击“隐私”图标。在打开的“隐私”设置窗口中，点击左侧窗格的【常规】选项，在右侧打开的“常规”窗口中，可以看到一个“允许 Windows 跟踪应用启动，以改进开始和搜索结果”的设置项，将其下方的按钮设置为【开】状态，如图 1-20 所示。再回到“个性化”的“开始”设置窗口中，可以看到“显示最常用的应用”已经变成可以设置的状态了。

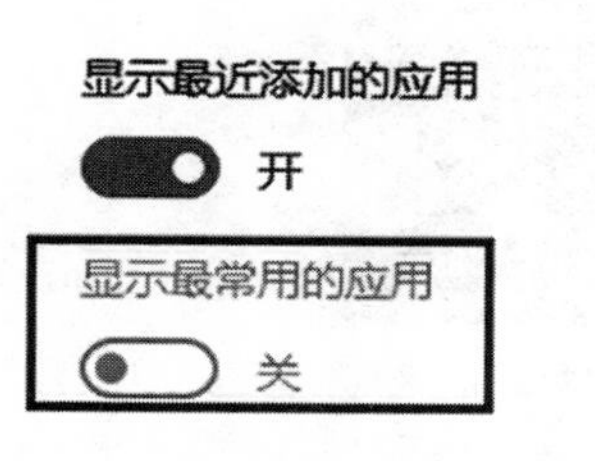

图 1-19　“开始”个性化设置灰色项目

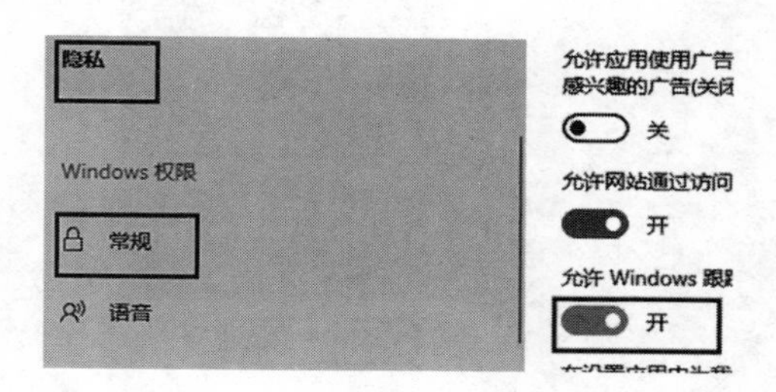

图 1-20　“隐私”|“常规”栏设置

在“开始”个性化窗口最下方，点击【选择哪些文件夹显示在“开始”菜单上】，在打开的“选择哪些文件夹显示在‘开始’菜单上”设置窗口中，可以看到很多设置项，点击“下载”按钮为【开】状态，其他设置项均设为【关】状态，查看效果，如图 1-21 所示。

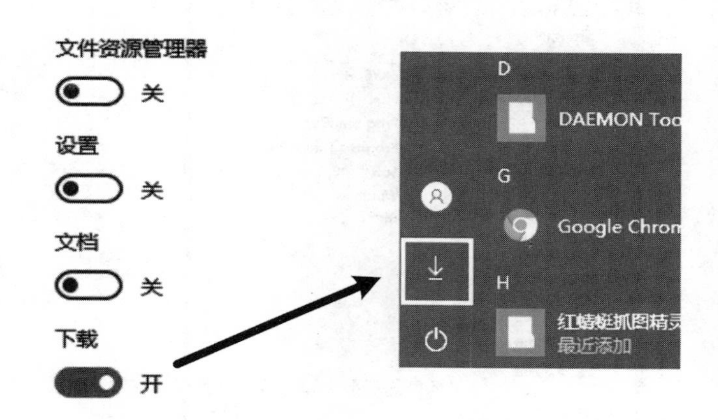

图 1-21　“开始”菜单中“文件夹”显示设置

5. 下载 360 安全卫士并打开，点击【功能大全】，在左侧窗格中选择【我的工具】，点击【Win10 设置】图标，自动下载“Win10 设置”所需配件，下载完毕之后，再一次点击【Win10 设置】图标，在打开的“Win10 设置”窗口中，点击【开始菜单】选项卡，选择【Win7 经典版】，如图 1-22 所示。想恢复 Windows 10 开始菜单设置风格，可以点击“智能版”或点击“一键优化”。

6. 打开任一个文件夹，点击右上角的三个按钮从左到右可以分别实现最小化、最大化(还原)、关闭窗口。当文件夹最小化到任务栏时，点击任务栏的图标还原窗口；当最大化时，点击右上角中间的按钮还原窗口。单击文件夹窗口左上角，打开控制菜单，同样可以

图 1-22　Win7“开始”菜单风格设置

对窗口进行最小化、最大化（还原）、关闭窗口操作，如图 1-23 所示。在非最大化窗口模式下，鼠标点击窗口标题栏并按住鼠标不放，移动窗口到相应的位置，松开鼠标左键，实现窗口的移动操作。

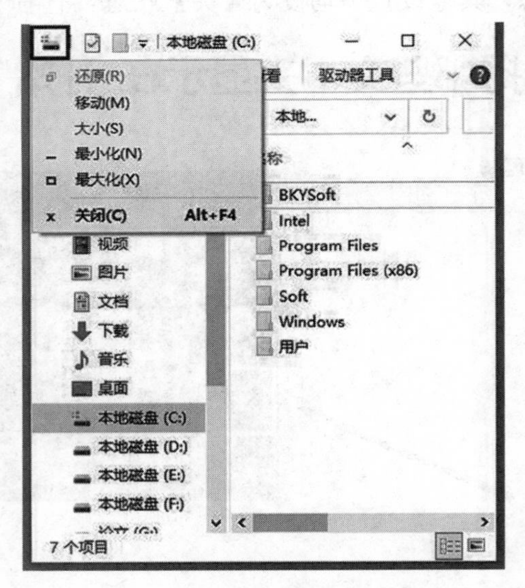

图 1-23　文件夹窗口及控制菜单

实验三　Windows 10 文件和文件夹管理

实验目的

1. 熟悉任务管理器的操作。

2. 掌握资源管理器的使用。

3. 熟练掌握文件及文件夹的操作方法。

4. 掌握快速访问的操作。

5. 掌握“回收站”的操作。

实验内容

1. 任务管理器操作：打开任务管理器，终止应用程序或进程，查看和设置计算机性能显示方式，重启 Windows 资源管理器。

2. 文件及文件夹操作：

(1) 在 D 盘下创建一个文件夹，名称为“练习”。

(2) 在“练习”文件夹下再创建两个二级文件夹，文件夹名称分别为“com”和“txt”。

(3) 在“com”文件夹中创建“word. docx”、“01. txt”、“02. txt”、“03. txt”四个文件。其中在“word. docx”文件中输入“hello world”内容并保存该文件。

(4) 将“com”文件夹下的“word. docx”文件复制到“txt”文件夹下。

(5) 将“com”文件夹下所有后缀为 . txt 的文件移动至“txt”文件夹下。

(6) 将“txt”文件夹下的“word. docx”文件改名为“word. txt”，并修改其属性为“隐藏属性”。

(7) 在“com”文件夹下，创建系统自带“计算器”的快捷方式，快捷方式的名称为“计算器”。

(8) 在“com”文件夹下建立文件“word. docx”的快捷方式，快捷方式的名称为“word”。

(9) 在“txt”文件夹下，修改隐藏文件“word. txt”的属性为“只读”、“隐藏”属性。

(10) 在“txt”文件夹下，永久删除“01. txt”文件。

3. 快速访问操作：把“练习”文件夹固定到快速访问工具栏中，并将“练习”文件夹固定到开始屏幕。

4. 回收站的操作：将“02. txt”文件放入回收站，然后将其还原至原文件夹中，查看效果。再次将“02. txt”文件放入回收站，然后永久删除该文件，查看效果。设置“回收站”的属性。

5. 为“03. txt”创建新的文件关联。

实验步骤

1. 任务管理器操作：

(1) 打开任务管理器：

方法一： 右键单击任务栏空白处，在弹出的快捷菜单中选择【任务管理器】，如果是第一次打开任务管理器，那么默认是简洁模式，如图 1-24 所示。在简洁模式下只显示当前运行的应用，不显示任何其他信息。

方法二： 在键盘同时按下【Ctrl】、【Alt】和【Delete】组合键，在调出的系统菜单界面中选择【任务管理器】。

方法三：在搜索框中输入“任务管理器”，在搜索结果中点击【任务管理器】。

方法四：将鼠标移至左下角的“开始”按钮处，然后右键单击，再选择【任务管理器】。

（2）终止应用程序或后台进程：

（a）在“任务管理器”的“简洁模式”下，点击左下角的【详细信息】，切换到完整模式，如图 1-25 所示。此时“任务管理器”窗口中可以查看“进程”、“性能”、“应用历史记录”、“启动”、“用户”、“详细信息”和“服务”等内容。

（b）在“进程”选项卡中，显示当前正在运行的应用程序和进程所占用的 CPU、内存、磁盘和网络带宽，也可以根据各个子项进行排序。

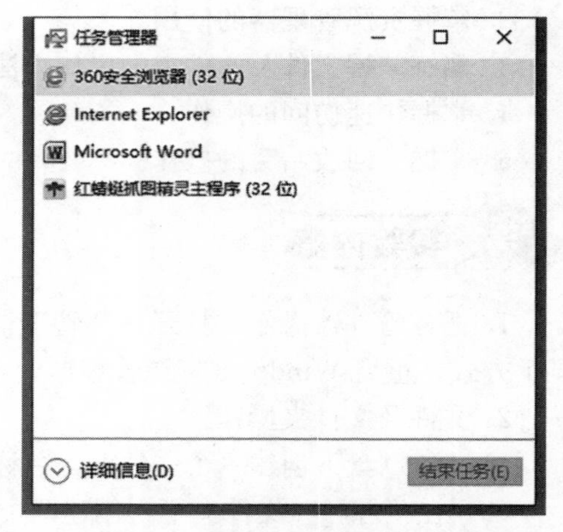

图 1-24　“任务管理器”的简洁模式

（c）在“进程”选项卡中，选择“应用”或“后台进程”中某个需要被终止的应用程序或进程。如选择“Microsoft Word”，单击【结束任务】按钮即可终止该应用程序。

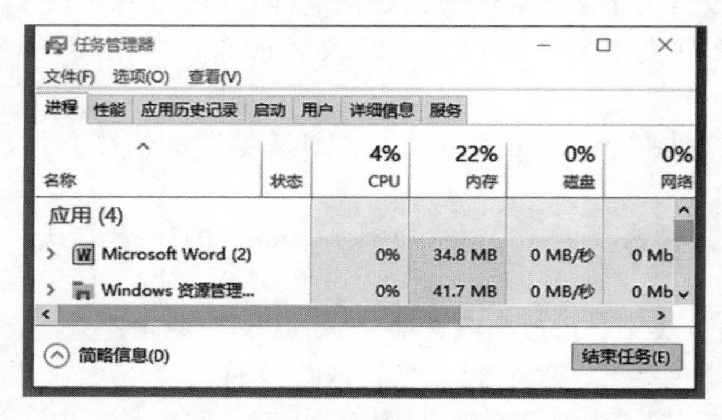

图 1-25　“任务管理器”的详细信息模式

（3）查看计算机性能：在“任务管理器”的“性能”选项卡中，可以查看 CPU、内存、磁盘和网络带宽的使用情况。CPU、内存、磁盘和网络带宽的使用情况都是以百分比的形式显示，很容易查看当前系统的繁忙度。

（a）设置“任务管理器”默认显示“性能”选项卡：在“任务管理器”窗口的【选项】菜单中，选择【设置默认选项卡】｜【性能】，如图 1-26 所示。

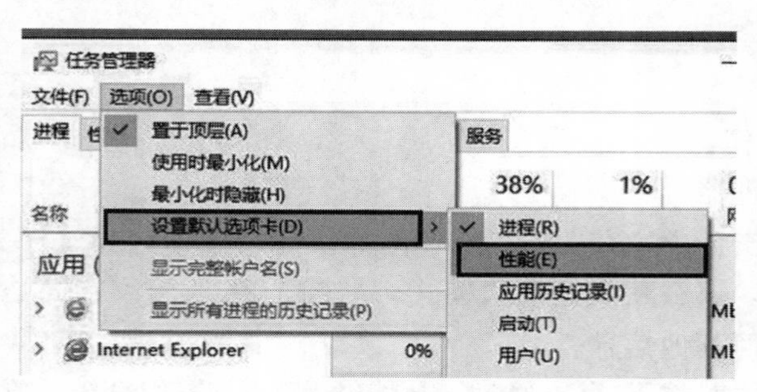

图 1-26　设置任务管理器默认选项卡

（b）设置“性能”悬浮小窗口：“任务管理器”的“性能”选项卡虽能查看详细的系统资源信息，但这个窗口太大了，不适合实时监控。所以使用悬浮小窗口的形式显示系统性能，更加方便。

在“任务管理器”的“性能”选项卡下，鼠标双击左侧窗格的任一监控项目，就得到“性能”悬浮小窗口，如图 1-27 所示。或者在左侧窗格的某一监控项目上点击鼠标右键，选择【摘要视图】，如图 1-28 所示。如果想要恢复原始窗口，则再次鼠标左键双击“性能”浮动小窗口，或右键单击“性能”浮动小窗口，在弹出的快捷菜单中，取消勾选【摘要视图】即可。

（c）隐藏和显示“性能”图标：在“任务管理器”的“性能”选项卡下，鼠标右键单击左侧窗格的任一监控项目，在快捷菜单中选择【隐藏图形】；或在“性能”浮动小窗口上，鼠标右键单击，在快捷菜单中选择【隐藏图形】。效果如图 1-29 所示。若想还原原始窗口，则鼠标再次右击“性能”选项卡左侧窗格或“性能”浮动小窗口，选择【显示图形】。

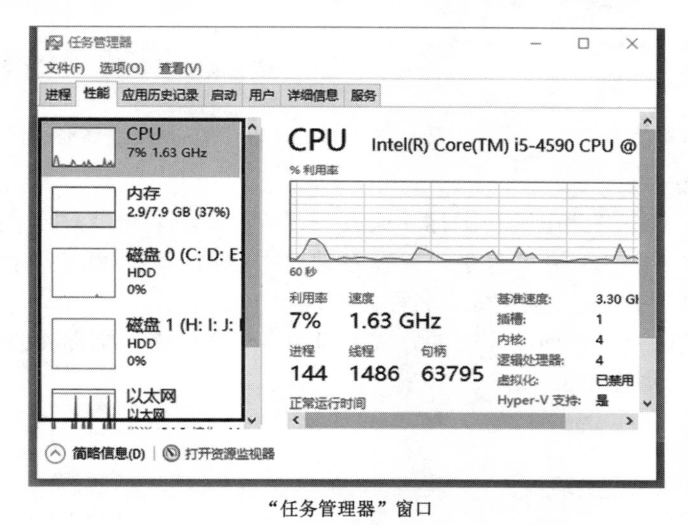

“任务管理器”窗口

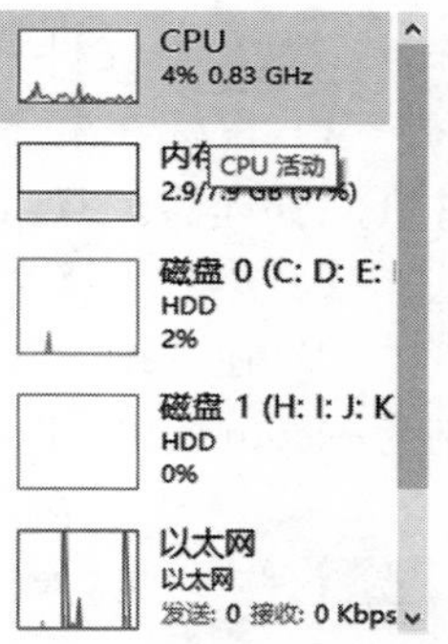

浮动小窗口

图 1-27　“性能”悬浮小窗口设置

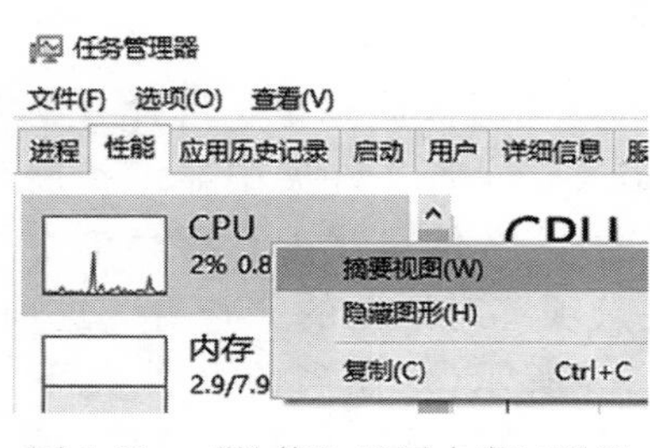

图 1-28　“性能”悬浮小窗口设置

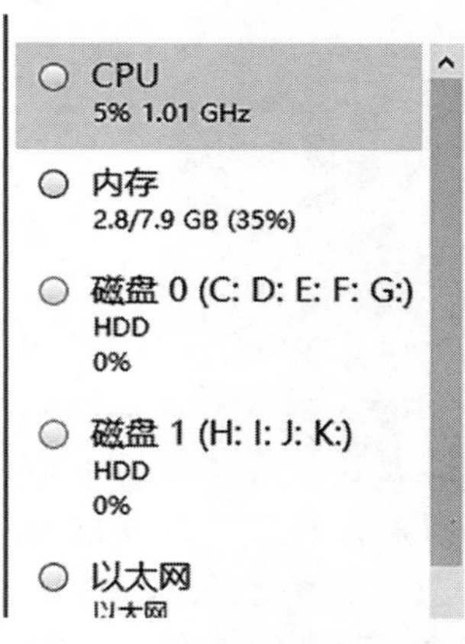

图 1-29　隐藏“性能”图标

（4）重启Windows资源管理器：在Windows桌面图标或任务栏丢失以后，可以通过重启Windows资源管理器找回。

使用【Ctrl】＋【Alt】＋【Del】组合键调出系统菜单界面，选择【任务管理器】，打开“任务管理器”窗口，点击【文件】菜单，选择【运行新任务】，如图1-30所示。在打开的“新建任务”对话框中输入“explorer”，如图1-31所示，单击【确定】按钮，即可重新启动Windows资源管理器。

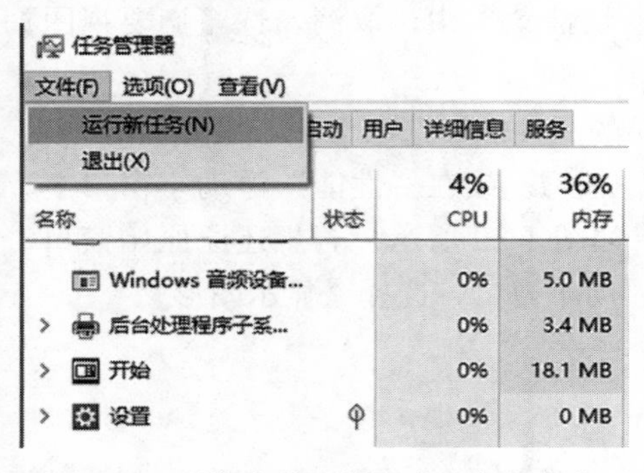

图1-30 “任务管理器”中运行新任务

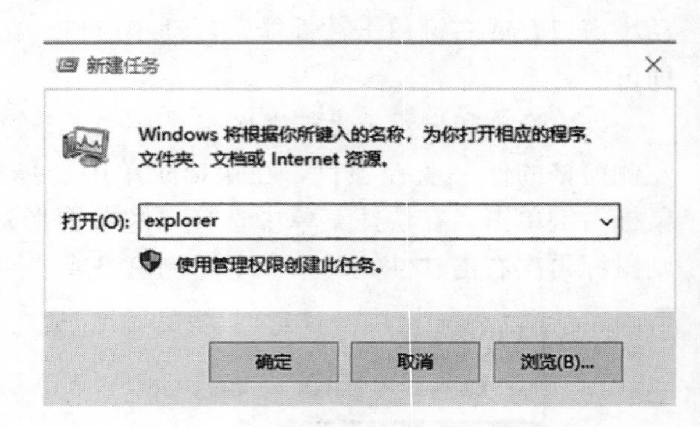

图1-31 启动“Windows资源管理器”

视频1-4 文件及文件夹操作

2. 文件及文件夹操作：

（1）鼠标在桌面上双击“此电脑”图标，或者按【Windows】＋【E】键打开文件资源管理器。双击“D盘”。在D盘中，鼠标右键单击空白区域，弹出快捷菜单，选择【新建】｜【文件夹】，输入该文件夹名称为“练习”。

（2）在“练习”文件夹下，使用相同的方式创建两个子文件夹，文件夹的名称分别为“com”和“txt”，如图1-32所示。

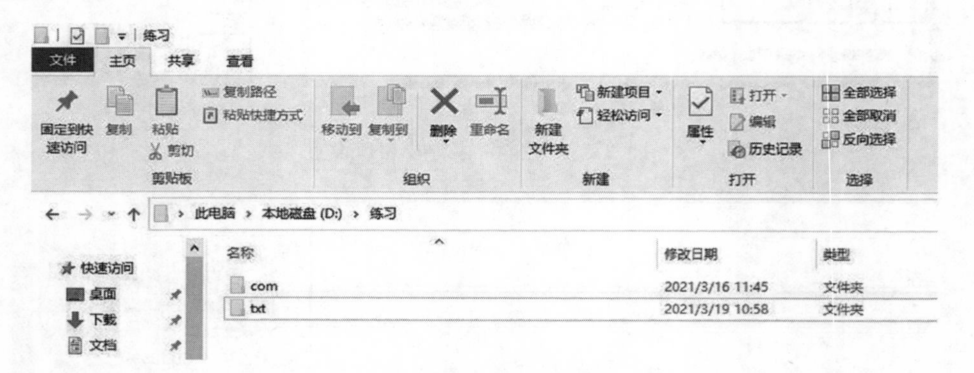

图1-32 “练习”文件夹下创建“com”、“txt”文件夹

（3）在“com”文件夹下，鼠标右键单击空白区域，弹出快捷菜单，选择【新建】｜【Microsoft Word文档】，修改该文件名称为“word.docx”。（若文件夹中显示扩展名，不要修改扩展名。若文件夹中不显示文件的扩展名，点击该文件夹【查看】菜单中的【选项】按钮，打开“文件夹选项”对话框。在“文件夹选项”对话框的“查看”选项卡中，取消勾选“隐藏已知文件类型的扩展名”，如图1-33所示。）在当前文件夹下，双击“word.docx”文件，在打开的文件中输入“hello world”，点击【文件】｜【保存】，再点击【关闭】按钮。

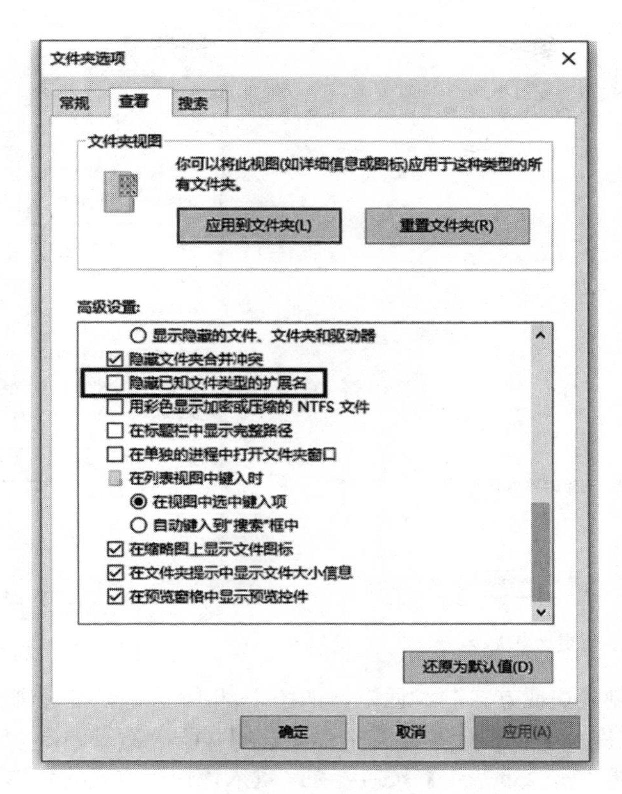

图1-33　“文件夹选项”对话框

在“com”文件夹下，鼠标右键单击空白区域，弹出快捷菜单，选择【新建】|【文本文档】，修改文件名称为“01.txt”。使用相同的方式在“com”文件夹下再新建两个txt文件，文件名称分别为“02.txt”和“03.txt”。

（4）在“com”文件夹下，鼠标右键单击“word.docx”文件，在弹出的快捷菜单中点击【复制】；或在“com”文件夹下，鼠标左键单击“word.docx”文件，再按键盘上【Ctrl】+【C】组合键复制。回退到上级“练习”文件夹下，鼠标双击“txt”文件夹。在“txt”文件夹下，鼠标右键单击空白区域，在弹出的快捷菜单中选择【粘贴】；或在“txt”文件夹下，按【Ctrl】+【V】组合键粘贴。

（5）在“com”文件夹右上方的搜索栏中输入“*.txt”，将该文件夹下所有的txt文件搜索出来。按【Ctrl】+【A】组合键，全选该文件夹下所有txt文件，再按【Ctrl】+【X】组合键将所有txt文件进行剪切，来到“txt”文件夹下，按【Ctrl】+【V】组合键实现将所有txt文件移动至“txt”文件夹下。

（6）在“txt”文件夹下，鼠标右键单击“word.docx”文件，在弹出的快捷菜单中选择【重命名】，修改文件名称为“word.txt”，单击文件夹空白区域，在“是否确定更改扩展名”的对话框中，单击【是】按钮，如图1-34所示。鼠标右键单击“word.txt”文件，在弹出的快捷菜单中选择【属性】，打开“word.txt属性”对话框，勾选“属性”区域中“隐藏”复选框，单击【确定】按钮，如图1-35所示。

（7）在“com”文件夹下，鼠标右键单击空白处，在弹出的快捷菜单中选择【新建】|

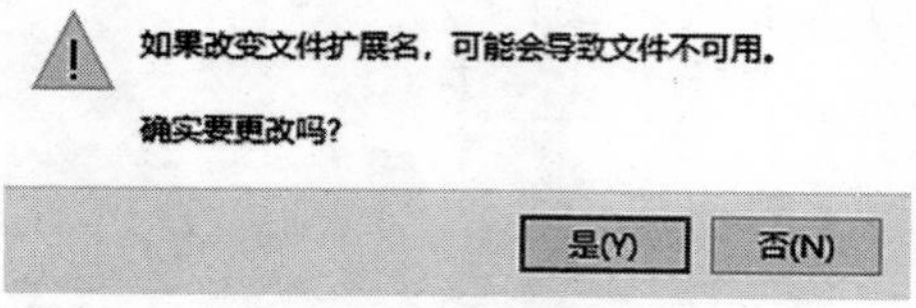

如果改变文件扩展名，可能会导致文件不可用。

确实要更改吗？

是(Y) 否(N)

图 1-34 是否更改扩展名

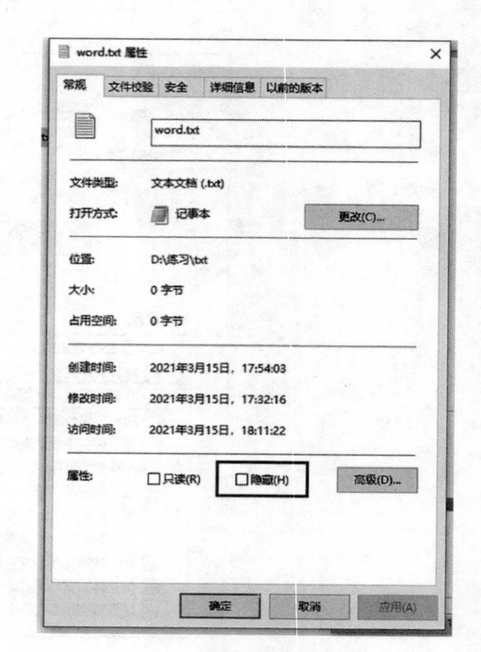

图 1-35 文件属性设置

【快捷方式】，打开“创建快捷方式”对话框，如图 1-36 所示。点击【浏览】按钮，在系统安装目录的 System32 文件夹中找到计算器应用程序，如（C: \ Windows \ System32 \ calc. exe），点击【确定】按钮，再点击【下一步】按钮，在“键入该快捷方式的名称”文本框中输入“计算器”，单击【完成】按钮，创建完成的快捷方式如图 1-37 所示。

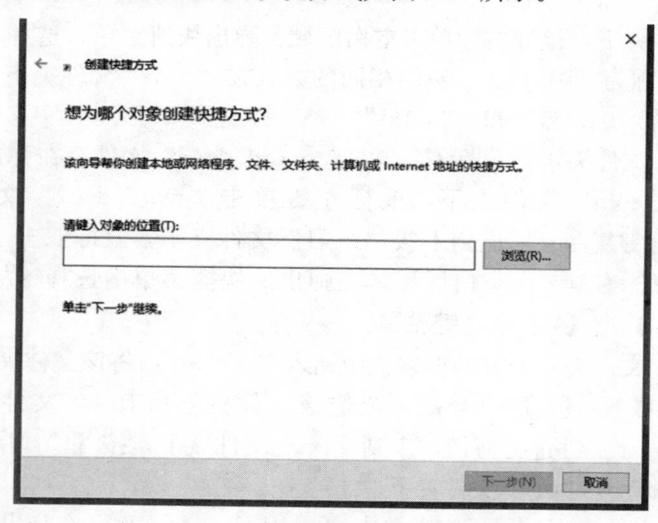

图 1-36 “创建快捷方式”对话框

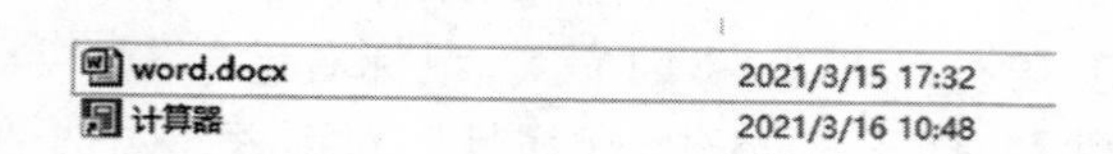

图 1-37 指向“计算器”的快捷方式

（8）在“com”文件夹下，鼠标右键单击“word.docx”文件，在弹出的快捷菜单中选择【创建快捷方式】，如图 1-38 所示。鼠标右键单击该快捷方式，在弹出的快捷菜单中选择【重命名】，修改该快捷方式名称为“word”，并按【Enter】键完成输入。

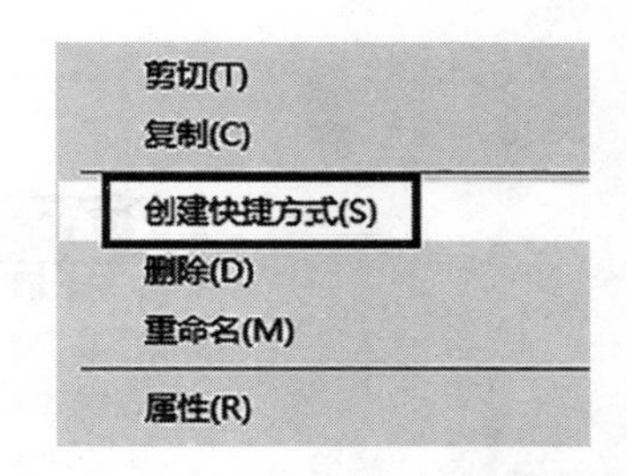

图 1-38　同级目录下创建快捷方式

（9）设置隐藏文件的属性，首先需要将隐藏文件显示在文件夹中。方法有两种：

方法一：在“txt”文件夹下，点击该文件夹【查看】菜单中的【选项】按钮，打开“文件夹选项”对话框。在“文件夹选项”对话框的“查看”选项卡中，点击“显示隐藏的文件、文件夹和驱动器”单选按钮，如图 1-39 所示。

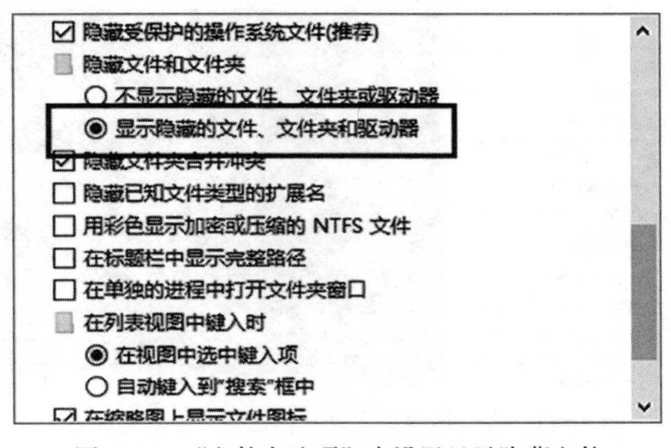

图 1-39　“文件夹选项”中设置显示隐藏文件

方法二：在“txt”文件夹下，点击【查看】菜单，勾选“显示/隐藏”功能区中【隐藏的项目】前复选框，如图 1-40 所示。

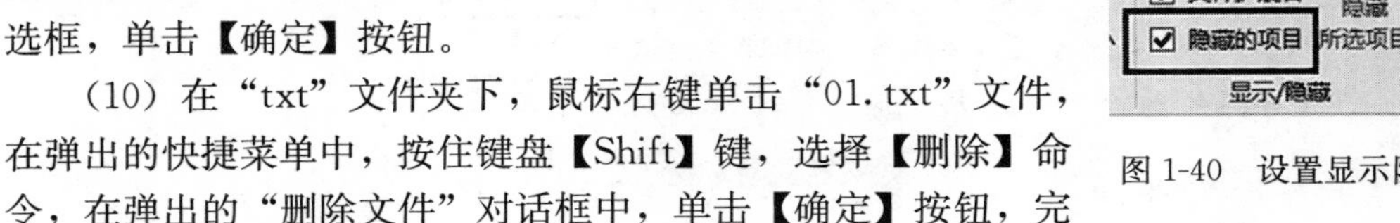

在“txt”文件夹下，鼠标右键单击“word. txt”文件，选择【属性】，在弹出的“属性”对话框中，勾选“只读”前复选框，单击【确定】按钮。

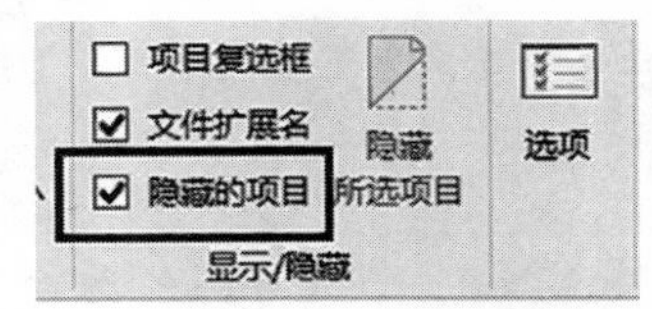

图 1-40　设置显示隐藏项目

（10）在“txt”文件夹下，鼠标右键单击“01. txt”文件，在弹出的快捷菜单中，按住键盘【Shift】键，选择【删除】命令，在弹出的“删除文件”对话框中，单击【确定】按钮，完成永久删除文件操作。

3. 快速访问操作：鼠标在桌面上双击“此电脑”图标，或者按【Windows】＋【E】键打开系统资源管理器。再进入“D:\练习”文件夹下，在资源管理器的左侧，可以看到快速访问工具栏，鼠标右键单击“快速访问”，在弹出的快捷菜单中，选择【将当前文件夹固定到“快速访问”】，如图 1-41 所示。在快速访问工具栏中，鼠标右键单击“练习”，在弹出的快捷菜单中选择【固定到“开始”屏幕】，如图 1-42 所示。

4. 回收站的操作：

（1）将“02. txt”文件送入“回收站”的删除操作有如下三种方法：

方法一：在“txt”文件夹下，鼠标左键单击“02. txt”文件，选择【主页】菜单中“组织”功能区的【删除】|【回收】命令，如图 1-43 所示。

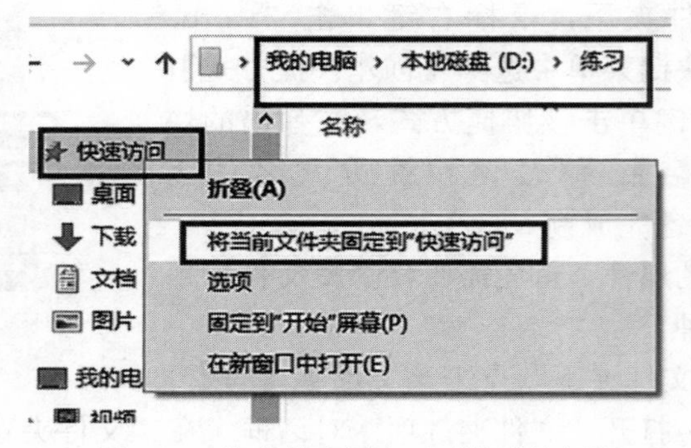

图 1-41　将文件夹固定至“快速访问”

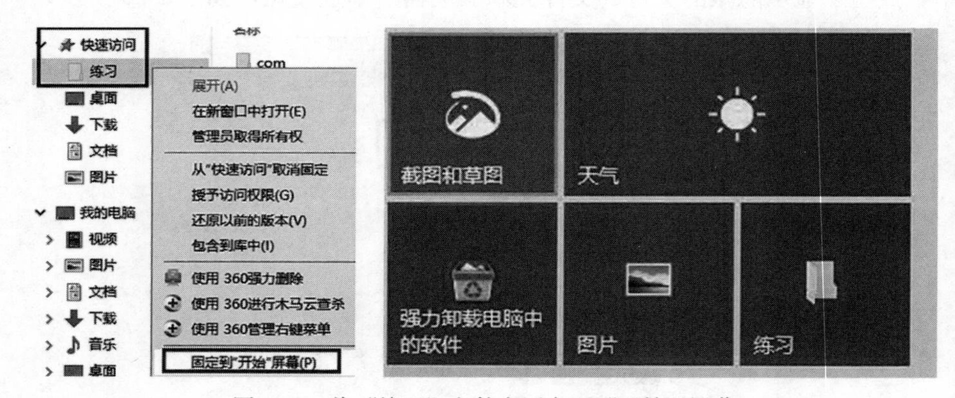

图 1-42　将“练习”文件夹固定至“开始”屏幕

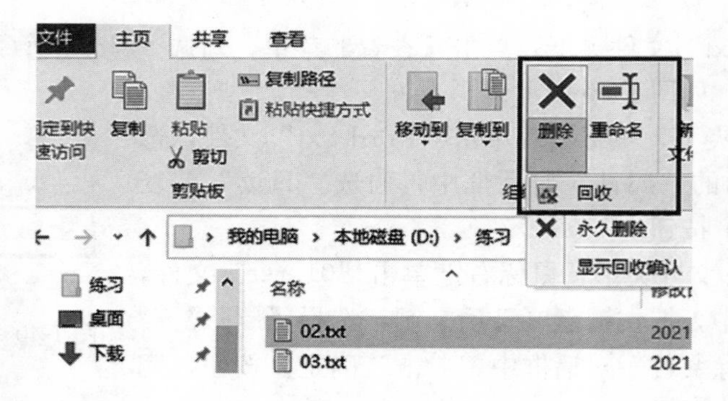

图 1-43　将文件放入“回收站”

方法二：在“txt”文件夹下，鼠标左键单击“02. txt”文件，按【Ctrl】+【D】键将文件放入回收站。

方法三：在“txt”文件夹下，鼠标右键单击“02. txt”文件，在弹出的快捷菜单中选择【删除】操作。

(2) 取消删除操作：“02. txt”文件被删除之后，立刻选择【Ctrl】+【Z】组合键命令，可以取消刚刚进行的删除操作，恢复文件。

(3) 恢复被删除的文件：将文件送入“回收站”的操作并非真正的物理删除，需要时仍然可以将该文件恢复至原始位置，有如下两种方法：

方法一： 在桌面双击“回收站”图标，打开“回收站”文件夹。鼠标左键单击“02. txt”文件，选择【回收站工具】菜单中“还原”功能区的【还原选定的项目】命令，如图 1-44 所示。若想还原回收站内所有被删除的项目，可以点击【回收站工具】菜单中“还原”功能区的【还原所有项目】命令。

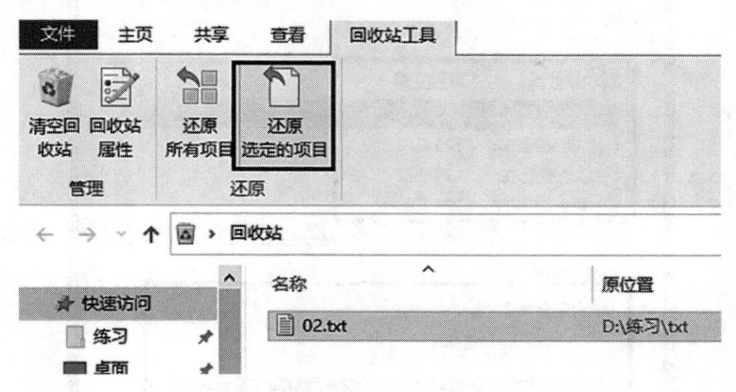

图 1-44　将文件从“回收站”还原

方法二： 打开“回收站”文件夹，鼠标右键单击“02. txt”文件，在弹出的快捷菜单中选择【还原】命令，如图 1-45 所示。

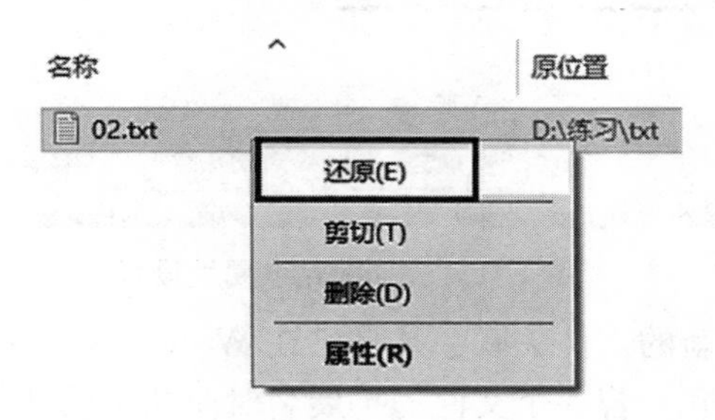

图 1-45　快捷菜单中还原命令

(4) 回收站内的文件永久删除：

(a) 再次将“02. txt”放入回收站，如果要在“回收站”中永久删除该文件，可以在桌面双击“回收站”图标，打开“回收站”文件夹，鼠标右键单击“02. txt”文件，在弹出的快捷菜单中选择【删除】命令，完成在“回收站”永久删除该文件的操作。

(b) 若想将“回收站”内所有文件都永久删除，则在“回收站”文件夹中，选择【回收站工具】菜单中“管理”功能区的【清空回收站】命令；或鼠标右键单击桌面“回收站”图标，在快捷菜单中选择【清空回收站】命令。

(5) 设置“回收站”的属性：鼠标右键在桌面上单击“回收站”图标，在弹出的快捷菜单中选择【属性】命令，打开“回收站属性”对话框，如图 1-46 所示。

(a) 在“回收站 属性”对话框中的“常规”选项卡中可以查看各磁盘的可用空间。

(b) 可以自定义各磁盘回收站的大小。

(c) 可以设置“不将文件移到回收站中，移除文件后立即将其删除”。然而，不建议这样操作，以免误操作之后无法恢复文件。

(d) 可以设置是否“显示删除确认对话框”。“显示删除确认对话框”是指删除文件或文件夹时系统提示的“确认删除”对话框。是否显示该提示，由“显示删除确认对话框”复选框决定。勾选此复选框，则显示确认提示；否则不显示确认提示。

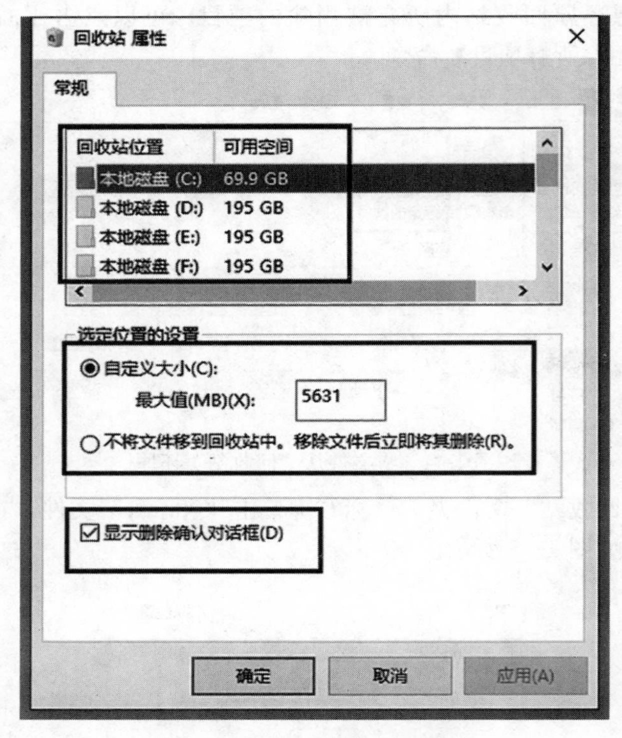

图 1-46　“回收站”属性设置

5. 为“03. txt”建立新的文件关联：凡是已在 Windows 10 系统注册的文件，均自动与其相应的应用程序建立关联。若一个文件的扩展名对应几个软件都可以打开，比如 jpg 图片文件可以由“Windows 照片查看器”、“画图”及其他图片查看编辑器打开。当想要更改某一类型文件的打开方式时，有如下两种方法：

方法一：选中指定文件，打开“属性”对话框。如在“txt”文件夹下，鼠标右键单击“03. txt”，在快捷菜单中选择【打开方式】｜【选择其他应用】，如图 1-47 所示。

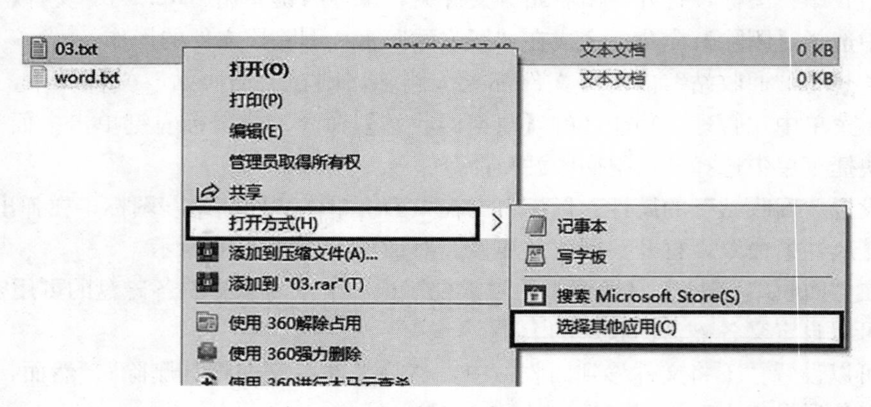

图 1-47　设置新的文件关联方式

在打开的对话框中点击【更多应用】，选择可用的应用程序打开“03. txt”文件。若想始终使用该应用程序来打开该类型文件，则勾选“始终使用此应用打开 . txt 文件”，单击【确定】按钮，如图 1-48 所示。

你要如何打开这个文件?
继续使用此应用
记事本
其他选项
写字板
更多应用 ↓
始终使用此应用打开 .txt 文件
确定

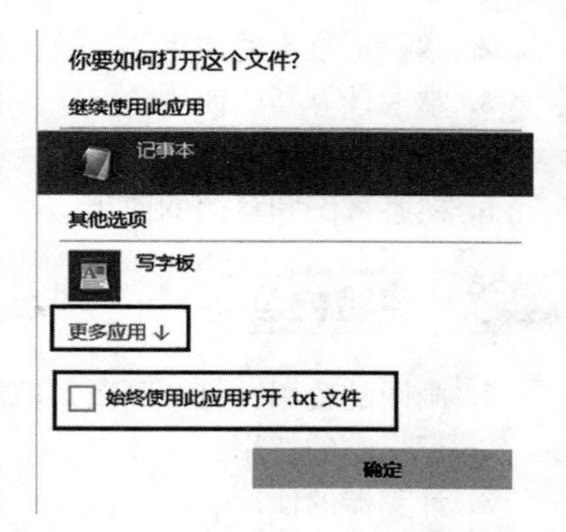

图 1-48　更改“. txt”文件的打开方式

方法二： 在“开始”菜单中单击【设置】，打开“设置”窗口。单击【应用】（卸载、默认应用、可选功能）图标。在“应用”窗口中，点击左侧窗格的【默认应用】，如图 1-49 所示。

在“默认应用”窗口的下方，点击【按文件类型指定默认应用】，打开“按文件类型指定默认应用”设置窗口，如图 1-50 所示。在这个窗口里，可以更改默认应用。

如“. txt”文件默认应用为“记事本”，更改为“写字板”，操作如图 1-51 所示。

设置
主页
查找设置
应用
应用和功能
默认应用
离线地图
默认应用
选择默认的应用
电子邮件
邮件
地图
选择默认应用

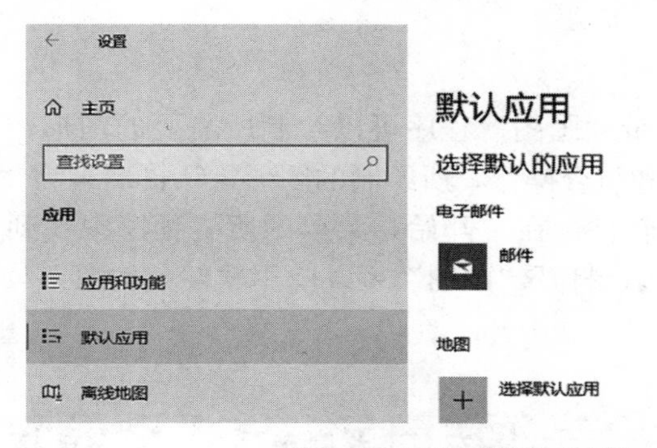

图 1-49　设置“默认应用”

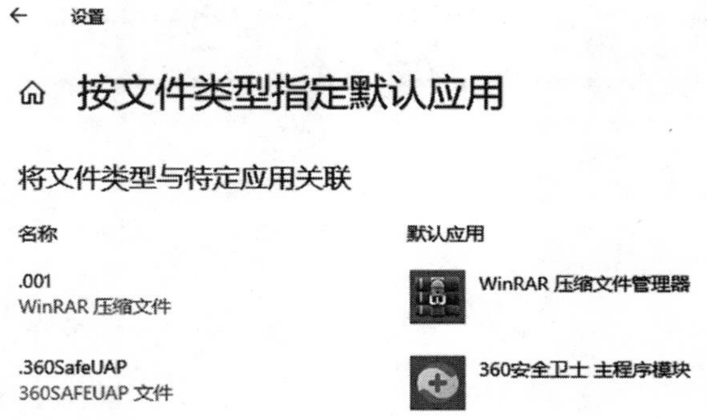

设置
按文件类型指定默认应用
将文件类型与特定应用关联
名称
默认应用
.001
WinRAR 压缩文件
WinRAR 压缩文件管理器
.360SafeUAP
360SAFEUAP 文件
360安全卫士 主程序模块

图 1-50　更改“默认应用”设置

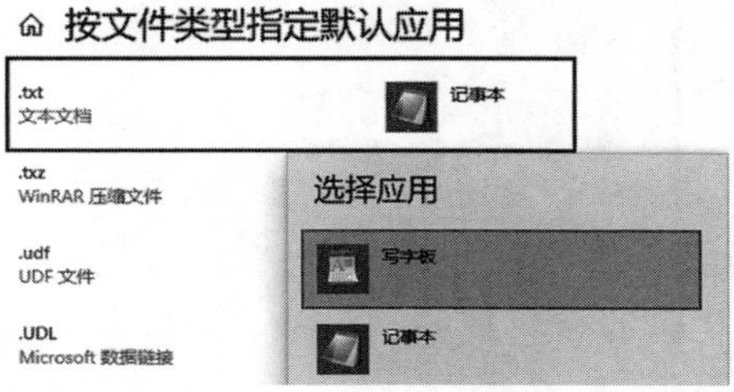

按文件类型指定默认应用
.txt
文本文档
记事本
.txz
WinRAR 压缩文件
.udf
UDF 文件
.UDL
Microsoft 数据链接
选择应用
写字板
记事本

图 1-51　更改“. txt”文件的默认应用

实验四　Windows 10 系统应用软件的使用

实验目的

1. 掌握画图的使用。

2. 掌握记事本的使用。
3. 掌握计算器的使用。
4. 熟悉放大镜的使用。
5. 熟悉截图和草图的使用。

实验内容

1. 画图的使用：打开画图，截屏，进行图像编辑。
2. 记事本的使用。
3. 计算器的使用。
4. 放大镜的使用。
5. 截图和草图的使用。

实验步骤

1. 画图的使用：使用系统自带“画图”程序可以绘制所需要的图形，同时也可以对已有的图形、图片进行裁剪、修改和组合操作，所绘制的图形默认扩展名为“.png”。

（1）打开“画图”系统应用软件：在“开始”菜单的所有程序中找到W开头的应用，选择【Windows 附件】|【画图】，打开“画图”系统应用软件，如图1-52所示。

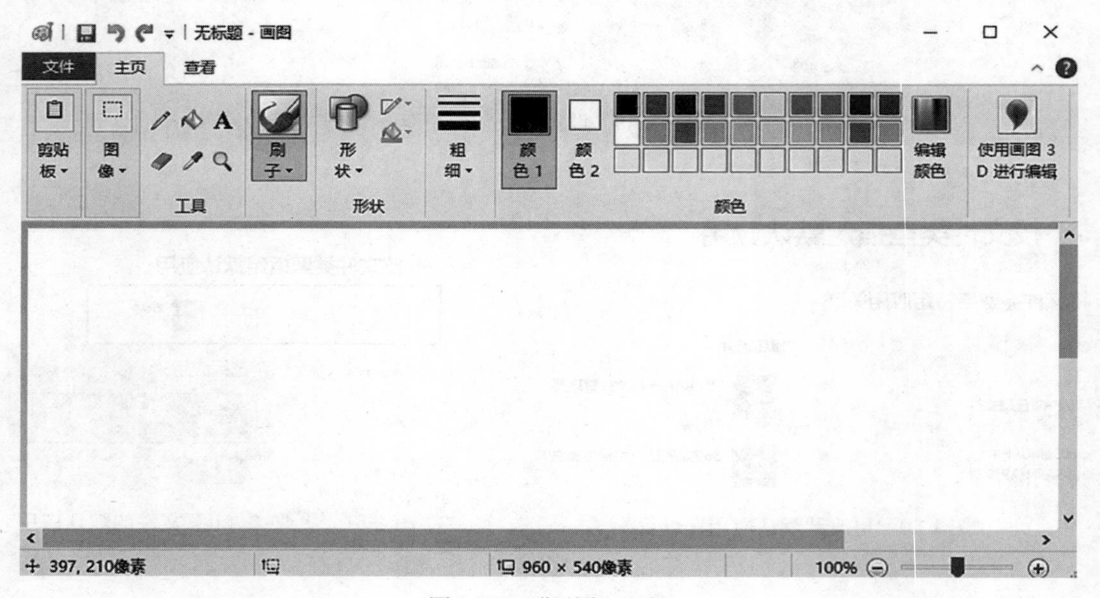

图1-52 “画图”工具

（2）获取屏幕图像：

（a）获取当前整个屏幕的图像。如果希望将当前屏幕的画面保存下来，可在键盘上按下【Print Screen】（打印屏幕）键。此时，屏幕画面自动保存在剪贴板中。

（b）获取当前活动窗口的图像。如果仅仅希望将当前活动窗口的画面保存下来，可按下【Alt】＋【Print Screen】组合键。此时，当前活动窗口的画面自动保存在剪贴板中。

（3）当前窗口或当前屏幕图像的编辑和使用：启动“画图”、Photoshop 等图像编辑程序，选择【粘贴】命令，可以将存储在剪贴板中的图像粘贴到“画图”、Photoshop 等程序的窗口中，并可以对图像进行裁剪、修改和保存等操作。

2. 记事本的使用：记事本是简单的文字处理工具，扩展名为 .txt，它适用于小型文本文件的操作。

（1）新建文本文件：

（a）在“开始”菜单的所有程序中找到 W 开头的应用，选择【Windows 附件】|【记事本】，打开“记事本”系统应用软件，如图 1-53 所示。

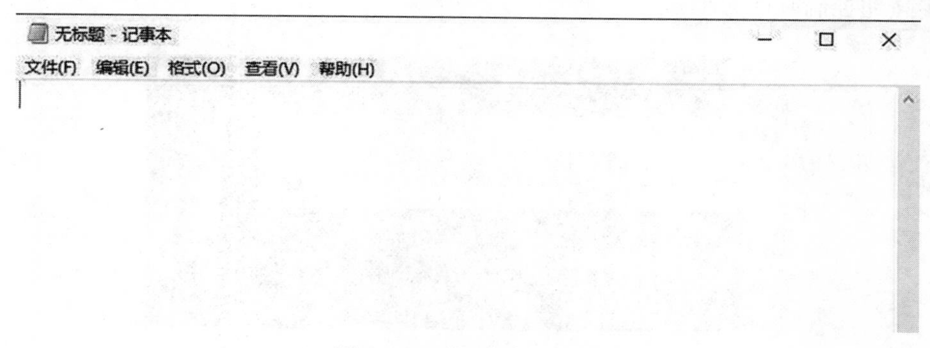

图 1-53　“记事本”工具

（b）点击【文件】|【新建】命令，新建空白文本文档。

（2）设置文本文档的页面属性：点击【文件】|【页面设置】命令，打开“页面设置”对话框，可设置纸张大小、页边距、纸张方向以及页眉页脚。

（3）打开文档与保存文档：

（a）打开文档。点击【文件】|【打开】命令，显示“打开”对话框，选择文档所在文件夹与文件名后，单击【打开】按钮，文件将显示在记事本窗口中。

（b）保存文档。点击【文件】|【保存】命令，打开“保存”对话框，选择文档存放位置，输入文件名称，单击【保存】按钮。

（c）另存文档。点击【文件】|【另存为】命令，打开“另存为”对话框，选择文件存放位置，输入文件名称，单击【保存】按钮，将文件在其他位置存放。（修改不会保存在原文档中）

（d）关闭文档并退出记事本。选择【文件】|【退出】命令。

3. 计算器的使用：在“开始”菜单的所有程序中找到 J 开头的应用，选择【计算器】，打开“计算器”工具，如图 1-54 所示。

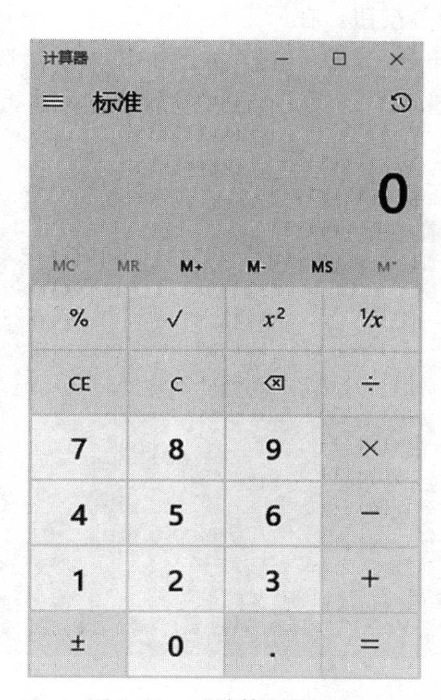

图 1-54　“计算器”工具

在【计算器】的选择栏目上，选择【科学】，此时为科学计算器窗口，可以计算三角函数等计算式。

在【计算器】的选择栏目上，选择【程序员】，此时为程序员计算器窗口，可以进行数制转换。

在【计算器】的选择栏目上，还可以进行货币、温度、重量等内容的转换。

4. 放大镜的使用：使用计算机时，某些窗口上的字体较小，难以看清。此时可以借助计算机自带的放大镜工具。打开放大镜的方法有如下两种：

方法一：单击“开始”按钮，在所有程序中找到 W 开头的应用，选择【Windows 轻松使用】｜【放大镜】，如图 1-55 所示。可以通过鼠标移动来控制画面移动，通过点击【+】和【—】按钮控制画面大小。

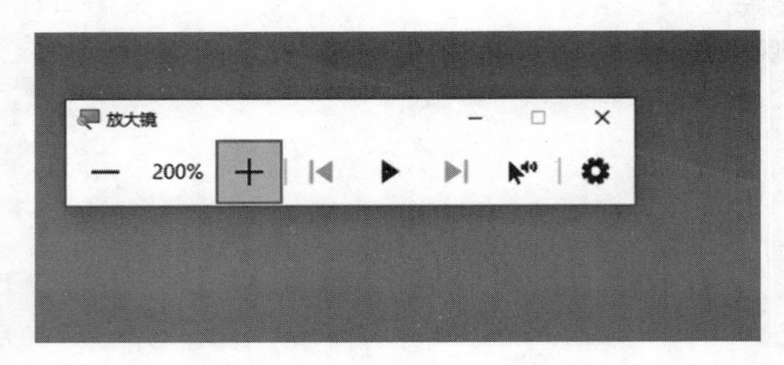

图 1-55　“放大镜”工具

方法二：直接按【Windows】键+【+】键来打开放大镜，使用【Windows】键+【—】键来缩小，使用【Windows】键+【Esc】键退出放大镜。

5. 截图和草图的使用：Windows 10 内置的“截图和草图”是系统自带功能。单击“开始”按钮，在所有程序中找到 J 开头的应用，选择【截图和草图】，打开“截图和草图”工具，点击【新建】，如图 1-56 所示，选择截图区域完成截图。或者使用组合键【Windows】+【Shift】+【S】进入截图模式，并将截图存入剪贴板。

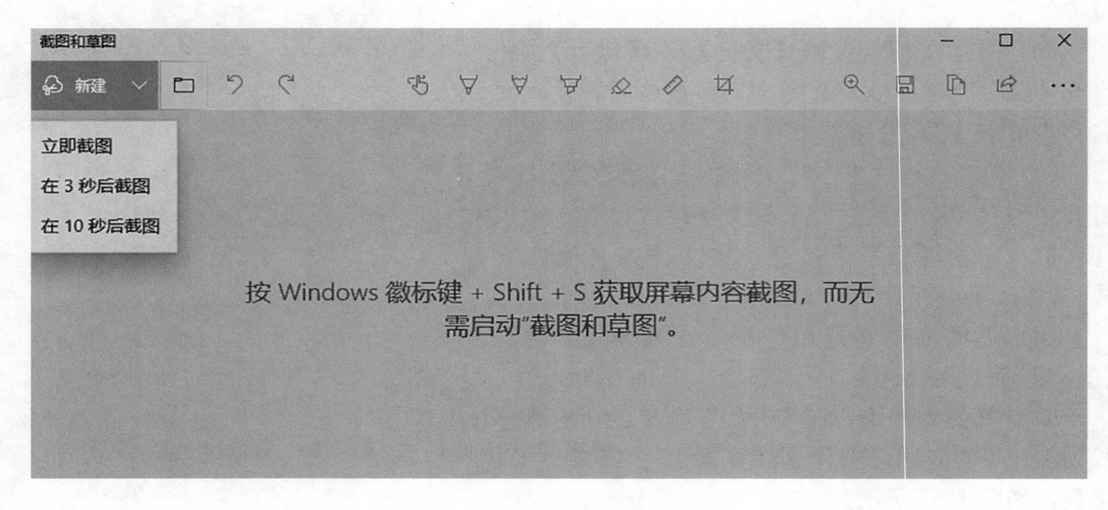

图 1-56　“截图和草图”窗口

实验五　Windows 10 系统设置

实验目的

1. 掌握新建账户及修改账户信息的操作。
2. 熟悉应用程序的添加与删除操作。
3. 熟悉 Windows 组件的添加与删除操作。
4. 掌握鼠标与键盘的设置。
5. 掌握系统日期和时间的设置。
6. 掌握输入法的切换与添加删除操作。
7. 掌握数据的压缩与解压缩。
8. 掌握设备管理器的操作。

实验内容

1. 账户管理：创建新账户“newuser”，修改“newuser”账户密码，修改“newuser”账户类型。在 Administrator 与 newuser 账户之间切换用户，查看效果。
2. 添加与删除应用程序。
3. 添加与删除 Windows 组件。
4. 鼠标与键盘的设置。
5. 系统日期和时间的设置。
6. 输入法的切换与设置。
7. 数据的压缩存储。
8. 设备管理器的操作。

实验步骤

1. Windows 10 账户管理：

（1）创建新用户账户“newuser”，有如下两种方法：

方法一：鼠标右键单击【此电脑】图标，在快捷菜单中选择【属性】，点击左侧窗格的【控制面板主页】，即可进入“控制面板”设置窗口，如图 1-57 所示。单击【用户账户】图标，在“用户账户”窗口中，继续点击【用户账户】，再点击【管理其他账户】，进入“管理账户”窗口，点击【在电脑设置中添加新用户】，如图 1-58 所示。打开“账户”设置窗口，如图 1-59 所示。

视频 1-5
账户管理

方法二：点击“开始”菜单中的【设置】，打开【设置】窗口，点击【账户】。在左侧边栏中选择【其他用户】，打开“账户”设置窗口，如图 1-59 所示。

在“账户”设置的“其他用户”界面中点击【将其他人添加到这台电脑】，打开“本地用户和组”窗口。鼠标右击左侧窗格【用户】，在快捷菜单中选择【新用户】，如图 1-60 所示。

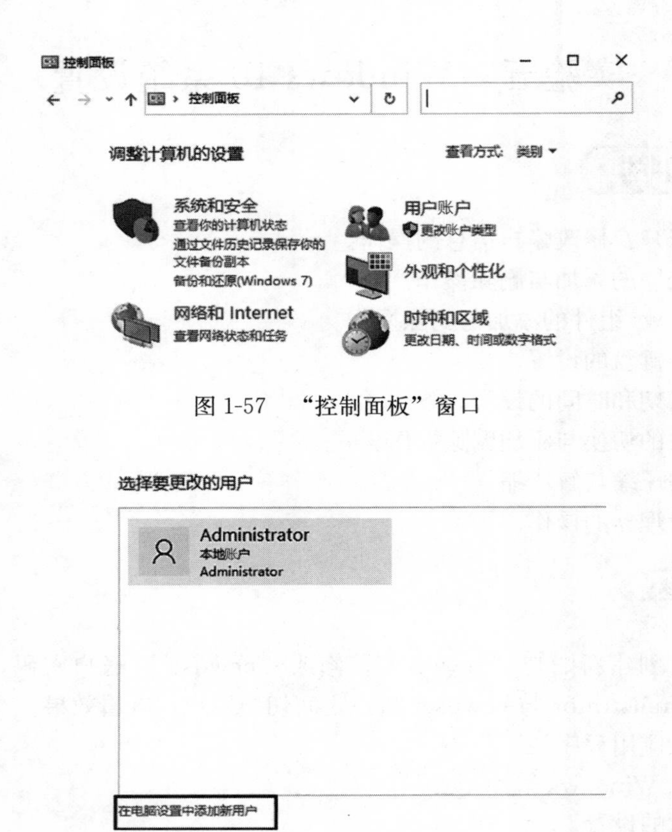

图 1-57 “控制面板”窗口

图 1-58 添加“新的账户”

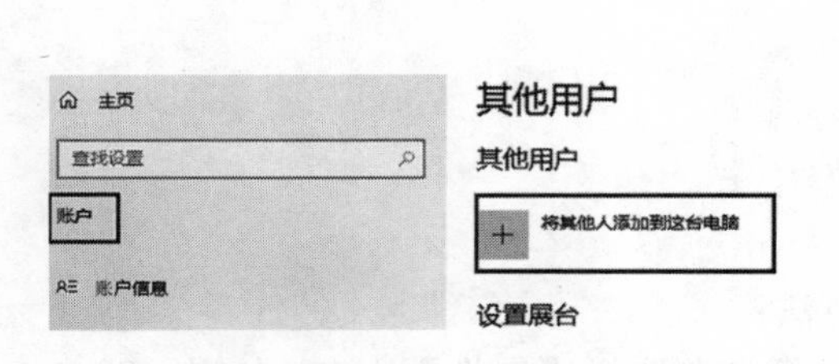

图 1-59 “账户”设置窗口

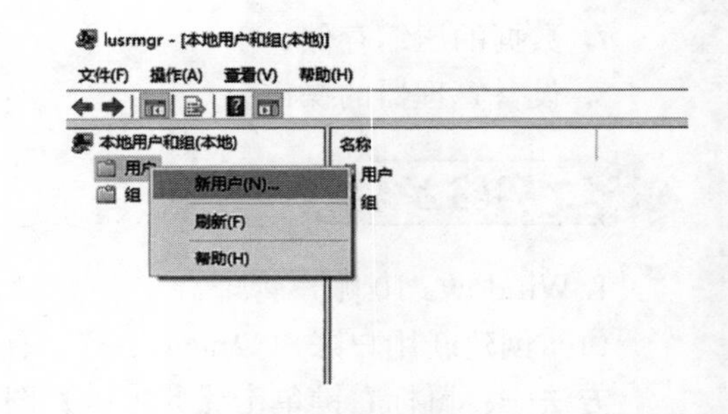

图 1-60 本地用户和组

在创建“新用户”的窗口中，需要输入创建用户的基本信息，包括用户名及密码，此时输入用户名为“newuser”，点击【创建】按钮完成创建新用户操作，如图 1-61 所示。

(2) 修改“newuser”用户的密码信息：在“本地用户和组”窗口中，点击左侧窗格【用户】，窗口右侧显示所有用户。鼠标右键单击“newuser”用户，在快捷菜单中选择【设置密码】，如图 1-62 所示，重新输入新的密码，单击【确定】按钮即可。

(3) 更改“newuser”账户类型：在“开始”菜单中点击【设置】⚙，打开【设置】窗口，点击【账户】图标。在左侧窗格中选择【其他用户】。在窗口右侧的“其他用户”中，鼠标左键单击“newuser”本地账户，点击【更改账户类型】，如图 1-63 所示。在弹出的

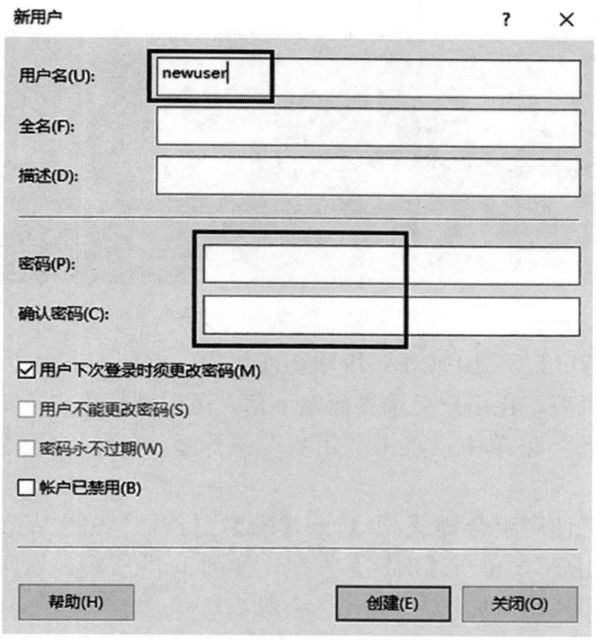

新用户　?　×

用户名(U): newuser

全名(F):

描述(D):

密码(P):

确认密码(C):

☑ 用户下次登录时须更改密码(M)

☐ 用户不能更改密码(S)

☐ 密码永不过期(W)

☐ 帐户已禁用(B)

帮助(H)　创建(E)　关闭(O)

图 1-61　新用户创建

图 1-62　更改账户信息

“更改账户类型”对话框的“账户类型”中可以选择【标准用户】或【管理员】，如图 1-64 所示。

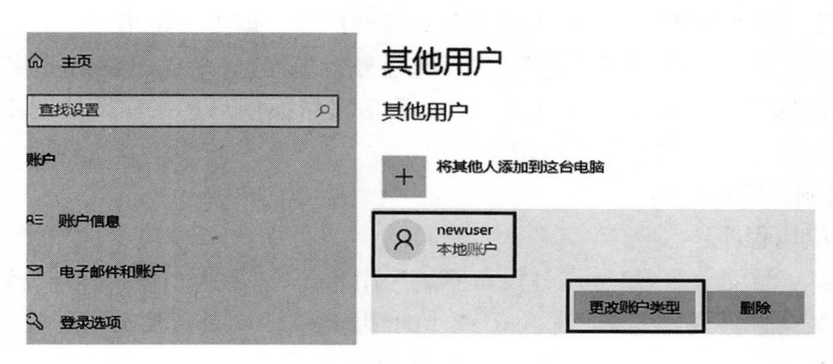

图 1-63　“其他用户”设置

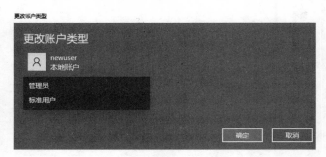

图 1-64　更改账户类型

（4）切换用户：Windows 10 操作系统中切换用户，有如下五种方法。

方法一：系统开机后，在用户登录界面左下角，可以选择用户。

方法二：在“开始”菜单中，点击“用户”图标，在弹出的列表窗口中，可以选择用户。

方法三：在桌面上使用组合键【Alt】＋【F4】，打开“关闭 Windows”对话框，点击下拉列表选择“切换用户”，单击【确定】按钮，如图 1-65 所示。返回登录界面，点击左下角对应的用户，即可切换用户。

图 1-65　“关闭 Windows”对话框中切换用户

方法四：键盘同时按下【Ctrl】、【Alt】和【Del】组合键，在调出的系统菜单界面中选择【切换用户】，返回登录界面，点击左下角对应的用户，即可切换用户。

方法五：鼠标右键单击“任务栏”，选择【任务管理器】，在“任务管理器”窗口的“用户”选项卡中选择另一个断开的用户，点击右下角【切换用户】按钮，如图 1-66 所示。返回登录界面。在登录界面左下角选择切换的用户。

2. 添加与删除应用程序：

（1）安装应用程序：

（a）从硬盘、U 盘、DVD 等硬件设备安装应用程序：使用资源管理器找到应用程序的安装文件（安装文件名通常是 Setup. exe 或 Install. exe），双击安装文件，按照安装向导的提示进行安装。

（b）从 Microsoft Store 安装应用程序：在“开始”菜单右侧磁贴中点击【Microsoft

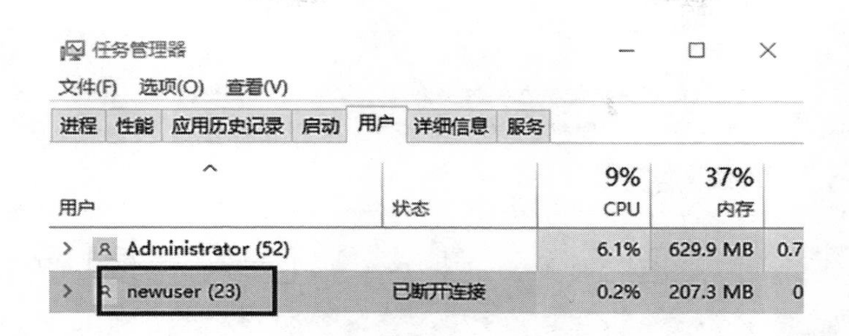

图 1-66　“任务管理器”中切换用户

Store】；或在“开始”菜单的所有程序中找到 M 开头的应用，点击【Microsoft Store】，打开“Microsoft Store”窗口，点击搜索图标调出搜索框，输入想要下载的软件，如图 1-67 所示。点击所需软件，点击【获取】，再点击【安装】即可。

图 1-67　Microsoft Store 安装应用程序

(c) 从 Internet 上安装应用程序：在“IE”、“谷歌”、“360”等浏览器中访问相关搜索引擎，搜索应用程序（如百度网盘），在应用软件下载页面中点击适用于 Window 10 操作系统的安装包，如图 1-68 所示。选择安装包在本机的存放路径进行下载，当安装包下载完成，双击安装包，按照安装向导完成安装即可。

(2) 更改和卸载应用程序：鼠标右键单击【此电脑】图标，在快捷菜单中选择【属性】。点击左侧窗格的【控制面板主页】，即可进入“控制面板”设置窗口。在打开的“控制面板”窗口中，点击左下角“程序”下面的【卸载程序】。在“程序和功能”窗口中，找到需要卸载的程序（如 360 安全卫士），鼠标右键单击该程序，选择【卸载/更改】，如图 1-69 所示。

图 1-68　在 Web 浏览器中下载应用程序安装包

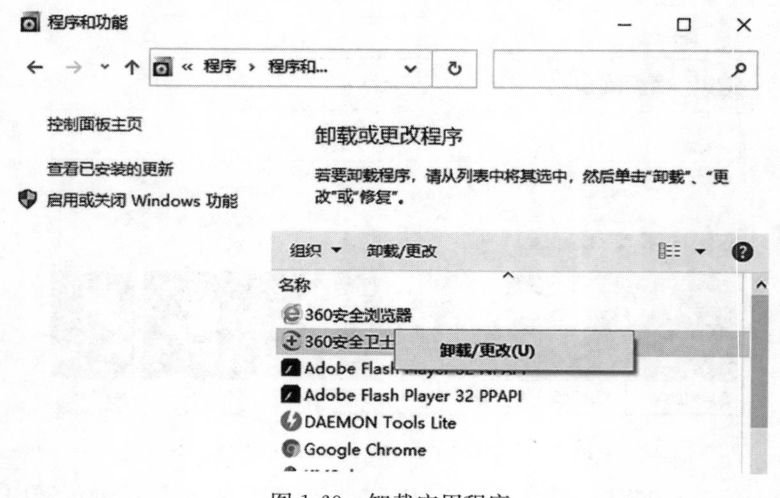

图 1-69　卸载应用程序

3. 添加与删除 Windows 组件：鼠标右键单击【此电脑】图标，在快捷菜单中选择【属性】，点击左侧窗格的【控制面板主页】，即可进入“控制面板”设置窗口。单击“程序”图标，选择【程序和功能】下方的【启动或关闭 Windows 功能】，打开“Windows 功能”窗口，如图 1-70 所示，就可以对系统中的组件进行添加或删除操作。

4. 鼠标和键盘设置：

(1) 鼠标的设置：可以从“控制面板”设置，也可以在“设置”窗口中设置。

(a) 在“控制面板”窗口中，将查看方式修改为【小图标】。单击【鼠标】选项，打开“鼠标属性”对话框，如图 1-71 所示。

图 1-70　添加或删除 Windows 组件

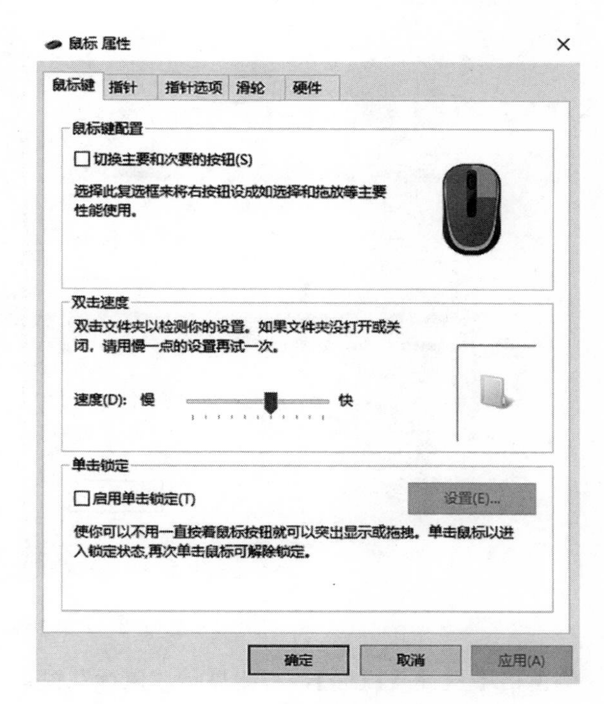

图 1-71　“鼠标属性”对话框

通过“鼠标属性”对话框的各选项卡，可以设置鼠标的各项功能，具体内容如下：

在“鼠标键”选项卡中勾选“切换主要和次要的按钮”复选框，以适应左手使用鼠标的用户。调整“双击速度”滑块，可以改变双击的速度。该设置根据个人的使用习惯和鼠标的特效而定。勾选“启用单击锁定”，可以实现当选择一个文件时，先按住鼠标左键几秒不松开，然后松开鼠标左键，那么该文件便锁定在鼠标指针上；此时拖动文件就不需要一直按着鼠标左键，只需要将鼠标移动到需要的位置后再次单击鼠标左键即可。也可以对单击锁定进行设置，需要在勾选“启用单击锁定”时，点击“启用单击锁定”右侧的【设置】按钮，在弹出的“单击锁定的设置”对话框中，拖动滑块来设置按下鼠标的时间长短即可。

在“指针”选项卡中可以设置指针显示的样式。在“方案”中可以选择已有的方案。勾选“启用指针阴影”复选框，鼠标会出现一个立体效果。

在“指针选项”选项卡中，调整“选择指针移动速度”滑块，可以改变鼠标在屏幕上移动的速度。勾选“显示指针轨迹”复选框，指针移动时会出现运动轨迹，且拖动下方的滑块可以改变轨迹的长短。

在“滑轮”选项卡中，可以设置滚动滑轮一个齿格在“垂直”方向滚动几行或在“水平”方向滚动几个字符。

在“硬件”选项卡中，可以查看设备名称及设备属性。点击【属性】按钮，在打开的鼠标“属性”对话框中可以查看设备状态，查看或更新驱动程序，禁用或卸载设备等操作，如图 1-72 所示。

(b) 在“开始”菜单中点击【设置】⚙，打开“设置”窗口。点击【设备】图标，在左

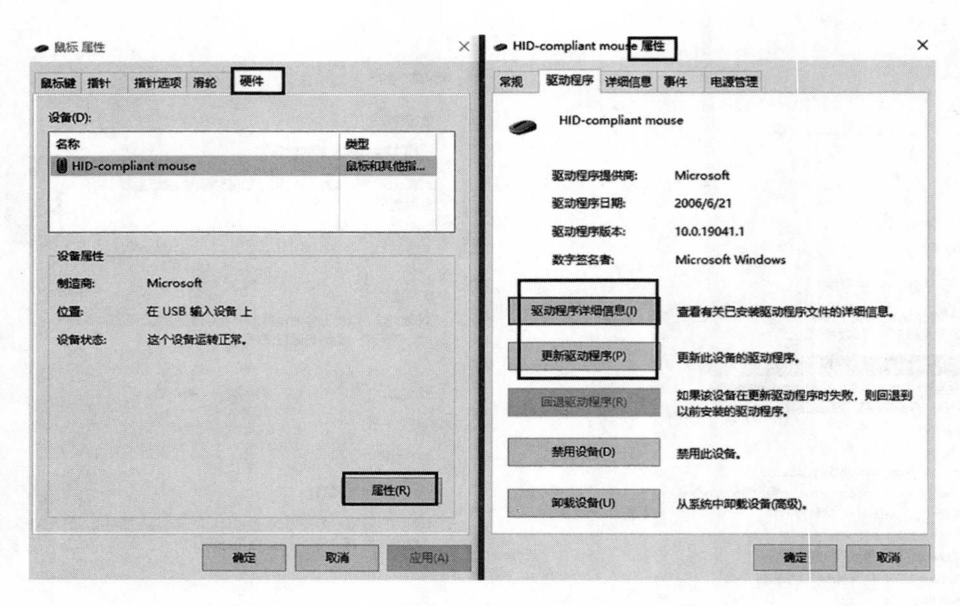

图 1-72　“鼠标硬件属性”设置

侧窗格中选择【鼠标】，右侧显示“鼠标”窗口，如图 1-73 所示。选择“选择主按钮”下拉列表，可以设置主按键类型。移动“光标速度”滑块可以设置鼠标移动速度。设置“滚动鼠标滚轮即可滚动”下拉列表可以实现滚动鼠标一个齿格时是一次一屏还是一次多行，以及滚动几行。

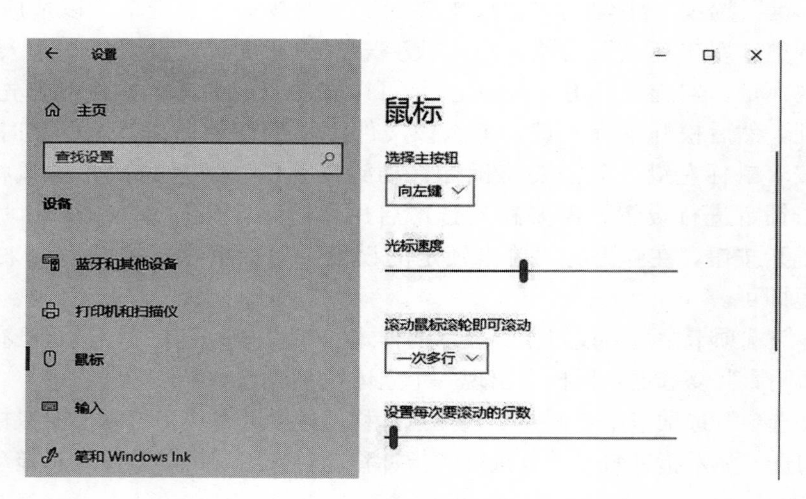

图 1-73　“设置”窗口中设置鼠标属性

（2）键盘的设置：可以在“控制面板”中设置，也可以在“设置”窗口中设置。

（a）在“控制面板”窗口的“小图标”查看方式下，单击【键盘】选项，打开“键盘属性”对话框，如图 1-74 所示。选择“速度”选项卡，在“字符重复”区域中设置“重复延迟”和“重复速度”。在“光标闪烁速度”区域中设置光标闪烁速度，单击【确定】按钮。

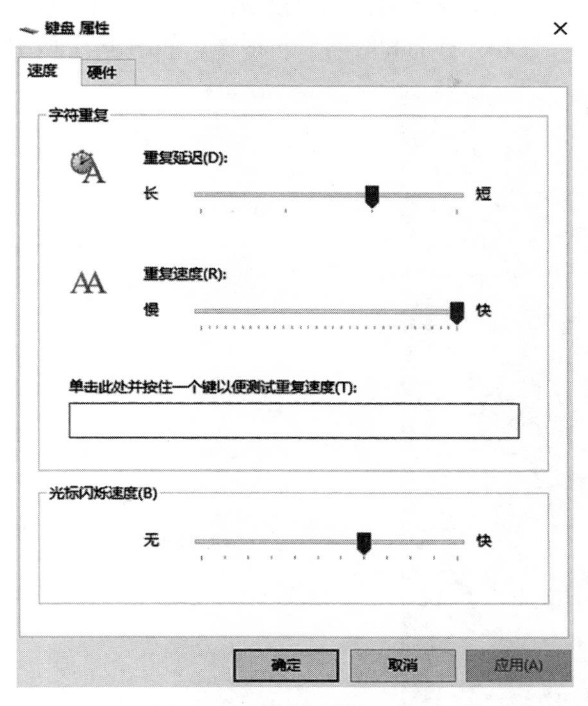

图 1-74　“键盘属性”设置

(b) 在“开始”菜单中点击【设置】⚙，打开“设置”窗口，点击【设备】图标。在左侧窗格中选择【输入】，右侧显示“输入”窗口，如图 1-75 所示。可以设置是否打开“在我键入时显示文本建议”、“自动更正我键入的拼写错误”。

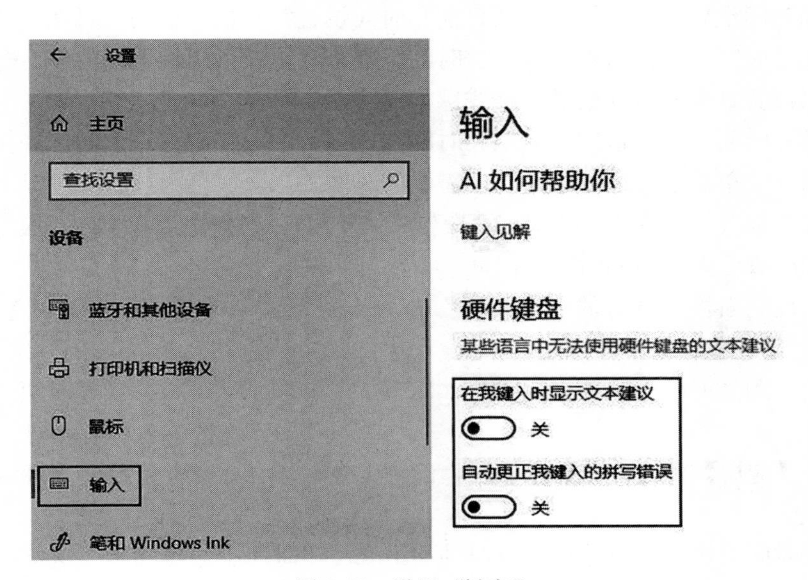

图 1-75　设置“键盘”

5. 系统日期和时间设置：在任务栏的通知区域可以查看当前的系统日期和时间，如图 1-76 所示。

(1) 系统日期和时间的设置与调整：在“控制面板”窗口的【小图标】查看方式下，单击【日期和时间】选项，打开“日期和时间”对话框，如图 1-77 所示。

图 1-76　显示系统日期和时间

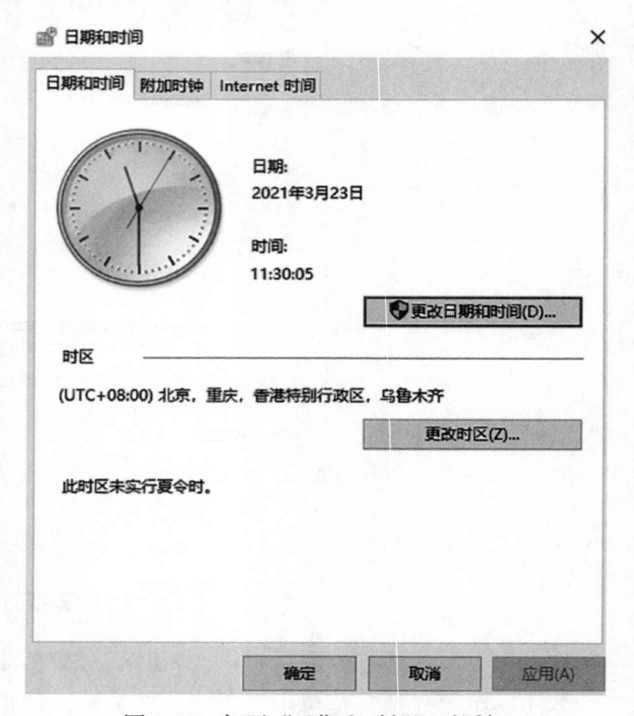

图 1-77　打开“日期和时间”对话框

在“日期和时间”对话框的“日期和时间”选项卡中，单击【更改日期和时间】按钮，弹出“日期和时间设置”对话框。在“日期和时间设置”对话框中的“日期”栏中可以设置当前日期；在“时间”栏中可以设置当前时间。点击【更改日历设置】，弹出“自定义格式”对话框，可以设置日期和时间的显示格式。

在“日期和时间”对话框的“日期和时间”选项卡中，单击【更改时区】按钮进入“时区设置”对话框，单击下拉列表框选择所需要的时区。

(2) 添加附加时钟：在 Windows 10 操作系统中可以设置多个时钟的显示，设置了多个时钟后可以同时查看多个不同时区的时间。

(a) 在“控制面板”窗口的“小图标”查看方式下，单击【日期和时间】选项，打开“日期和时间”对话框。

(b) 单击“附加时钟”选项卡，设置“时钟 1”和“时钟 2”，分别显示两个不同时区的时钟。

(c) 点击【应用】和【确定】按钮后，设置生效，将会在任务栏的通知区域显示“时钟 1”和“时钟 2”。

(3) 设置时间同步：可以使计算机时钟与 Internet 时间服务器同步。这意味着可以实现时间服务器时钟对计算机时钟的自动校准，有助于确保计算机上时钟的准确性。时钟通常每周更新一次，如要进行同步，必须将计算机连接到 Internet。

(a) 在“控制面板”窗口的“小图标”查看方式下，单击【日期和时间】选项，打开

“日期和时间”对话框。

(b) 在“日期和时间”对话框中切换至“Internet 时间”选项卡，然后单击【更改设置】按钮，如图 1-78 所示。打开“Internet 时间设置”对话框，勾选“与 Internet 时间服务器同步”复选框，然后单击【立即更新】按钮即可。

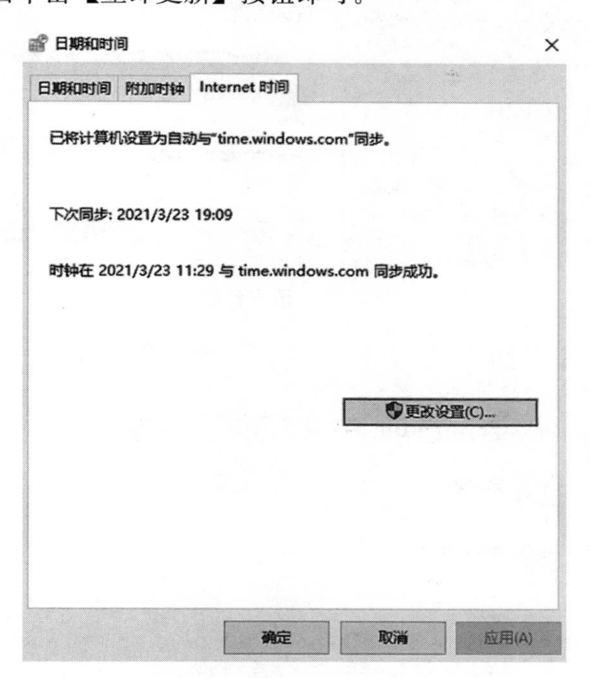

图 1-78　设置“时间同步”

6. 输入法的切换与设置：

(1) 切换中英文输入法：单击【中/英文输入切换】按钮，可以在中/英文输入之间进行切换。当显示“英”时，表示英文输入状态；当显示“中”时，表示中文输入状态。还可以在键盘上直接按【Ctrl】+【空格】组合键，进行中英文输入法的切换。

(2) 输入法添加与删除：

(a) 在“设置”窗口中，单击“时间和语言”图标。在左侧窗格中选择【语言】，在右侧窗口“语言”界面中点击“首选语言”下方的【添加语言】按钮可以添加输入法语言。点击下方的语言方式【中文】，可以看到【选项】按钮，如图 1-79 所示。

(b) 单击【选项】按钮，打开“语言选项”页面，在该页面点击【添加键盘】，即可添加输入法。点击具体某种输入法，如“微软五笔”，在下方出现【删除】按钮，可以进行删除该输入法操作，如图 1-80 所示。

7. 数据压缩存储：数据压缩是指在不丢失有用信息的前提下，通过压缩工具，缩减数据量以减少存储空间，提高其传输、存储和处理效率。常见的压缩格式有 ZIP、RAR、7Z 和 CAB 等。

WinRAR 是目前常用的压缩工具之一，其压缩率比较高，同时兼容 RAR 和 ZIP 格式。

(1) WinRAR 软件的安装：

(a) 首先下载 WinRAR 应用程序，直接双击安装文件图标，弹出安装界面。

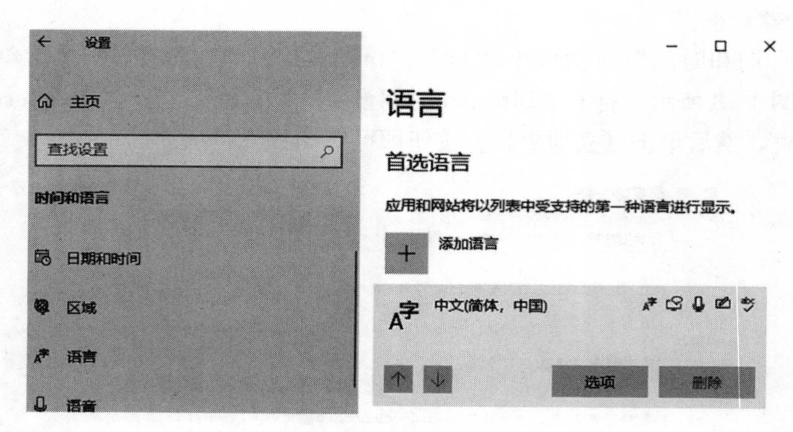

图 1-79　语言设置

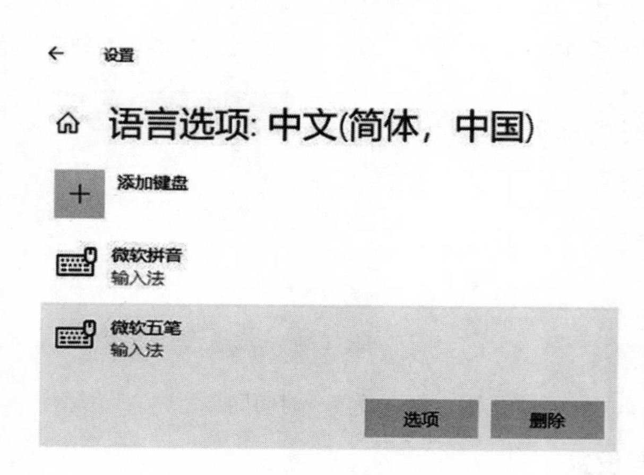

图 1-80　输入法的添加和删除

(b) 单击【浏览】按钮，选择安装路径，单击【确定】按钮。

(c) 单击【安装】按钮，在安装界面进行设置，初学者可全部选择默认设置，单击【确定】按钮继续安装。

(2) 创建压缩文件：

(a) 通过“开始”菜单启动 WinRAR 程序，如图 1-81 所示。

(b) 单击工具栏的【添加】按钮，打开“压缩文件名和参数”对话框，在“压缩文件名”处修改压缩文件名，默认名为原文件名称；在“压缩文件格式”中，选择“RAR”格式；在“压缩方式”包含的“存储、最快、较快、标准、较好、最好”中选择其中一种，以确定压缩速度和压缩质量；可通过【浏览】按钮确定压缩文件存储的文件夹。

(c) 单击【设置密码】按钮，在“输入密码”对话框中，可以设置解压缩时需要输入的密码。

(d) 单击【确定】按钮，开始压缩。压缩完成后，将在指定文件夹生成一个 RAR 格式的压缩文件。

8. 设备管理器操作：打开“控制面板”窗口的“小图标”查看方式，点击【设备管理器】；或鼠标右键单击“此电脑”图标，在弹出的快捷菜单中选择【属性】，在打开的“系统

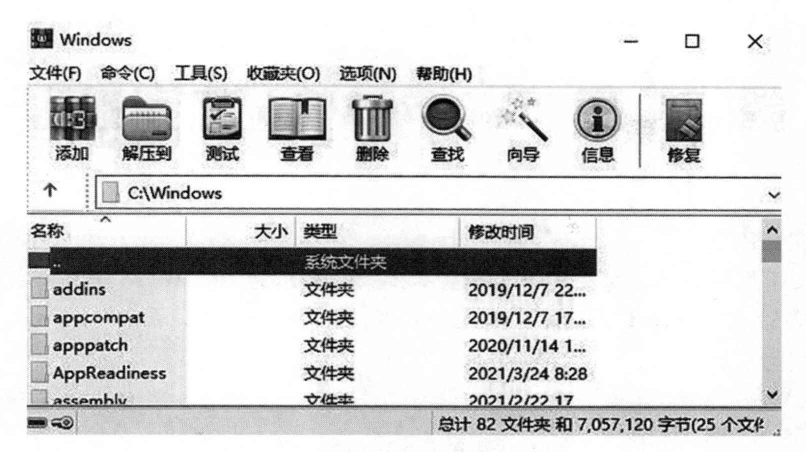

图 1-81　打开 WinRAR 程序

属性”窗口左侧窗格中单击“设备管理器”选项。在“设备管理器”窗口中可以查看硬件信息，以及添加、删除硬件，如图 1-82 所示。

图 1-82　“设备管理器”窗口

第2章　Word 2016 文字处理

● **本章实验内容**

Word 文字编辑的基本操作，Word 基本排版和高级排版，Word 图文混排，图形、图像对象编辑与设置，Word 中表格的编辑和处理。

● **本章实验目标**

1. 熟悉 Word 2016 界面布局和基本操作。
2. 熟练掌握 Word 字体、段落、边框和底纹、页面布局等基本排版设置。
3. 熟练掌握 Word 分栏、首字下沉等高级排版设置。
4. 熟练掌握 Word 图文混排，图形、图像对象编辑与设置。
5. 熟练掌握 Word 中表格的编辑与处理。

● **本章重点与难点**

1. 重点：Word 基本排版设置，Word 高级排版设置，图文混排，Word 中表格的编辑与设置。
2. 难点：Word 高级排版设置，图文混排，Word 中表格的编辑与设置，邮件合并。

实验一　Word 2016 的基本操作和排版

实验目的

1. 熟悉 Word 2016 窗口界面。
2. 掌握 Word 文档的创建、打开、保存和关闭等操作方法。
3. 掌握 Word 文字编辑基本操作，包括文字输入、复制、移动、查找和替换。
4. 掌握 Word 文字基本排版，包括字体设置、段落设置。
5. 掌握 Word 特殊格式的设置，包括边框和底纹、分栏、首字下沉等。

实验内容

视频 2-1 Word 2016 的基本操作

1. 创建并打开 Word 2016，在打开的 Word 2016 选择空白文档，熟悉 Word 2016 窗口界面的各组成元素。

2. 在打开的文档中输入如下内容：

“杂交水稻之父”袁隆平的故事——坚持为梦前行

故事从袁隆平年轻的时候开始讲起。1953 年，袁隆平从西南农学院毕业，成为新中国培养的第一批大学生。那时国家实行毕业分配政策，袁隆平被分到穷乡僻壤的安江农业学校当教师，负责教三门课。然而就在这个落后的湖南乡下，袁隆平度过了人生中最难忘的 18 年岁月——这些日子里，他一边教书育人，一边做农业科研，积累了大量的经验。

那个年代的人都深受饥饿的折磨。1960 年，严重的大饥荒像蝗虫般掠过中华大地，饿殍遍野，惨不忍睹。袁隆平内心的壮志被激发起来了，他发誓，一定要研究出一种高产的水稻，让自己的同胞吃饱，不再受饥饿之苦！

当时，科学家都认定水稻杂交没有优势，可是倔强的袁隆平不认输，他相信自己的判断没有错，无数次实验、无数次失败，都没有使他气馁。天才都是百分之一的灵感和百分之九十九的汗水，功夫不负有心人，一天，袁隆平像往常一样走在实验田里，突然发现一株特殊的稻穗，袁隆平在惊喜之下，继续潜心研究。终于，在 1973 年，袁隆平在全国水稻科研会议上，正式宣告中国籼型杂交水稻"三系"配套成功！如果不是错失了两次机会，"杂交水稻之父"袁隆平的人生，也许会被完全改写。

3. 将标题对齐方式设置为"居中"，字体为"楷体"，字号为"三号"，字体颜色设置为"紫色"，文本加粗。设置正文字体为"楷体"，字号为"小四"。设置段落特殊格式为"首行缩进"，缩进值为 2 字符；行间距为"多倍行距"，值为 1.35 倍。

4. 设置第一段字符间距加宽 2 磅；设置"农业科研"位置提升 2 磅。设置第一段文字底纹为"黄色"，图案样式为"浅色下斜线"。

5. 设置正文第二段首字下沉 2 行，字体为"黑体"；查找文字"研究"，把"研究"替换为"钻研"。

6. 将正文第三段中"功夫不负有心人"加边框，样式为"方框"、"双实线"、"绿色"。将第三段文字分成两栏、栏宽相等、间距 2 字符，并且加分隔线。

7. 将文档保存在桌面上，命名为"实验 1 Word 基本操作 . docx"。

实验步骤

1. 创建、打开 Word 2016。创建、打开 Word 2016 一般有两种方法：

方法一：点击【开始】菜单，然后选择【Word 2016】，启动 Word 2016 文档。启动之后在弹出的开始屏幕中选择一个合适的模板，通常选择"空白文档"，或者在左侧的列表中选择打开一个最近使用的文档，如图 2-1 所示，即可打开一个空白的 Word 文档。

方法二：在文件的保存目录下（本题中为桌面）点击鼠标右键，在弹出的快捷菜单中选择【新建】｜【Microsoft Word 文档】，修改好文件名，然后鼠标左键双击新建的 Word2016 文档，这种情况下不会出现开始屏幕，会直接进入空白文档编辑页面，如图 2-2 所示（工作区左侧的"导航窗格"在不使用时可以点击其右上角关闭按钮将其关闭）。

2. 输入文字。按照题目要求，在工作区中输入指定文字。

3. 设置字体和段落格式。把光标移至标题"'杂交水稻之父'袁隆平的故事——坚持为梦前行"，按住鼠标左键，从左向右拖动，或从右向左拖动，选中文字。

设置字体有两种方法：第一种方法，在【开始】选项卡的"字体"组中调整对应字体、

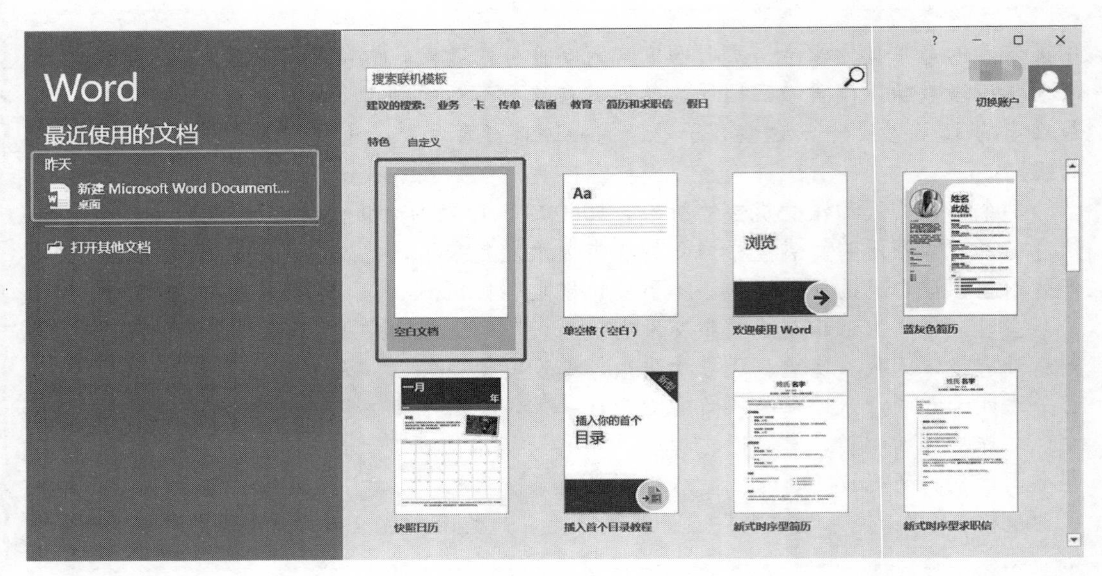

图 2-1　Word 2016 开始屏幕

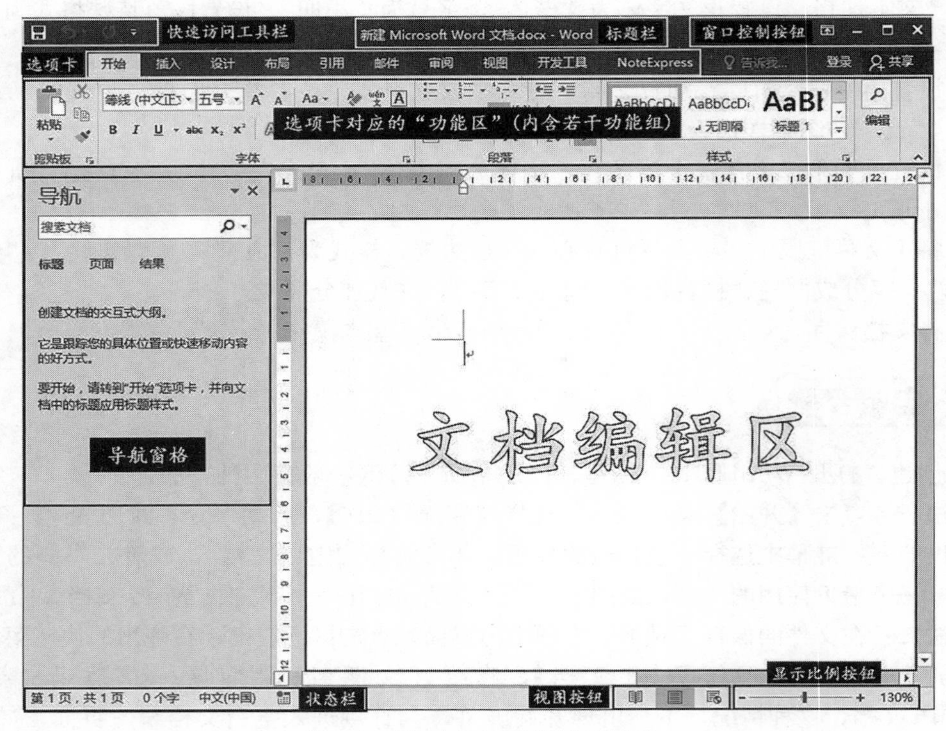

图 2-2　Word 2016 工作窗口界面

字形、字体颜色等，此方法适合对字体进行简单设置。第二种方法，打开“字体”对话框进行设置，可以点击“字体”组右下角的【扩展按钮】打开【字体】设置对话框，如图 2-3 所示。还可以选中文字后点击鼠标右键，在右键菜单中选择【字体】选项，同样会打开“字体”对话框，如图 2-4 所示。在“字体”对话框中可以对字体进行高级设置。

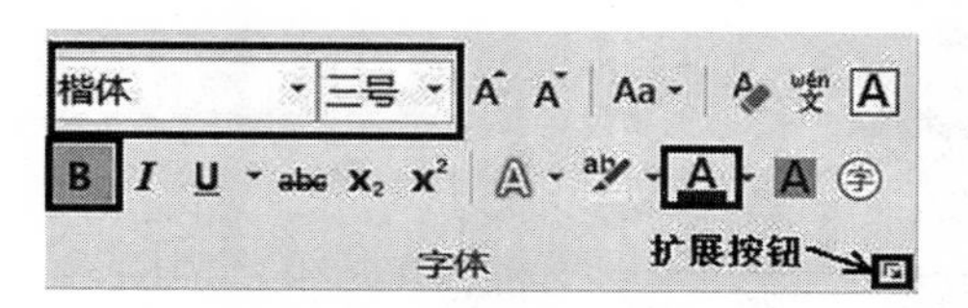

图 2-3　在“字体”组设置字体

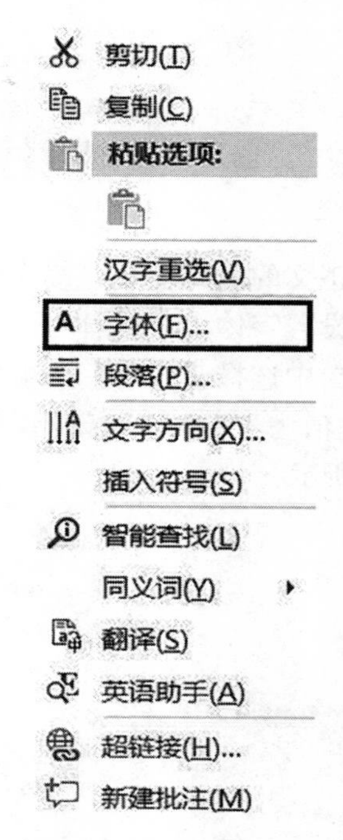

图 2-4　在右键菜单中点击“字体”选项

在“字体”对话框中，选择中文字体为“楷体”，字形选择“加粗”，字号为“三号”，字体颜色为“紫色”，完成后单击【确定】按钮，如图 2-5 所示。在“开始”选项卡下的“段落”组中点击【居中】按钮，如图 2-6 所示。

图 2-5　在“字体”对话框中设置字体

图 2-6　标题设置为“居中”

设置正文的段落格式：按住鼠标左键并拖动鼠标选中正文所有段落，打开【字体】设置对话框，设置字体为“楷体”，字号为“小四”，设置完成后点击【确定】。点击鼠标右键，在右键菜单中选择【段落】选项，打开“段落”对话框，设置段落“特殊格式”为“首行缩进”，缩进值为“2 字符”，设置行距为“多倍行距”，值为“1.35”，完成后点击【确定】，如图 2-7 所示。

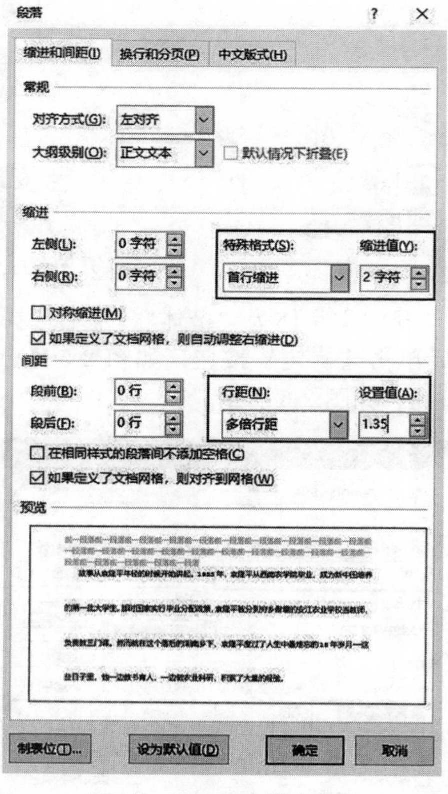

图 2-7　设置正文段落格式

4. 字体高级设置、边框和底纹设置。选中第一段文字，点击鼠标右键，在右键菜单中点击【字体】选项，点击【高级】选项卡，设置“间距”为“加宽”，磅值为“2 磅”；选中“农业科研”四个字，同样在“字体”对话框的“高级”选项卡下，设置“位置”为“提升”，磅值为“2 磅”，如图 2-8 所示。

接下来为第一段添加底纹和图案，需要进入“边框和底纹”对话框进行设置，“边框和底纹”对话框的打开方法有以下三种：

方法一：点击【开始】选项卡，在“段落”组中点击“边框”按钮下拉菜单，在菜单中选择【边框和底纹】选项，弹出“边框和底纹”对话框，如图 2-9 所示。

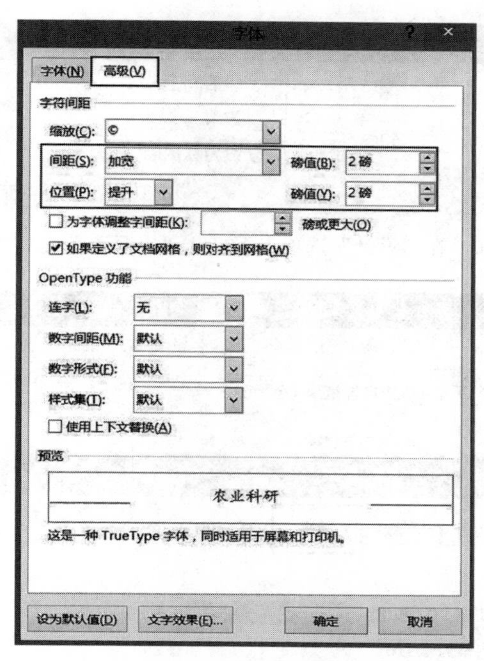

图 2-8　字体高级设置

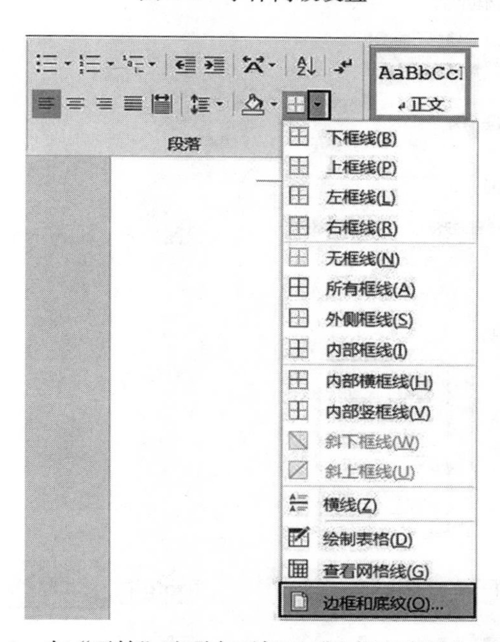

图 2-9　在“开始”选项卡下打开“边框和底纹”对话框

方法二：点击【设计】选项卡，在“页面背景”组中点击【页面边框】，同样可以打开“边框和底纹”对话框，如图 2-10 所示。

方法三：点击【布局】选项卡，点击“页面设置”组的【扩展按钮】，弹出“页面设置”对话框，点击【版式】选项卡，然后点击【边框】按钮，亦可打开“边框和底纹”对话框，如图 2-11 所示。

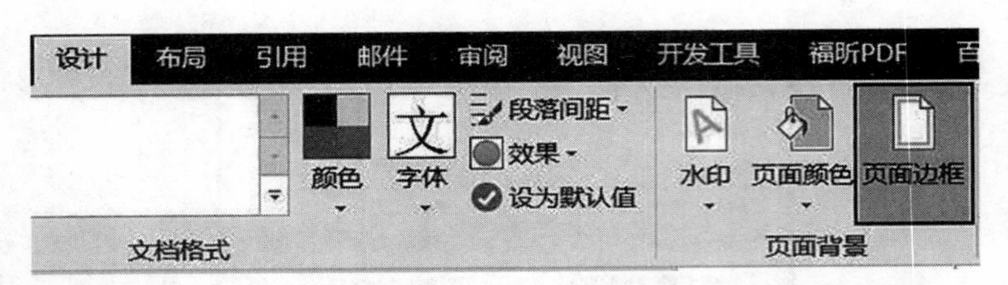

图 2-10　在“设计”选项卡下打开“边框和底纹”对话框

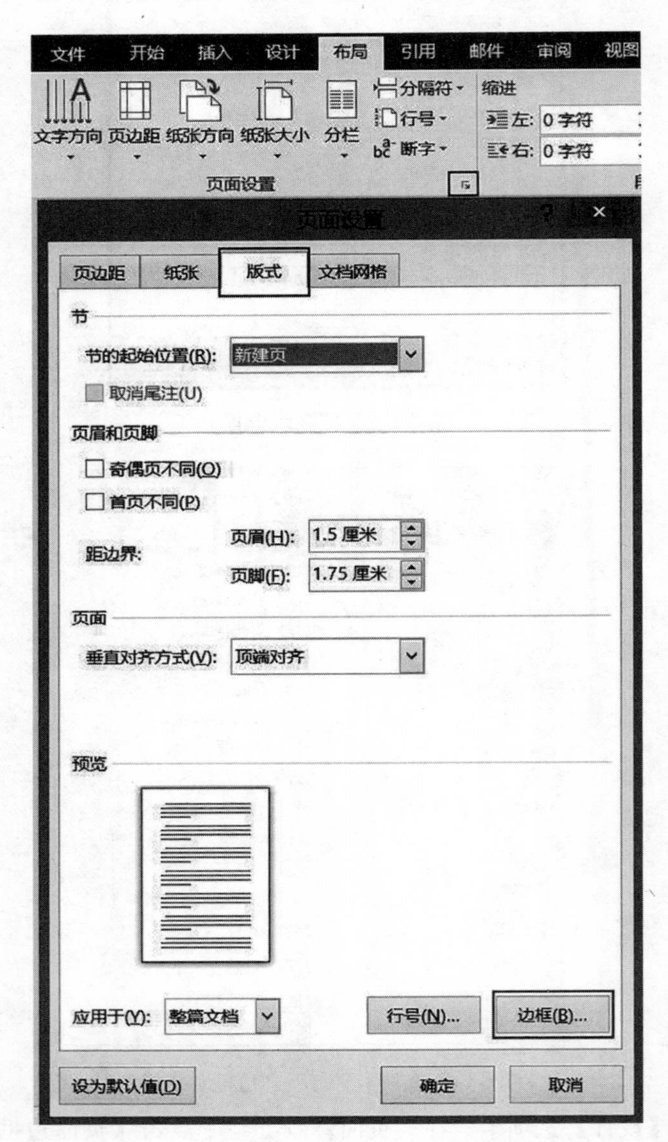

图 2-11　在“布局”选项卡下打开“边框和底纹”对话框

选中第一段，打开“边框和底纹”对话框，在对话框中点击【底纹】选项卡，设置填充为“黄色”，图案样式为“浅色下斜线”，设置应用于“文字”，点击【确定】，如图 2-12 所示。

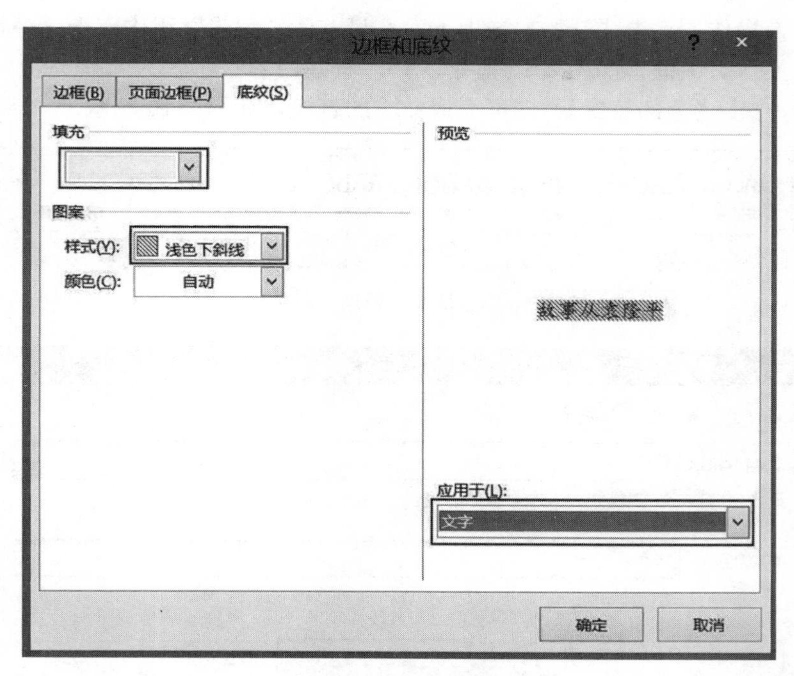

图 2-12　设置文字底纹和样式

5. 设置首字下沉、查找和替换。选中正文第二段文字，点击【插入】选项卡，然后点击“文本”组中的【首字下沉】按钮，在下拉菜单中选择【首字下沉】选项，打开“首字下沉”设置对话框，如图 2-13 所示。设置位置为“下沉”，字体为“黑体”，下沉行数为“2 行”，点击【确定】按钮，如图 2-14 所示。

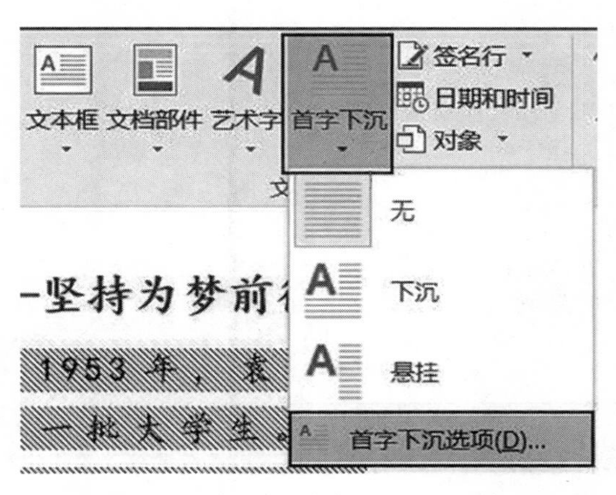

图 2-13　打开“首字下沉”对话框

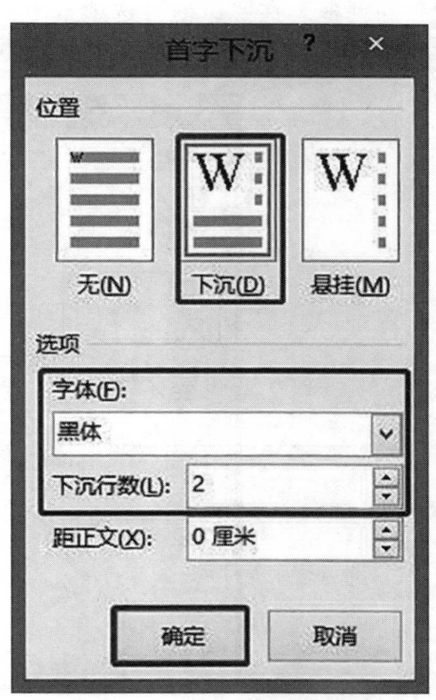

图 2-14　“首字下沉”设置

查找和替换操作：点击【开始】选项卡，在最右侧“编辑”组中点击【替换】按钮，打开“查找和替换”对话框，如图 2-15 所示。在“查找内容”中输入“研究”，“替换为”中输入“钻研”，点击【全部替换】，即可完成文本的替换，如图 2-16 所示。

图 2-15　打开“替换”对话框

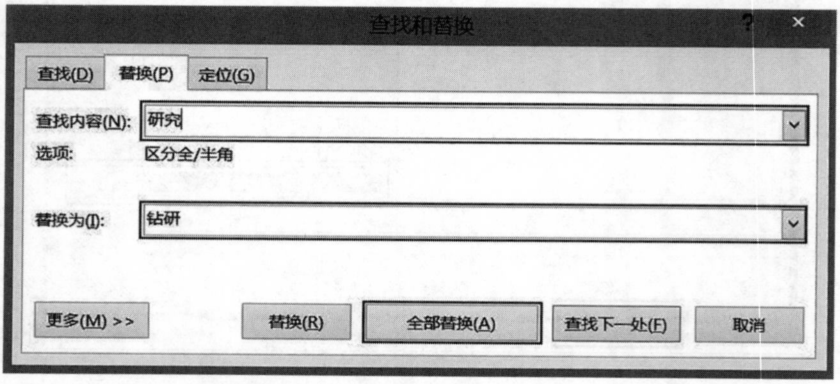

图 2-16　“查找和替换”对话框

6. 文本添加边框和分栏设置：选中正文第三段中的文字“功夫不负有心人”，点击【开始】选项卡下“段落”组边框按钮的下拉菜单，选择【边框和底纹】选项，打开“边框和底纹”对话框。在“边框”选项卡下，边框设置为“方框”，样式设置为“双实线”，颜色为“绿色”，设置完成后点击【确定】按钮，如图 2-17 所示。

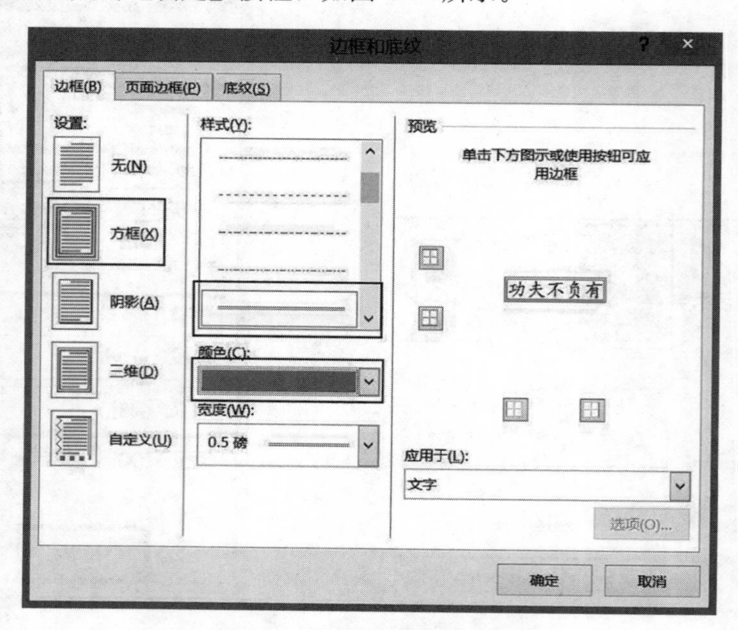

图 2-17　为选中文字添加边框

“分栏”设置：选中第三段，在【布局】选项卡的“页面设置”组中点击【分栏】，在弹出的下拉菜单中点击【更多分栏】，如图 2-18 所示。打开“分栏”对话框，选择“两栏”，勾选“分隔线”，勾选“栏宽相等”，修改间距为“2 字符”，设置完成后单击【确定】按钮，如图 2-19 所示。（注意：当对文本最后一段进行分栏设置时，需要再加一个段落标记，否则会导致分栏效果与题目要求不一致。）

本实验完成后的结果如图 2-20 所示。

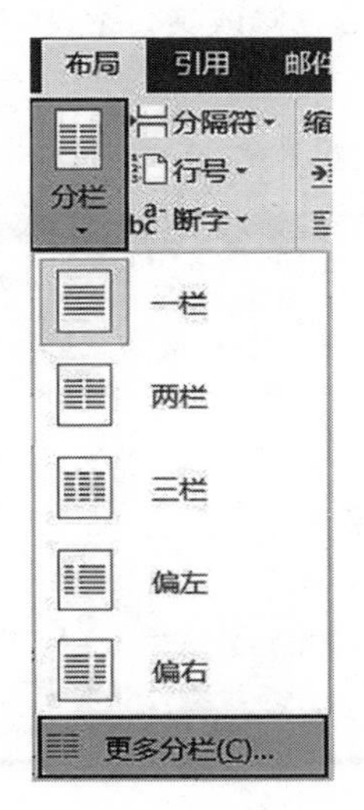

图 2-18　打开“分栏”对话框

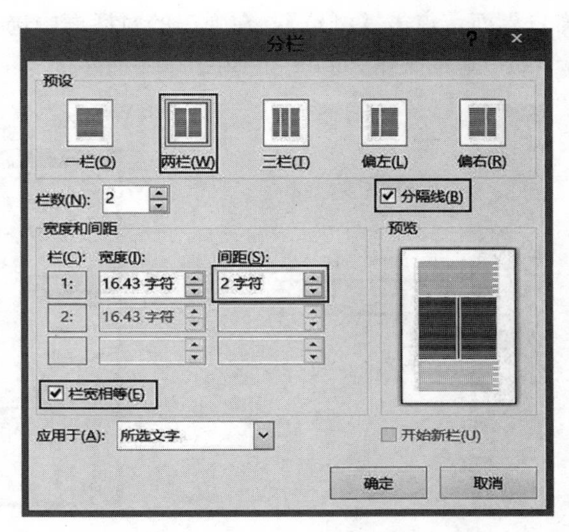

图 2-19　“分栏”设置

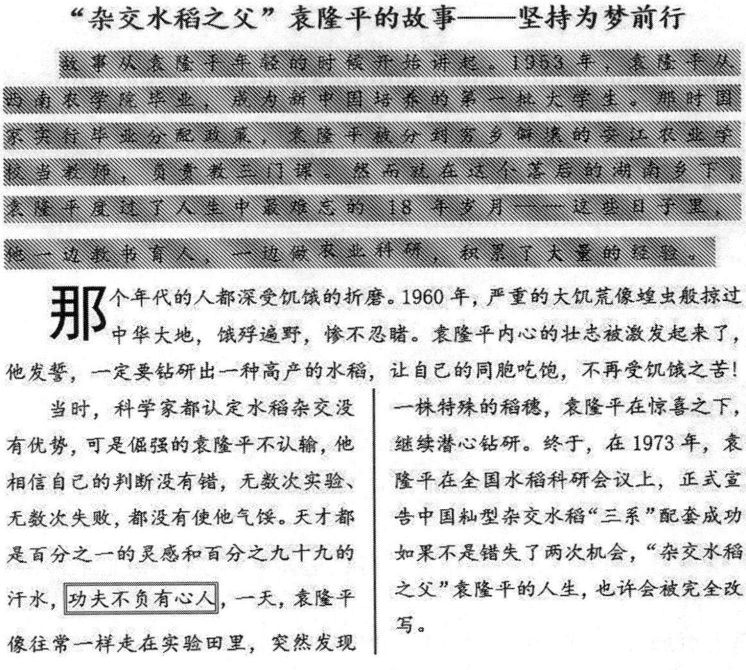

“杂交水稻之父”袁隆平的故事——坚持为梦前行

故事从袁隆平年轻的时候开始讲起。1953 年，袁隆平从西南农学院毕业，成为新中国培养的第一批大学生。那时国家实行毕业分配政策，袁隆平被分到穷乡僻壤的安江农业学校当教师，负责教三门课。然而就在这个落后的湖南乡下，袁隆平度过了人生中最难忘的 18 年岁月——这些日子里，他一边教书育人，一边做农业科研，积累了大量的经验。

那个年代的人都深受饥饿的折磨。1960 年，严重的大饥荒像蝗虫般掠过中华大地，饿殍遍野，惨不忍睹。袁隆平内心的壮志被激发起来了，他发誓，一定要钻研出一种高产的水稻，让自己的同胞吃饱，不再受饥饿之苦！

当时，科学家都认定水稻杂交没有优势，可是倔强的袁隆平不认输，他相信自己的判断没有错，无数次实验、无数次失败，都没有使他气馁。天才都是百分之一的灵感和百分之九十九的汗水，功夫不负有心人，一天，袁隆平像往常一样走在实验田里，突然发现一株特殊的稻穗，袁隆平在惊喜之下，继续潜心钻研。终于，在 1973 年，袁隆平在全国水稻科研会议上，正式宣告中国籼型杂交水稻“三系”配套成功！如果不是错失了两次机会，“杂交水稻之父”袁隆平的人生，也许会被完全改写。

图 2-20　实验一结果

7. 保存文档：保存文档的方法有四种：

方法一：点击左上角【快速访问工具栏】中的保存按钮。

方法二：点击【文件】选项卡，在之后的窗口界面中点击【保存】。

方法三：点击【关闭】按钮，会弹出是否保存对话框，点击【保存】。

方法四：使用组合键【Ctrl】+【S】进行保存。

若是从【开始】菜单中打开的 Word 2016 的空白文档，点击【保存】会出现“另存为”窗口界面，点击【浏览】，在弹出的对话框中选择保存位置为【桌面】，修改文件名为“实验1 Word 基本操作 .docx”，如图 2-21 所示。

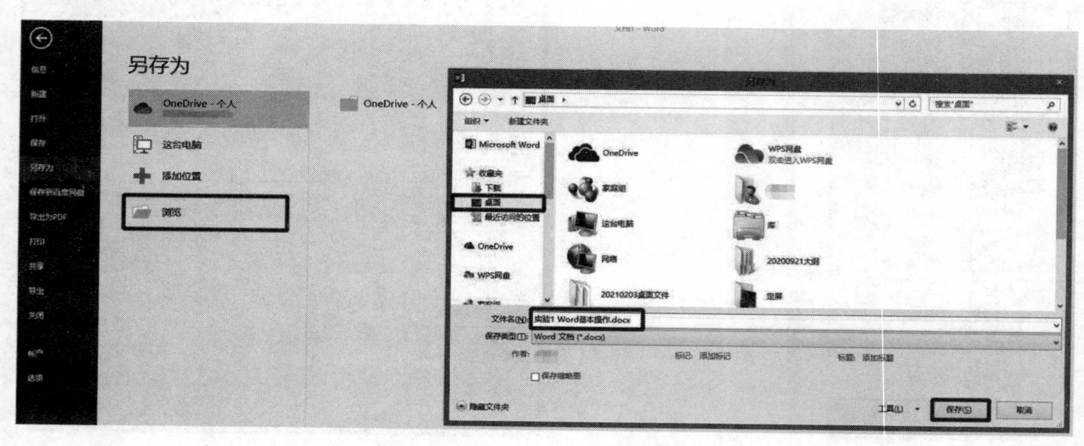

图 2-21 “另存为”对话框

实验二 页面排版和图文混排

实验目的

1. 掌握 Word 页面排版。
2. 掌握 Word 图片的插入及图文混排。
3. 掌握 Word 绘制和设置形状的方法。

实验内容

视频 2-2 页面排版和图文混排

打开“实验二素材”目录中的 Word 文档“实验二素材 .docx”，按照下列要求完成对此文档的操作。

1. 将文档纸张设置为 B5，上、下、左、右页边距设置为 2.8 厘米，纸张方向设置为“横向”。

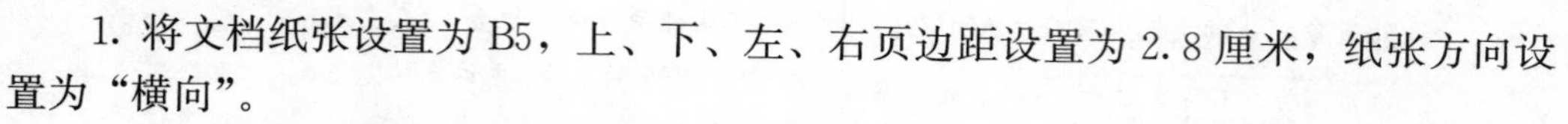

2. 为文档插入页眉和页脚，页眉类型为“空白”，页眉内容为“老木匠的房子”，居中对齐。页面底端插入页码，页码样式为“第 X 页，共 Y 页”，格式为“楷体、5 号、加粗、居中”。

3. 为文档添加页面边框，边框类型为“三维”，艺术型为“苹果”，宽度为“1 磅”。

4. 在第二段文字中插入图片，图片环绕方式为“衬于文字下方”。

5. 在文档末尾插入基本形状“太阳形”，填充颜色为“黄色”，线条颜色为“绿色”，环绕方式为“浮于文字上方”。

实验步骤

1. 对页面进行设置。点击【布局】选项卡，在“页面设置”组中点击【扩展按钮】，如图 2-22 所示。在打开的“页面设置”对话框中，设置上、下、左、右页边距均为“2.8 厘米”，设置纸张方向为“横向”，如图 2-23 所示。点击【纸张】选项卡，设置纸张大小为“B5”，需要注意的是，一定要确保应用于“整篇文档”，最后点击【确定】按钮，如图 2-24 所示。

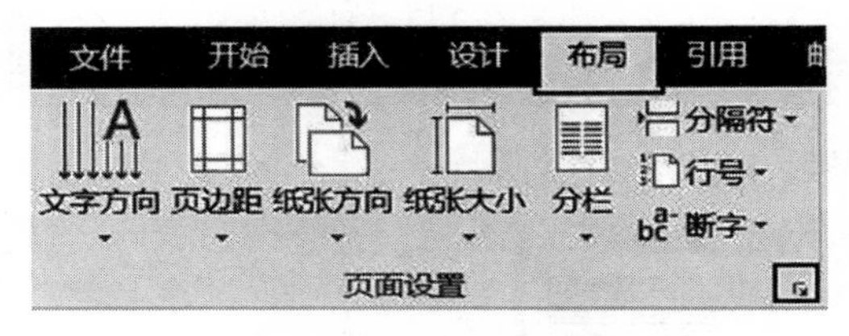

图 2-22　打开页面设置对话框

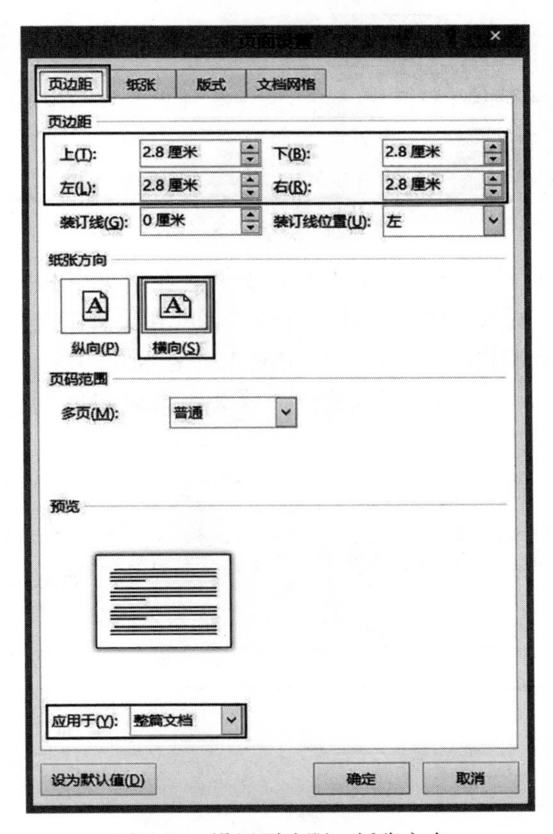

图 2-23　设置页边距、纸张方向

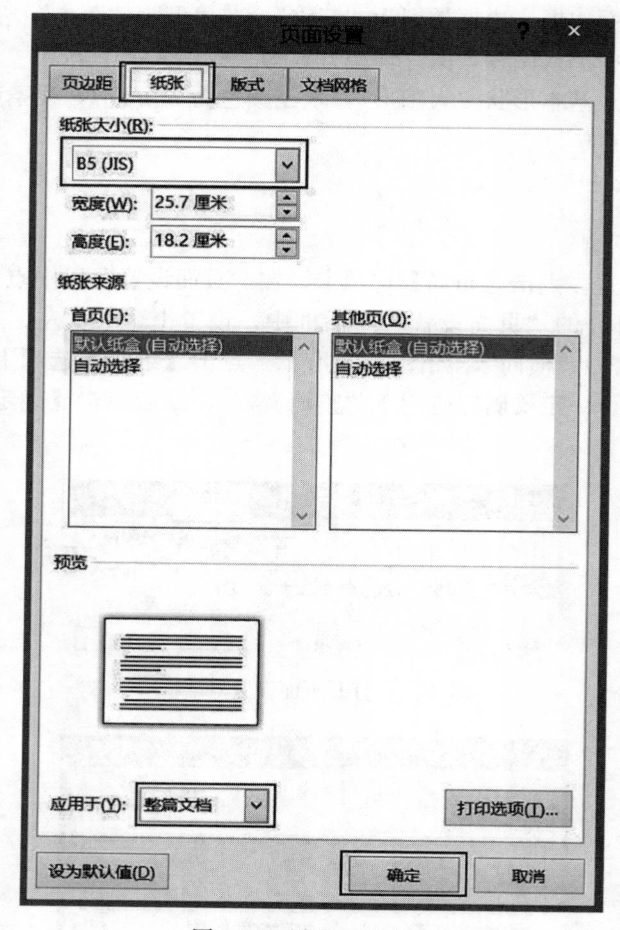

图 2-24　设置纸张大小

2. 插入页眉和添加页码。点击【插入】选项卡，在“页眉和页脚”组中点击【页眉】，选择“空白”，如图 2-25 所示。然后会自动打开“页眉和页脚工具”的【设计】选项卡，同时工作区进入页眉和页脚编辑状态。在页眉中输入“老木匠的房子”，然后将文字下方多余的空行删除，如图 2-26 所示。编辑完成后点击【关闭页眉和页脚】或双击正文，退出页眉和页脚编辑状态。

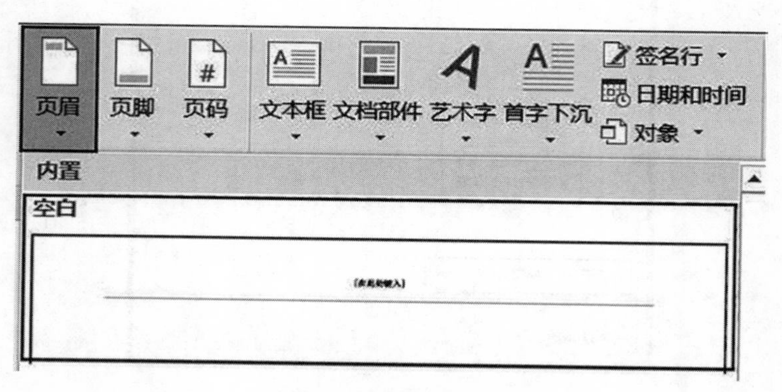

图 2-25　插入页眉

老木匠的房子

老木匠的房子

有个老木匠准备退休，他告诉老板，说要离开建筑行业，回家与妻子儿女享受天伦之乐。老板舍不得他的好工人走，问他是否能帮忙再建一座房子，老木匠说可以。但是大家后来都看得出来，他的心已不在工作上，他用的是软料，出的是粗活。房子建好的时候，老板把大门的钥匙递给他。

"这是你的房子，"他说，"我送给你的礼物。"

图 2-26　输入页眉文字

点击【插入】选项卡，在"页眉和页脚"组中点击【页码】｜【页面底端】，选择"加粗显示的数字 2"，如图 2-27 所示。此时工作区会进入页脚编辑状态，页脚内容为"1/1"，如图 2-28 所示。编辑页脚文字，把"1/1"修改为"第 1 页，共 1 页"（注意："1/1"中的"1"是域，修改过程中"1"不能删除），并修改字体为"楷体"，字号为"五号"，如图 2-29 所示。

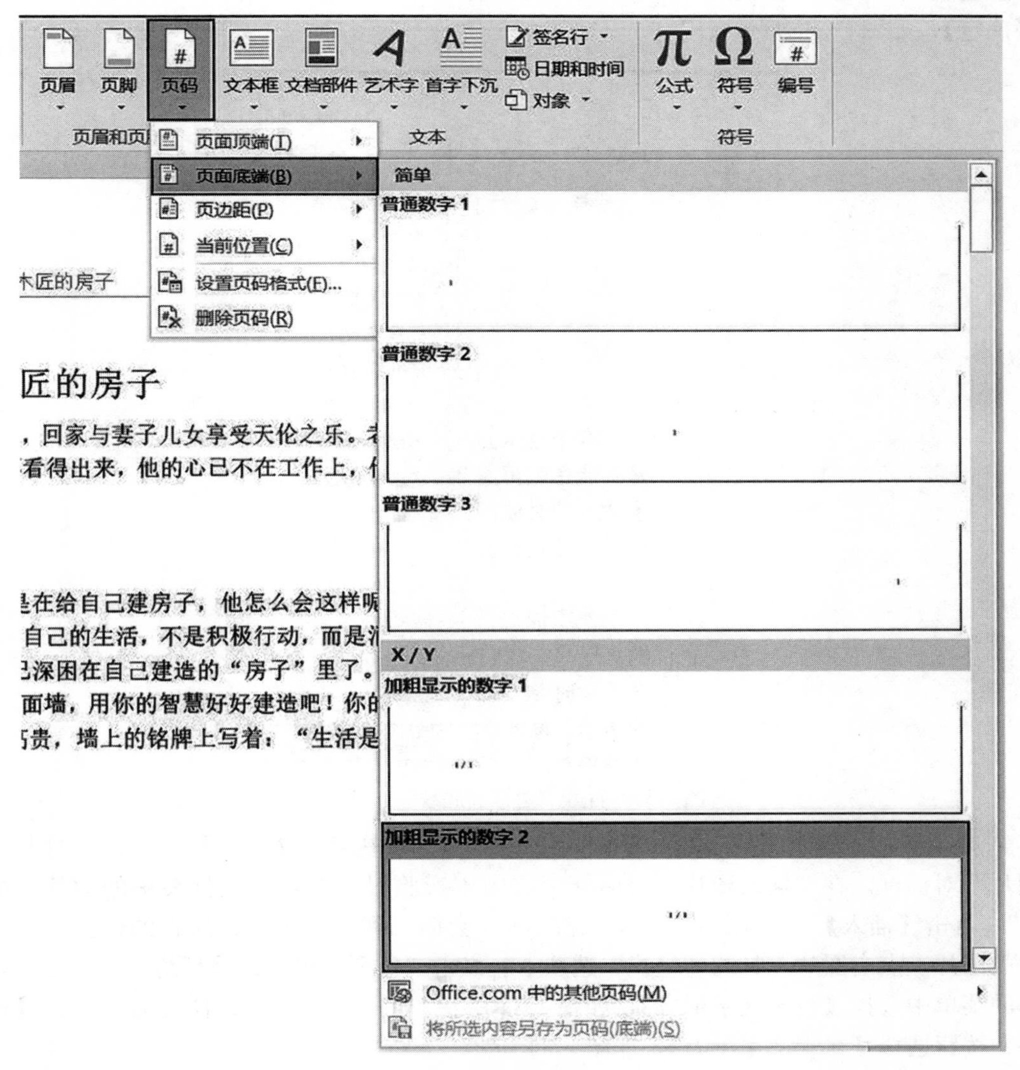

图 2-27　在页面底端插入页码

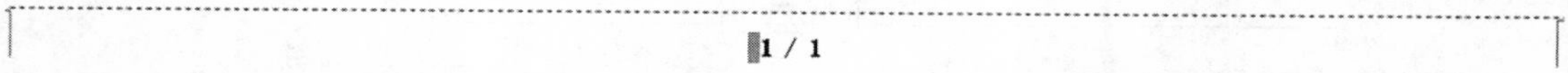

1 / 1

图 2-28　修改页码前

第 1 页/共 1 页

图 2-29　修改页码后

3. 添加页面边框。点击【开始】选项卡，然后点击“段落”组中的边框按钮右侧下拉菜单，选择【边框和底纹】，如图 2-30 所示。在打开的“边框和底纹”对话框中点击【页面边框】选项卡，设置边框类型为“三维”，选择艺术型为“苹果”，设置宽度为“1 磅”，点击【确定】，如图 2-31 所示。

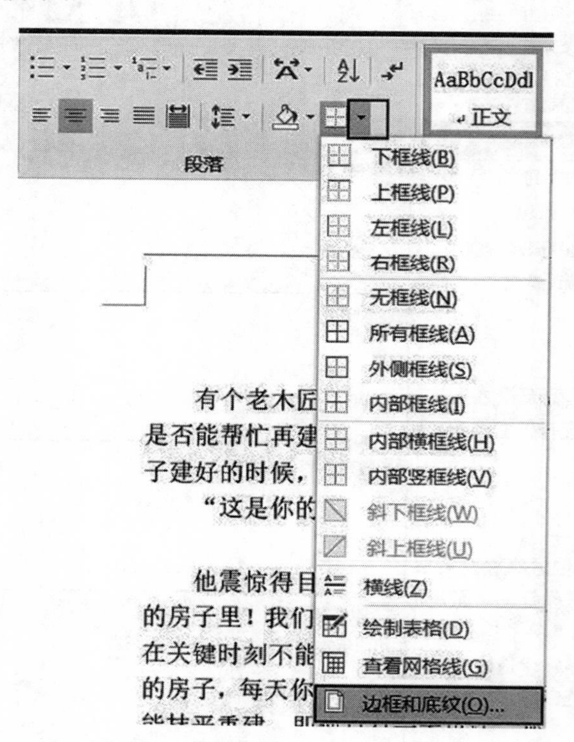

图 2-30　打开“边框和底纹”对话框

4. 插入图片。点击【插入】选项卡，在“插图”组中点击【图片】按钮，会打开“插入图片”对话框。在“插入图片”对话框中选中本实验对应的素材文件夹中的图片“黄花.jpg”，点击【插入】，如图 2-32 所示。此时图片会插入到文档中光标所在的位置。选中文档中的图片，点击图片工具的“格式”选项卡，点击“排列”组中的【环绕文字】按钮，在弹出的菜单中选择【衬于文字下方】，如图 2-33 所示。也可以直接点击图片右上角的【环绕文字】按钮选择【衬于文字下方】，如图 2-34 所示。

点击图片，把光标移至图片的控制调整点，按住鼠标左键进行拖动，即可调整图片大小，将图片大小调整至合适大小，如图 2-35 所示。

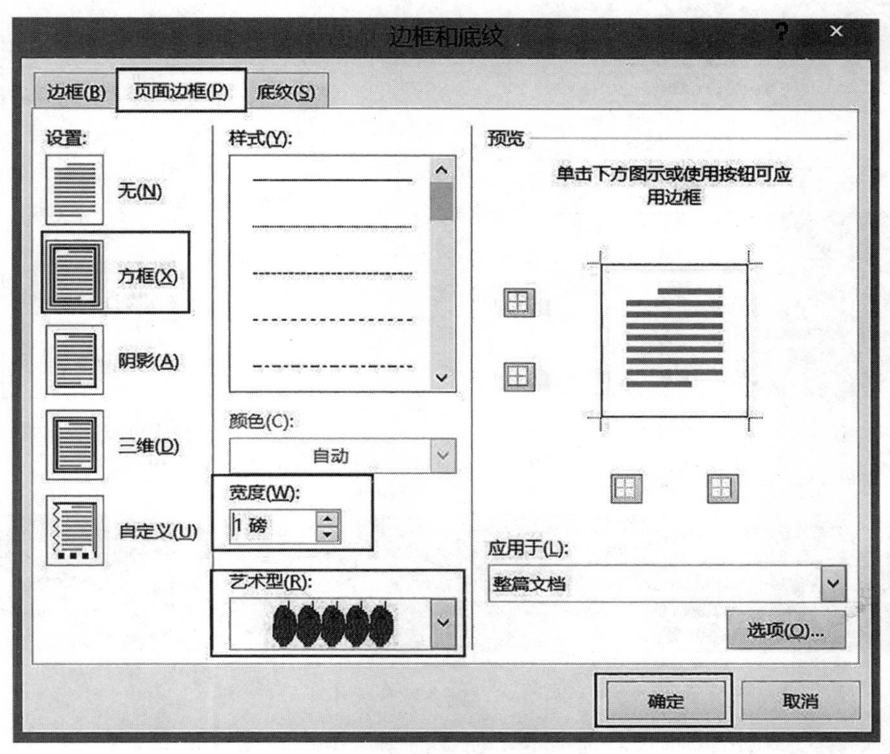

图 2-31　设置页面边框

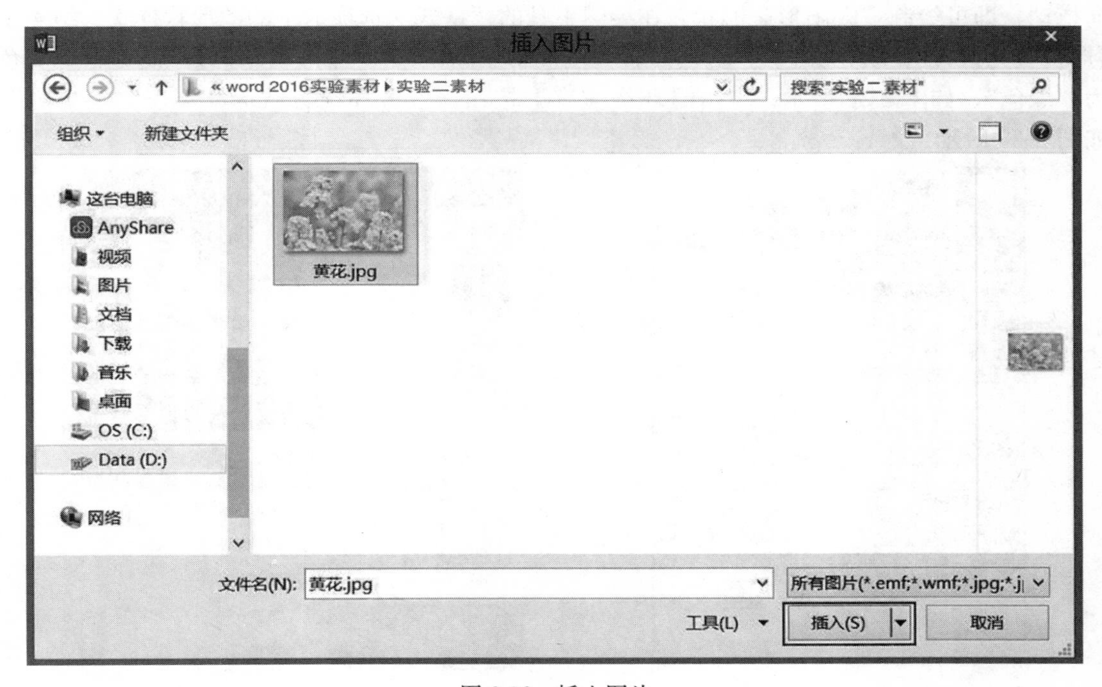

图 2-32　插入图片

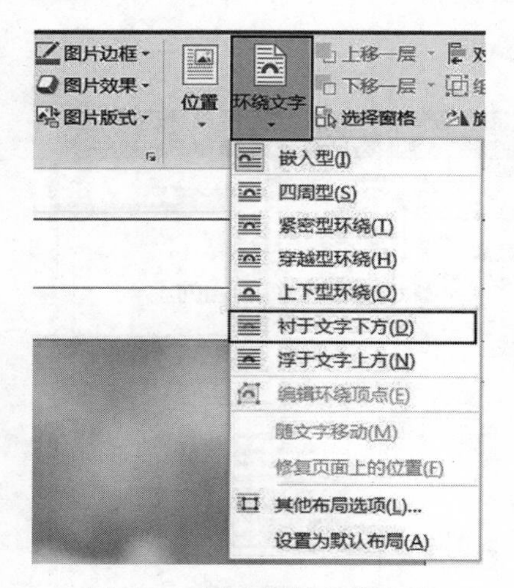

图片边框
图片效果
图片版式
位置
环绕文字
上移一层
下移一层
选择窗格
嵌入型(I)
四周型(S)
紧密型环绕(T)
穿越型环绕(H)
上下型环绕(O)
衬于文字下方(D)
浮于文字上方(N)
编辑环绕顶点(E)
随文字移动(M)
修复页面上的位置(F)
其他布局选项(L)...
设置为默认布局(A)

图 2-33　图片环绕方式选择

布局选项
嵌入型
文字环绕
随文字移动(M)
在页面上的位置固定(N)
查看更多...

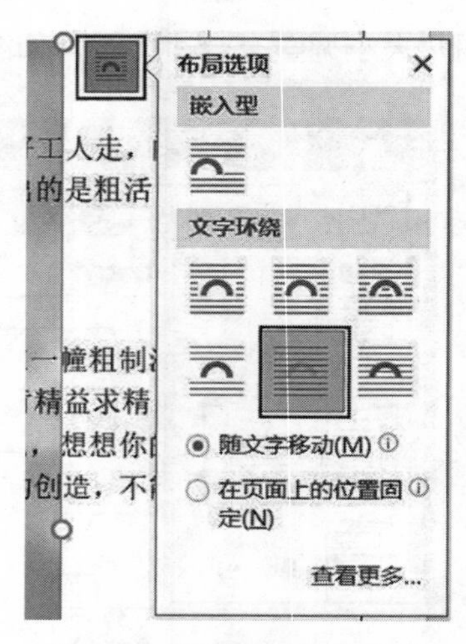

图 2-34　设置图片环绕方式

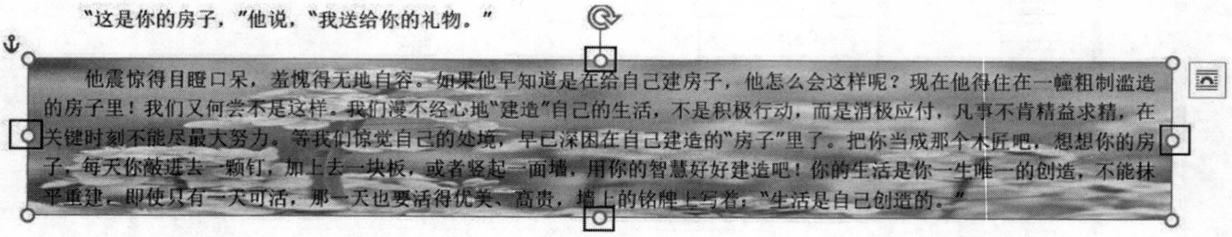

“这是你的房子，”他说，“我送给你的礼物。”
他震惊得目瞪口呆，羞愧得无地自容。如果他早知道是在给自己建房子，他怎么会这样呢？现在他得住在一幢粗制滥造的房子里！我们又何尝不是这样。我们漫不经心地“建造”自己的生活，不是积极行动，而是消极应付，凡事不肯精益求精，在关键时刻不能尽最大努力。等我们惊觉自己的处境，早已深困在自己建造的“房子”里了。把你当成那个木匠吧，想想你的房子，每天你敲进去一颗钉，加上去一块板，或者竖起一面墙，用你的智慧好好建造吧！你的生活是你一生唯一的创造，不能抹平重建，即使只有一天可活，那一天也要活得优美、高贵，墙上的铭牌上写着：“生活是自己创造的。”

图 2-35　调整图片大小

5. 插入形状。点击【插入】选项卡，在“插图”组中点击【形状】按钮，在弹出的下拉菜单中选择“太阳形”，如图 2-36 所示。此时光标变成十字形，按住鼠标左键，向任意方向拖动，即可绘制“太阳形”形状。在绘图工具的“格式”选项卡中的“形状样式”组点击【形状填充】，设置填充颜色为“黄色”，如图 2-37 所示；点击【形状轮廓】，设置轮廓颜色为“绿色”，如图 2-38 所示；点击【环绕文字】按钮，设置环绕方式为“浮于文字上方”，如图 2-39 所示。

形状
SmartArt
图表
屏幕截图
最近使用的形状
线条
矩形
基本形状
箭头总汇

图 2-36　插入形状

绘图工具
实验二 素材.docx
格式
告诉我您想要做什么...
形状填充
Abc
Abc
主题颜色
标准色
无填充颜色(N)
其他填充颜色(M)...
图片(P)...
渐变(G)
纹理(T)

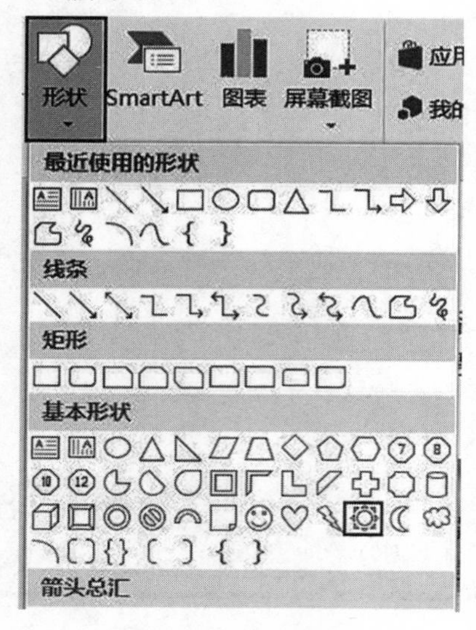

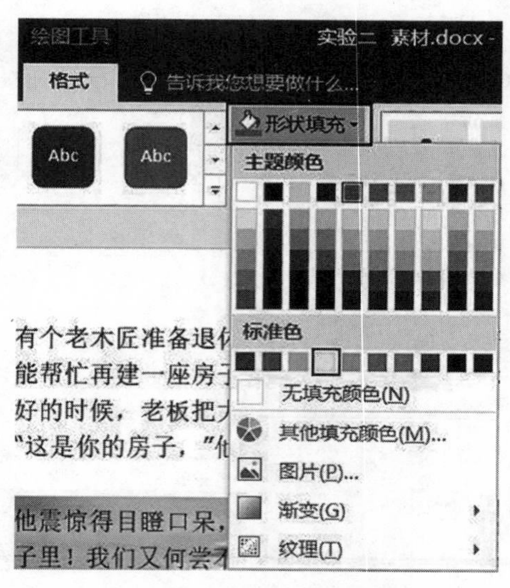

图 2-37　设置形状填充颜色

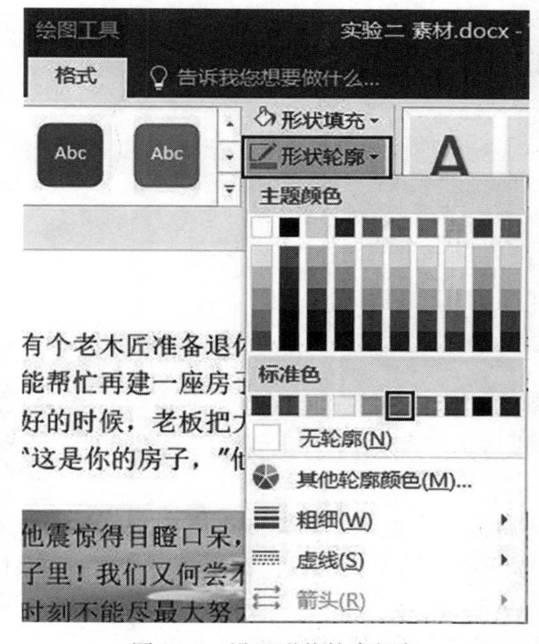

图 2-38　设置形状轮廓颜色

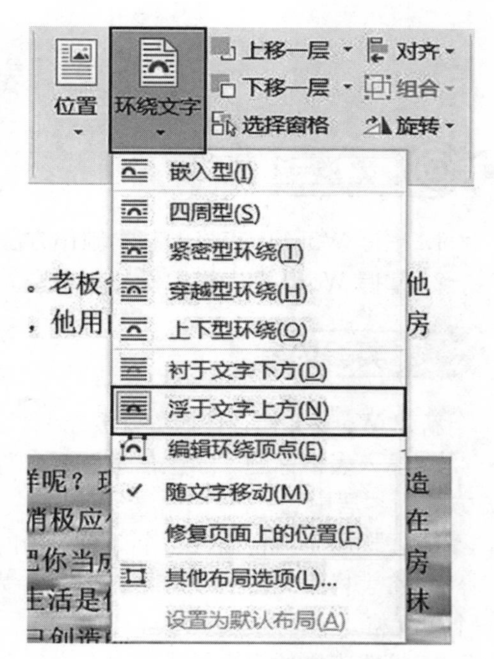

图 2-39　设置形状环绕方式

本实验完成后的结果如图 2-40 所示。

老木匠的房子

老木匠的房子

有个老木匠准备退休，他告诉老板，说要离开建筑行业，回家与妻子儿女享受天伦之乐。老板舍不得他的好工人走，问他是否能帮忙再建一座房子，老木匠说可以。但是大家后来都看得出来，他的心已不在工作上，他用的是软料，出的是粗活。房子建好的时候，老板把大门的钥匙递给他。

"这是你的房子，"他说，"我送给你的礼物。"

他震惊得目瞪口呆，羞愧得无地自容。如果他早知道是在给自己建房子，他怎么会这样呢？现在他得住在一幢粗制滥造的房子里！我们又何尝不是这样。我们漫不经心地"建造"自己的生活，不是积极行动，而是消极应付，凡事不肯精益求精，在关键时刻不能尽最大努力。等我们惊觉自己的处境，早已深困在自己建造的"房子"里了。把你当成那个木匠吧，想想你的房子，每天你敲进去一颗钉，加上去一块板，或者竖起一面墙，用你的智慧好好建造吧！你的生活是你一生唯一的创造，不能抹平重建，即使只有一天可活，那一天也要活得优美、高贵，墙上的铭牌上写着："生活是自己创造的。"

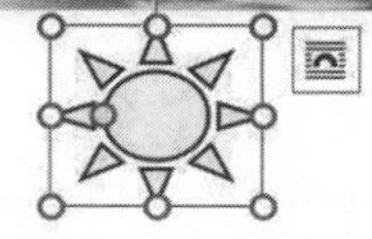

第 1 页/共 1 页

图 2-40　实验二结果

实验三　表格的制作与设计

实验目的

1. 掌握 Word 中表格的基本制作方法。
2. 掌握 Word 中表格的设计与布局。

实验内容

新建 Word 文档，按照如下要求制作一张学生信息登记表。

视频 2-3 表格的制作与设计

1. 输入表格标题“学生信息登记表”，字体设置为“黑体”，字号为“三号”，对齐方式为“居中”。

2. 在标题下一行插入一个 3 行 7 列的表格，行高 0.8 厘米，列宽 2.1 厘米。

3. 将表格第 3 行的 4、5、6 列合并为一个单元格，第 7 列的 1、2、3 行合并为一个单元格。

4. 设置表格外边框样式为“双实线”，颜色为“红色”，线宽为“1.5 磅”，内边框为“蓝色”，线宽为“0.5 磅”。

5. 设置表格内的文字为“楷体”、“五号”，对齐方式设置为“居中”，按图 2-41 所示表格内容输入对应单元格文字。

学生信息登记表

学号		姓名		年龄		照片
性别		学院		出生年月		
电话		地址				

图 2-41　学生信息登记表

实验步骤

1. 输入标题。在桌面上点击右键，打开“右键”菜单，选择【新建】|【Microsoft Word 文档】，此时桌面会新建一个 Word 文件，并处于重命名状态，重命名文件名为“学生信息登记表 . docx”。

双击打开该 Word 文件，在工作区中输入文字“学生信息登记表”。选中文字，在【开始】选项卡的“字体”组中修改字体为“黑体”、字号为“三号”，在“段落”组中修改对齐方式为“居中”，如图 2-42 所示。

2. 插入表格，设置表格行高、列宽。按【Enter】键将光标移至下一行，点击【插入】选项卡下“表格”组中的【表格】，在弹出的下拉菜单中选择【插入表格】，如图 2-43 所示。

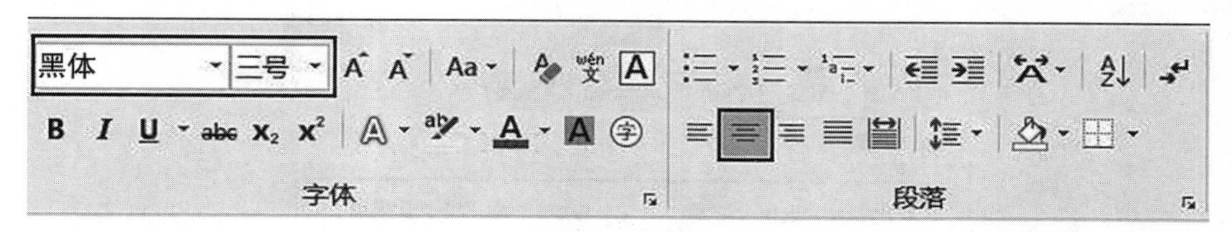

图 2-42　设置标题格式

在弹出的“插入表格”对话框中设置列数为“7”，行数为“3”，如图 2-44 所示。

点击表格任何区域，此时在选项卡区中会出现“表格工具”，其中包含针对表格的“设计”和“布局”选项卡。点击表格左上角的“全选柄”⊞，此时表格的全部单元格将被选中。在【布局】选项卡下的“单元格大小”组中设置高度为“0.8 厘米”，宽度为“2.5 厘米”，如图 2-45 所示。

这里需要注意的是，表格的默认行高类型为“最小值”，意味着行高取决于单元格字体的大小。此时单元格字体大小和标题行一致，同样为“三号”，所以虽然表格行高设置为“0.8 厘米”，实际高度依然为标题行字体的高度，不会发生改变。因此需要将行高类型改为“固定值”。点击【布局】选项卡，然后点击“单元格大小”组右下角的扩展按钮，打开“表格属性”对话框，在“行”选项卡中勾选行尺寸为“指定高度”，并修改“行高值是”为“固定值”，高度为“0.8 厘米”，如图 2-46 所示。

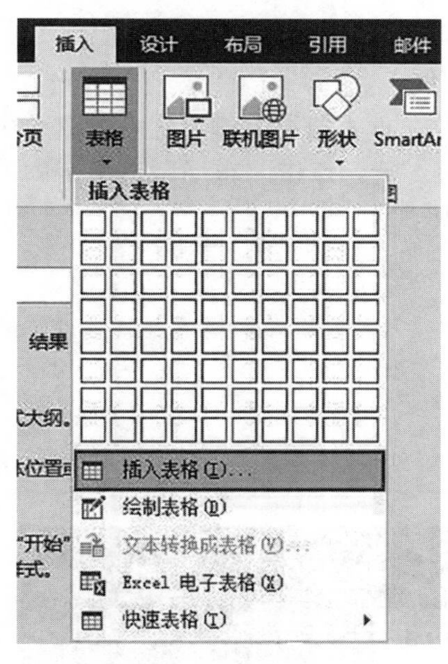

图 2-43　插入表格

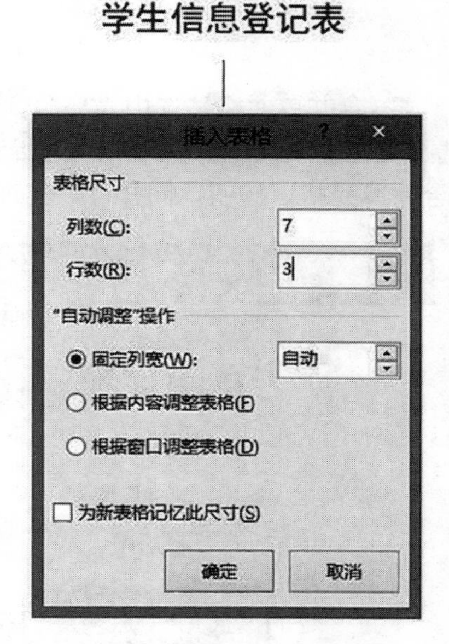

图 2-44　设置表格列数和行数

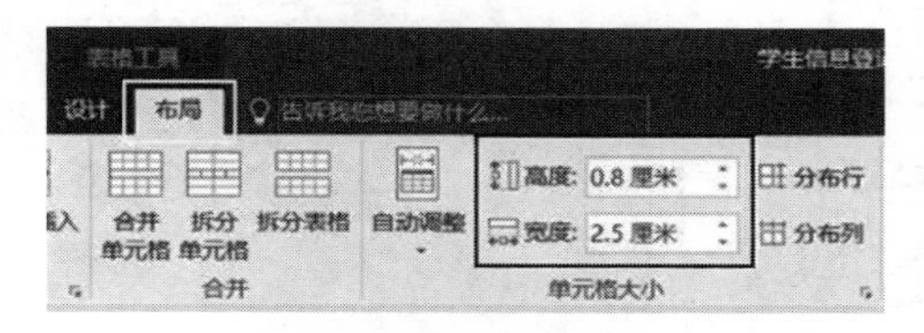

图 2-45　设置表格高度和宽度

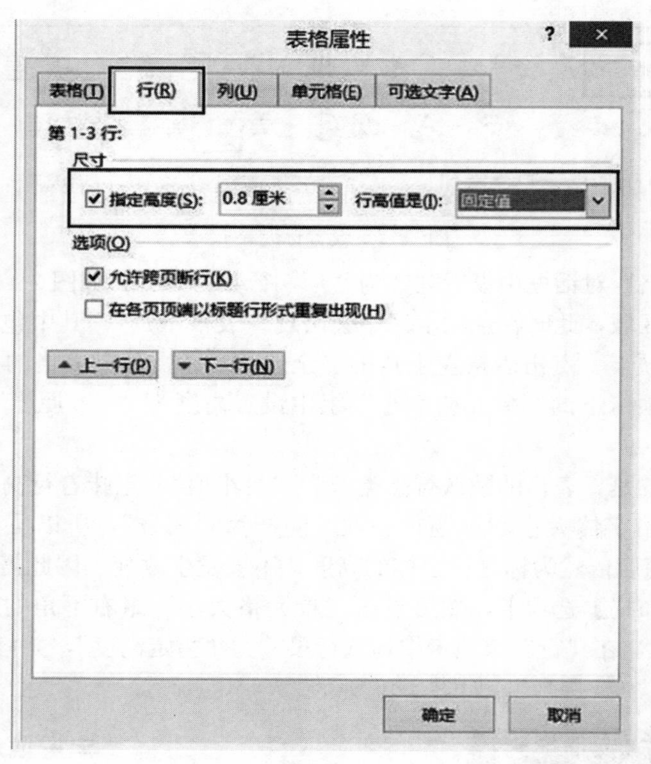

图 2-46　设置表格行高为固定值

3. 合并单元格。选中表格第 3 行第 4、5、6 列单元格，点击鼠标右键，在右键菜单中选择【合并单元格】，如图 2-47 所示。选中第 7 列 1、2、3 行，点击“布局”选项卡中的“合并单元格”按钮，同样可以实现单元格合并，如图 2-48 所示。

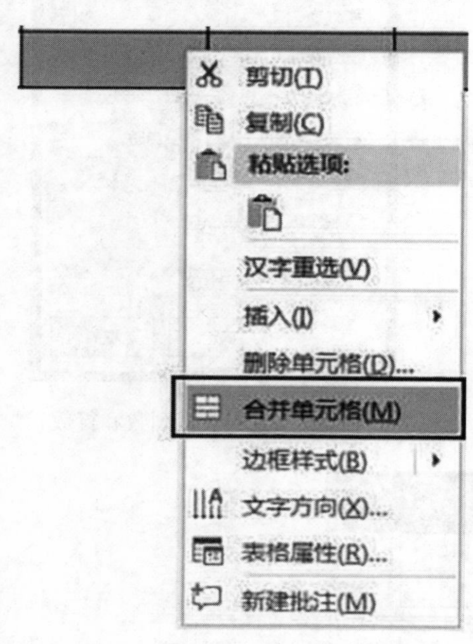

图 2-47　通过右键菜单合并单元格

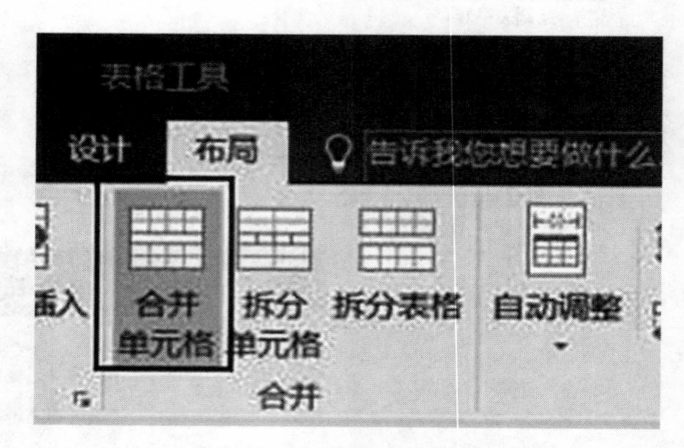

图 2-48　通过布局选项卡合并单元格

4. 设置表格内外边框。点击表格左上角的“全选柄”选中整个表格，然后在“表格工具”中的【设计】选项卡下，点击“边框”组中的【边框】按钮，在弹出的下拉菜单中点击【边框和底纹】，打开“边框和底纹”对话框，如图 2-49 所示。在设置中选择“自定义”，然后选择线条样式为“双实线”，选择线条颜色为“红色”，线条宽度为“1.5 磅”，设置好边框样式后在预览区中点击需要设置的外边框，如图 2-50 所示。外边框修改完成后，选择线条样式为“单实线”，线条颜色为“蓝色”，线条宽度为“0.5 磅”，然后在预览区中点击内边框，点击【确定】，如图 2-51 所示。

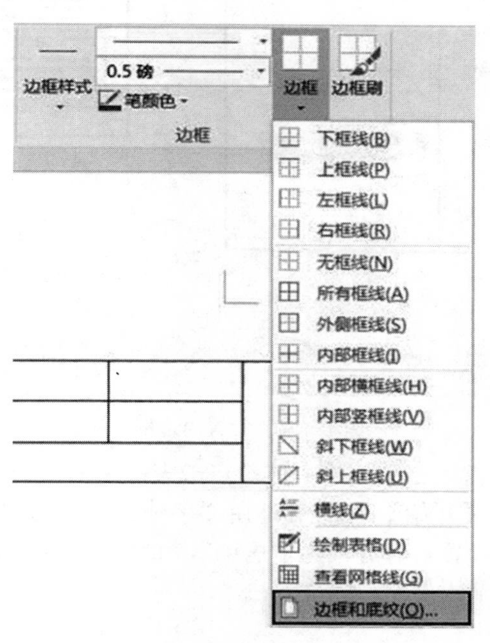

图 2-49　打开“边框和底纹”对话框

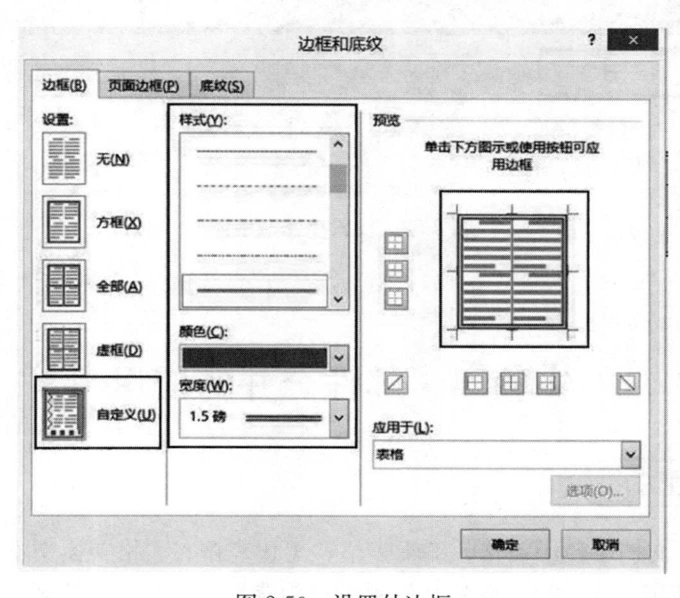

图 2-50　设置外边框

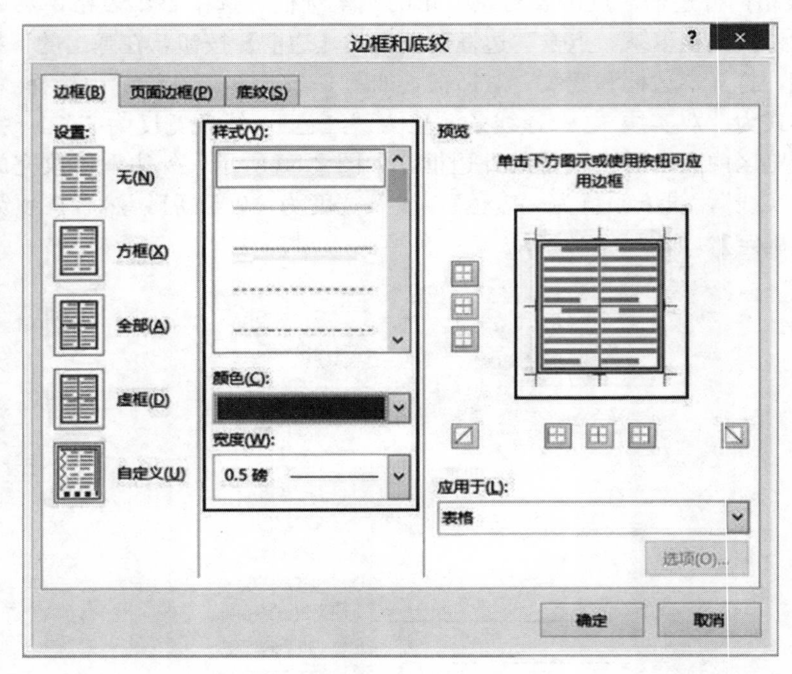

图 2-51　设置内边框

5. 输入表格内容，设置表格单元格字体。点击表格左上角的“全选柄”，此时表格内的所有单元格被选中，点击【开始】选项卡，在“字体”组中设置字体为“楷体”，字号为“五号”，在“段落”组中设置对齐方式为“居中”，如图 2-52 所示。设置完成后，按照题目要求依次点击相应单元格输入文字。

图 2-52　设置单元格字体

实验四　邮件合并的使用

实验目的

1. 掌握 Word 文档中使用表格、编辑表格、美化表格、表格转换文本等操作。

2. 熟悉图片使用方法：插入图片、设置图片为背景、图片设置格式等。

3. 掌握邮件合并批处理文件。

4. 学会使用水印功能。

5. 学会将 Word 文档保存为 PDF 格式。

实验内容

为了丰富某高校师生校园文化活动，校学工处决定于 2020 年 12 月 31 日举行元旦晚会，特邀各学院积极参加。打开“实验四素材”目录中的 Word 文档“实验四素材 . docx”，其中有元旦晚会通知的初稿，请根据以下要求利用 Microsoft Word 制作一份元旦晚会通知。

视频 2-4 邮件合并的使用

1. 请将图片“元旦背景 . png”插入“实验四素材 . docx”文档中，并设置为文档的背景图片。

2. 设置通知中的所有文字字体颜色为“白色”，设置字体为“华文仿宋”，并根据背景图片调整通知格式，设置段落首行缩进为 2 个字符。

3. 根据文档中“活动须知”中的“（六）彩排时间及地点”将文字内容转换为表格形式。

4. 为通知设置水印页面背景，文字为“学工处”，水印版式为斜式。

5. 运用邮件合并功能，制作内容相同、收件学院不同的通知。在首行“：”之前，插入各个学院名称，所要通知的学院名单存放在“实验四-学院名录 . xlsx”文档中。所有的通知另存为“元旦晚会通知 . docx”新文档，要求每页只能包含一个学院通知。

6. 通知制作完成后，将“元旦晚会通知 . docx”生成 PDF 格式文档，命名为“实验四样张 . pdf”。

7. 保存并关闭 Word 文档“实验四素材 . docx”。

实验步骤

打开“实验四素材”目录中的 Word 文档“实验四素材 . docx”，按照下列要求完成对此文档的操作。

1. 图片“元旦背景 . png”插入文档中，并设置为文档的背景图片。

（1）单击【设计】选项卡下的“页面背景”组中的【页面颜色】，选择【填充效果】，如图 2-53 所示。在打开的“填充效果”对话框中选择“图片”选项卡，单击【选择图片】按钮，如图 2-54 所示。

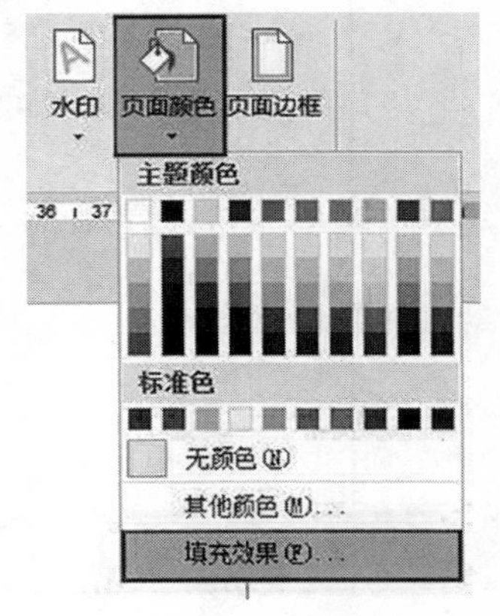

图 2-53　“页面颜色”设置

（2）在弹出的“插入图片”对话框，选择“从文件浏览”（首次插入图片，弹出窗口中选择“脱机工作”，意在浏览本地计算机保存的图片），如图 2-55 所示。

（3）弹出“选择图片”对话框，选中本实验对应的素材文件夹中的图片“元旦背景 . png”，点击【插入】，如图 2-56 所示。之后会在“填充效果”对话框中显示所插入图片，单击【确定】即可完成文档的背景图片的设置。

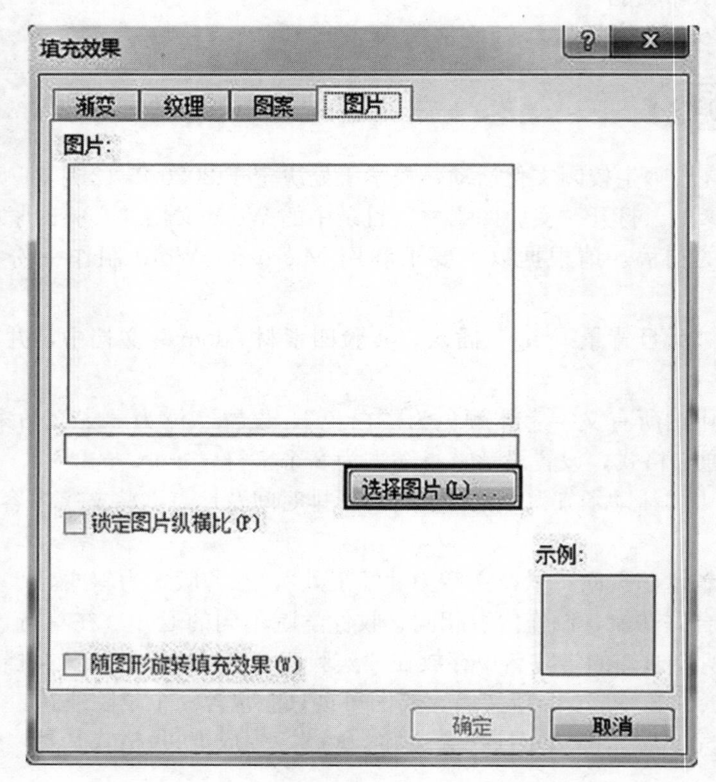

图 2-54 “填充效果”对话框

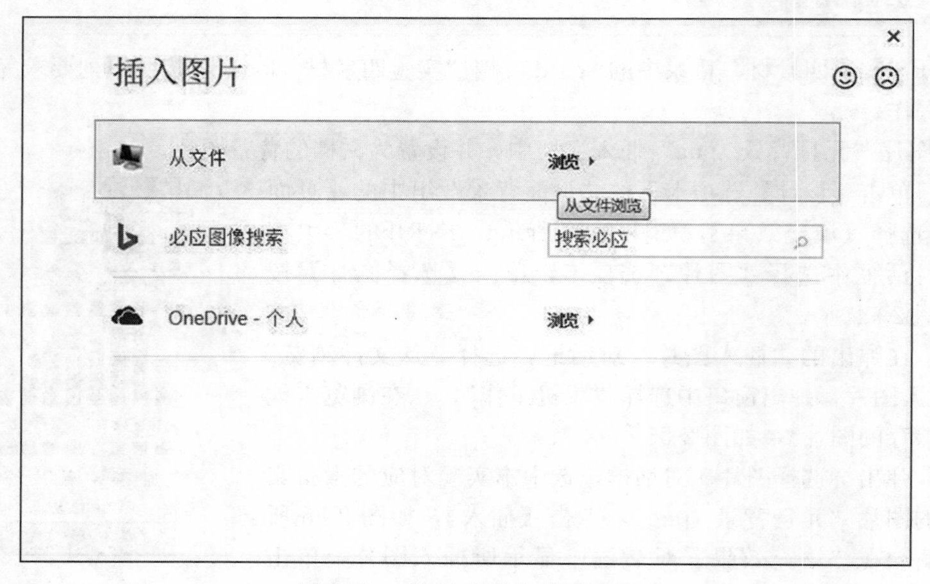

图 2-55 “插入图片”方式选择

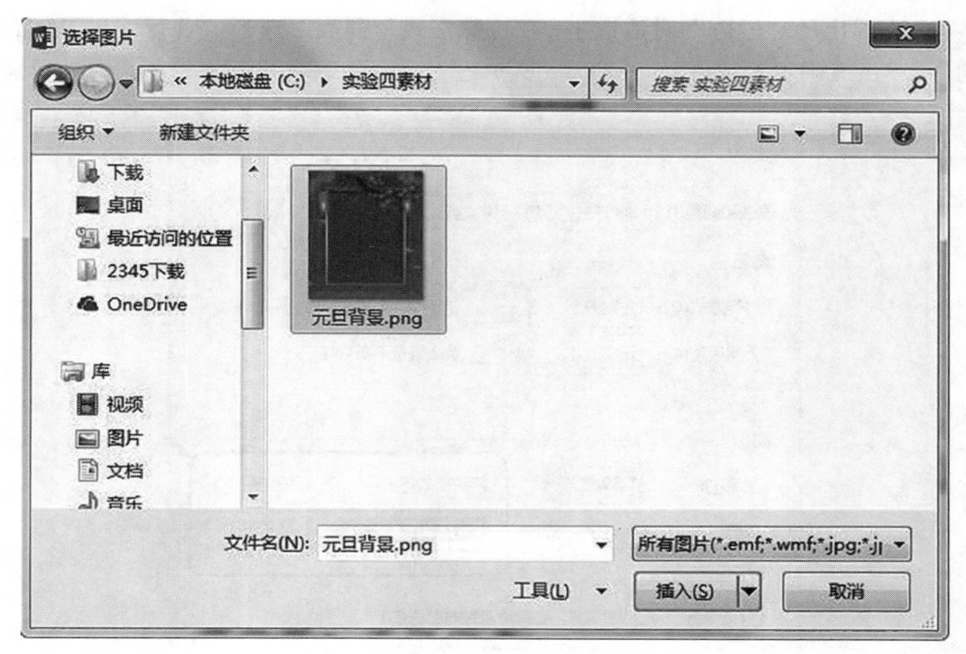

图 2-56　“选择图片”对话框

2. 设置文字颜色、字体和段落首行缩进。

(1) 从文档开始位置按下左键拖动鼠标至文档结束位置（或【Ctrl】＋【A】）选中全部文字。在【开始】选项卡下的“字体”组中，单击【字体颜色】按钮 右侧的倒三角按钮 ，弹出的颜色列表，选择“白色，背景 1”；之后在“字体”组中设置字体为“华文仿宋”，如图 2-57 所示。

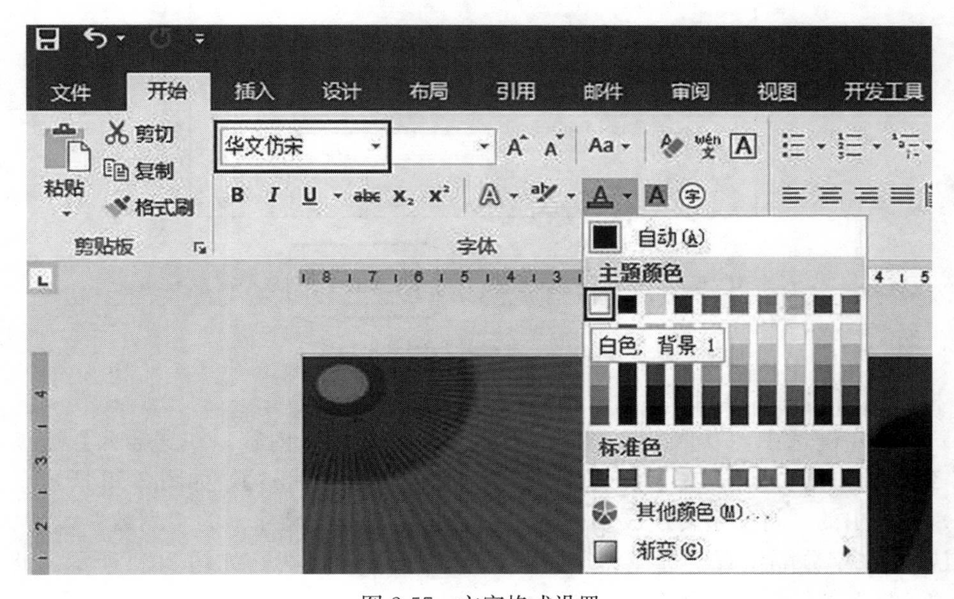

图 2-57　文字格式设置

（2）选中元旦晚会通知正文的各段落，在【开始】选项卡下的“段落”组中单击【扩展按钮】，在弹出的“段落”对话框中，“特殊格式”列表中选择“首行缩进”，缩进值为“2 字符”，单击【确定】即可，如图 2-58 所示。

图 2-58　段落首行缩进设置

3. 根据文档，文字内容转换为表格形式。

（1）按下左键选中“（六）彩排时间及地点”以下四行内容，在【插入】选项卡下的“表格”组中单击【表格】，在下拉菜单中选择【文本转换成表格】，如图 2-59 所示。

（2）在弹出的“将文字转换成表格”对话框中，“表格尺寸”的“列数”设置为“3”，行数默认，“文字分隔位置”选择“空格”，单击【确定】即可，如图 2-60 所示。此处“文字”到“表格”的转换形式如图 2-61 所示。

文件
开始
插入
设计
布局
引用
邮件
封面
空白页
分页
表格
图片
联机图片
形状
SmartAr
页面
插入表格
插入表格(I)...
绘制表格(D)
文本转换成表格(V)...
Excel 电子表格(X)
快速表格(T)

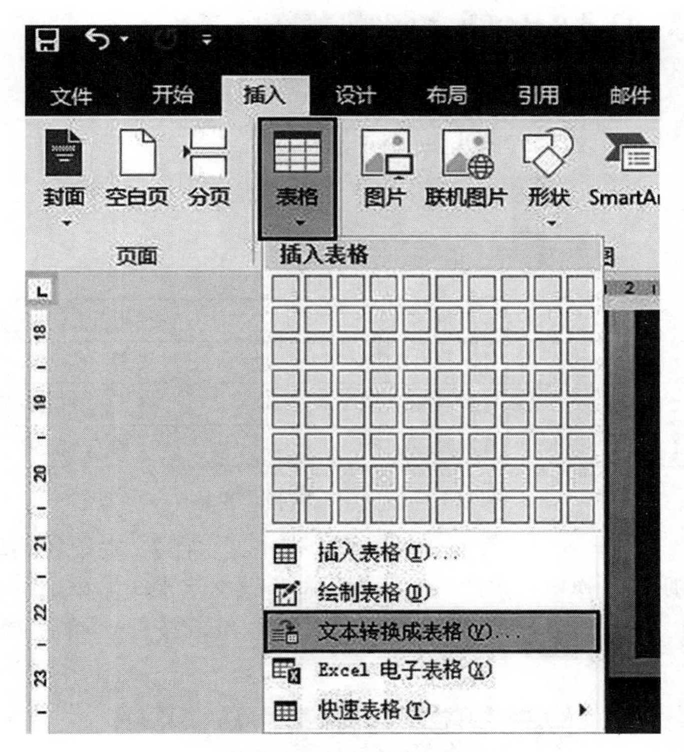

图 2-59 文本转换表格

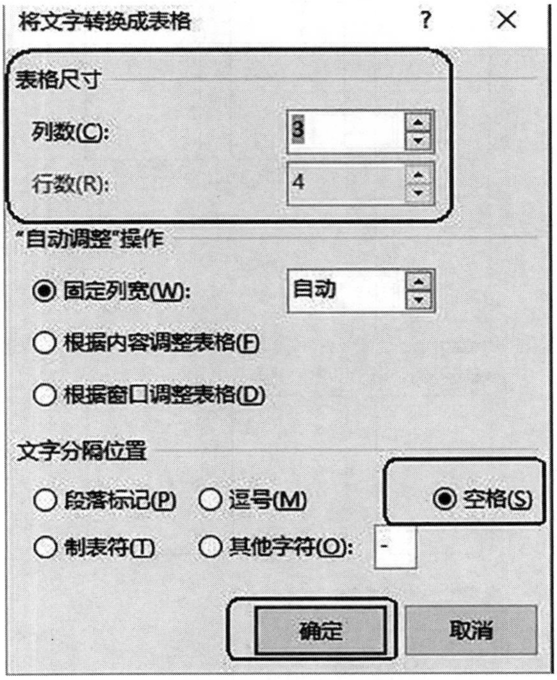

将文字转换成表格
表格尺寸
列数(C):
3
行数(R):
4
"自动调整"操作
固定列宽(W):
自动
根据内容调整表格(F)
根据窗口调整表格(D)
文字分隔位置
段落标记(P)
逗号(M)
空格(S)
制表符(T)
其他字符(O):
-
确定
取消

图 2-60 “将文字转换成表格”对话框

大二节目选拔：12 月 9 日 （晚上 6:30 开始）
大一节目选拔：12 月 13 日（晚上 6:30 开始）
第一次彩排：12 月 20 日（晚上 6:30 开始）
第二次彩排：12 月 26 日（晚上 6:30 开始）

大二节目选拔：	12 月 9 日	（晚上 6:30 开始）
大一节目选拔：	12 月 13 日	（晚上 6:30 开始）
第一次彩排：	12 月 20 日	（晚上 6:30 开始）
第二次彩排：	12 月 26 日	（晚上 6:30 开始）

图 2-61 “文字”转换“表格”

4. 在【设计】选项卡下的“页面背景”组中点击【水印】，在下拉菜单中选择【自定义水印】，如图 2-62 所示。弹出“水印”对话框，选择【文字水印】单选按钮，在“文字”文本框中输入“学工部”，选中“版式”中的“斜体”单选按钮，然后单击【确定】，如图 2-63 所示。

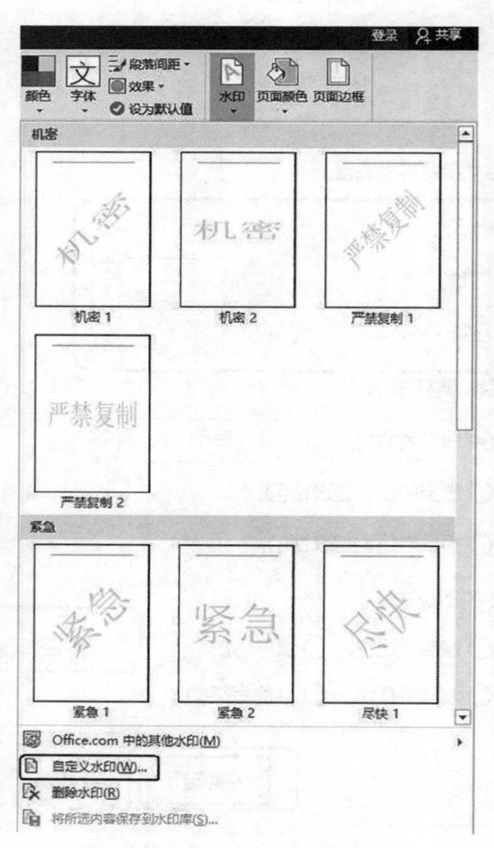

图 2-62 “自定义水印”按钮

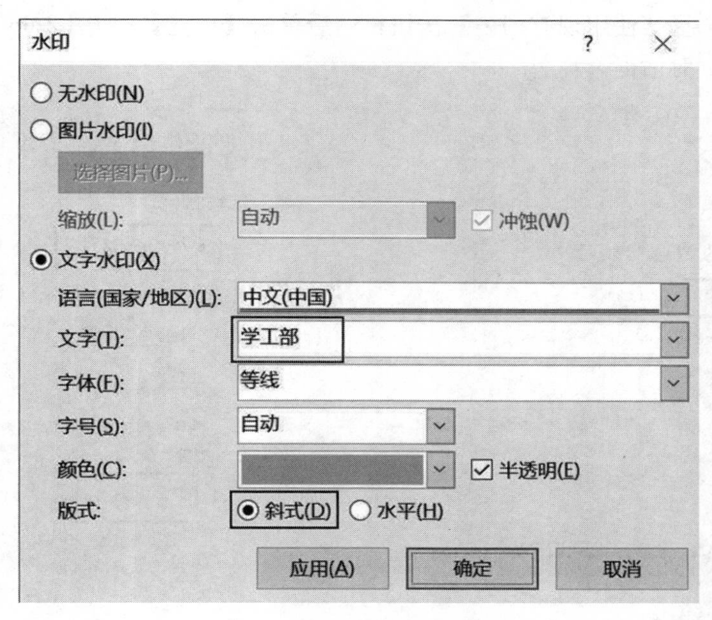

图 2-63　“水印”对话框

5. 运用邮件合并功能，制作内容相同、收件学院不同的通知。

（1）点击【邮件】选项卡下“开始邮件合并”组中的【开始邮件合并】按钮，在弹出的下拉菜单中选择【邮件合并分步向导】命令，如图 2-64 所示。

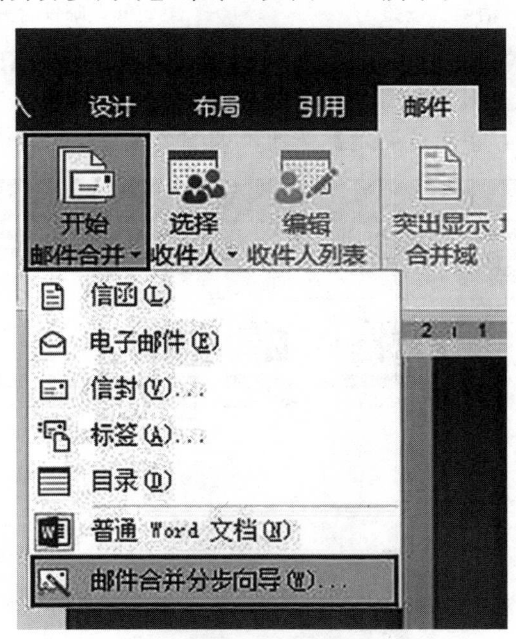

图 2-64　启动“邮件合并分步向导”

（2）文档右侧会出现“邮件合并”任务窗格，选择【信函】单选按钮，此为“邮件合并分步向导”第 1 步的任务窗格，如图 2-65 所示，然后单击【下一步：开始文档】。在第 2 步的任务窗格中，选择【使用当前文档】按钮，然后单击【下一步：选取收件人】。在第 3 步的任务窗格中，选择【使用现有列表】按钮，然后单击【浏览】，如图2-66所示。之后会打开“选取数据源”对话框。

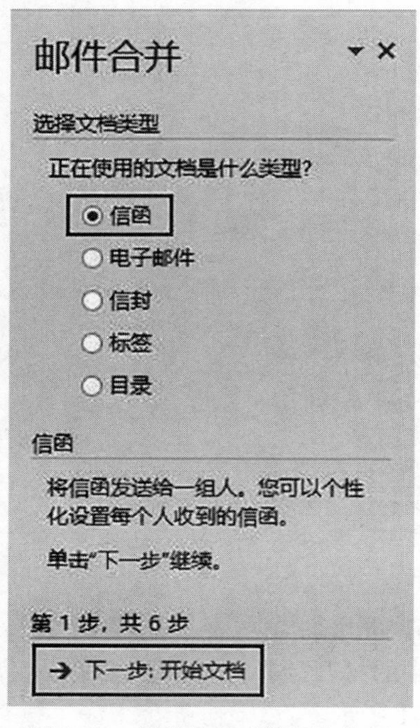

图2-65 邮件合并“信函”按钮

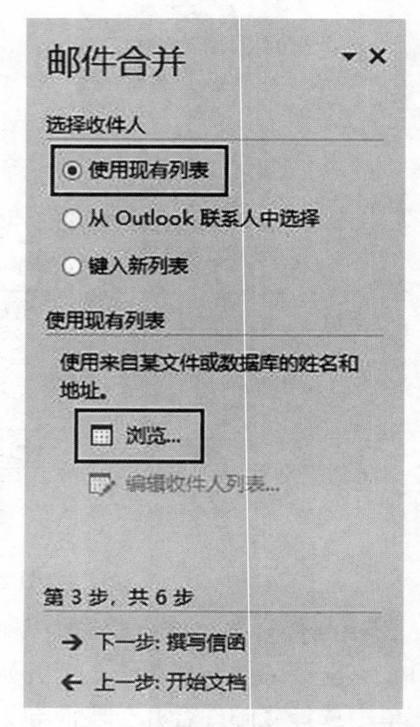

图2-66 邮件合并“使用现表列表”按钮

（3）在“选取数据源”对话框选中本实验对应的素材文件夹中的Excel文档“实验四-学院名单.xlsx”，点击【打开】按钮，如图2-67所示。在打开的“选择表格”对话框中选择保存学院名称的工作表，单击【确定】按钮，如图2-68所示。

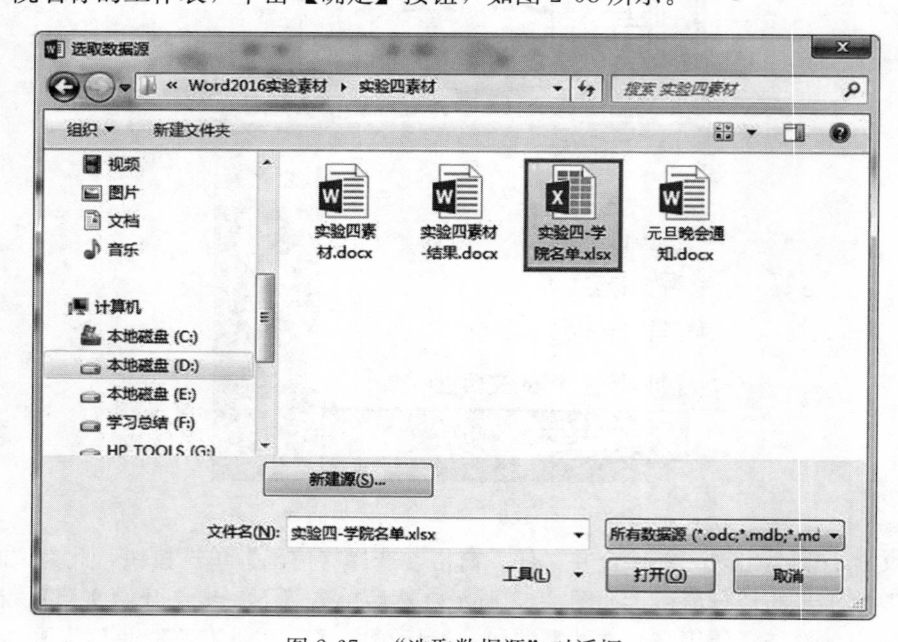

图2-67 “选取数据源”对话框

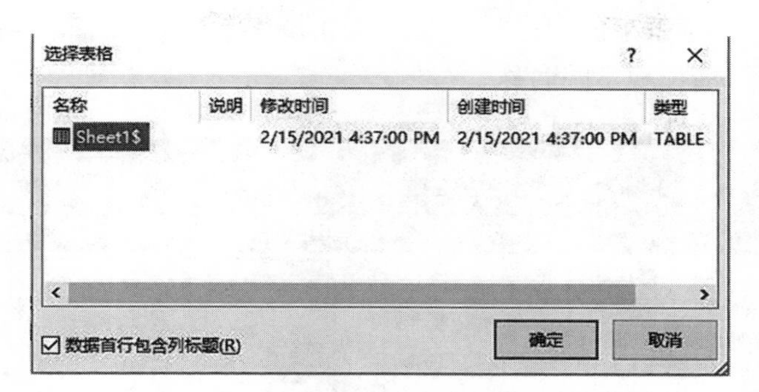

图 2-68　“选择表格”中的数据源

(4) 在随后打开的“邮件合并收件人”对话框中，可以使用复选框对其中的选项列表添加项或更改列表，更改完成后单击【确定】按钮，如图 2-69 所示。之后即可完成 Excel 表格数据向当前 Word 文档的数据合并。

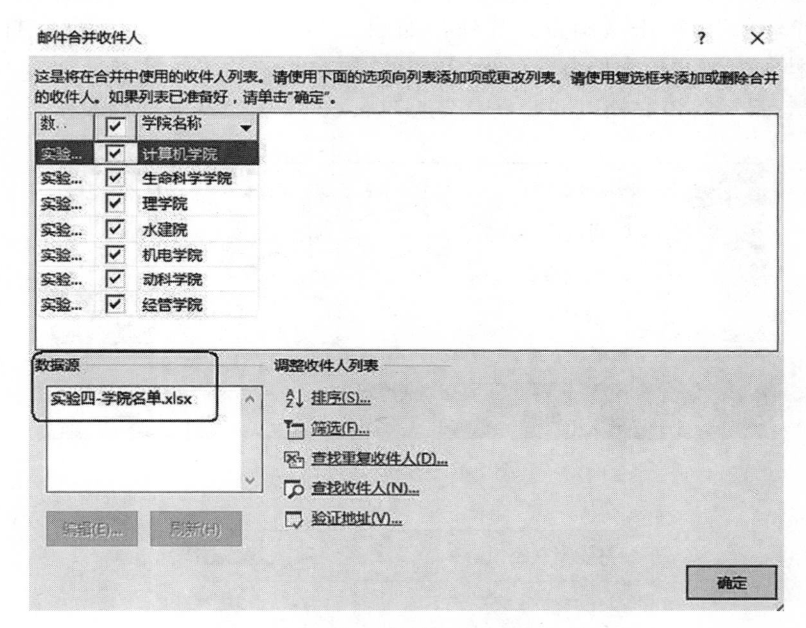

图 2-69　“邮件合并收件人”对话框

(5) 将光标定位在当前 Word 文档正文开始处的“:”之前，点击【邮件】选项卡下“编写和插入域”组中的【插入合并域】按钮，在下拉列表中选择“学院名称”，如图 2-70 所示。

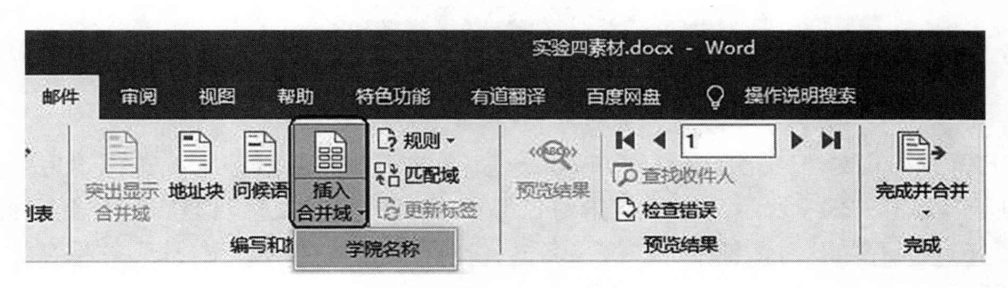

图 2-70　插入合并域

（6）在【邮件】选项卡下的“预览结果”组中单击【预览结果】按钮，如图 2-71 所示。此时可以查看到“：”前出现学院名称。

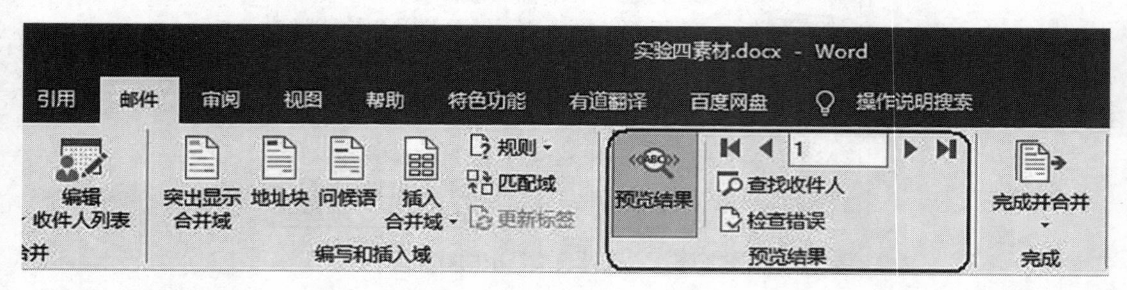

图 2-71　预览邮件合并结果

（7）预览文档效果后，点击【邮件】选项卡下“完成”组中的【完成并合并】按钮，在展开的下拉菜单中选择【编辑单个文档】，如图 2-72 所示。在打开的“合并到新文档”对话框中选择“全部”，点击【确定】按钮，如图 2-73 所示。之后会生成并打开一个新的 Word 信函文档，参照之前文档背景的设置方法，再次将图片“元旦背景 .png”设置为该信函文档的背景，最后将该文档以“元旦晚会通知 . docx”为文件名进行保存。

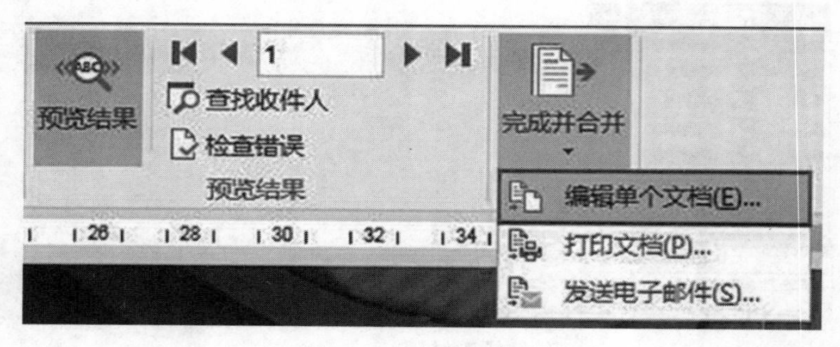

图 2-72　完成并合并

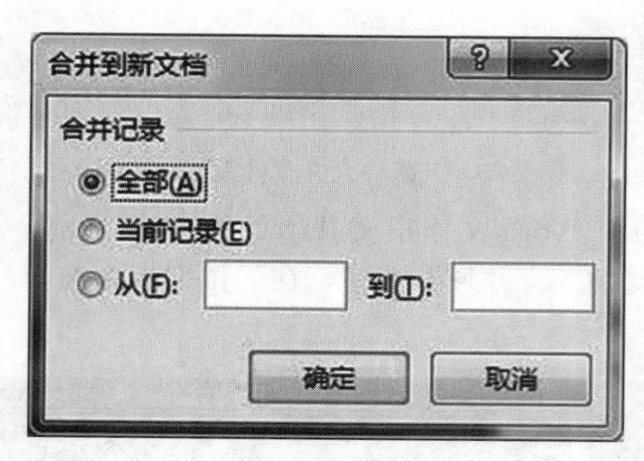

图 2-73　合并到新文档

6. 打开 Word 文档“元旦晚会通知 . docx”，单击【文件】选项卡，选择“另存为”到“这台电脑”，如图 2-74 所示。之后点击窗口界面右侧相应的文件目录，会打开“另存为”对话框。在“另存为”对话框中的“文件名”文本框中输入“实验四样张”，“保存类型”设置为“PDF（＊. pdf）”，如图 2-75 所示。

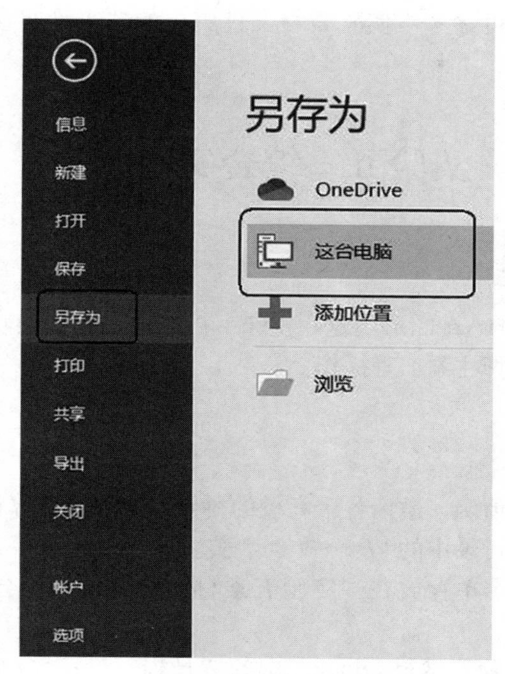

图 2-74　保存文件

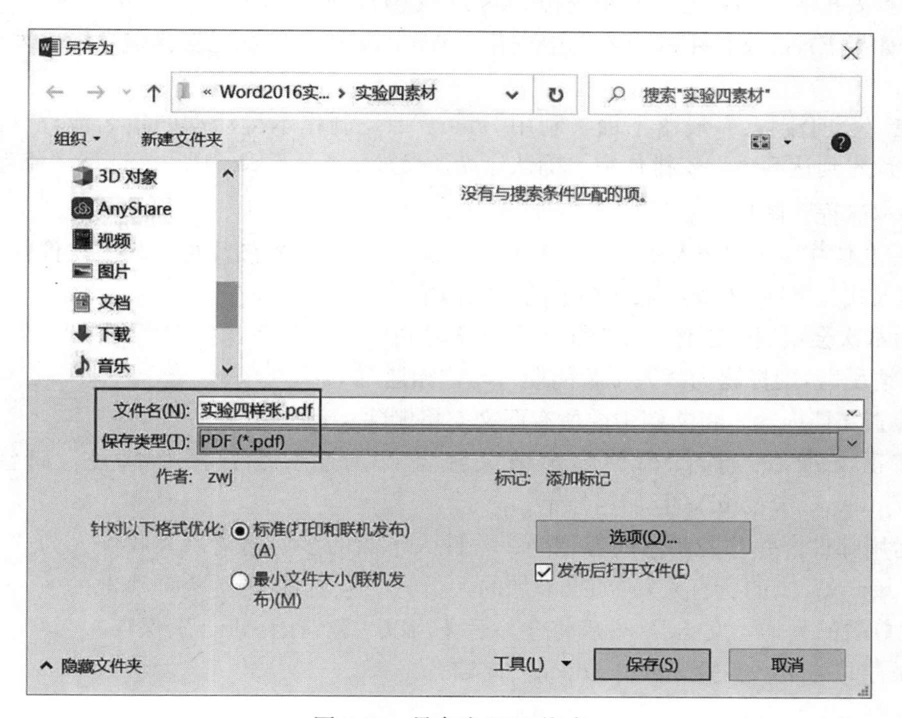

图 2-75　另存为 PDF 格式

7. 保存、关闭 Word 文档。点击“快速访问工具栏”上的保存按钮，或者点击【文件】选项卡下的【保存】命令，进行文档的保存。单击编辑窗口标题栏右侧的【关闭】按钮即可关闭 Word 文档。

本实验完成后的结果可参考本实验素材文件夹中的“实验四素材-结果.docx”和“元旦晚会通知.docx”。

实验五　综合实验（1）

实验目的

综合练习并掌握SmartArt图形创建，特殊字符的查找和替换功能，文档封面制作，邮件合并，文档背景设置，脚注添加等操作。

实验内容

高校联合论坛发出邀请函，邀请各个高校的科研人员参加计算机应用领域的人工智能会议，打开“实验五素材”目录中的Word文档“实验五素材.docx”，请按以下要求完成邀请函的制作。拟邀请的人员名单存放在“实验五素材”目录中的“会议邀请人员名单.xlsx”文档中。

1. 在Word文档“实验五素材.docx”中的“日程安排:”段落下面，复制本次活动的日程安排表（请参考“日程安排.xlsx”文档），要求表格内容引用Excel文件的内容，如果Excel文件中的内容发生变化，Word文档中的日程安排信息随之发生变化。

视频2-5 SmartArt图形

2. 在“会前流程:”段落下面，利用SmartArt，制作本次活动的报名流程（网络确认、预先到达酒店、安排住宿、确认座席、发放资料、领取门票）。选择“流程”中的“基本流程”图形。

3. 在文本内容下方插入图片“人工智能会议.jpg”，设置图片格式为“映像圆角矩形”，采用“嵌入式”，注意不要遮盖文档中的文字内容。

4. 为本次会议通知制作一个封面，封面页独占一页。封面选择“奥斯汀”，封面主标题键入“邀请函”，副标题为“人工智能期待与你相遇”。

5. 检查文档内容，将文档中的所有西文空格删除。

6. 在正文最后一段“相关内容请关注会议网站”后面添加脚注，脚注内容为“https：//www.ai.com”，且加粗显示。

7. 运用邮件合并功能制作内容相同、收件人不同的多份邀请函（收件人为“会议邀请人员名单.xlsx”中的所有人）。如果添加的人员为“男士”，则称为“尊敬的＊＊＊先生”，否则为“尊敬的＊＊＊女士”，最后将合并后文档以“邀请函.docx”保存。

8. 保存并关闭“实验五素材.docx”文档。

实验步骤

1. 打开Word文档“实验五素材.docx”。

2. 打开Excel文档，将内容拷贝到“实验五素材.docx”中。

（1）打开 Excel 文档“日程安排 . xlsx”，选中表格中的所有内容，单击右键点击【复制】菜单项或者按【Ctrl】＋【C】复制所选内容，如图 2-76 所示。

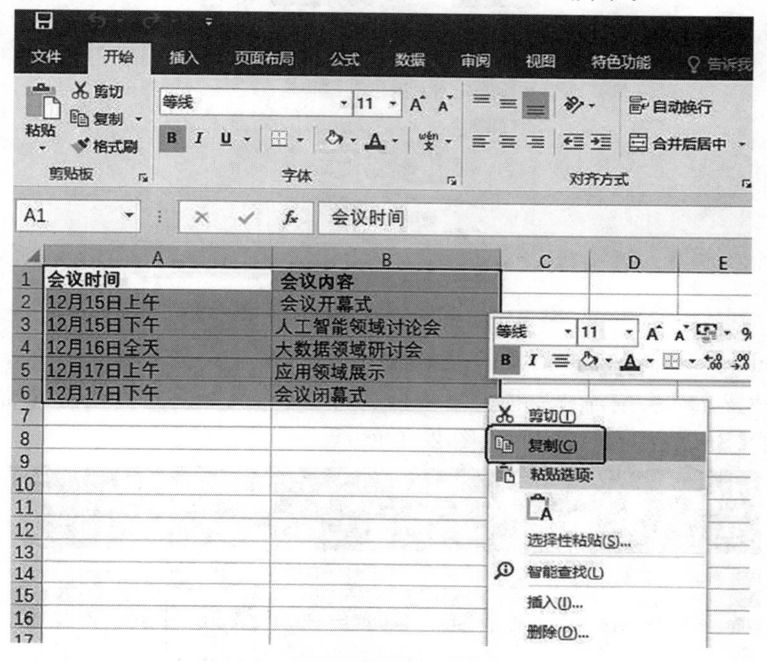

图 2-76　复制“日程安排”

（2）切换到 Word 文档“实验五素材 . docx”中，光标定位于“日程安排：”段落下一行，单击【开始】选项卡下“剪贴板”组中的【粘贴】按钮，在下拉菜单中，单击【选择性粘贴】，如图 2-77 所示。在弹出的“选择性粘贴”对话框中，选中“粘贴链接”，在“形式”列表中选择“Microsoft Excel 工作表对象”选项，最后单击【确定】即可，如图 2-78 所示。或者单击【开始】选项卡下“剪贴板”组中的【粘贴】按钮，在下拉菜单中，选择“链接与保留格式”方式即可，如图 2-79 所示。

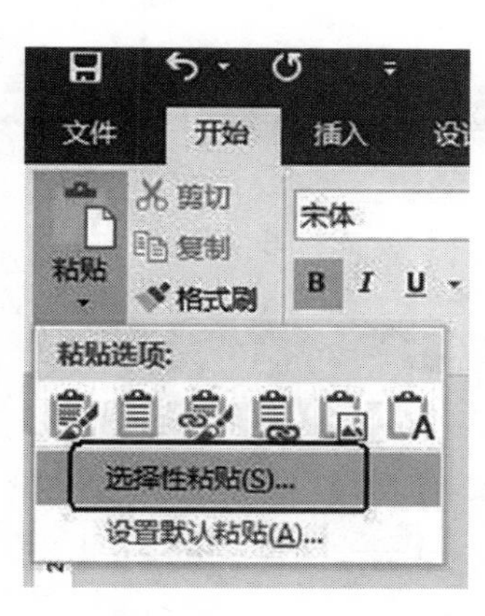

图 2-77　粘贴选项

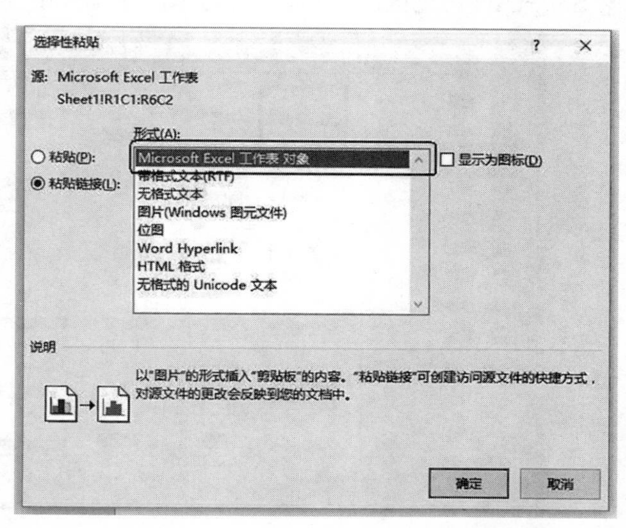

图 2-78　“选择性粘贴”对话框

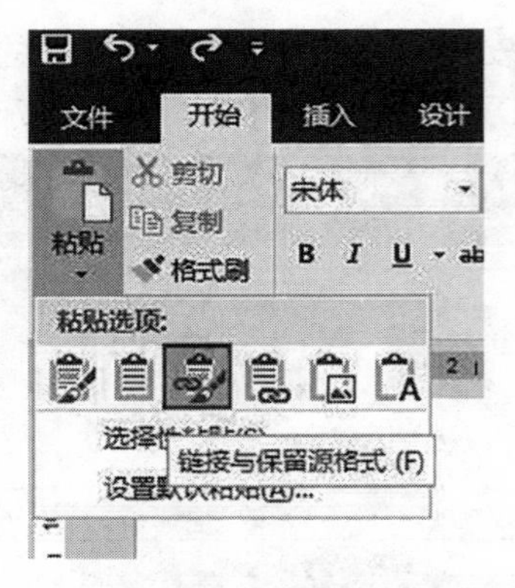

图 2-79 “链接与保留格式”选项

3. 利用 SmartArt 制作本次活动的报名流程。

(1) 将光标置于“会前流程”段落下一行、“网络确认”前面。单击【插入】选项卡下“插图”组中的【SmartArt】按钮，如图 2-80 所示。

图 2-80 “SmartArt”按钮

(2) 在弹出的“选择 SmartArt 图形”对话框的左侧列表中选择【流程】，右侧图形选择框中选择【基本流程】，如图 2-81 所示。在插入图形的左侧“在此处键入文字”窗口中，依次输入“网络确认、预先到达酒店、安排住宿、确认座席、发放资料、领取门票”。每完成一个输入框的内容，按【Enter】键进行下一个输入框的输入。在输入框输入所有内容后，调整 SmartArt 绘图区的大小，之后关闭“在此处键入文字”窗口，如图 2-82 所示。

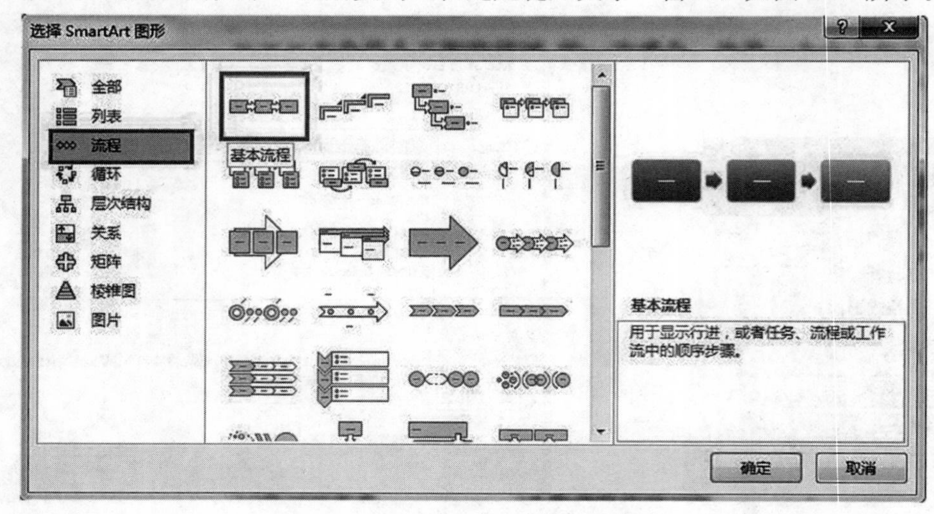

图 2-81 “选择 SmartArt 图形”窗体

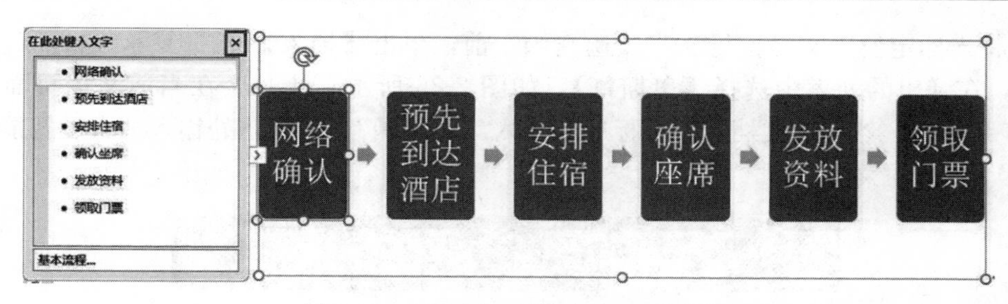

图 2-82　SmartArt“基本流程”图示

4. 插入图片，设置图片格式为“映像圆角矩形”，采用“嵌入式”。

(1) 将光标置于文档结尾处时间落款下一行的位置，单击【插入】选项卡下“插图”组中的【图片】按钮，如图 2-83 所示。在弹出“插入图片”对话框中，选中本实验对应的素材文件夹中“人工智能会议.jpg”图片，点击【插入】即可。

图 2-83　“插入图片”按钮

(2) 选中图片，在“图片工具”下的【格式】选项卡中，选择“图片样式”组中的【映像圆角矩形】，如图 2-84 所示。

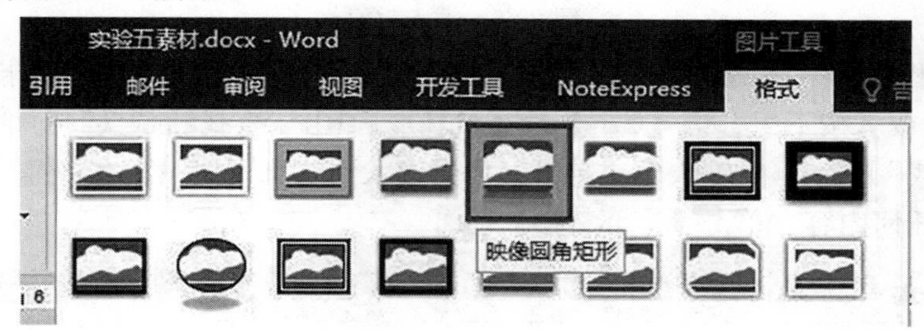

图 2-84　图片样式选择

(3) 选中图片，在“图片工具”中的【格式】选项卡下，单击“排列”组中的【环绕文字】，选择【嵌入型】，如图 2-85 所示。

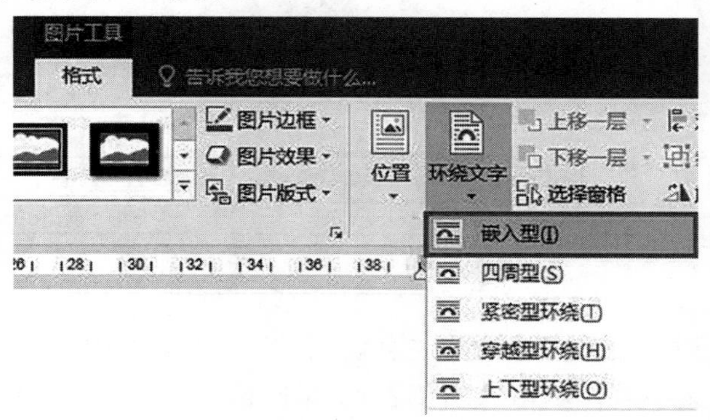

图 2-85　环绕文字方式选择

5. 将光标定位于文档首行文字“邀请函”前，单击【插入】选项卡下“页面”组中的【封面】，在弹出的列表中选择【奥斯汀】，如图 2-86 所示。此时会在当前文档页面前插入“奥斯汀”封面，然后在文档封面页标题处输入“邀请函”，副标题处输入“人工智能期待与你相遇”。

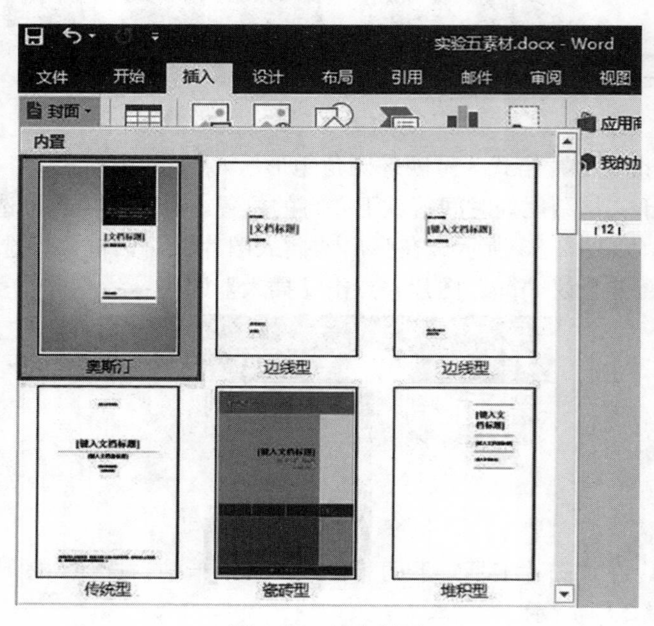

图 2-86　插入封面

6. 检查文档内容，将文档中的所有西文空格删除。单击【开始】选项卡下“编辑”组中的【查找】（或者按下组合键【Ctrl】＋【H】），弹出“查找和替换”对话框，如图 2-87 所示。在“查找”文本框中输入西文空格（英文输入法状态下按一次空格键），“替换为”文本框中不输入任何内容，单击【全部替换】即可。

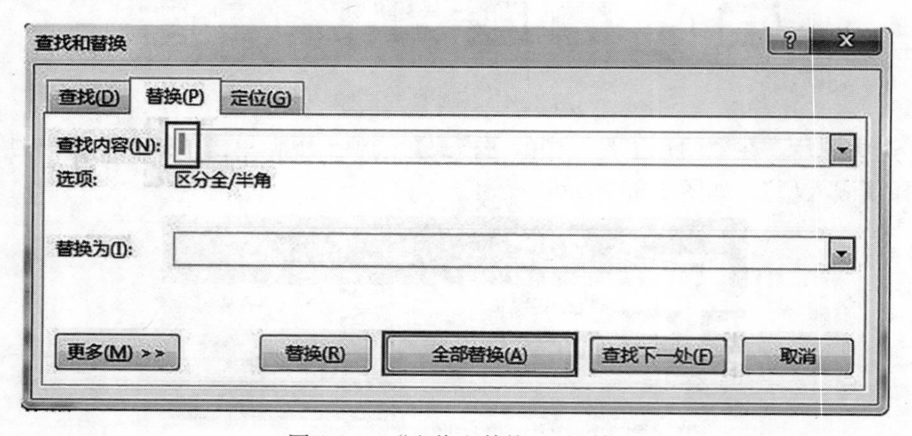

图 2-87　“查找和替换”对话框

7. 在正文最后一段“相关内容请关注会议网站”后面添加脚注。光标定位于“相关内容请关注会议网站”文字后，单击【引用】选项卡下“脚注”组中的【插入脚注】，如图 2-88 所示。此时光标会定位在当前文档页面下方“1”的右侧，接下来在“1”的右侧输入

“https：//www. ai. com”，如图 2-89 所示。为使得脚注内容醒目显示，对其进行“加粗”设置即可。

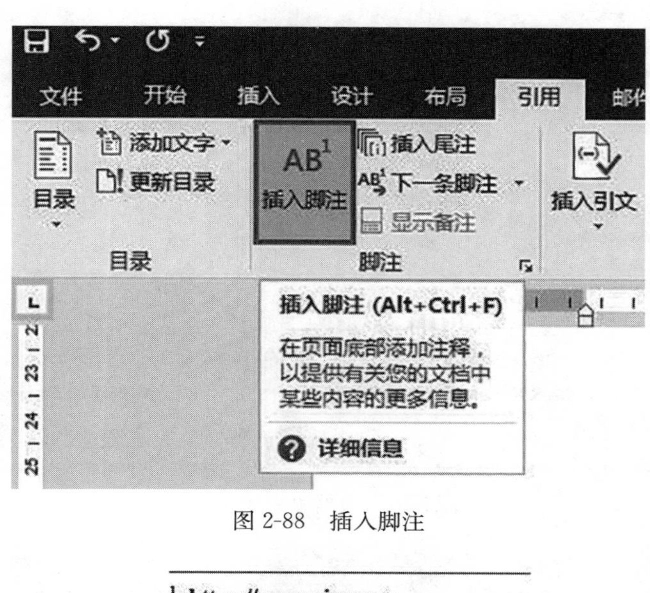

图 2-88　插入脚注

1 **https://www.ai.com**

图 2-89　设置脚注内容

8. 运用邮件合并功能制作内容相同的多份邀请函。

(1) 邮件合并功能在本章“实验四”中已经实践过，这里将进行“编写和插入域”中新增“规则”的实践。将光标定位于文档正文开始处文字“尊敬的”与“：”之间，单击【邮件】选项卡下“开始邮件合并”组中【开始邮件合并】按钮，在弹出的下拉菜单中选择【信函】。

(2) 继续单击“开始邮件合并”组中的【选择收件人】，在弹出的下拉菜单中选择【使用现有列表】按钮，如图 2-90 所示。之后弹出“选取数据源”对话框。

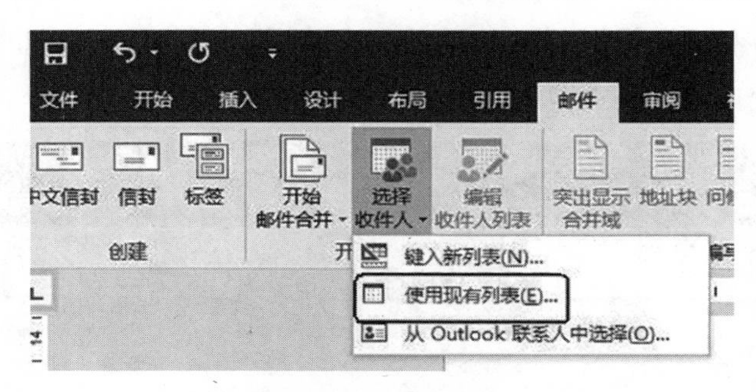

图 2-90　使用现有列表里选择收件人

(3) 在“选取数据源”对话框中，选择本实验对应的素材文件夹中的“会议邀请人员名单 . xlsx”文件，单击【打开】按钮，如图 2-91 所示。在弹出的“选择表格”对话框中选择“sheet1＄”，单击【确定】按钮，如图 2-92 所示。

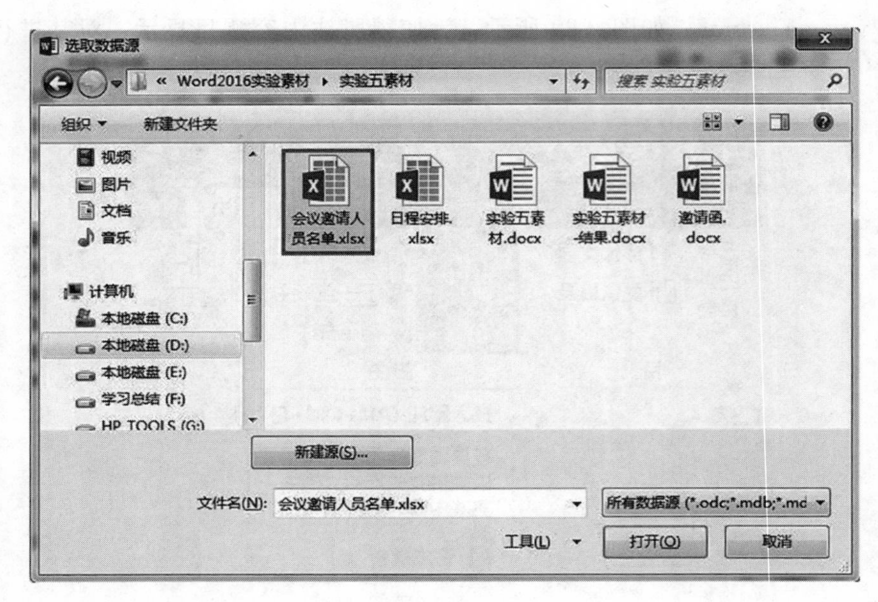

图 2-91　数据源文件选择

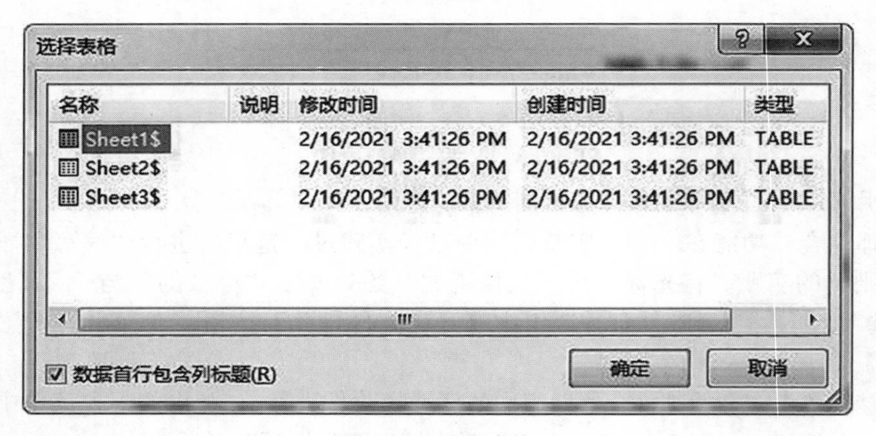

图 2-92　选择表格

（4）单击“编写和插入域”组中的【插入合并域】，在下拉列表里选择【姓名】，如图 2-93 所示，此时会在正文“尊敬的”后出现“姓名”域。

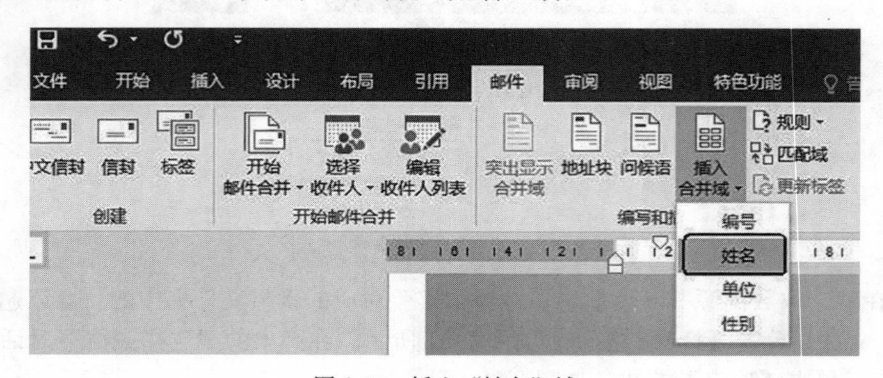

图 2-93　插入“姓名”域

(5) 在“编写和插入域”组中，单击【规则】，在弹出的下拉菜单中选择【如果…那么…否则…】，如图 2-94 所示。在弹出的“插入 Word 域：IF”对话框中，“域名”选择为【性别】、“比较条件”选择为【等于】、“比较对象”中输入【男】；在“则插入此文字”文本框中输入【先生】、“否则插入此文字”文本框中输入【女士】，单击【确定】即可，如图 2-95 所示。

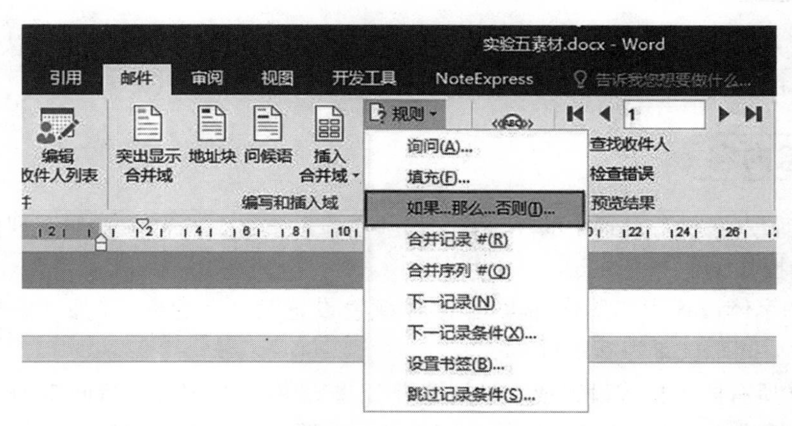

图 2-94　插入规则

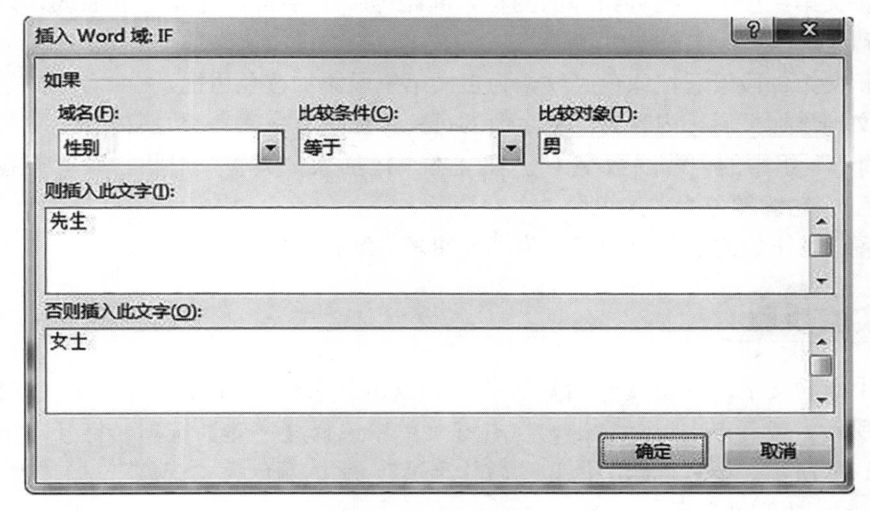

图 2-95　规则设置

(6) 单击【邮件】选项卡下“预览结果”组中的【预览结果】按钮，可以预览邮件合并后的效果。最后点击“预览结果”组中的【完成并合并】按钮，在出现的下拉菜单中选择【编辑单个文档】，在“合并到新文档”对话框中选择【全部】，单击【确定】后查看新生成的邮件合并后的文档。对新文档检查无误后，保存文档，且将文档命名为“邀请函 . docx”。

9. 保存并关闭“实验五素材 . docx”文档。点击“快速访问工具栏”上的保存按钮，或者点击【文件】选项卡下的【保存】命令，完成对“实验五素材 . docx”文档的保存。然后点击文档窗口右上角的关闭按钮关闭 Word 文档。

本实验完成后的结果可参考本实验素材文件夹中的“实验五素材一结果 . docx”和“邀请函 . docx”。

实验六　综合实验（2）

实验目的

综合练习并掌握字体和段落的设置、分栏、首字下沉、边框和底纹设置、页眉页脚设置、自选图形的插入和设置、页面设置等操作。

实验内容

视频 2-6　综合实验（2）

打开“实验六素材”目录中的 Word 文档“实验六素材 . docx”，按照下列要求完成对此文档的操作。

1. 把标题字体设置为“微软雅黑”，字体颜色设置为“蓝色”，并加“着重号”，标题段前、段后间距设置为 0.5 行。

2. 将正文所有段落格式设置成“悬挂缩进”，缩进值为 2 字符，行间距为“固定值” 30 磅，设置段落缩进为“右缩进” 2 字符，字符间距设置为“加宽” 1 磅。

3. 将正文第一段分成栏宽相等的两栏，间距为 2 个字符，且加上分隔线，设置“首字下沉” 2 行。

4. 为正文第二段设置浅绿色底纹，为正文第三段添加蓝色边框。

5. 为文档添加页眉，内容为“令生命的每一天变得有意义”，页脚处加上页码，页码的样式为“简单”组中的“普通数字 1”。在文本末尾插入“笑脸”形状，设置笑脸的填充颜色为“黄色”，轮廓颜色为“黑色”。

6. 设置上、下、左、右页边距均为 2.5 厘米，纸张方向为“横向”。

实验步骤

1. 选中标题文字，点击【开始】选项卡，点击“字体”组右下角的【扩展按钮】，如图 2-96 所示。或者点击鼠标右键，在右键菜单中选择【字体】选项，打开“字体”对话框，如图 2-97 所示。设置标题字体为“微软雅黑”，字体颜色为“蓝色”，加“着重号”，点击【确定】，如图 2-98 所示。

点击“段落”组右下角的扩展按钮，或者点击鼠标右键，在右键菜单中选择【段落】选项，打开“段落”对话框。设置段前间距 0.5 行，段后间距 0.5 行，点击【确定】，如图 2-99 所示。

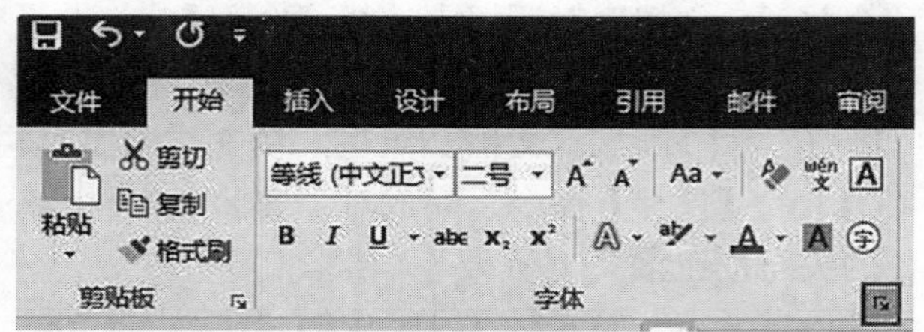

图 2-96　通过“扩展按钮”打开“字体”对话框

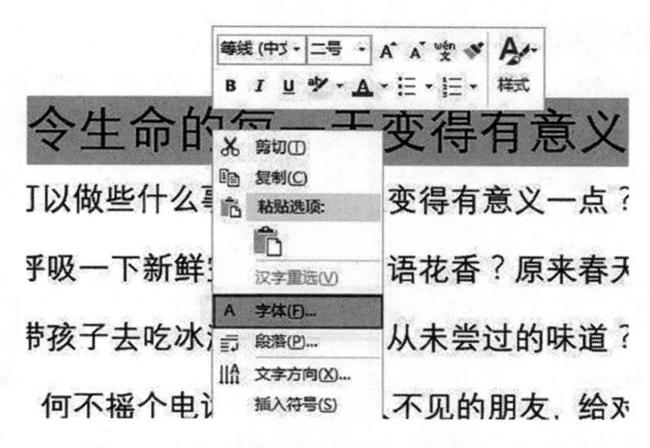

图 2-97　通过右键菜单打开“字体”对话框

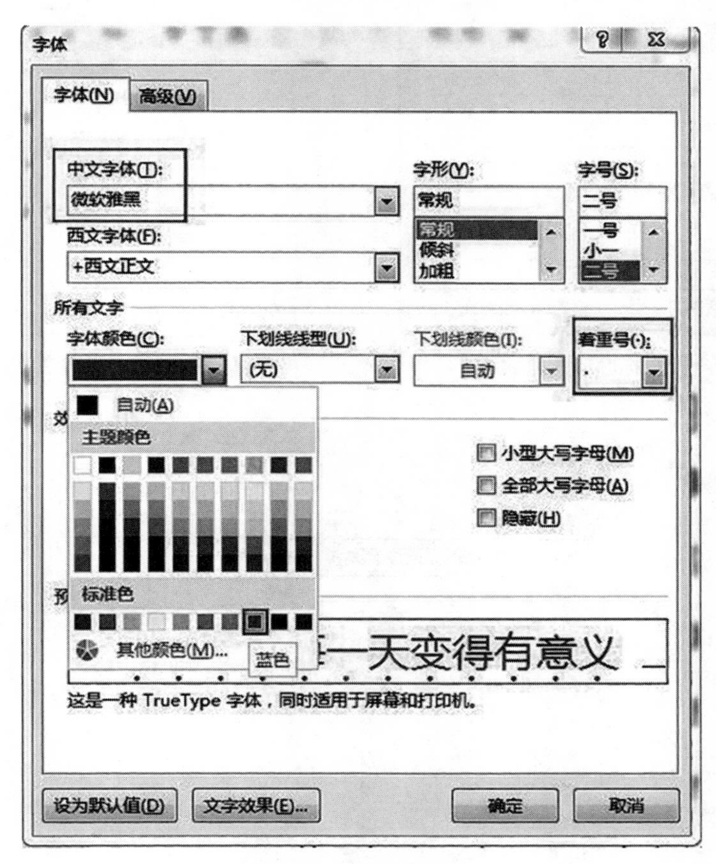

图 2-98　设置标题字体

2. 选中正文所有段落，点击【开始】选项卡下“段落”组右下角的【扩展按钮】，打开“段落”对话框。在“特殊格式”下拉菜单中选择【悬挂缩进】，缩进值为 2 字符；设置右侧“缩进”2 字符，在“行距”下拉菜单，选择【固定值】，设置值为 30 磅，点击【确定】，如图 2-100 所示。

点击“字体”组右下角【扩展按钮】，打开“字体”对话框。点击【高级】选项卡，在“间距”下拉菜单中选择【加宽】，磅值为“1 磅”，点击【确定】，如图 2-101 所示。

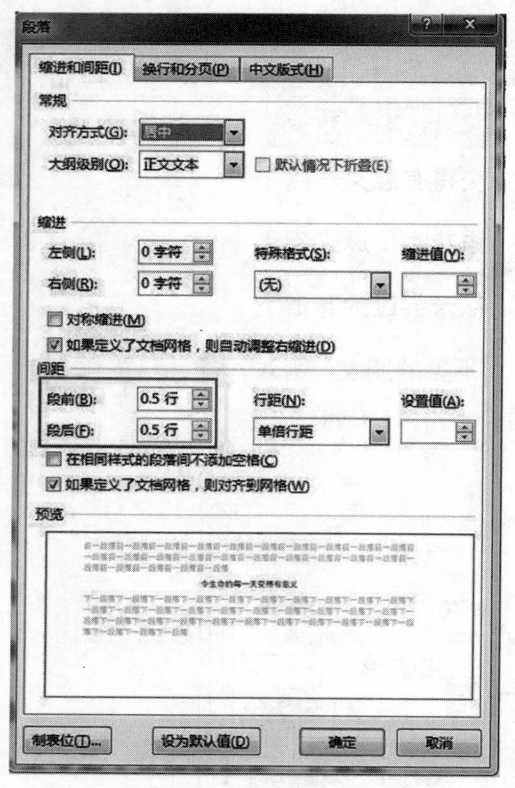

图 2-99　设置标题段落格式

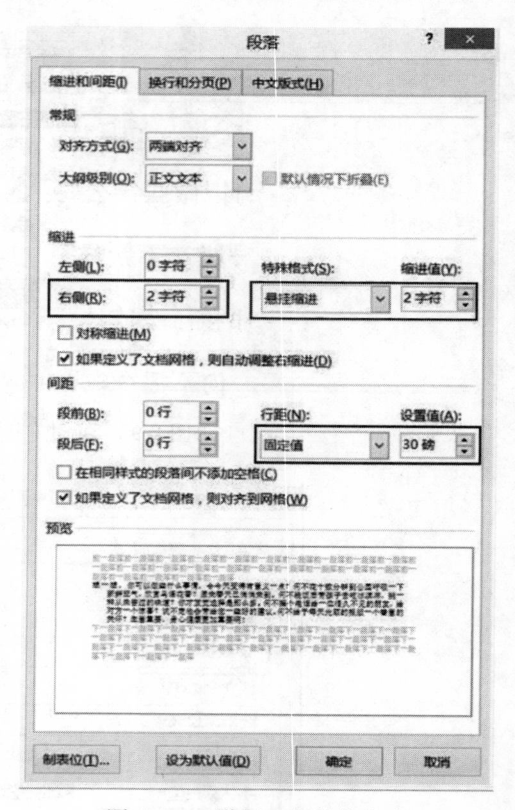

图 2-100　设置正文段落格式

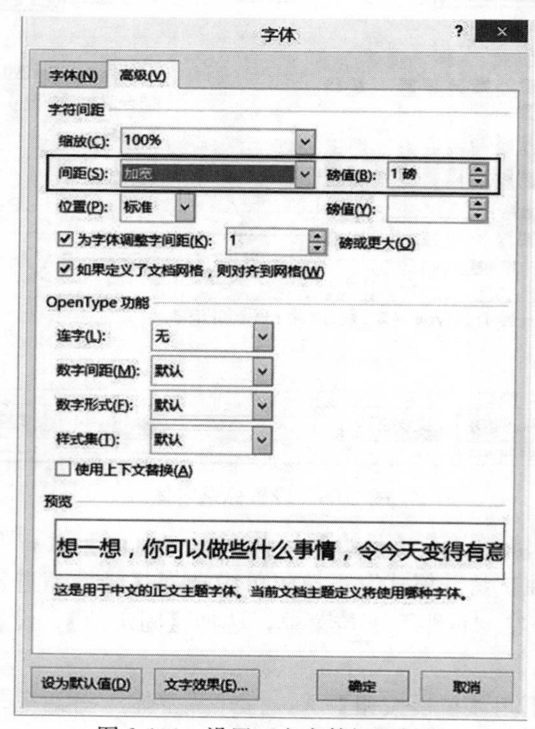

图 2-101　设置正文字符间距加宽

3. 选中正文第一段，点击【布局】选项卡，在“页面设置”组中点击【分栏】，在下拉菜单中选择【更多分栏】选项，如图 2-102 所示。在打开“分栏”对话框中，设置分栏为“两栏”，勾选“分隔线”和“栏宽相等”选项，输入“间距”为 2 字符，设置完毕后单击【确定】，如图 2-103 所示。

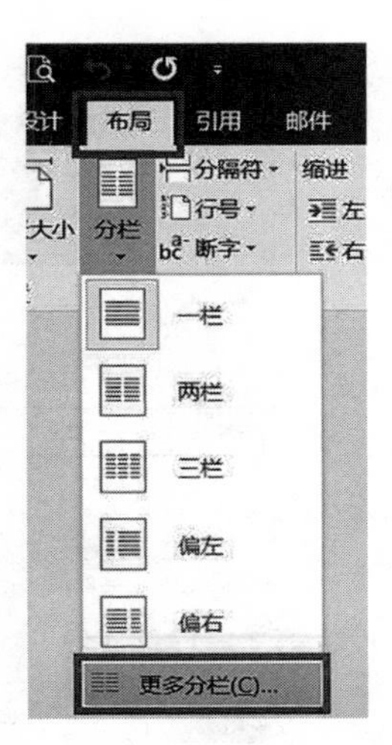

图 2-102　打开“分栏”对话框

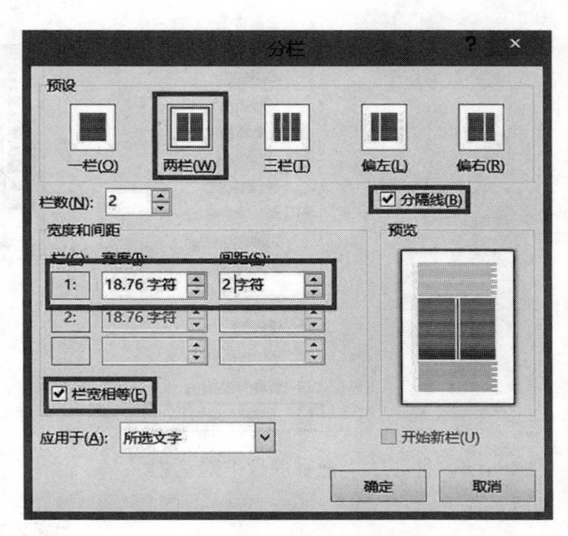

图 2-103　分栏设置

点击【插入】选项卡，在“文本”组中点击【首字下沉】，在下拉菜单中选择【首字下沉选项】，如图 2-104 所示。打开“首字下沉”对话框，选择位置为“下沉”，下沉行数设置为 2 行，点击【确定】，如图 2-105 所示。

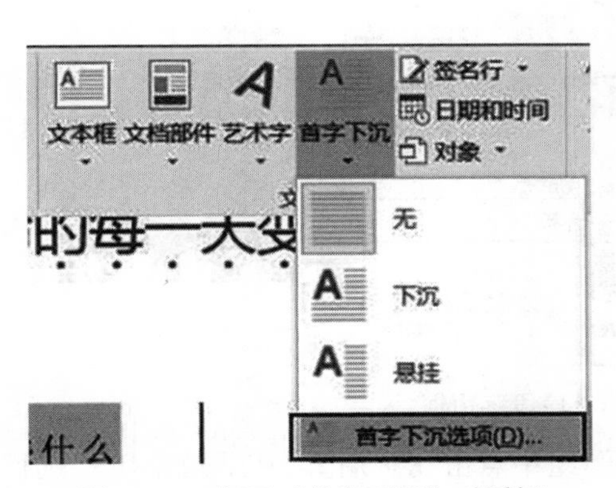

图 2-104　打开“首字下沉”对话框

图 2-105　设置首字下沉

4. 选中正文第二段文字，点击【开始】选项卡，在“段落”组中点击【边框】按钮右侧的倒三角▾，在下拉菜单中选择【边框和底纹】选项，如图 2-106 所示。打开“边框和底纹”对话框，点击【底纹】选项卡，“填充”颜色选择“浅绿色”，应用于“段落”，点击【确定】，如图 2-107 所示。

选中第三段文字，打开“边框和底纹”对话框，点击【边框】（注意：不是【页面边框】）选项卡，设置边框样式为“方框”，选择边框颜色为“蓝色”，应用于“段落”，点击

【确定】，如图 2-108 所示。

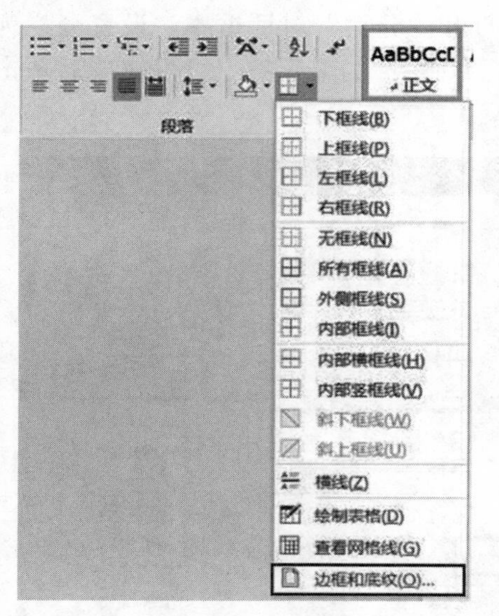

图 2-106　打开“边框和底纹”对话框

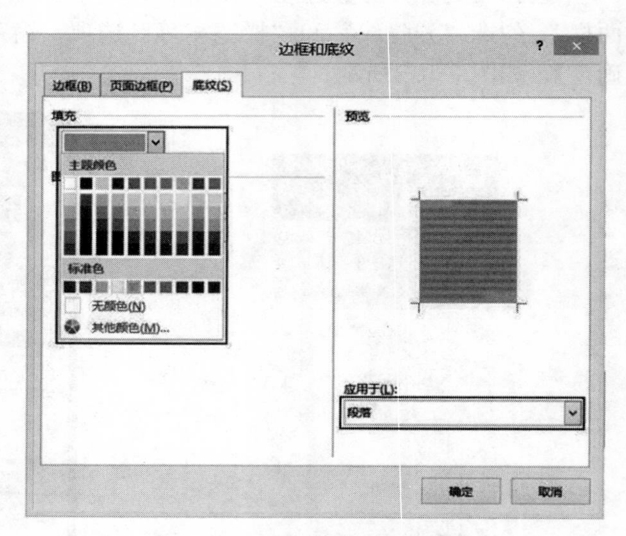

图 2-107　设置第二段段落底纹

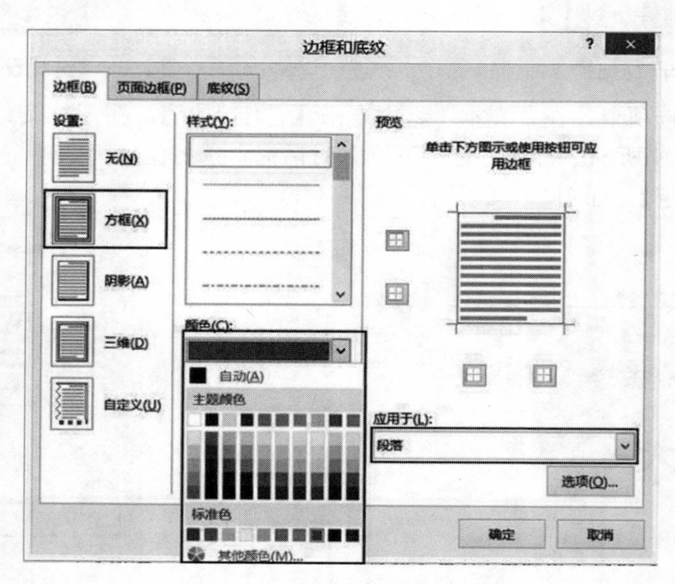

图 2-108　设置第三段段落边框

5. 点击【插入】选项卡，在“页眉和页脚”组中点击【页眉】，在下拉菜单中选择【空白】，如图 2-109 所示。此时会自动打开针对“页眉和页脚工具”的【设计】选项卡，同时工作区进入页眉和页脚编辑状态；在页眉中输入“令生命的每一天变得有意义”，将文字下方多余的空行删除，如图 2-110 所示。编辑完成后点击【关闭页眉和页脚】或双击正文，退出页眉和页脚编辑状态。

继续在“页眉和页脚”组中点击【页码】，在弹出的下拉菜单中选择【页面底端】，然后点击【普通数字 1】，如图 2-111 所示。完成后点击【关闭页眉和页脚】，退出页眉和页脚编辑状态。

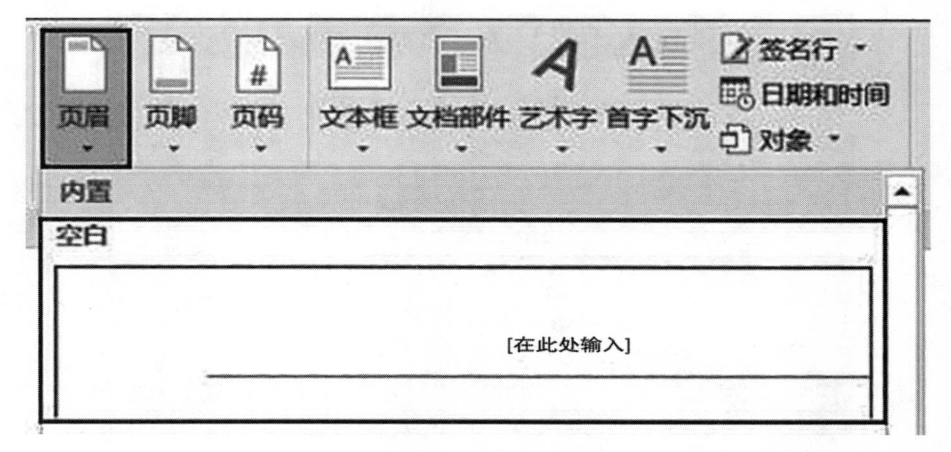

图 2-109　插入页眉

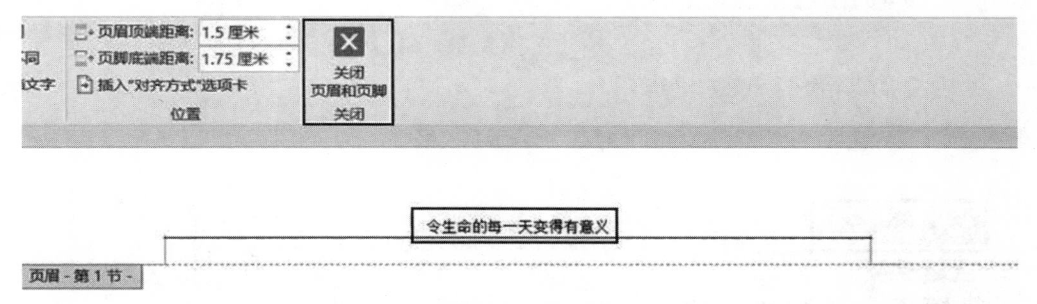

图 2-110　编辑页眉文字

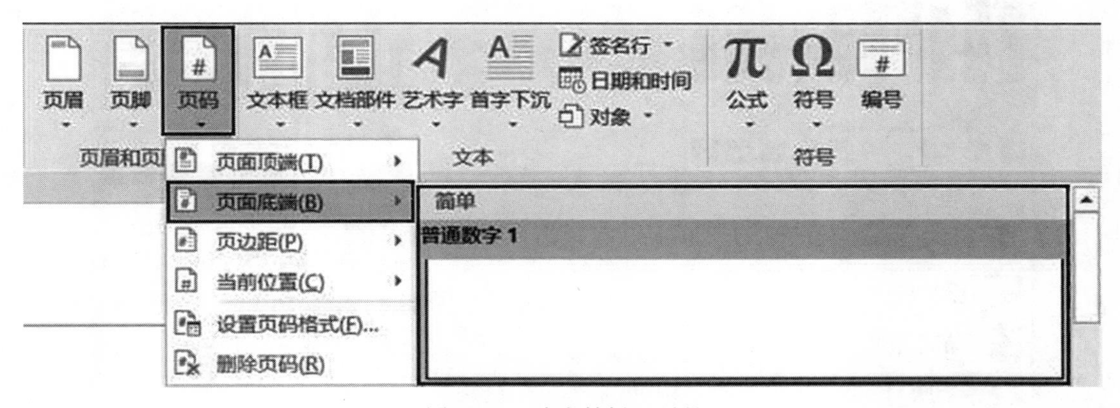

图 2-111　为文档插入页码

6. 在文本末尾插入形状“笑脸”。点击【插入】选项卡，在“插图”组中点击【形状】按钮，在下拉菜单中选择“笑脸”形状，如图 2-112 所示。此时光标变成十字形，在文档末尾处按住鼠标左键，向任意方向拖动，即可绘制“笑脸”形状。点击“绘图工具”中的【格式】选项卡，在“形状样式”组点击【形状填充】，选择填充颜色为“黄色”，如图 2-113 所示；点击【形状轮廓】，设置轮廓颜色为“黑色”，如图 2-114 所示。

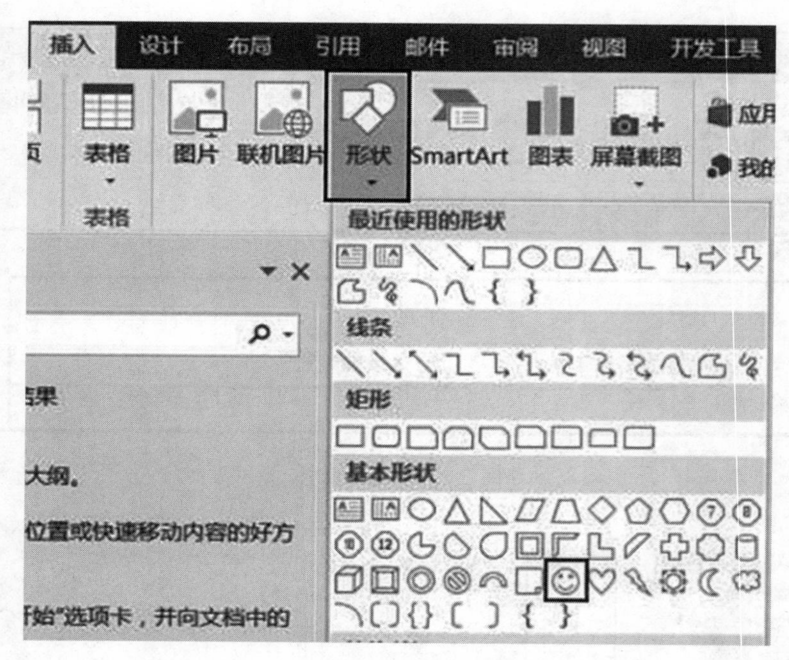

图 2-112　插入形状“笑脸”

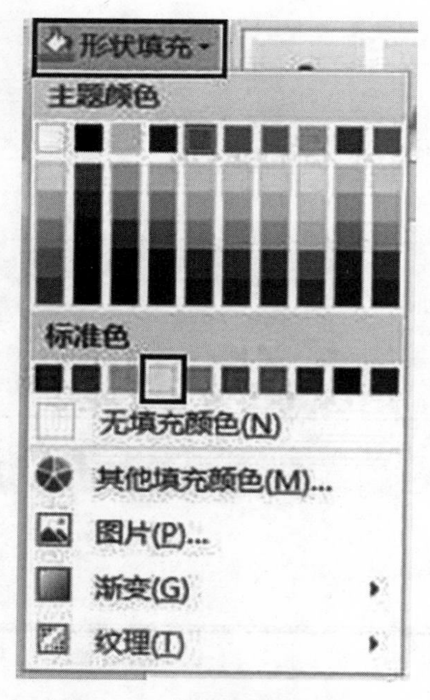

图 2-113　设置形状填充颜色

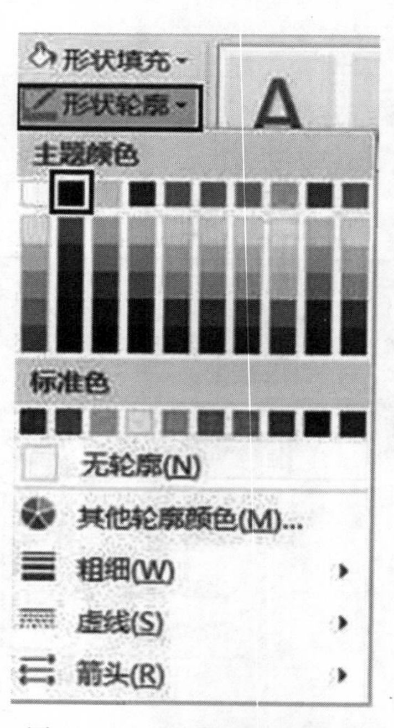

图 2-114　设置形状轮廓颜色

7. 进行页面设置。点击【布局】选项卡，然后点击“页面设置”组中的【扩展按钮】，如图 2-115 所示。打开“页面设置”对话框，在“页边距”选项卡中设置上、下、左、右“页边距”均为 2.5 厘米，设置“纸张方向”为“横向”（这里需要注意的是，一定要应用于“整篇文档”），点击【确定】，如图 2-116 所示。

本实验完成后的结果如图 2-117 所示。

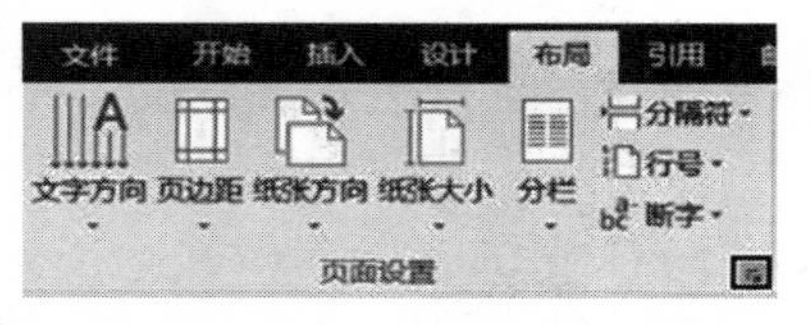

图 2-115　打开“页面设置”对话框

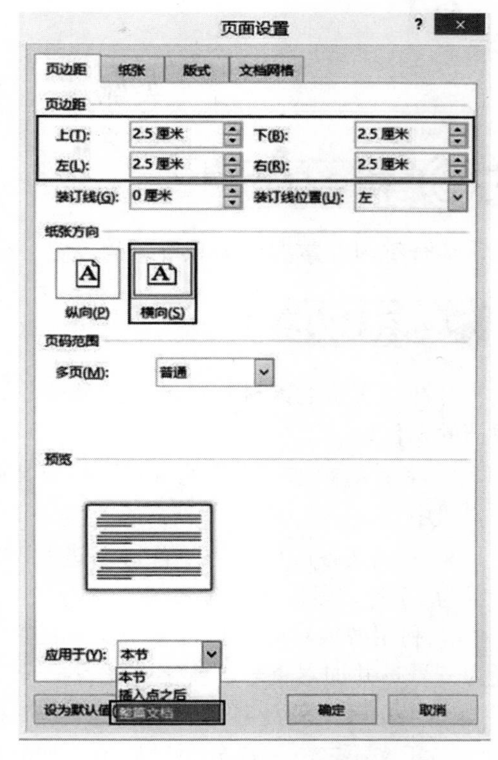

图 2-116　设置页边距和纸张方向

令生命的每一天变得有意义

令生命的每一天变得有意义

想一想，你可以做些什么事情，令今天变得有意义一点？何不花十数分钟到公园呼吸一下新鲜空气，欣赏鸟语花香？原来春天已悄悄来到。何不晚饭后带孩子去吃冰淇淋，挑一种从未尝过的味道？你才发觉选择是那么多。何不摇个电话给一位很久不见的朋友，给对方一个惊喜？说不定他会带给您一些好的建议。何不给予每天光顾的报贩一个善意的关怀？生意重要，身心健康更加重要啊！

你不用花很多金钱或时间，只要用少许率性、加点创意，就可以令生命的每一天变得有意义，让家人欣慰、也让周围的人感染到生命的美好。

可知道？就是这样每天对万物驻步留神，创造出不同的可能性，你慢慢把自己操练成一个有生命力的人，不至于被生活巨轮推着前行而不知方向。

生命里每一天都那么独特，那么美好！一切在乎你的生活态度。

图 2-117　实验六结果

实验七　综合实验（3）

实验目的

综合练习并掌握字体和段落的设置、分栏、底纹设置、图文混排等操作。

实验内容

打开“实验七素材”目录中的 Word 文档“实验七素材.docx”，按照下列要求完成对此文档的操作。

视频 2-7
综合实验（3

1. 将文章标题“我们的青春”缩放 200%，并添加绿色双下划线，设置对齐方式为“居中”。

2. 将正文各段设置为“首行缩进”2 字符，行距为“固定值”25 磅，段前间距设置为 15 磅，段后间距设置为 0.5 行。

3. 利用替换功能，将正文中所有的“青春”二字字体颜色设置为紫色，字号设置为三号，并加着重号，将字符位置提升 3 磅。

4. 正文第一段文字设为“深色横线”样式的橙色底纹，字符间距加宽 2.5 磅。

5. 正文第二、三段分两栏显示，加分隔线，左栏段落添加红色波浪线边框，右栏文字添加浅蓝色底纹。

6. 在正文第五段后插入图片“青春.jpg”，设置环绕方式为“四周型”环绕，并置于该段右侧。

实验步骤

1. 选中标题文字，点击鼠标右键，在弹出的右键菜单中选择【字体】选项，如图 2-118 所示。在打开的“字体”对话框中，点击【字体】选项卡，“下划线线型”选择“双实线”，“下划线颜色”选择“绿色”，如图 2-119 所示。点击字体对话框中的【高级】选项卡，将“缩放”设置为“200%”，单击【确定】按钮，如图 2-120 所示。

点击【开始】选项卡下“段落”组中的【居中对齐】按钮，如图 2-121 所示。

2. 选中正文所有段落，点击鼠标右键，在弹出的右键菜单中选择【段落】选项，如图 2-122 所示。在打开的“段落”对话框中设置“特殊格式”为“首行缩进”，值为“2 字符”；设置“段前”间距为“15 磅”（默认的“段前”间距单位一般为“行”，所以此

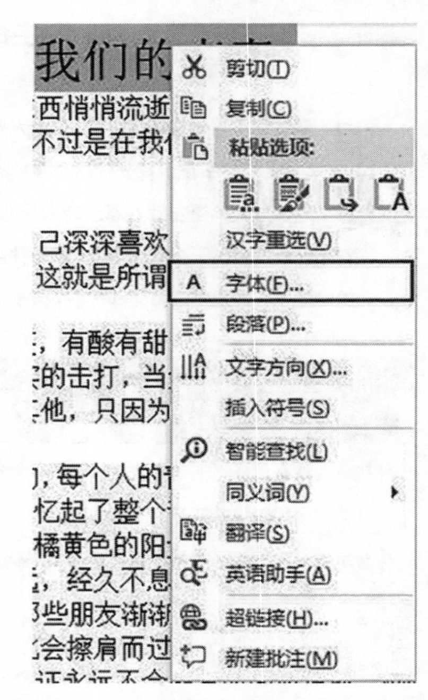

图 2-118　右键菜单中的“字体”选项

处的间距值需要用键盘输入“15 磅”），“段后”间距为“0.5 行”；设置“行距”为“固定值”，值为“25 磅”，如图 2-123 所示。

图 2-119　为标题文字添加下划线

图 2-120　设置文字缩放

图 2-121　设置标题对齐方式为“居中”

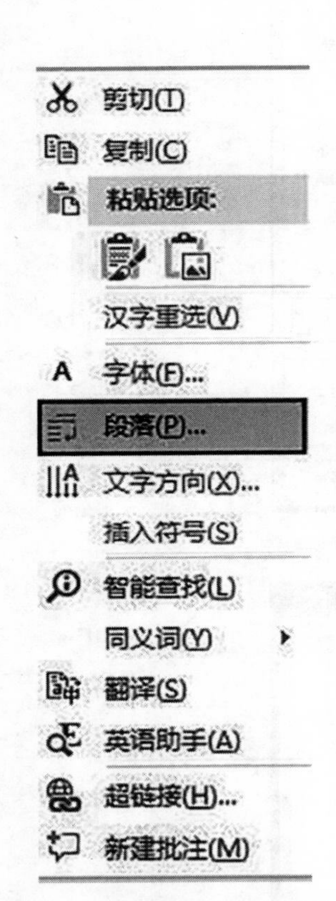

图 2-122　右键菜单中的“段落”选项

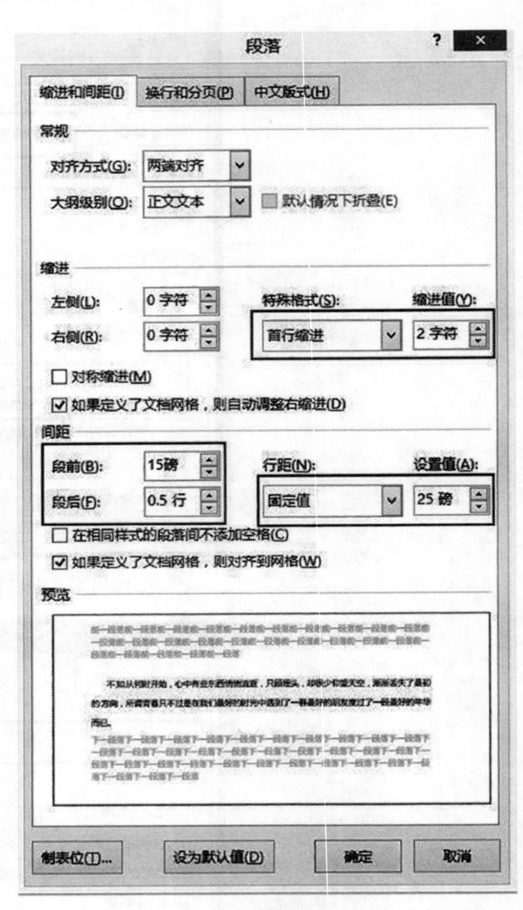

图 2-123　设置段落格式

3. 使用“替换”功能替换“青春”二字字体。使用“替换”功能替换指定文字字体时，光标可以定位在正文的起始位置，也可以定位在其他位置，但不能选中任何文字，如果在选中文字的情况下替换字体，会导致被选中的文字字体也被修改。因此，首先点击正文的起始位置，点击【开始】选项卡，然后点击右侧“编辑”组中的【替换】按钮，如图 2-124 所示。之后会弹出“查找和替换”对话框。由于本题要求替换的是“青春”二字的字体设置，文字本身未发生改变，因此在“查找内容”输入框中输入“青春”，“替换为”输入框中输入的也是“青春”，如图 2-125 所示。此时一定要保证光标处于“替换为”输入框中，然后在“查找和替换”对话框中点击【更多】按钮，首先将“搜索选项”中的“搜索”方向设置为“向下”，然后点击【格式】按钮，在弹出的菜单中选择“字体”选项，如图 2-126 所示。在打开的“字体”对话框中对“替换为”的字体进行设置，设置字体颜色为“紫色”，字号为

"三号"，加着重号，如图 2-127 所示。继续点击"字体"对话框的【高级】选项卡，设置"位置"为"提升"，值为"3 磅"，如图 2-128 所示。

"替换为"的字体设置完成后，会在"替换为"输入框下方出现设置好的各种字体格式，点击【全部替换】按钮，如图 2-129 所示。此时 Word 程序会从光标所在的正文开始位置向下替换正文中的每个"青春"二字的字体格式。正文中"青春"二字共出现 13 处，所以需要进行 13 次替换，当替换到正文结尾处会弹出对话框询问"是否从头继续搜索"，如图 2-130 所示。由于标题中也含有"青春"二字，但是标题中的"青春"不需要替换，所以点击询问对话框中的"否"即可。

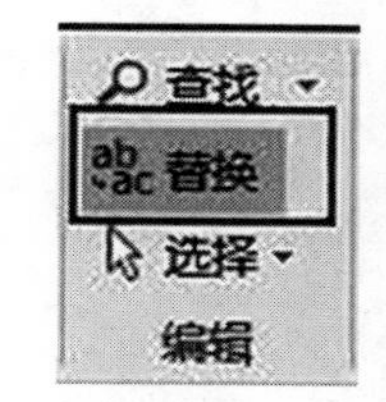

图 2-124　"开始"选项卡中的替换功能

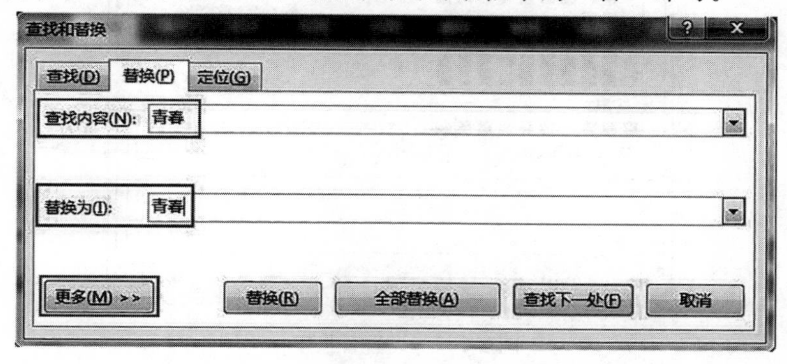

图 2-125　输入"查找内容"和"替换为"内容

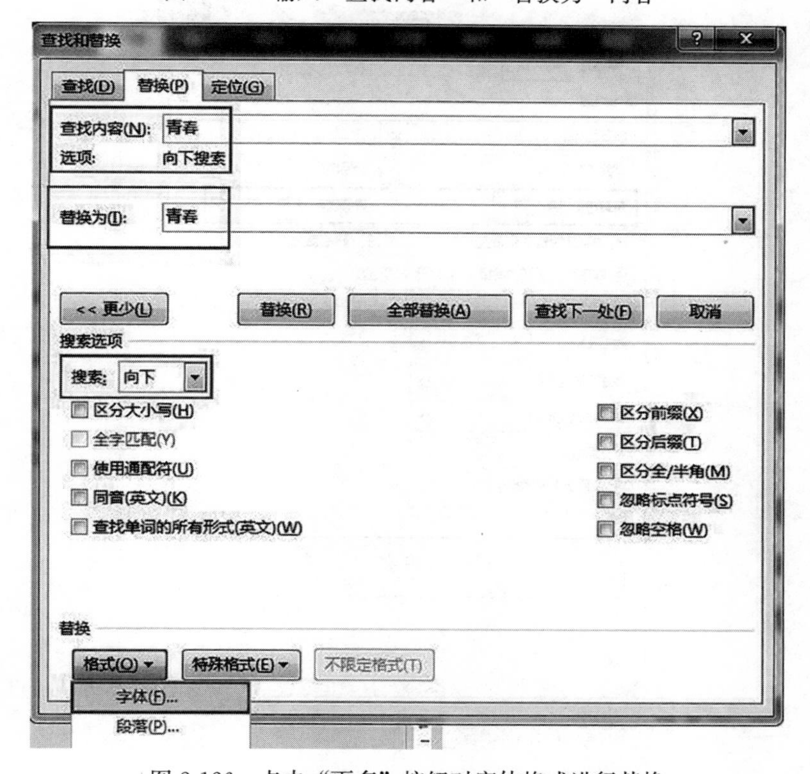

图 2-126　点击"更多"按钮对字体格式进行替换

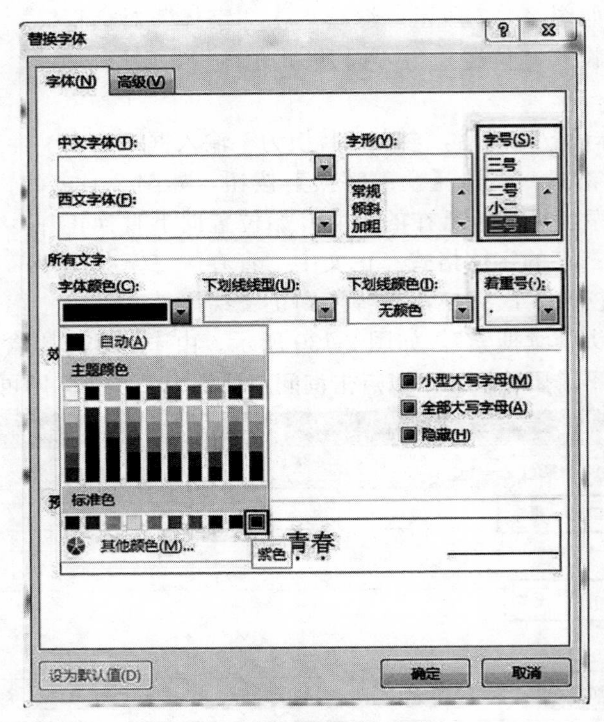

图 2-127　设置替换字体

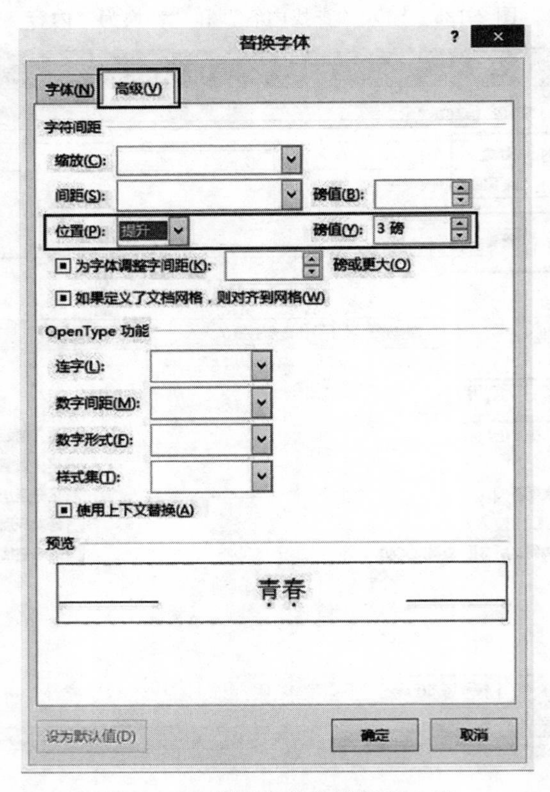

图 2-128　设置字体位置提升 3 磅

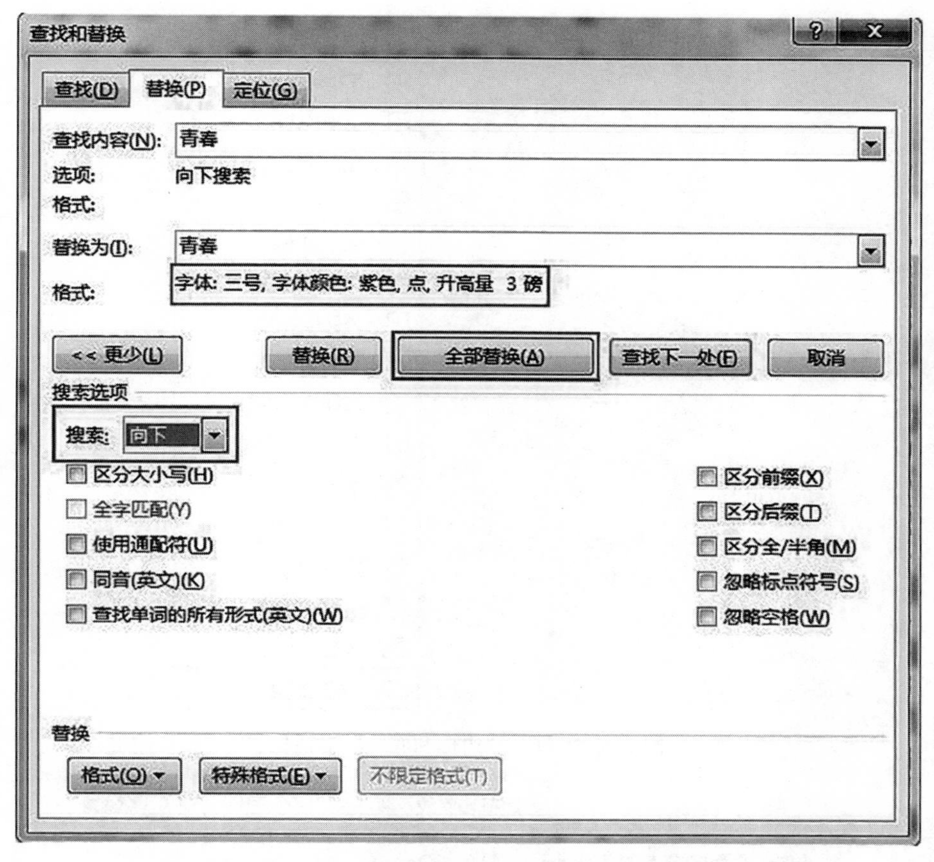

图 2-129　“查找和替换”对话框中执行“全部替换”命令

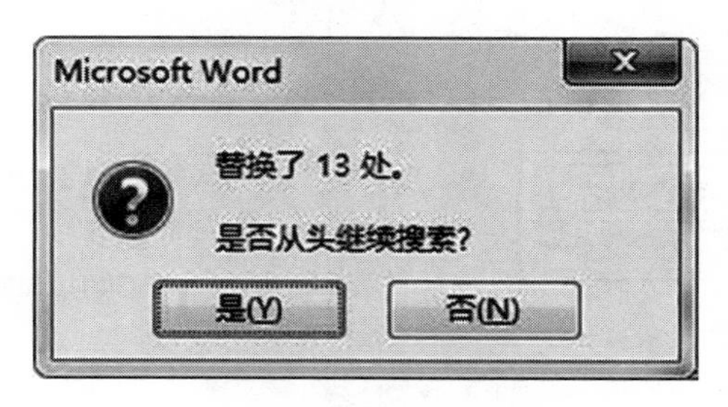

图 2-130　替换过程消息框

4. 设置正文第一段文字段落底纹和字符间距。选中正文第一段文字，点击【开始】选项卡下“段落”组中【边框】右侧的下拉按钮，在下拉菜单中选择【边框和底纹】选项，如图 2-131 所示。打开“边框和底纹”对话框，在对话框中点击【底纹】选项卡，设置图案样式为“深色横线”，图案颜色为“橙色”，“应用于”选择“文字”，单击【确定】，如图2-132 所示。

选中正文第一段文字，点击鼠标右键，在右键菜单中选择【字体】选项，打开“字体”对话框，在对话框上方点击【高级】选项卡，设置间距为“加宽”，加宽值为“2.5 磅”，如图 2-133 所示。

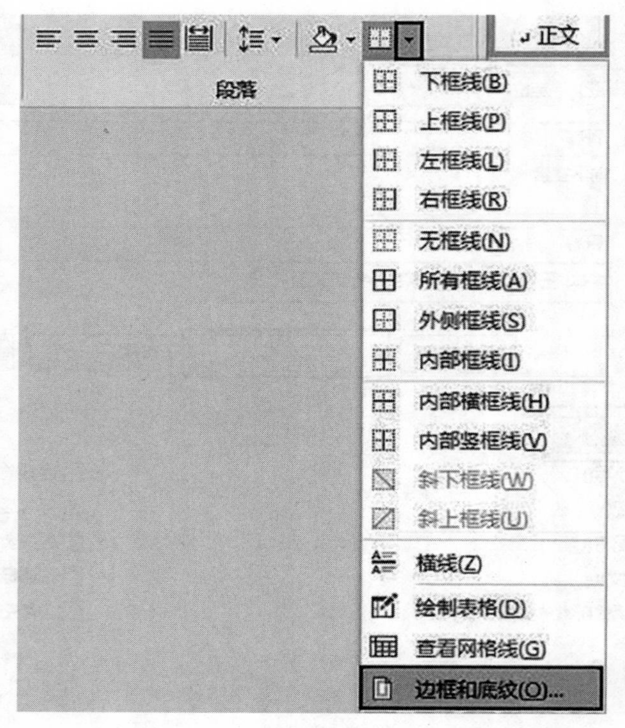

图 2-131　打开“边框和底纹”对话框

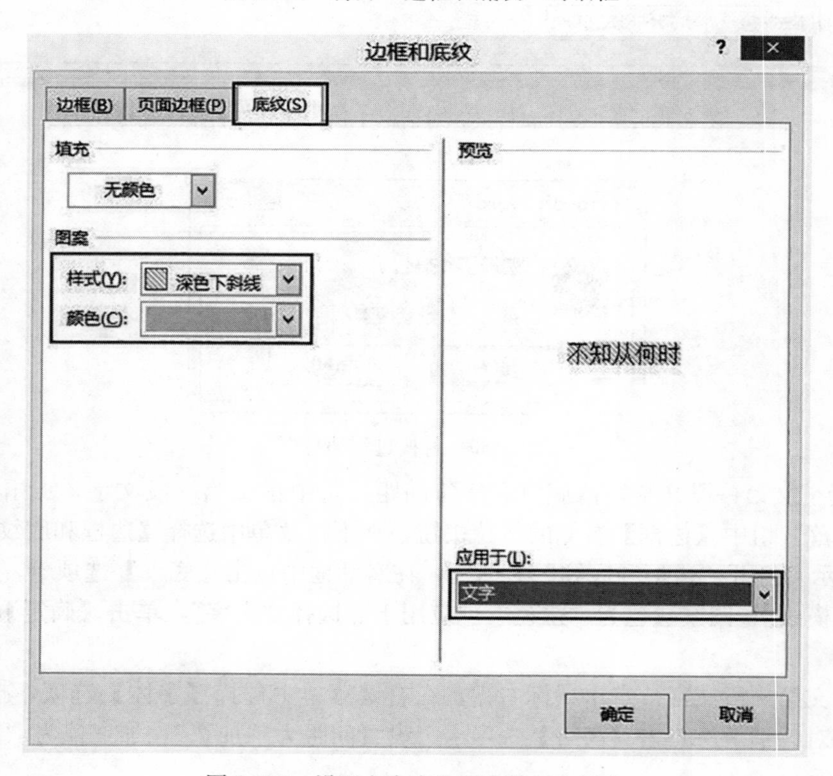

图 2-132　设置文字底纹图案样式和颜色

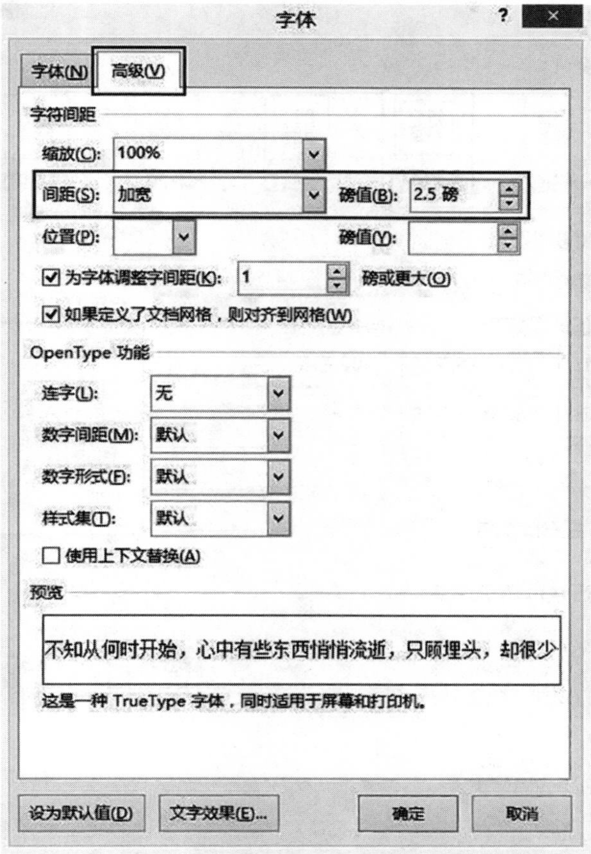

图 2-133　设置字符间距加宽

5. 设置分栏，段落边框，文字底纹。选中正文第二、三段文字，点击【布局】选项卡，然后点击“页面设置”组的【分栏】按钮，在下拉菜单中选择【更多分栏】选项，如图 2-134 所示。打开分栏对话框，在“分栏”对话框中选择预设为“两栏”，勾选“分隔线”，单击【确定】，如图 2-135 所示。

选择分隔线左侧段落，打开“边框和底纹”对话框，点击【边框】选项卡，选择边框设置为“方框”，选择边框样式为“波浪线”，选择线条颜色为“红色”，应用于“段落”，单击【确定】，如图 2-136 所示。

选择分隔线右侧段落，打开“边框和底纹”对话框，点击【底纹】选项卡，设置“填充”颜色为“浅蓝色”，应用于“文字”，单击【确定】，如图 2-137 所示。

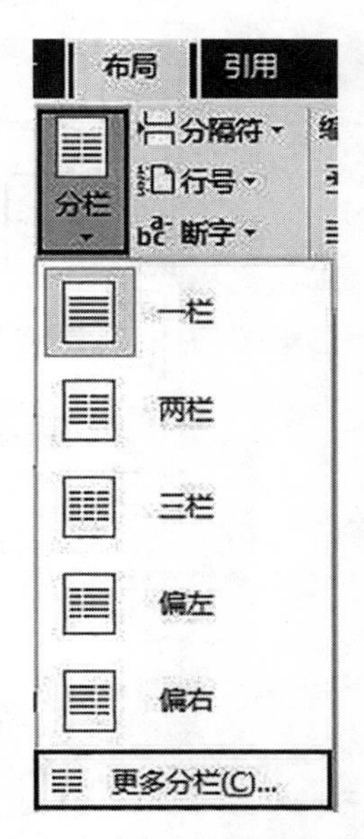

图 2-134　打开“分栏”对话框

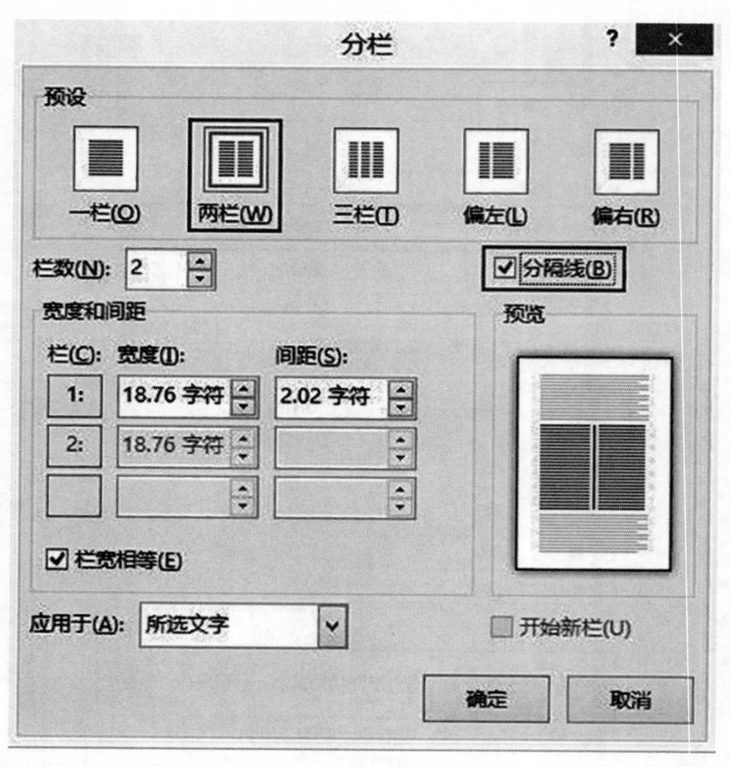

图 2-135　设置分栏

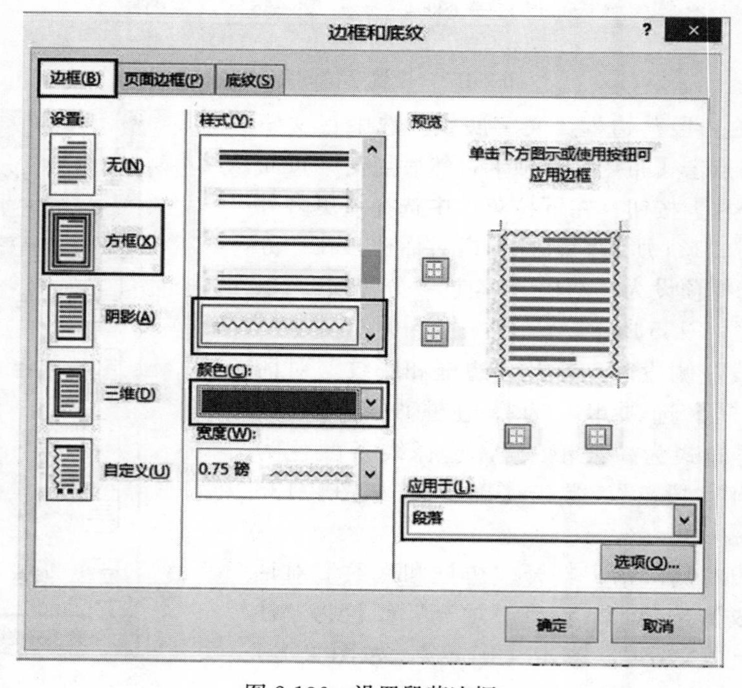

图 2-136　设置段落边框

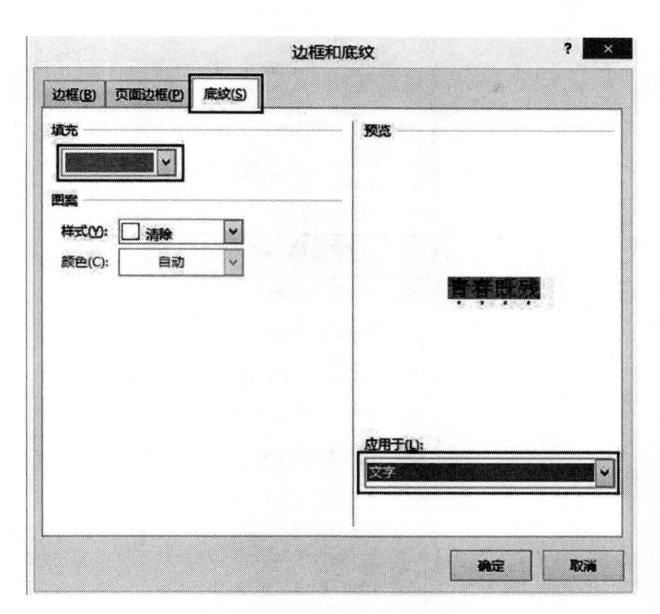

图 2-137　设置文字底纹

6. 插入图片。将光标定位于文档末尾，点击【插入】选项卡，在“插图”组中点击【图片】按钮，在弹出的“插入图片”对话框中选中本实验对应素材文件夹中的图片“青春.jpg”，点击【插入】，如图 2-138 所示。

图 2-138　插入图片

选中图片，点击“图片工具”中【格式】选项卡，在“排列”组中点击【环绕文字】，在下拉菜单中选择【四周型】，如图 2-139 所示。选中图片，在图片上按下鼠标左键进行拖动，把图片移至第五段右侧。

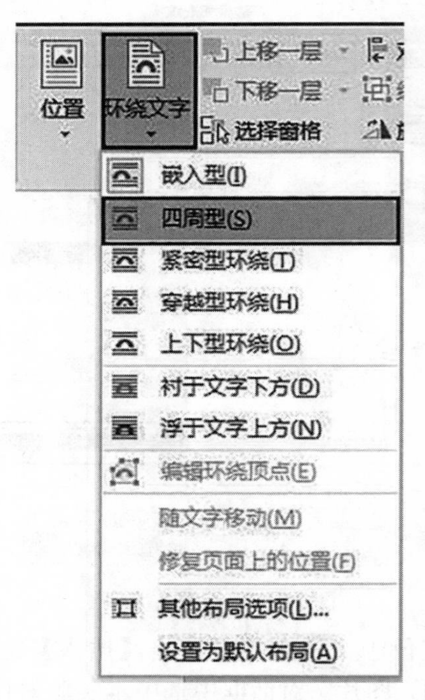

图 2-139　设置图片环绕方式

本实验完成后的结果可参考本实验素材文件夹中的“实验七素材-结果 . docx”。

实验案例 1　中国互联网发展现状报告文档排版

案例题目

视频 2-8
标题样式的修改

某单位的办公室人员小张接到公司下达的工作要求，要求提供一份最新的中国互联网发展现状报告，小张写了一份未经排版的文档初稿“互联网发展报告 . docx”，请按要求帮他完成文档整理排版。

1. 按下表要求，“互联网发展报告 . docx”文档中包含 3 个级别的标题，文字分别为用不同的颜色显示，对照相应的样式，并对格式进行修改：

文本颜色	样式	应用格式
红色（章标题）	标题 1	小二号字，仿宋字体，主体颜色：“深蓝，文字 2”，段前 1.5 行，段后 1 行，居中，与下段同页
蓝色（用一、二标出的段落）	标题 2	小三号字，仿宋字体，标准深蓝色，不加粗，段前 1 行，段后 0.5 行
绿色（用（一），（二）标出的段落）	标题 3	小四号字，宋体，标准深蓝色，加粗，段前 12 磅，段后 6 磅
除了三级标题外的内容	正文	五号字，仿宋字体，首行缩进 2 字符，1.25 倍行距

2. 将图片“pic1.png”插入到文档中用浅绿色底纹标出的文字“调查总体细分图示”上方的空行中，在说明文字“调查总体细分图示”前加“图 1”题注，添加后，修改样式“题注”格式为“楷体”，“小五”号字，位置“居中”。在图片上方用浅绿色底纹标出的文字的适当位置引用该题注。

3. 将第二章“表 1”的内容，生成一个折线图，插入到表格后的空行中，图表名称为“网民与互联网普及率”。

4. 在前言内容后、报告摘要前，插入自动生成目录。目录要包含第 1～3 级标题，目录页的“页眉页脚”设计要求为页眉居中插入文档标题属性信息，页脚居中显示页码（用罗马数字表示Ⅰ，自奇数页开始，页码为 1）。

5. 文档中“报告摘要”部分开始为正文部分，设计页码格式为：自奇数页开始，页码为 1。页码格式为 1，2，3，……。奇数页页眉内容依次是：章标题、一个全角空格、页码、居右显示。偶数页页眉显示内容依次是：页码、全角空格间隔、文档属性中的作者信息，居左显示。

6. 将文档中出现的全部“软回车”符号（手动换行符）更改为“硬回车”符号（段落标记）。

7. 保存并关闭原文档。

解题步骤

1. 打开“实验案例 1 素材”目录中的 Word 文档“互联网发展报告 .docx”。

2. 对格式、标题样式进行修改。

（1）光标放置在第一个红色标题处，在【开始】选项卡下的“样式”组中右键单击“标题 1”样式，选择【修改】，如图 2-140 所示。弹出“修改样式”对话框，在“格式”组中将字体设置为“仿宋”，字号设置为“小二”，颜色设置为“主题颜色一深蓝，文字 2”，单击【确定】，如图 2-141 所示。

（2）继续单击“修改样式”对话框左下角的【格式】按钮，在弹出的菜单中选择【段落】。弹出“段落”对话框，选择【缩放和间距】选项卡，在“常规”组中将“对齐方式”设置为“居中”；在“间距”组中将“段前”设置为 1.5 行，段后设置为“1 行”，如图 2-142 所示。

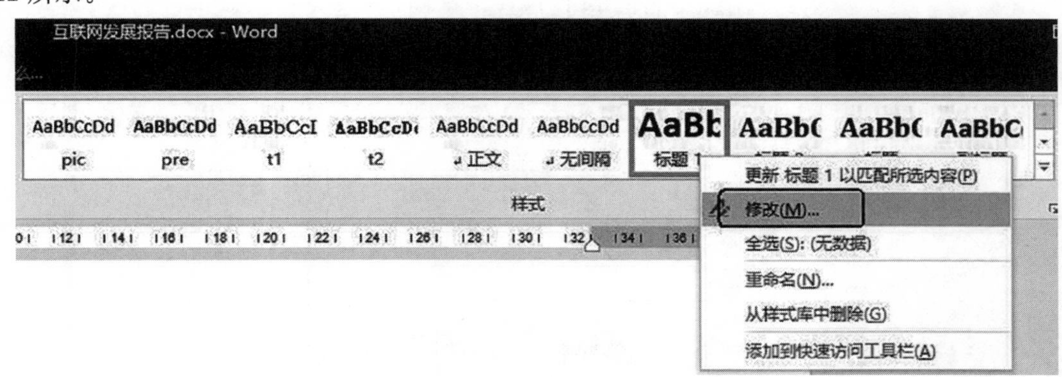

图 2-140　修改“标题 1”样式

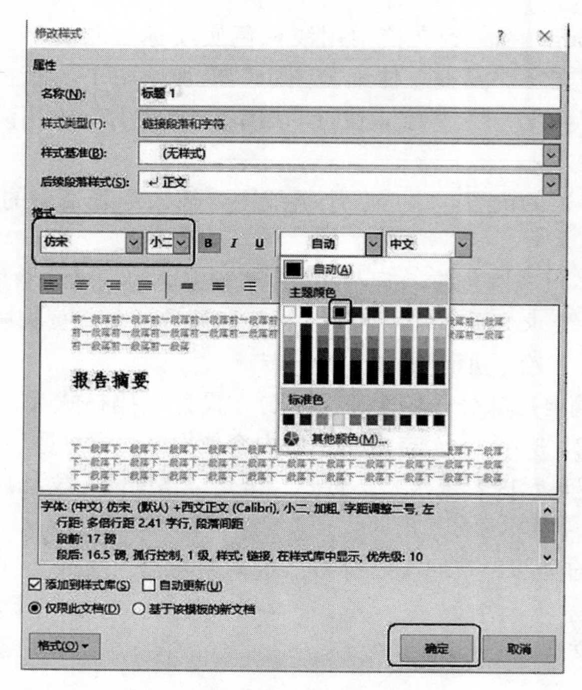

图 2-141　“修改样式”对话框

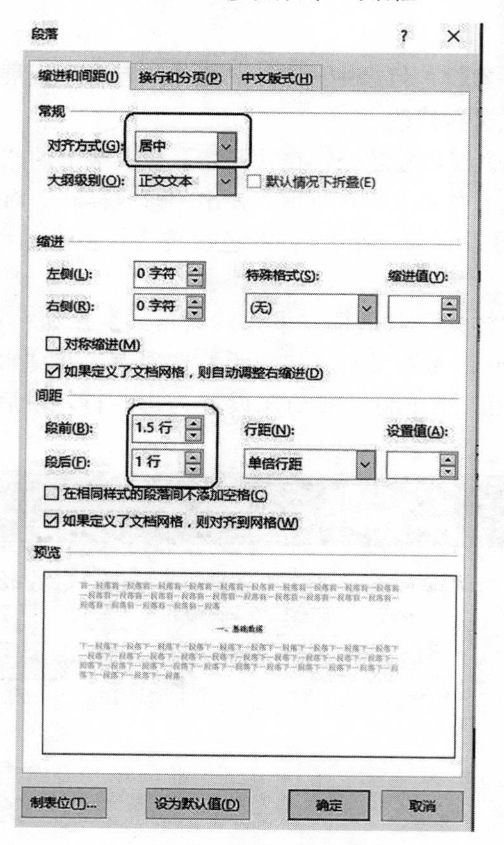

图 2-142　“段落”对话框

（3）切换到【换行和分页】选项卡中，在“分页”组中勾选“与下段同页”复选框，单击【确定】，如图 2-143 所示。

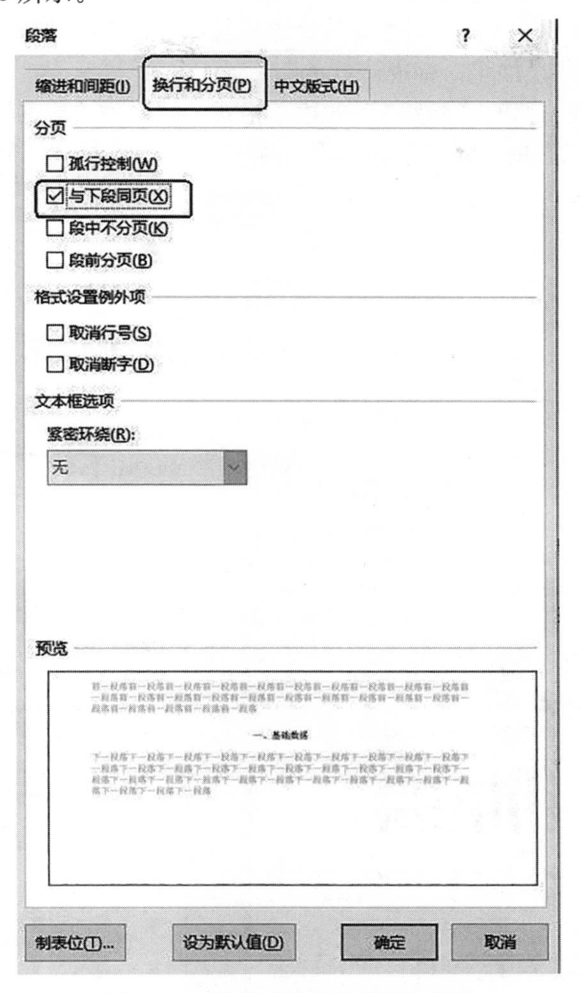

图 2-143　段落“换行和分页”设置

（4）选中第二个红色的标题，按下【Ctrl】键，单击修改后的“标题 1”样式。或使用“选择格式相似文本”功能：选择第一个红色标题，单击【开始】选项卡下的“编辑”组中的【选择】按钮，弹出的下拉菜单中选择【选择格式相似的文本】，即可选中所有格式相似文本，如图 2-144 所示。

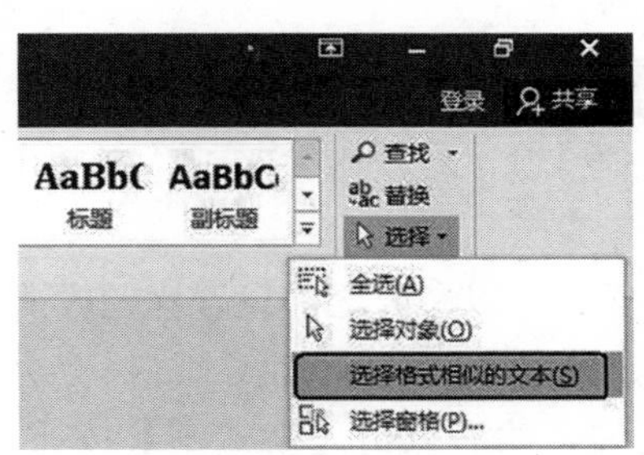

图 2-144　选择格式相似的文本

（5）参照步骤（1），光标放置在第一个蓝色标题前，设置所有蓝色标题设置为“标题2”，修改“标题 2”的格式为字号为“小三”，字体为“仿宋”，字体不加粗，字体颜色设置为标准深蓝色，如图 2-145 所示。同样方式设置所有绿色标题设置为“标题 3”，修改“标题3”为“小四号字，宋体，加粗，标准深蓝色”。

（6）参照之前步骤，修改“标题 2”的段落格式，间距为“段前”设置为 1 行，“段后”设置为 0.5 行。“标题 3”的“段前”间距设置为“12 磅”，“段后”间距设置为“6 磅”，如图 2-146 所示。

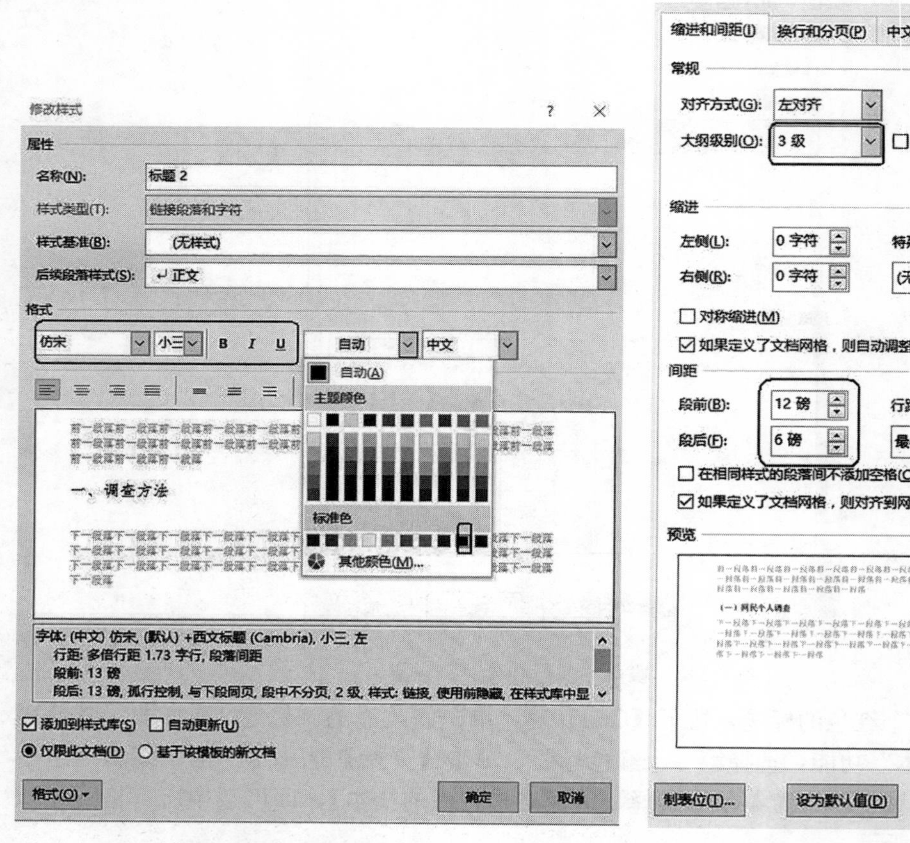

图 2-145　修改“标题 2”样式

图 2-146　“标题 3”段落设置

（7）参照之前步骤，在“正文”样式的“段落”对话框中，“间距”组中将“行距”修改为“多倍行距”，值为“1.25”。在“特殊格式”下拉列表中选择“首行缩进”，缩进值设置为“2 字符”，如图 2-147 所示。

由于正文内容较多，正文样式可以参照之前设置标题样式的方法进行修改。也可以设置一段文字后，使用“格式刷”进行格式复制，如图 2-148 所示。“格式刷”的使用方法是：选中一段格式设置完成后的正文，然后点击【格式刷】按钮，之后鼠标会变成“刷子”形状，用“刷子”去选择其他正文段落来实现相同的格式化效果。“格式刷”按钮可以单击使

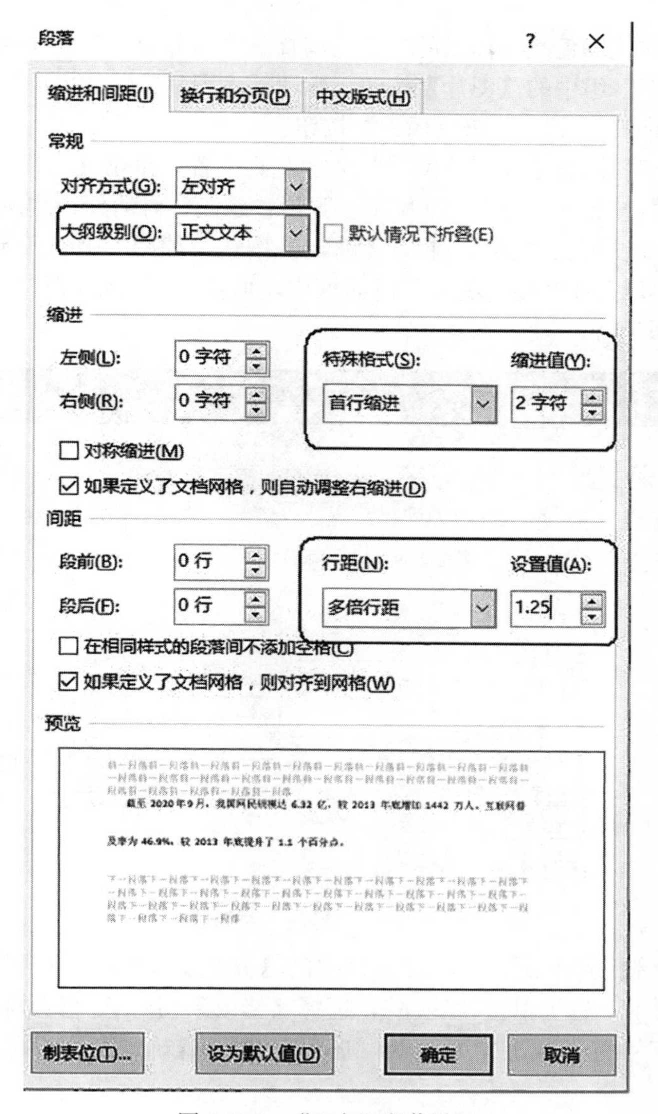

图 2-147　“正文”段落设置

用，也可以双击使用，单击“格式刷”按钮，“刷子”只能用一次；双击“格式刷”按钮，“刷子”可以反复使用。如果想取消“格式刷”状态，再次单击“格式刷”按钮即可。

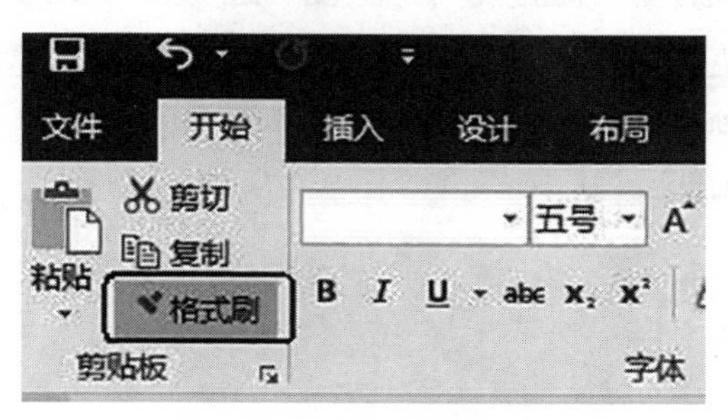

图 2-148　“格式刷”按钮

3. 设置题注。

（1）光标定位在浅绿色底纹标出的文字“调查总体细分图示”上方的空行处，单击【插入】选项卡下“插图”组中的【图片】按钮。在“插入图片”对话框中选中本案例对应素材文件夹中的图片“pic1. png”，单击【插入】按钮。

（2）将光标置于“调查总体细分图示”文字左侧位置，单击【引用】选项卡下“题注”组中的【插入题注】按钮，如图 2-149 所示。弹出“题注”对话框，在该对话框点击【新建标签】按钮，将标签设置为“图”，单击【确定】按钮，如图 2-150 所示。继续在“题注”对话框上点击【编号】，在“题注编号”对话框中，取消“包含章节号”的勾选，接着两次单击【确定】按钮即可。

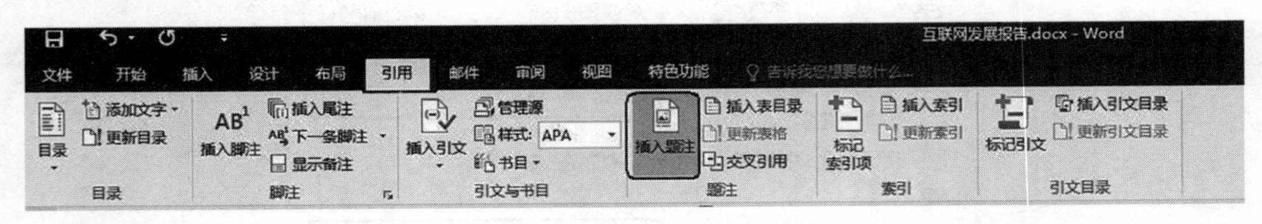

图 2-149 “插入题注”按钮

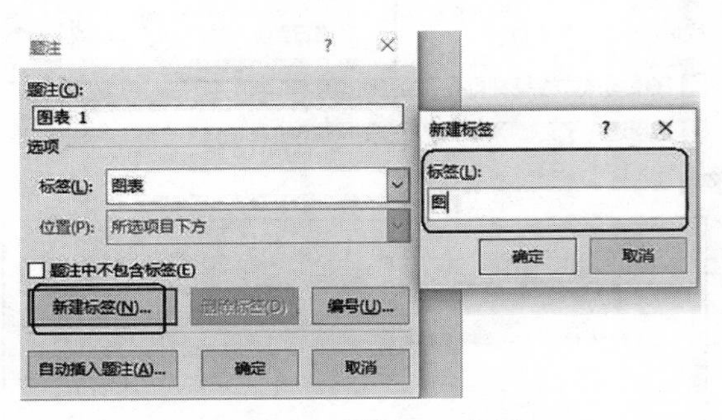

图 2-150 “题注”对话框

（3）单击【开始】选项卡下“样式”组中的【其他】按钮，在下拉列表中选择“题注”，如图 2-151 所示。右键单击“题注”，选择【修改】，弹出“修改样式”对话框。设置字体为“楷体”，字号为“小五”，位置为“居中”，单击【确定】。

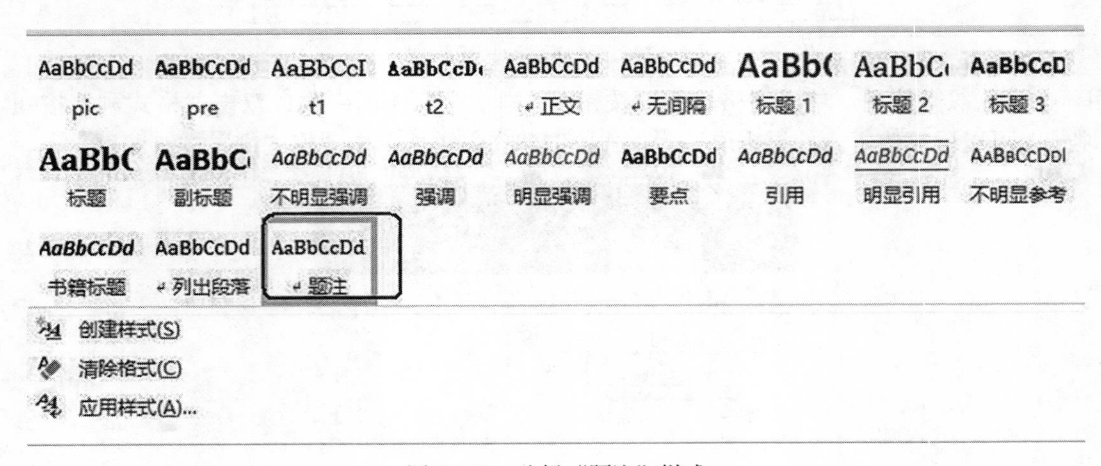

图 2-151 选择“题注”样式

（4）将光标置于文字“如下所示”右侧，单击【引用】选项卡下“题注”组中的【交叉引用】按钮，如图 2-152 所示。弹出“交叉引用”对话框，将“引用类型”设置为“图”，“引用内容”设置为“只有标签和编号”，“引用哪一个题注”选择“图 1 调查总体细分图示”，单击【插入】按钮，关闭窗口，如图 2-153 所示。

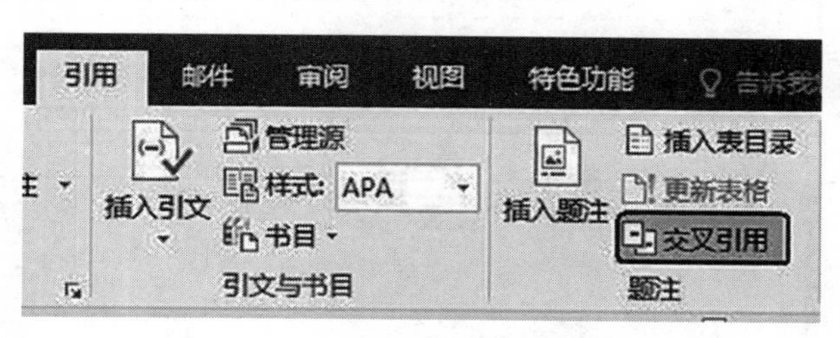

图 2-152　“交叉引用”按钮

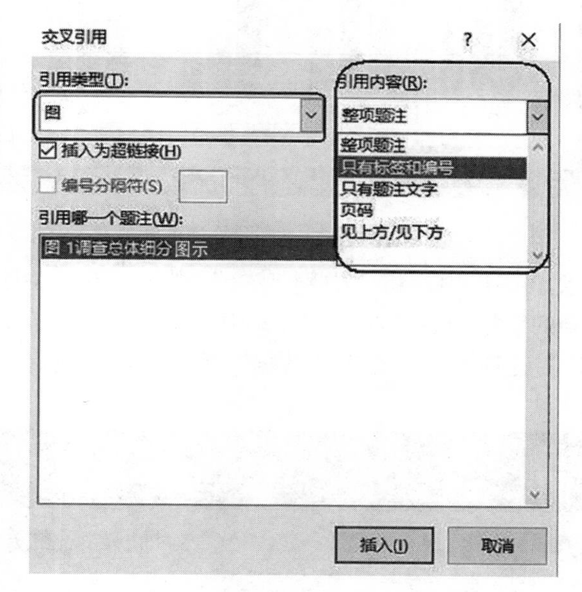

图 2-153　“交叉引用”对话框

4. 根据素材表 1 内容，生成一个折线图。

（1）将光标置于“表 1　中国网民规模与互联网普及率”下方，复制“表 1”下方表格（后续的操作中会使用）。单击【插入】选项卡下“插图”组中的【图表】按钮，如图 2-154 所示。弹出“插入图表”对话框，在该对话框中选择“簇状柱形图”，单击【确定】，之后会打开“Excel 文档”，如图 2-155 所示。

图 2-154　插入“图表”按钮

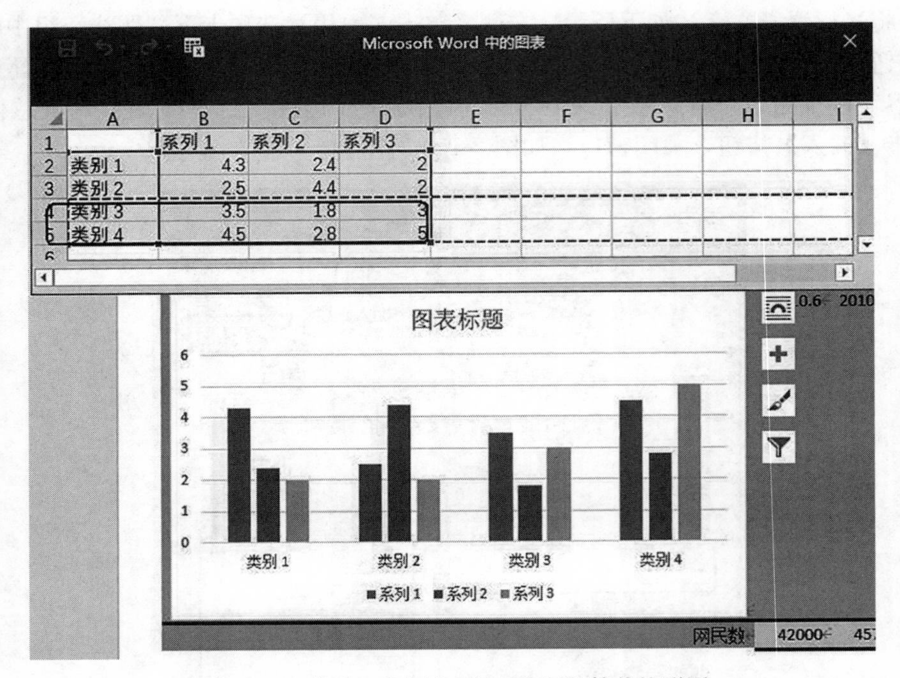

图 2-155 在 Excel 文档中打开绘制的簇状柱形图

(2) 弹出的 Excel 文档窗口中，将“类别 3，4”删除，不要关闭 Excel 表格，切换到 Word 文档中，将刚复制的表格内容复制到 Excel 中，如图 2-156 所示。再选中柱形图，在“图表工具”中的【设计】选项卡下，点击“数据”组中的【切换行/列】按钮，关闭 Excel 表格，如图 2-157 所示。

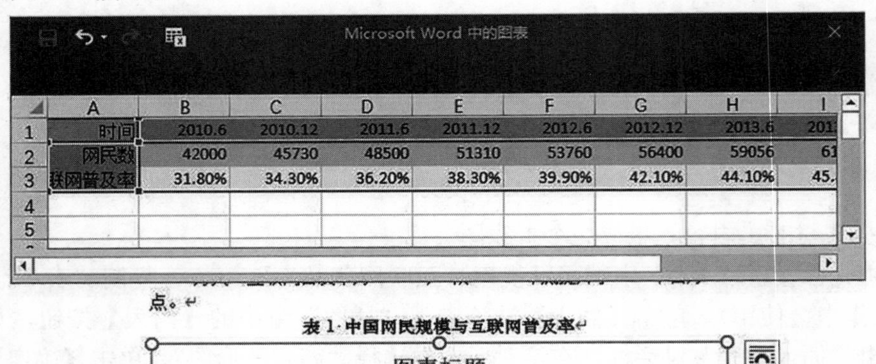

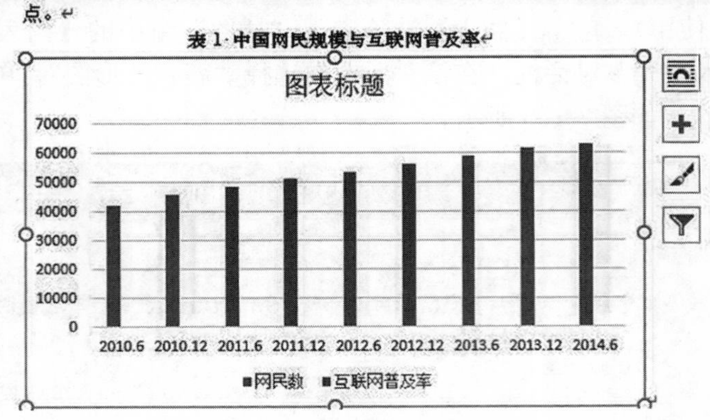

图 2-156 根据数据源绘制图表

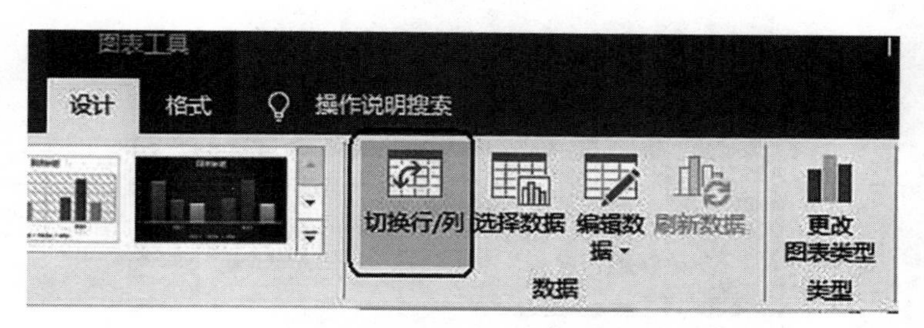

图 2-157　图表工具中的“切换行/列”按钮

（3）选中红色的“互联网普及数据”，单击【设计】选项卡下“类型”组中的【更改图表类型】按钮，弹出“更改图表类型”对话框，在对话框中，选中“折线图”，单击【确定】即可，如图 2-158 所示。

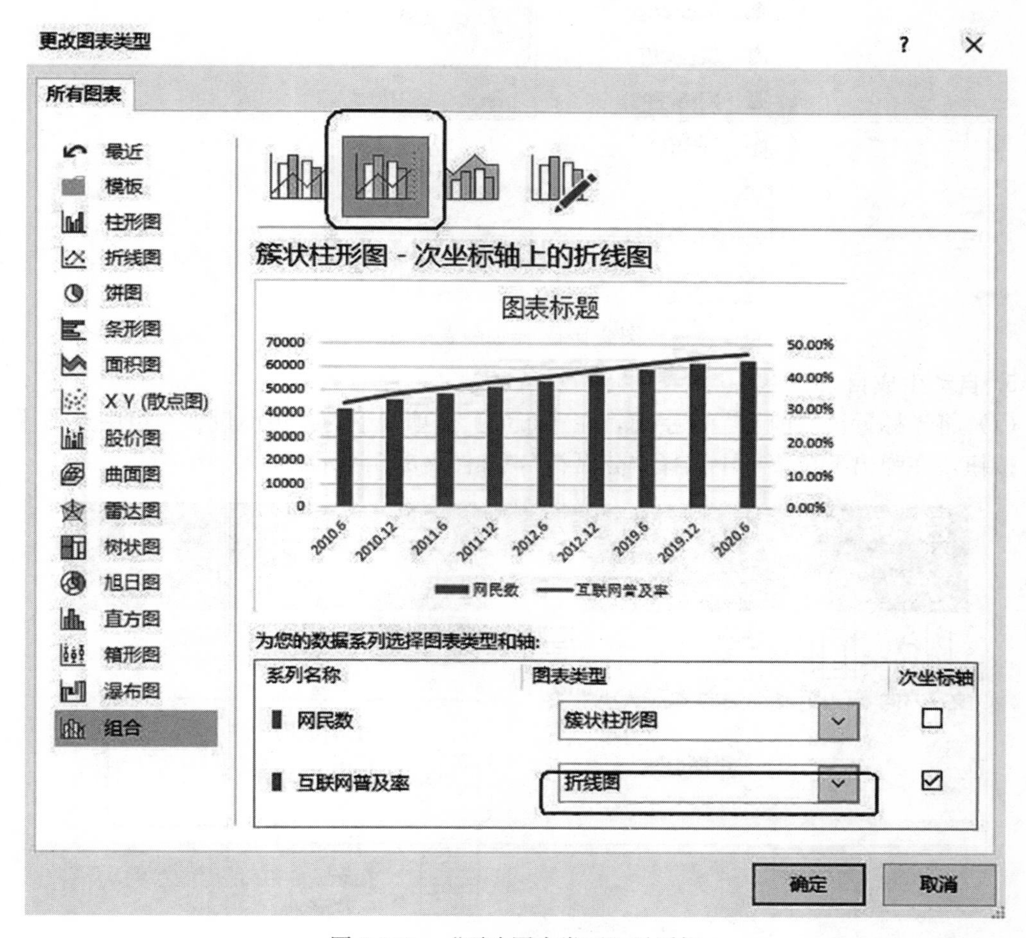

图 2-158　“更改图表类型”对话框

（4）选中图表，单击“图表工具”中的【设计】选项卡，在“图表布局”组中单击【添加图表元素】，在下拉菜单中选择【图表标题】｜【图表上方】，如图 2-159 所示。按要求将折线图命名为“网民与互联网普及率”。

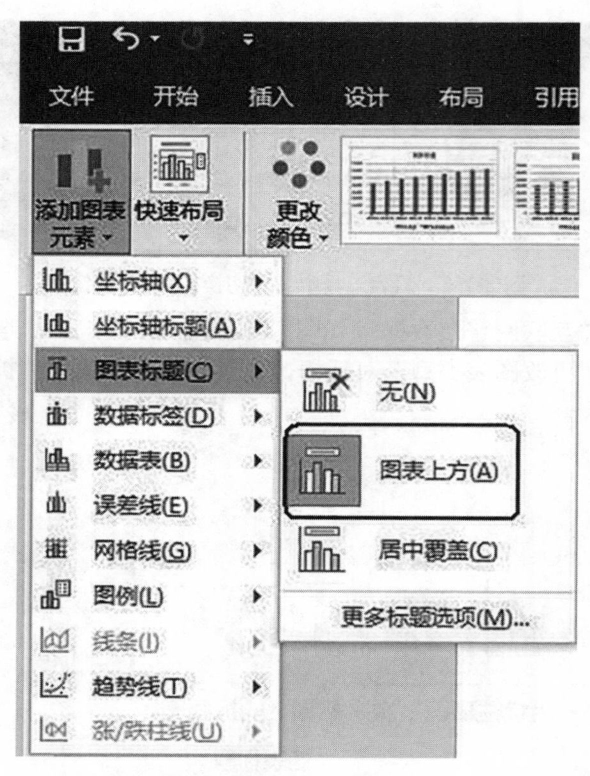

图 2-159　添加图表标题

5. 自动生成目录。

（1）将光标置于“前言”文字前，在【布局】选项卡下的“页面设置”组中点击【分隔符】按钮，在弹出下拉菜单中选择“分页符”，如图 2-160 所示。

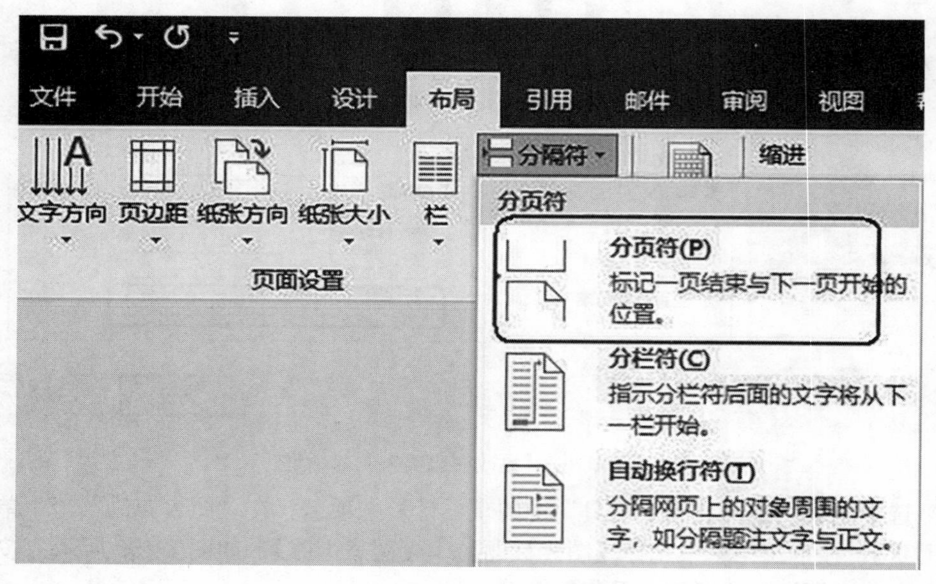

图 2-160　插入“分页符”

（2）在“报告摘要”前插入 2 次“分节符”中的“奇数页”。光标置于空白页面上，在【引用】选项卡下的“目录”组中点击【目录】，弹出的下拉菜单中选择“自定义目录”选项，如图 2-161 所示。弹出“目录”对话框，单击【确定】。

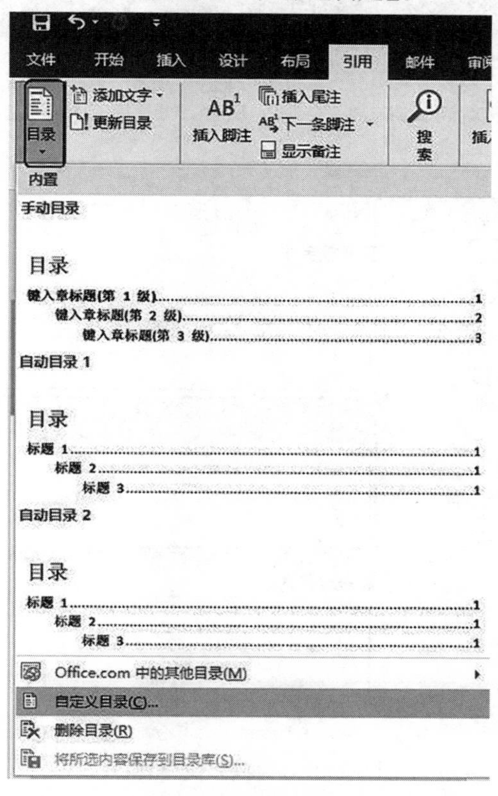

图 2-161　添加“目录”

（3）双击目录的第一页页脚，会激活页脚编辑状态。选择“页眉页脚工具”中的【设计】选项卡，在“导航”组中点击“链接到前一条页眉”以取消其选择。然后点击【插入】选项卡下“页眉与页脚”组中的【页码】，在弹出的下拉菜单中选择“设置页码格式”选项。在弹出的“页码格式”对话框中将“编号格式”设置为“Ⅰ，Ⅱ，Ⅲ”，将“起始页码”设置为“Ⅰ”，单击【确定】，如图 2-162 所示。再次单击【页码】按钮，在弹出的下拉列表中选择“页面底端”中的“普通文字 2”选项，如图 2-163 所示。

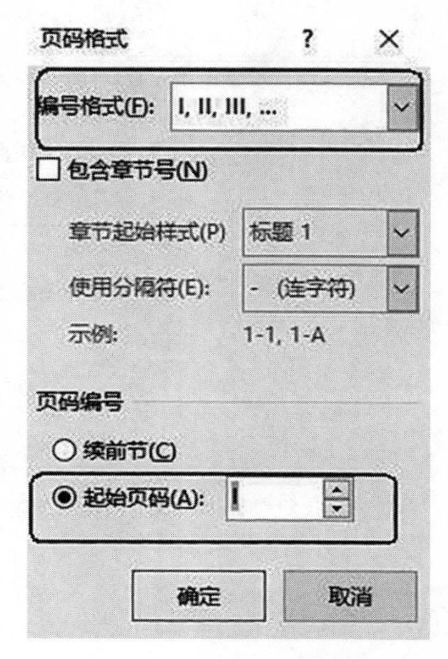

图 2-162　设置“页码格式”

（4）将光标置于页眉处，点击“链接到前一条页眉”以取消其选择。在【插入】选项卡下的“文本”组中，点击【文档部件】按钮，

在弹出的下拉菜单中选择【文档属性】|【标题】选项，如图 2-164 所示。

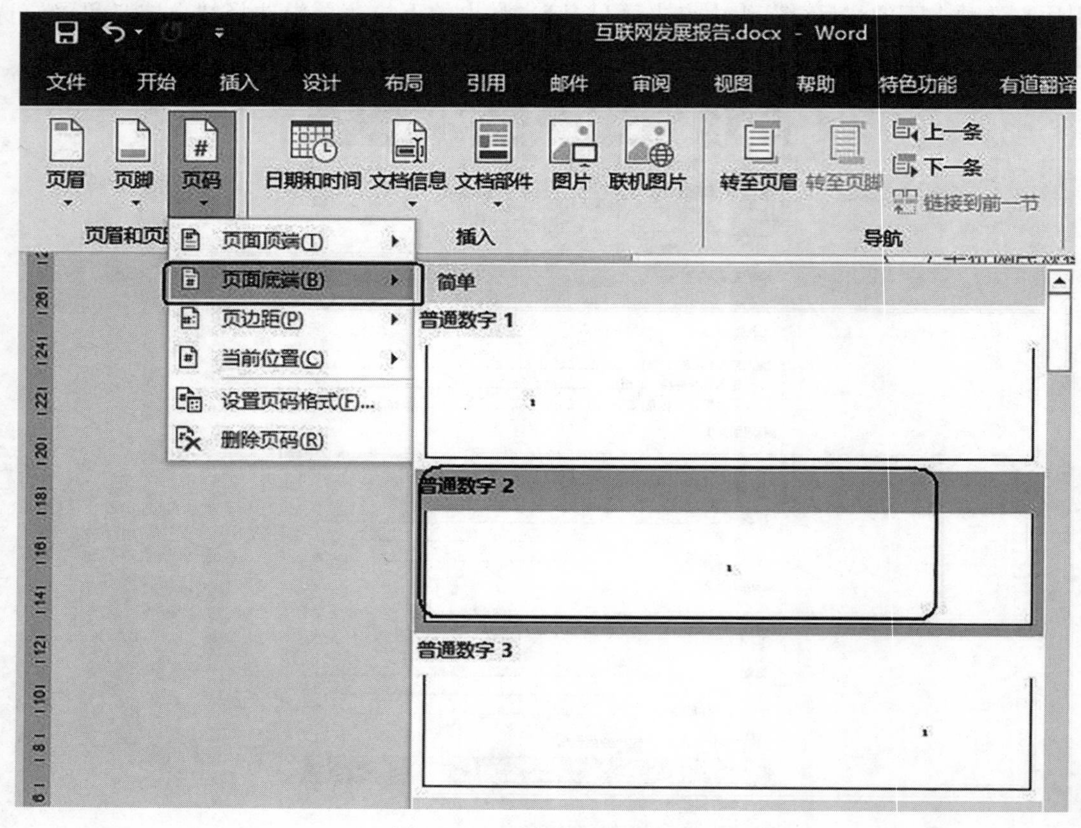

图 2-163　页脚插入页码格式

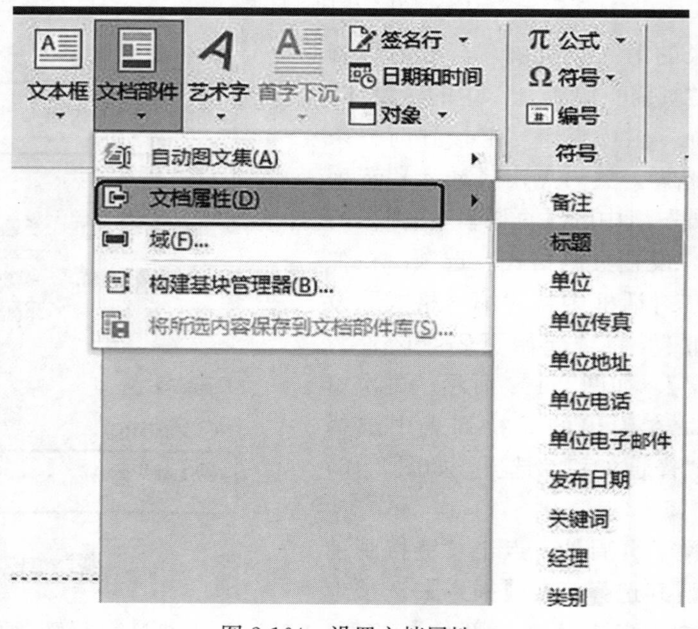

图 2-164　设置文档属性

6. 以文档中“报告摘要”部分开始为正文部分，设计页码格式。

（1）点击【插入】选项卡下“页眉和页脚”组中的【页脚】，在下拉菜单中选择【编辑页脚】。光标定位在正文第一页的页脚中，选择“页眉和页脚工具”中的【设计】选项卡，在“导航”组中点击“链接到前一条页眉”以取消其选择；在“选项”组中，选择“奇偶页不同”，如图 2-165 所示。继续单击“页眉和页脚”组中的【页码】，在下拉菜单中选择“删除页码”，如图 2-166 所示。

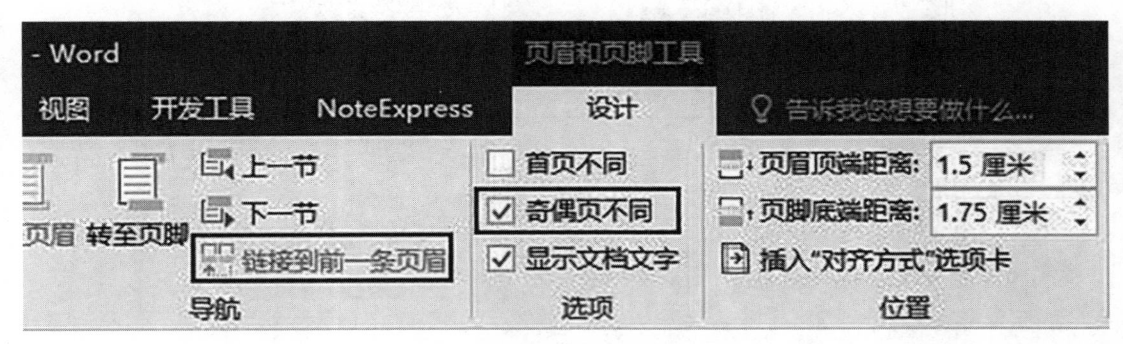

图 2-165　设置页脚“奇偶页不同”

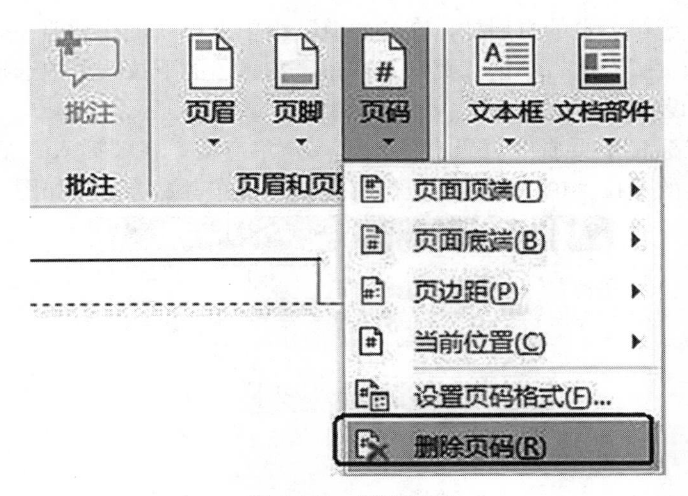

图 2-166　删除页码

（2）光标放在正文第一页的页眉中，删除页眉中的“标题”，在“导航”组中点击“链接到前一条页眉”以取消其选择，与上一题步骤相似，设置“编号格式”为“1，2，3，…”，“起始页码”设置为“1”。

（3）在“页眉和页脚”组中，单击【页码】按钮，在弹出的下拉菜单中选择【页面顶端】|【普通数字 3】。

（4）保持光标放在正文第一页的页眉中，在页码前输入全角空格，再选择“页眉页脚工具”中的【设计】选项卡，在“插入”组中单击“文档部件”按钮，在弹出的下拉菜单中选择【域】，弹出“域”对话框。“域名”选择“StyleRef”，“样式名”选择“标题 1”，单击【确定】，如图 2-167 所示。

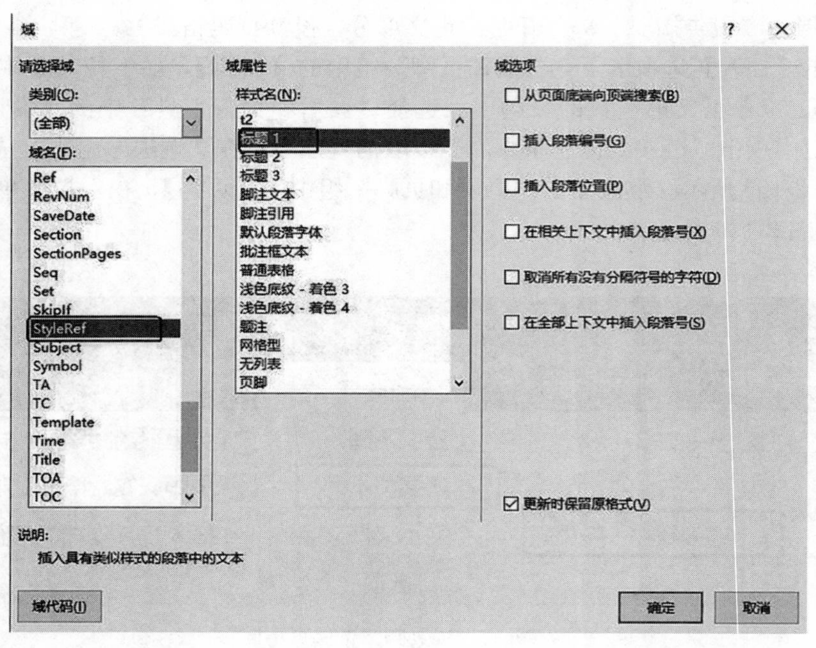

图 2-167 “域”对话框

(5) 将光标置于第二页的页眉处，在“导航”组中点击“链接到前一条页眉”以取消其选择。在“页眉和页脚”组，单击【页码】按钮，在弹出的下拉菜单中选择【页面顶端】|【普通数字 1】，并设置为“左对齐”。

(6) 继续将光标置于页眉中页码右侧，键入全角空格。在“插入”组中单击【文档部件】按钮，在弹出的下拉菜单中选择【文档属性】|【作者】选项，如图 2-168 所示。

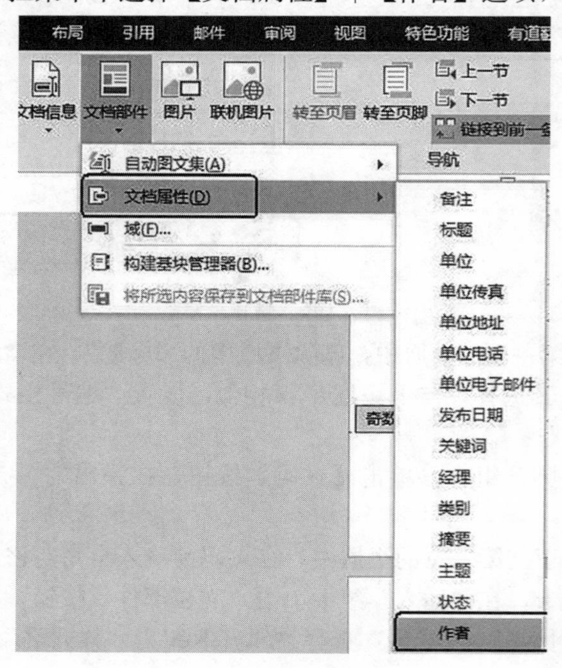

图 2-168 增加“作者”信息

7. 将文档中出现的全部“软回车”符号更改为“硬回车”符号。

（1）单击【开始】选项卡下“编辑”组中的【替换】按钮，或按下【Ctrl】＋【H】组合键，弹出“查找和替换”对话框。

（2）在对话框中，切换至“替换”选项卡。鼠标光标定位在“查找内容”下拉列表框中，单击【更多】按钮，如图 2-169 所示。在“替换”组中的“特殊格式”菜单中选择“手动换行符（^l）”，光标定位在“替换为”下拉表框中，选择“特殊格式”中的“段落标记（^p）”，之后单击【全部替换】按钮。

图 2-169　替换“软回车”为“硬回车”

8. 点击“快速访问工具栏”上的保存按钮，或者点击【文件】选项卡下的【保存】命令，完成对“互联网发展报告.docx”文档的保存。然后点击文档窗口右上角的关闭按钮×关闭 Word 文档。

本实验案例完成后的结果可参考本案例素材文件夹中的“互联网发展报告-结果.docx”。

实验案例 2　课程论文格式修改

案例题目

2020 级学生周楠选修了供应链管理课程，并需要撰写课程论文，题目为“供应链中的库存管理研究”，按照老师要求，论文需要修改格式，根据以下要求，帮助该同学完成论文。可供格式修改参考的样张都存放于本案例的素材目录“实验案例 2 素材”中。

1. 为论文制作封面，将论文题目、作者姓名和专业放置在文本框中，并居中对齐，文本框的环绕方式为四周型，在页面中的对齐方式左右居中。在页面的下侧插入图片“图片.jpg”，环绕方式为四周型，并应用映像效果，整体效果可以参考样张。

2. 对论文进行分节，使得“封面”、“目录”、“图表目录”、“摘要”、“章节”都要求在自己的独立的节中，且每节都从新的一页开始。

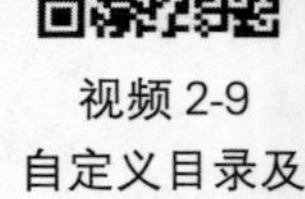

视频 2-9
自定义目录及
不同页码设置

3. 修改文档中的样式“正文文字”的文本，首行缩进 2 个字符，段前段后间距 0.5 行，修改“标题 1”样式，将其自动编号的样式修改为“第 1 章，第 2 章，第 3 章，…”，修改标题 2.1.2 下方的编号列表，使用自动标号，样式为“1)，2)，3)，…”，复制“项目符号列表.docx”样式到论文中，并在标题 2.2.1 中应用该项目符号列表。

4. 将文档的所有脚注转为尾注，并使其位置在每节的结尾处，在“目录”中插入“自动目录 1”格式目录，替换“请在此处插入目录!”，要求“目录”级别包含“摘要”、“专业词汇索引”、“参考书目”和各级标题，“摘要”等要求与“标题 1”同一级别。

5. 使用题注功能，修改图片下方的标题编号，要求标号可以自动排序和更新，在“图表目录”中插入格式“正式”的图表目录，使用交叉引用功能，修改图表上方对图表标题编号（黄色底纹标记）的引用，以便编号发生变化时可以自动更新。

6. 将文档中“ABC 分类法”都标记为索引项，更新索引。

7. 在文档中插入页码，要求封面没有页码，“目录”、“图表目录”及“摘要”使用“Ⅰ，Ⅱ，Ⅲ，…”，正文使用“1，2，3，…”格式，页码均居中显示。

解题步骤

1. 打开“实验案例 2 素材”目录中的 Word 文档“供应链中的库存管理研究.docx”。

2. 为文档制作封面。

(1) 把光标定位在“目录”前面，单击【插入】选项卡下“页面”组中的【空白页】按钮，在文件首页新增空白页，如图 2-170 所示。

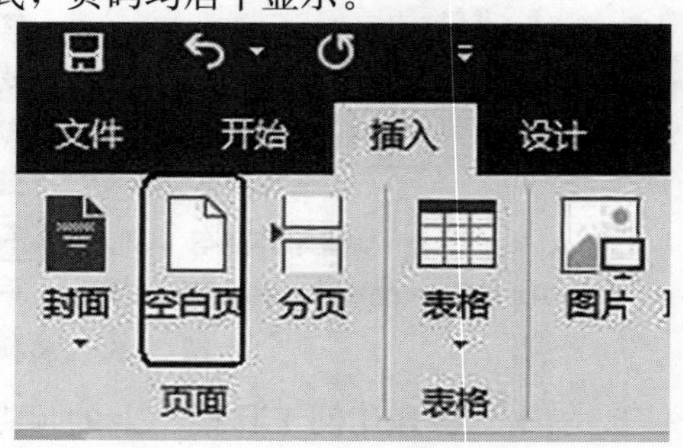

图 2-170　插入“空白页”

（2）同样在【插入】选项卡下，单击“文本”组中的【文本框】按钮，如图 2-171 所示。在下拉列表框中选择【绘制文本框】，在新插入的空白页面中绘制一个文本框，输入文本“供应链中的库存管理研究”，回车换行输入“周楠”、再回车换行输入“2020 级经济管理专业”。

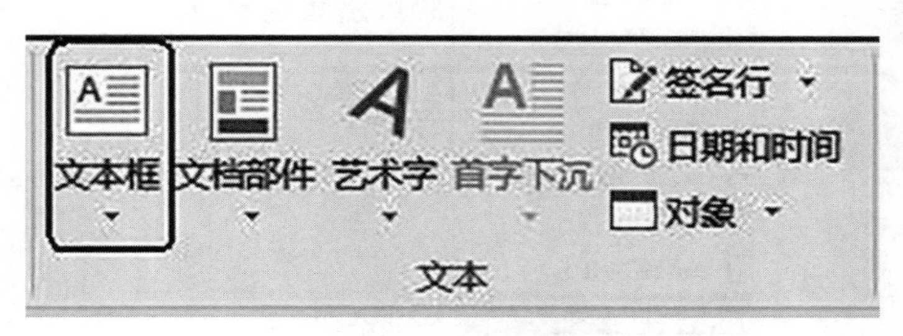

图 2-171　插入文本框

（3）参考封面样张“封面效果 . png”，对题目格式进行修改。在【开始】选项卡下的“字体”组中，将“字体”设为“黑体”，“字号”设置为“小初”，单击【加粗】按钮。同样选中“周楠”、“2020 级经济管理专业”文本，将字体设为“黑体”，字号设为“小三”。

（4）调整文本框大小使其文本内容与参考封面样张相同。然后选中文本框中的文本，单击【开始】选项卡下“段落”组中的【居中】按钮。选中“文本框”控件，单击右键，弹出的快捷菜单中选择【设置形状格式】。在弹出的“设置形状格式”窗格中，选择“线条”下的“无线条”样式，然后关闭窗格，如图 2-172 所示。

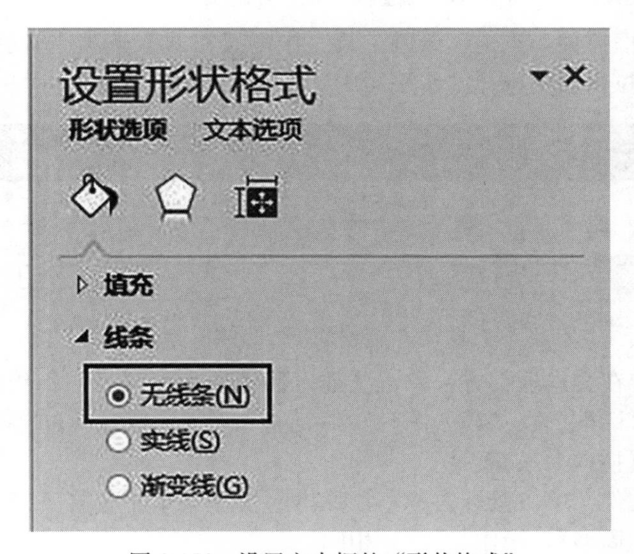

图 2-172　设置文本框的“形状格式”

（5）选中文本框控件，单击鼠标右键，在弹出的快捷菜单中选择“环绕文字”，从右侧的级联菜单中选择【四周型】，如图 2-173 所示。

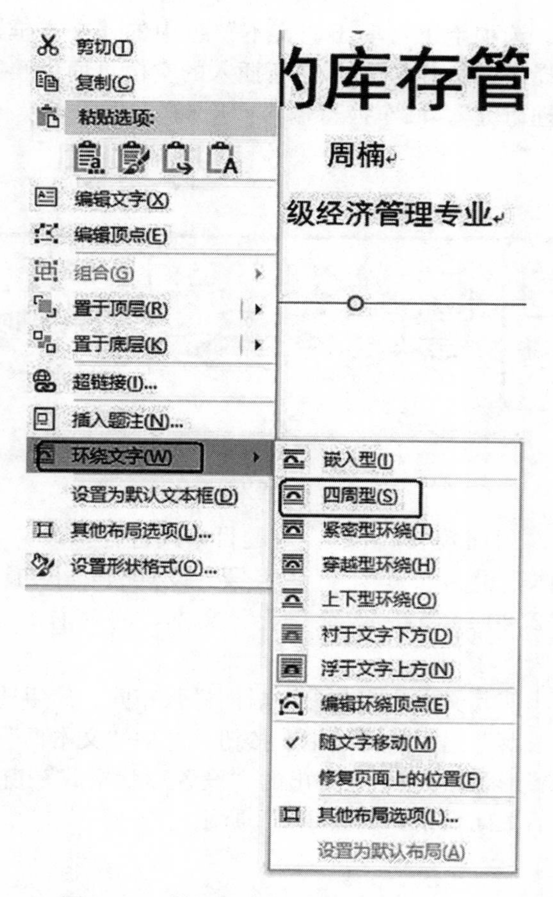

图 2-173　设置文本框“环绕文字”方式

(6) 选中文本框控件，点击“绘画工具”中的【格式】选项卡，在“排列”组中，单击【对齐】，在其下拉列表中选择“水平居中”方式，如图 2-174 所示。

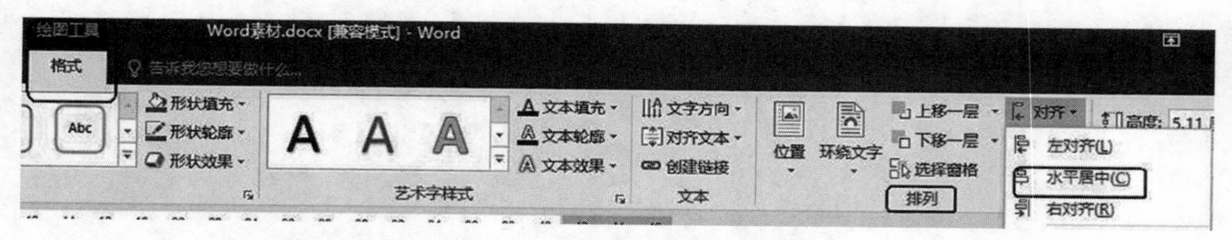

图 2-174　设置文本框相对于“页面”的对齐方式

(7) 把光标定位在文本框下方，单击【插入】选项卡下“插图”组中的【图片】按钮，打开“插入图片”对话框。在“插入图片”对话框中选中本案例对应素材文件夹中的图片“图片.jpg”，单击【插入】按钮。

(8) 选中图片文件，单击鼠标右键，在弹出的快捷菜单中选择“环绕文字”，从右侧的级联菜单中选择【四周型】，操作与（5）相同。

(9) 选中图片，再次单击鼠标右键，在弹出的快捷菜单中选择【设置图片格式】，弹出“设置图片格式”窗格，在窗格中选择“映像”，点击“预设”右侧的下拉箭头，选择一种映像变体，本题选“紧密映像，接触”，如图 2-175 所示，之后关闭窗格。

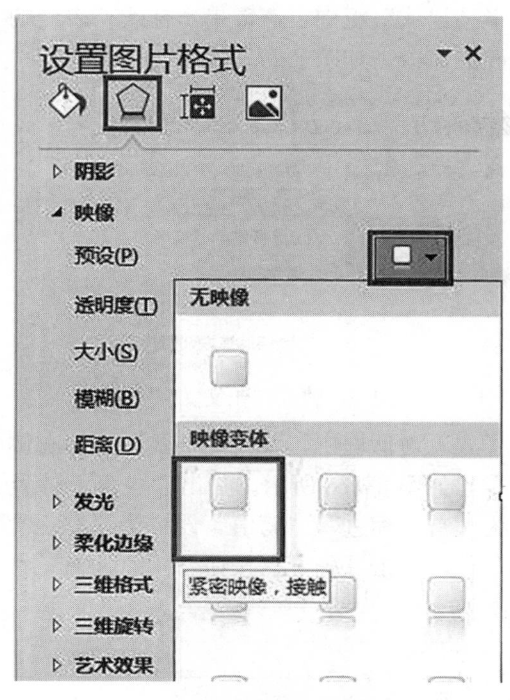

图 2-175 设置图片映像格式

3. 对论文进行分节。将光标放置于“封面”内容的结尾处，单击【布局】选项卡下“页面设置”组中的【分隔符】按钮，弹出的下拉菜单，选择“分节符”下的“下一页”，如图 2-176 所示。同样方式设置“目录”、“图表目录”、“摘要”、“参考书目”、“专业词索引”及各个章节。

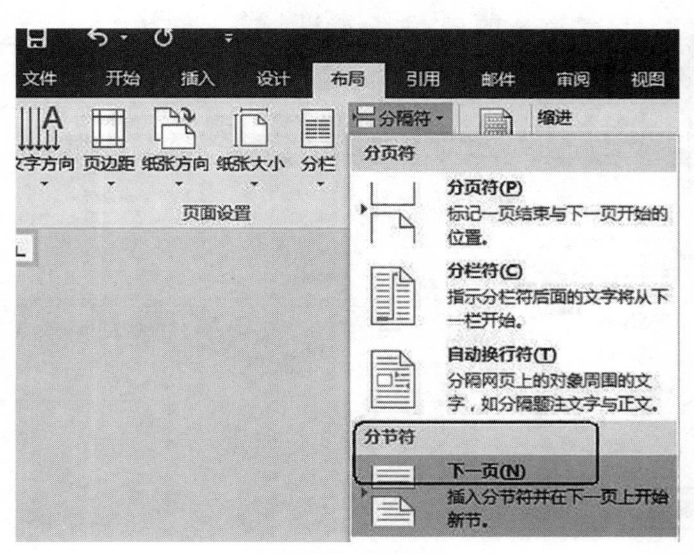

图 2-176 为目录等设置分页

4. 修改文档中的样式，将“项目符号列表 . docx”文档中的样式复制到论文中，并在标题 2. 2. 1 中应用该项目符号列表。

（1）在【开始】选项卡“样式”组中，右键单击样式列表中的“正文文字”样式，在弹出的快捷菜单中选择【修改】命令，如图 2-177 所示。

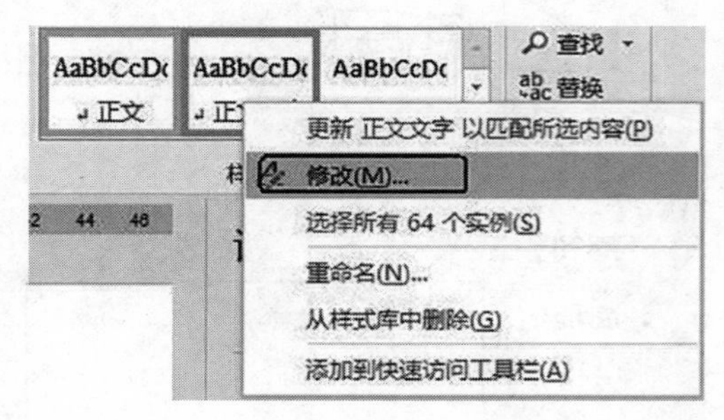

图 2-177　修改“正文文字”样式

（2）在弹出的“修改样式”对话框中，单击“格式”按钮右侧的下拉箭头，在弹出的快捷菜单中选择【段落】命令，如图 2-178 所示。弹出“段落”对话框，在“缩进和间距”选项卡中设置“特殊格式”为“首行缩进”，“磅值”设置为“2 字符”，“段前”设置为“0.5”行，“段后”设置为“0.5”行，单击【确定】按钮。

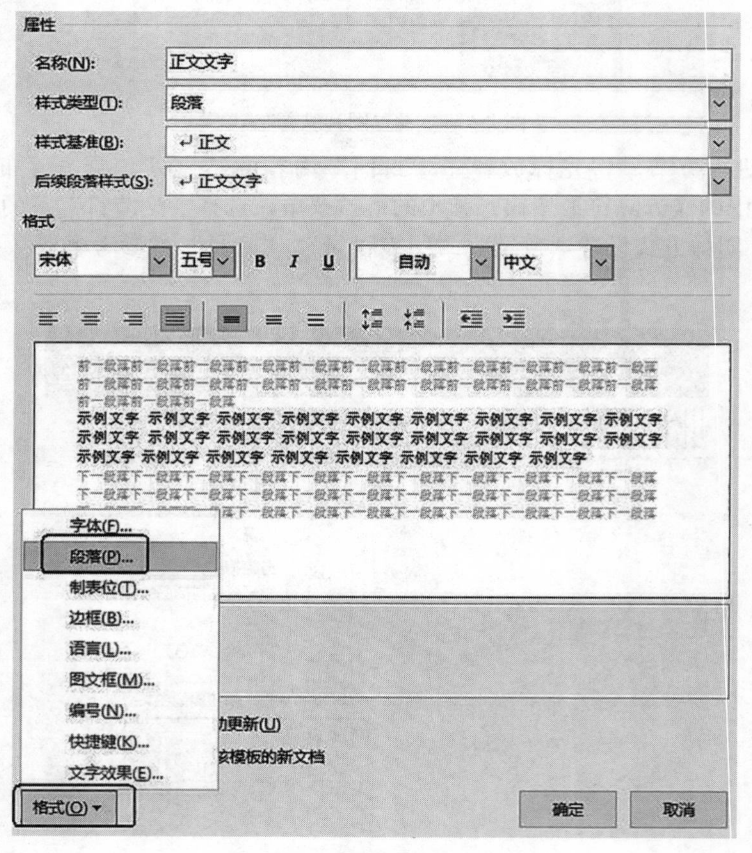

图 2-178　修改正文段落样式

（3）类似地，在【开始】选项卡“样式”组中，右键单击样式列表中的“标题 1”样式，在弹出的快捷菜单中选择【修改】命令。在“修改样式”对话框中，单击“格式”按钮右侧的下拉箭头，在弹出的菜单中选择“编号”命令，弹出“编号和选项符号”对话框，在“编号”选项卡中，单击【定义新编号格式】按钮，弹出“定义新编号格式”对话框。在“编号格式”中的“1”前面加入“第”，在“1”后加上“章”，并删除“.”号，单击【确定】，如图 2-179 所示。

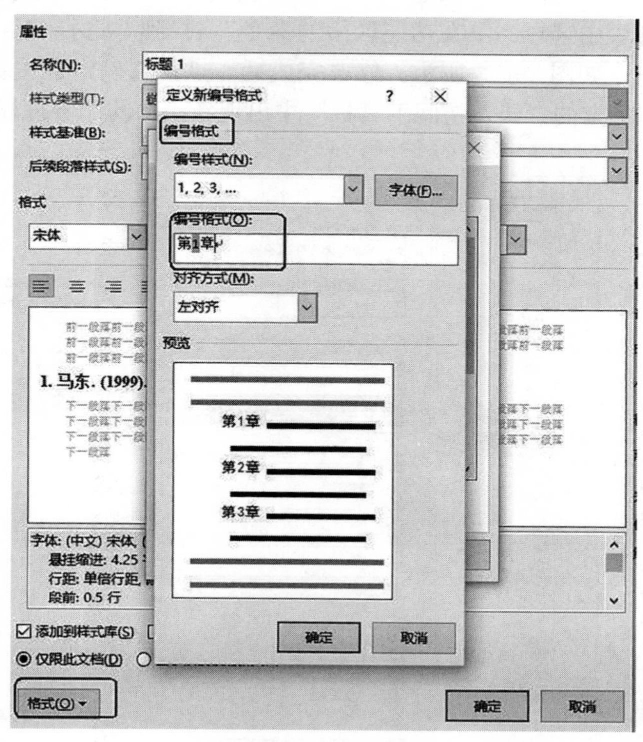

图 2-179　修改“标题 1”的编号格式

（4）选中“标题 2.1.2”下方的编号列表“（1）至（6）”，单击【开始】选项卡下的“段落”组中的【编号】按钮，在弹出的列表中选择“编号库”中的“1)，2)，3)，…”样式的编号，如图 2-180 所示。

图 2-180　修改“编号”样式

(5) 打开“项目符号列表.docx”文档，单击【开始】选项卡下“样式”组中的【扩展按钮】，在弹出“样式”窗格下方单击“管理样式”图标，如图 2-181 所示。

此外，可以将“管理样式”图标添加到“快速访问工具栏”来进行访问。打开【文件】选项卡，单击【选项】，打开“Word 选项”界面，左侧选中“快速访问工具栏”，在“从下列位置选择命令”列表中选择“不在功能区中的命令”，找到并选择“管理样式”选项，然后点击【添加】按钮，如图 2-182 所示。修改完成后，点击【确定】按钮，界面自动关闭，此时在 Word 窗口左上方的“快速访问工具栏”中出现新添加的“管理样式”图标，如图 2-183 所示。

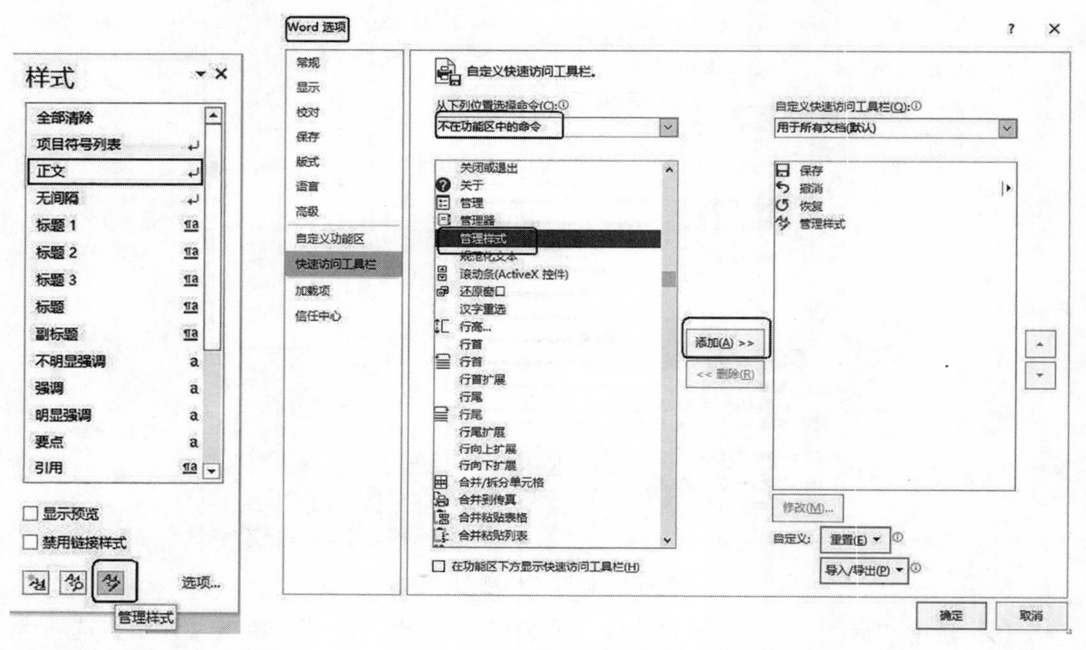

图 2-181 “管理样式”图标　　　　图 2-182 添加“管理样式”

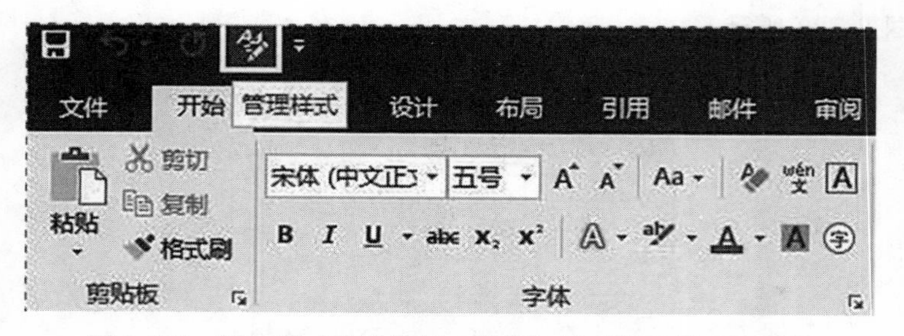

图 2-183 添加到“快速访问工具栏”的“管理样式”图标

(6) 弹出的“管理样式”对话框，单击对话框左下角【导入/导出】按钮，如图 2-184 所示。弹出“管理器”对话框，在对话框右侧单击【关闭文件】按钮，如图 2-185 所示。单击“关闭文件”按钮后，“关闭文件”按钮会变为“打开文件”按钮，单击【打开文件】按钮，如图 2-186 所示。在弹出的“打开”对话框中将“文件类型”选择为“Word 文档（*.docx）”，然后选中本案例对应素材文件夹中 Word 文档“供应链中的库存管理研究.docx”文件，单击【打开】按钮。

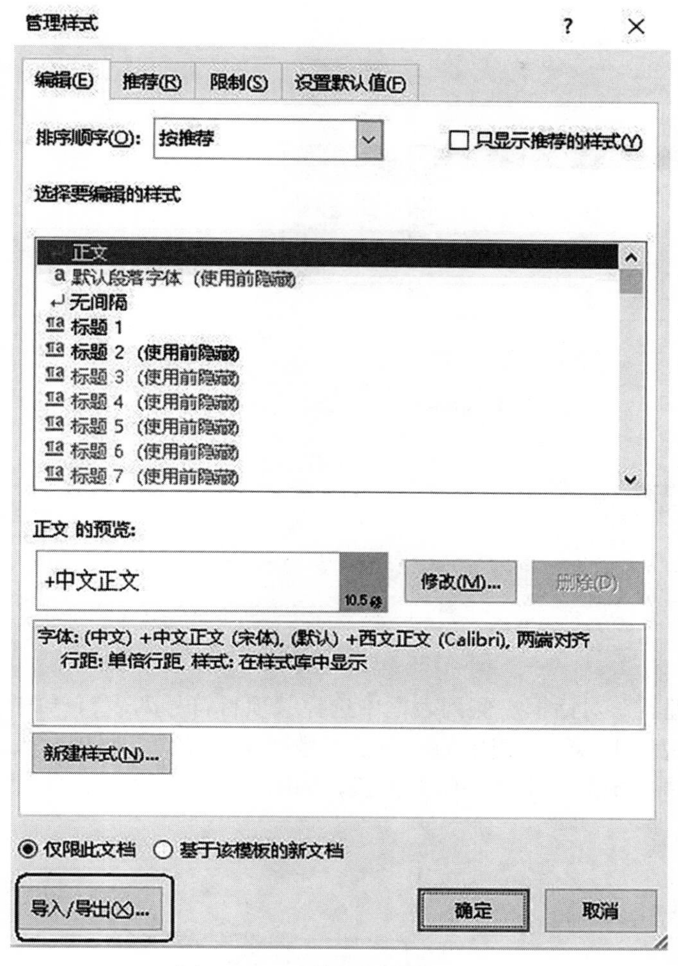

图 2-184　“管理样式”对话框

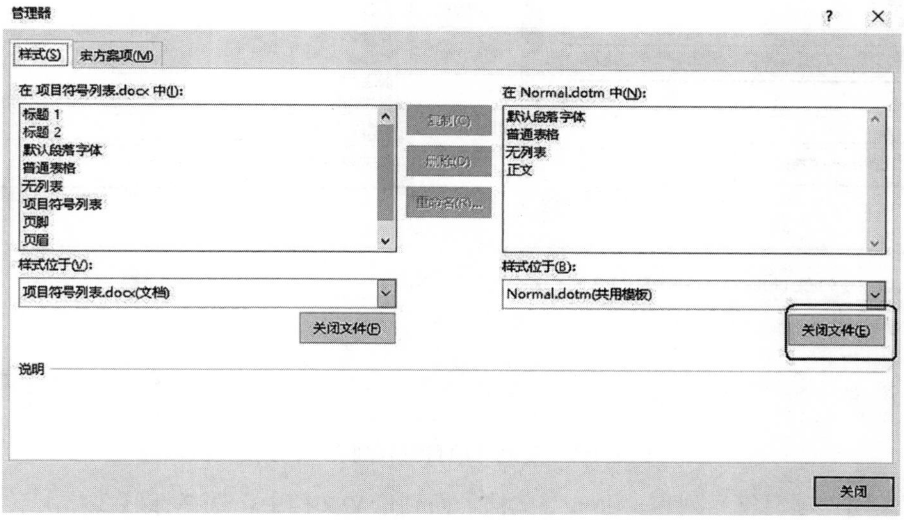

管理器
样式(S)　宏方案项(M)
在 项目符号列表.docx 中(I):
标题 1
标题 2
默认段落字体
普通表格
无列表
项目符号列表
页脚
页眉
复制(C)
删除(D)
重命名(R)...
在 Normal.dotm 中(N):
默认段落字体
普通表格
无列表
正文
样式位于(V):
项目符号列表.docx(文档)
关闭文件(F)
样式位于(B):
Normal.dotm(共用模板)
关闭文件(E)
说明
关闭

图 2-185　样式管理器

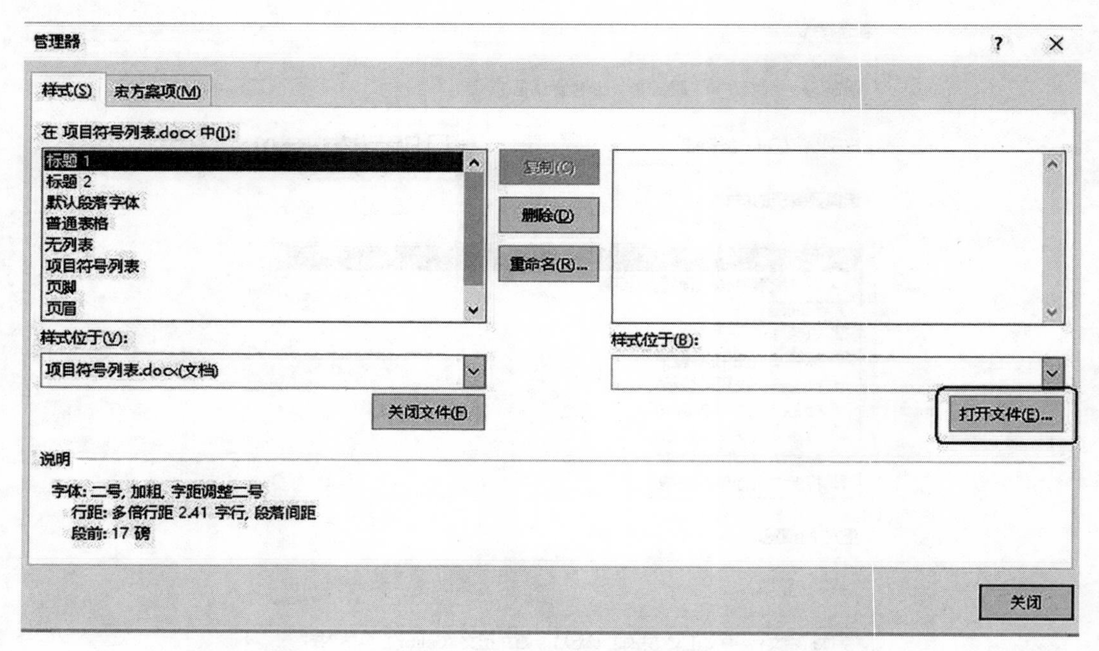

图 2-186　打开“样式”文件

（7）在“管理器”对话框左侧列表框中选择“项目符号列表”，单击【复制】按钮。即可将“项目符号列表.docx”文档中的“项目符号列表”样式复制到“供应链中的库存管理研究.docx”文件中，最后点击【关闭】按钮，如图 2-187 所示。

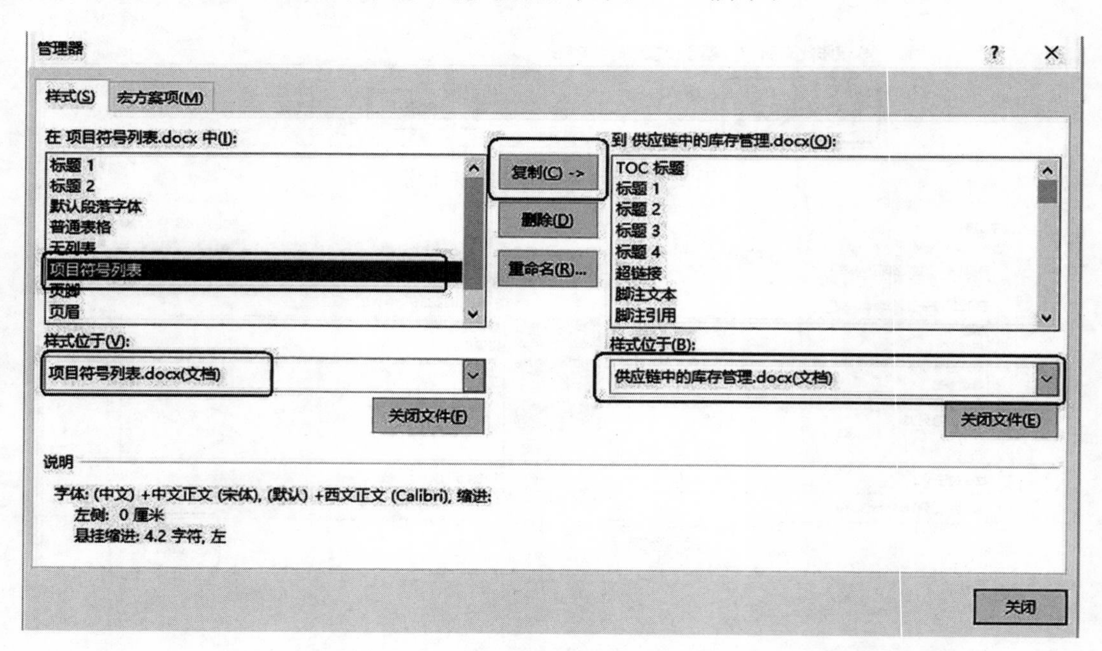

图 2-187　复制“项目符号列表”样式

（8）关闭“项目符号列表，docx”文档，回到论文文档中，选择标题 2.2.1 下方的编号列表，单击【开始】选项卡下“样式”组中样式列表中“项目符号列表”样式，如图 2-188

所示。

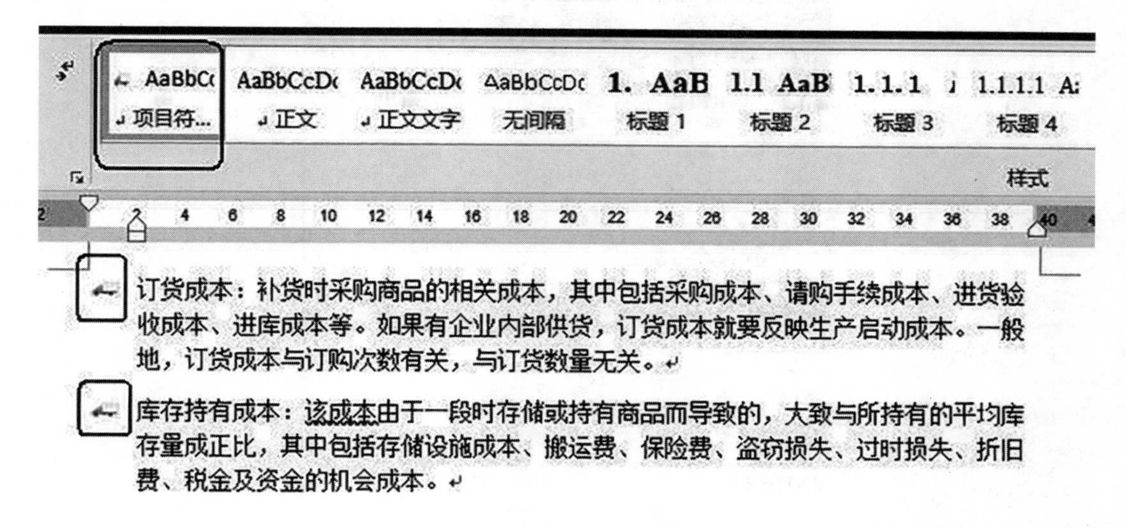

图 2-188　应用样式中的“项目符号”

5. 将文档的所有脚注转为尾注。在“目录”中插入“自动目录 1”格式目录，要求“目录”级别包含“摘要”、“专业词汇索引”、“参考书目”和各级标题，“摘要”等要求与“标题 1”同一级别。

（1）选中某一脚注，单击【引用】选项卡下“脚注”组中的【扩展按钮】，打开“脚注和尾注”对话框。在“位置”组中选择“尾注”按钮，在下拉列表中选择“节的结尾”；在“应用更改”组中将更改应用于“本节”，单击“位置”组中的【转换】按钮，如图 2-189 所示。弹出“转换注释”对话框，选择【脚注全部转换成尾注】，单击【确定】按钮回到“脚注和尾注”对话框，单击【应用】按钮。

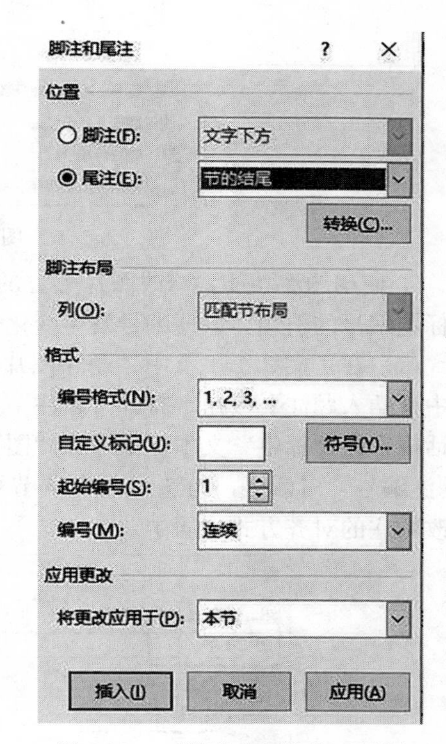

图 2-189　“脚注和尾注”对话框

（2）选中“摘要”标题，单击【开始】选项卡下“样式”组中样式列表中的“标题 1”样式，出现“第 1 章摘要”。选中编号“第 1 章”，单击【开始】选项卡下“段落”组中的【编号】按钮右侧的，弹出的“编号库”列表中选择“无”。

（3）选中“参考书目”标题，按照步骤（2）的方式，将标题段落应用“标题 1”样式，并去除自动出现的项目编号。按照同样的方法设置标题“专业词汇索引”。

（4）在目录页中将光标置于“请在此插入目录”文字之前，单击【引用】选项卡下“目录”组中的【目录】按钮，在弹出的下拉列表中选择“自动目录 1”，如图 2-190 所示。并将原“目录”和“请在此插入目录”文字删除。

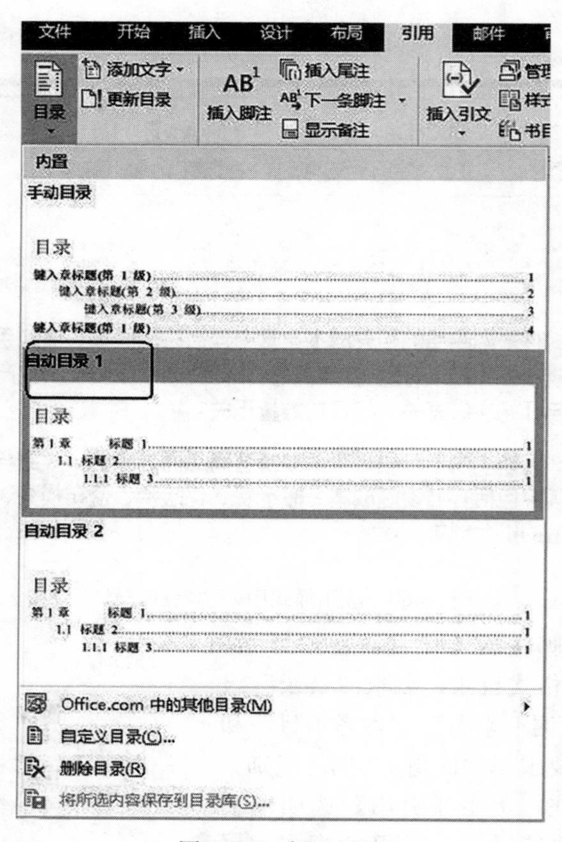

图 2-190　插入目录

6. 使用题注功能，修改图片下方的标题编号。使用交叉引用功能，修改图表上方对图表标题编号的引用，以便编号发生变化时可以自动更新。

(1) 在正文 2.1.1 节中，删除图片下方“图 1”文字，单击【引用】选项卡下“题注”组中【插入题注】按钮。打开“题注”对话框，单击【新建标签】按钮，弹出“新建标签”对话框，在“标签”文本框中输入“图”，单击【确定】按钮；再单击“编号”按钮，弹出“题注编号”对话框，勾选“包含章节号”复选框，单击【确定】按钮，如图 2-191 所示。修改题注的对齐方式“居中”。

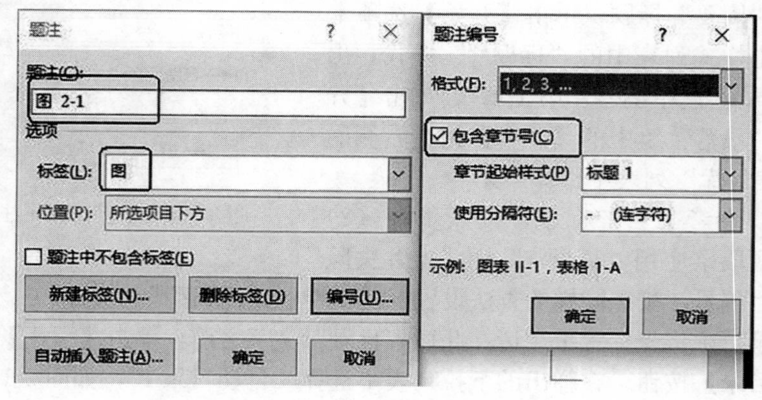

图 2-191　“题注”对话框

（2）在正文 2.2.1 节中，依次删除图片下方的文字“图 2”、“图 3”、“图 4”，参照步骤（1）完成修改图片下方的标题编号。

（3）将光标置于“图表目录”标题下，单击【引用】选项卡下“题注”组中的【插入表目录】按钮，如图 2-192 所示。弹出“图表目录”对话框，在“常规”组中的“格式”列表中选择“正式”，单击【确定】按钮，即可插入图表目录，如图 2-193 所示。最后删除文字“请在此插入图表目录!”。

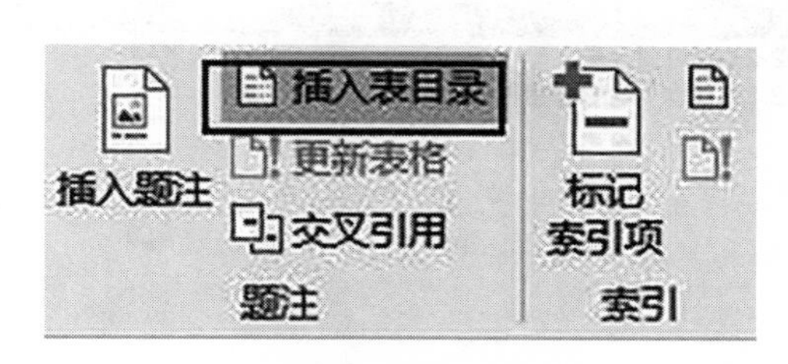

图 2-192　插入表目录

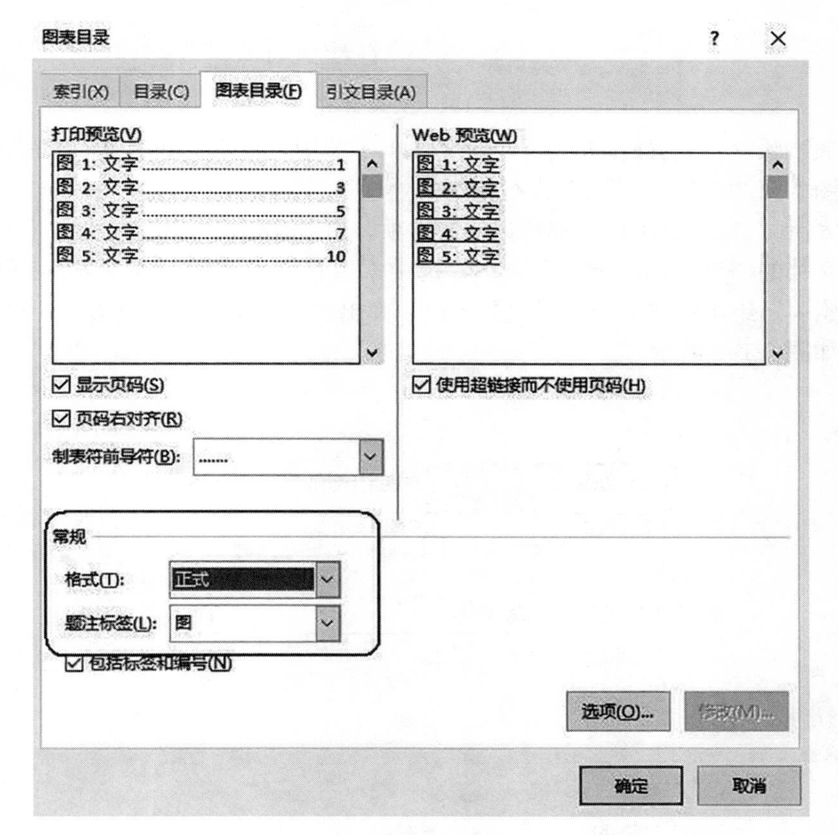

图 2-193　“图表目录”对话框

（4）在正文 2.1.1 节中，删除图表上方正文中对图表标题编号的引用文字“图 1”，单击【引用】选项卡下“题注”组中的【交叉引用】按钮，弹出“交叉引用”对话框，在“引用类型”列表框中选择“图”，在“引用内容”列表框中选择“只有标签和编号”，在“引用哪一个题注”中选择题注“图 2-1 库存的分类”，如图 2-194 所示。

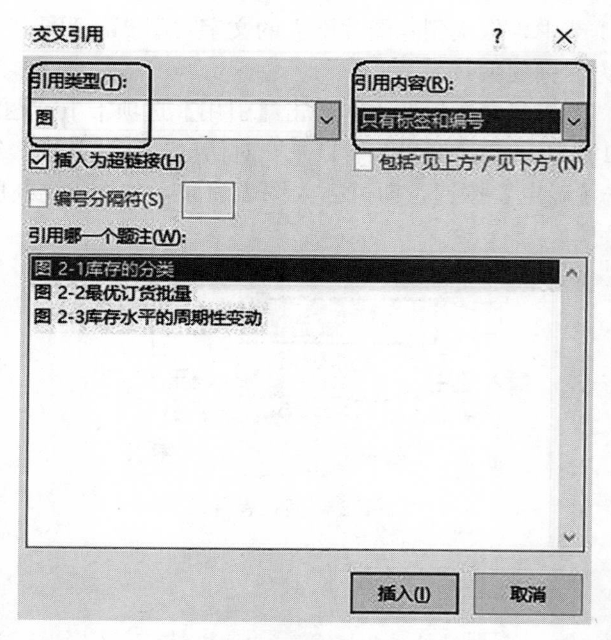

图 2-194　交叉引用

(5) 参照步骤 (4) 的操作方法，在正文 2.1.1 节中，依次对正文中的图表标题编号的引用文字“图 2”、“图 3”、“图 4”进行相同的处理。

7. 将文档中“ABC 分类法”都标记为索引项，更新索引。

(1) 在文档的“专业词汇索引”页中，选中索引目录中“ABC 分类法”，单击【引用】选项卡下“索引”组中的【标记索引项】按钮，弹出“标记索引项”对话框，单击【标记全部】按钮，如图 2-195 所示。

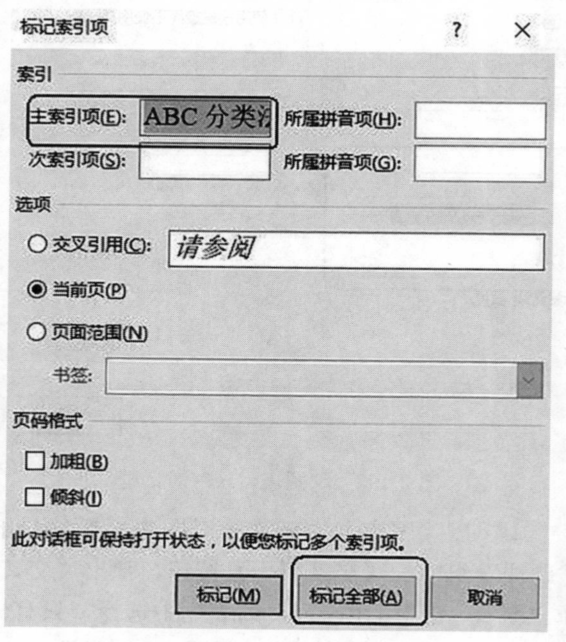

图 2-195　“标记索引项”对话框

8. 在文档中插入页码，要求封面没有页码，“目录”、“图表目录”和“摘要”使用“Ⅰ，Ⅱ，Ⅲ，…”，正文使用“1，2，3，…”格式，页码均居中显示。

(1) 双击封面页脚位置，单击“页眉和页脚工具”中的【设计】选项卡，在“选项”组中勾选“首页不同”复选框。

(2) 将光标置于“目录”页的页脚位置，在“导航”组中点击“链接到前一条页眉”以取消其选择，如图 2-196 所示。

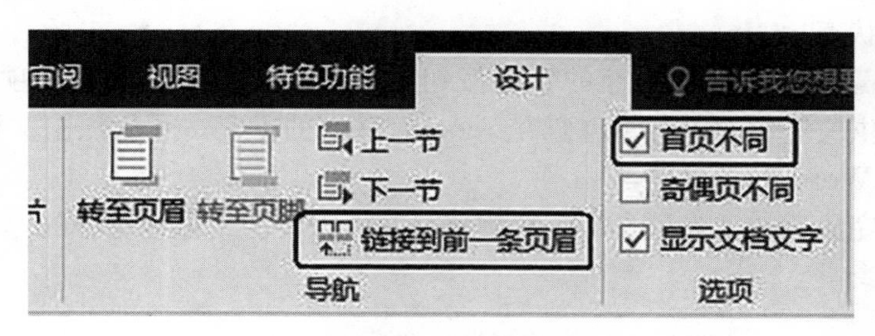

图 2-196　设置取消“链接到前一条页眉”

(3) 在“页眉与页脚”组中单击【页码】按钮，在弹出的下拉菜单中选择“设置页码格式”选项，在弹出的对话框中将“编号格式”设置为“Ⅰ，Ⅱ，Ⅲ”将“起始页码”设置为“Ⅰ”，单击【确定】即可，如图 2-197 所示。再次单击【页码】按钮，在弹出的列表中选择“页面底端”，然后选择“普通数字 2”。之后使用同样的方法对“图表目录”、“摘要”部分的页码进行设置。

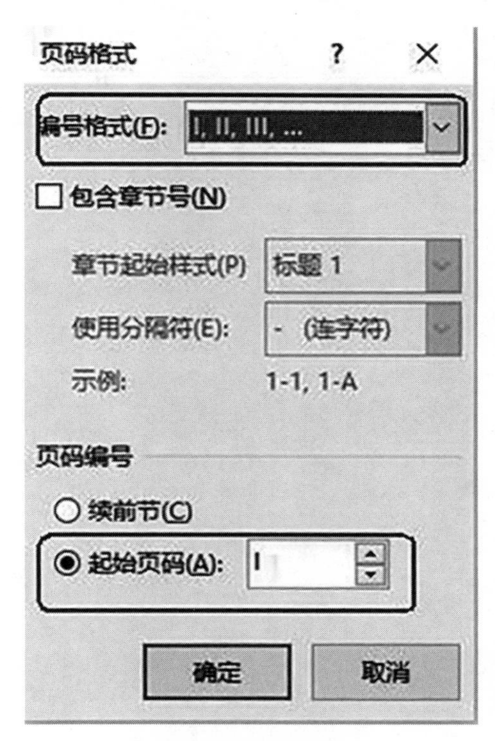

图 2-197　设置页码格式

(4) 将鼠标光标放在“正文”页的页脚位置，在“导航”组中点击“链接到前一条页眉”以取消其选择。

(5) 在“页眉与页脚”组中单击【页码】按钮，在弹出的下拉菜单中选择“设置页码格式”选项，在弹出的对话框中将“编号格式”设置为“1，2，3，…”，将“起始页码”设置为“1”，单击【确定】。再次单击【页码】按钮，在弹出的列表中选择“页面底端”，然后选择“普通文字 2”。

(6) 单击【设计】选项卡下“关闭”组中的【关闭页眉和页脚】按钮或双击正文，退出页眉和页脚编辑状态。

9. 点击“快速访问工具栏”上的保存按钮，或者点击【文件】选项卡下的【保存】命令，完成对“供应链中的库存管理研究.docx”文档的保存。然后点击文档窗口右上角的关闭按钮关闭 Word 文档。

本实验案例完成后的结果可参考本案例素材文件夹中的“供应链中的库存管理研究—结果.docx”。

第3章　Excel 2016 电子表格

● 本章实验内容

Excel 基本操作，Excel 公式与函数，Excel 图表的创建与编辑，Excel 数据分析与处理。

● 本章实验目标

1. 熟悉 Excel 基本功能与基本操作。

2. 熟练掌握 Excel 数字、单元格、条件格式、自动套用格式等设置。

3. 掌握 Excel 公式编辑与函数的使用方法。

4. 熟练掌握 Excel 图表的创建与编辑。

5. 掌握 Excel 数据排序、筛选、分类汇总、数据透视表。

● 本章重点与难点

1. 重点：Excel 基本操作，Excel 公式与函数的使用方法，Excel 图表的创建与编辑，Excel 数据的排序与筛选。

2. 难点：Excel 图表编辑与设置，Excel 数据的分类汇总，Excel 数据透视表的创建与使用。

实验一　Excel 2016 的基本操作

实验目的

1. 熟悉 Excel 2016 编辑窗口界面。

2. 掌握 Excel 文档的创建、打开、保存与关闭等操作方法。

3. 掌握 Excel 工作表的插入、重命名、复制等操作。

4. 熟练掌握 Excel 工作表数据的输入与编辑。

5. 熟练掌握 Excel 工作表的基本编辑及设置方法。包括为工作表中单元格添加批注，工作表中行、列的插入及删除操作，单元格的合并、行高和列宽、数据类型、对齐方式及边框属性等设置。

6. 掌握单元格条件格式的设置。

视频 3-1
Excel 2016
的基本操作

实验内容

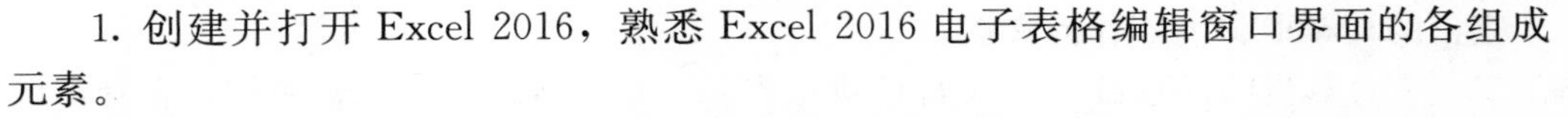

1. 创建并打开 Excel 2016，熟悉 Excel 2016 电子表格编辑窗口界面的各组成元素。

2. 在打开的 Excel 2016 工作簿的 Sheet1 工作表中输入如图 3-1 所示内容。

	A	B	C	D	E
1	系统	产品	芯片	国产芯片占有率	备注
2	计算机系统	服务器/个人电脑	CPU	0%	
3		工业应用	MCU	2%	
4	通用电子系统	可编程逻辑设备	FPGA/CPLD	0%	
5		数字信号处理设备	DSP	0%	
6	通信设备	移动终端	AP	18%	
7			通信处理器	22%	
8			嵌入式MPU	0%	
9			嵌入式DSP	0%	
10		核心网络设备	NPU	15%	
11	存储	存储	DRAM	0%	
12			NAND FLASH	0%	
13			NOR FLASH	5%	
14	显示及视频系统	电视	显示驱动	0%	
15			显示处理器	5%	

图 3-1　输入内容

3. 将 Sheet1 工作表重命名为“芯片占有率”。

4. 在工作表“芯片占有率”的第一行之上插入一行空的单元格，并在 A1 单元格中输入内容“核心芯片无法自主提供，国产化率不足 10%”，并且设置字体为“黑体”、字号为“16”、字体颜色为“蓝色，个性色 1，深色 50%”；将 A1:D1 单元格合并，并将单元格内容水平居中显示。

5. 为“CPU”所在单元格添加批注，批注内容为“中央处理器”，删除 E 列。

6. 将 A2:B16 单元格区域的行高设为“17”，列宽设为“18”。将 C2:D16 单元格区域的列宽进行“自动调整”。

7. 为 A2:D16 单元格区域设置内边框线颜色为标准色“红色”，样式为单实线；外边框线颜色为标准色“蓝色”，样式为双实线。

8. 在工作表“芯片占有率”中，将 D3:D16 单元格区域中的数据设置为“百分比”形式并保留 1 位小数；并对 D3:D16 单元格区域中的数据设置条件格式，要求将“国产芯片占有率”在 5%（含 5%）以下的单元格用“红色、加粗、浅蓝色底纹”突出显示。

9. 依次将 A3:A4、A5:A6、A7:A11、A12:A14、A15:A16、B7:B10、B12:B14、B15:B16 单元格进行合并。

10. 将 A2:D16 单元格区域的内容依次进行“水平居中”、“垂直居中”对齐。

11. 在当前工作簿中新建一个工作表，将工作表“芯片占有率”中的数据复制一份到新工作表中，使得“芯片占有率”表中的表格设置与新工作表中的表格设置完全一致。

12. 保存当前 Excel 文档，并将其命名为“Excel 2016 实验素材 1. xlsx”，然后关闭该文档。

实验步骤

1. 创建、打开 Excel 2016。创建、打开 Excel 2016 一般有两种方法：

方法一：点击【开始】菜单，然后选择【Excel 2016】|【空白工作簿】，即可启动并打开一个空白的 Excel 2016 工作簿文档。

方法二：在计算机的任意目录下（如 C 盘根目录、桌面等）点击鼠标右键，在弹出的快捷菜单中选择【新建】|【Microsoft Excel 工作表】，然后鼠标左键双击新建的 Excel

2016 文档，也可打开一个空白的 Excel 2016 工作簿文档，工作簿编辑窗口界面的整体布局如图 3-2 所示。

图 3-2　Excel 2016 编辑窗口界面

2. 按照图 3-1 所示表格内容，在对应单元格内输入相应内容。

3. 鼠标右键单击当前的工作表标签名称“Sheet 1”，在弹出的快捷菜单中选择【重命名】，如图 3-3 所示；或双击当前的工作表标签名称“Sheet 1”，然后输入“芯片占有率”。

4. 在“行号 1”上点击鼠标右键，在弹出的快捷菜单中选择【插入】，如图 3-4 所示。即可实现在第一行之上插入一行空的单元格（如果在某列号上进行该插入操作，将会在该列前插入一列空的单元格）。

5. 选中 A1 单元格，输入文字“核心芯片无法自主提供，国产化率不足 10%”，如图 3-5 所示。选中 A1 单元格内输入的文字，在【开始】选项卡的“字体”组中，单击【字体】下拉列表，选择“黑体”、字号设置为“16”，如图 3-6 所示。点击【字体颜色】按钮 右侧的倒三角按钮，在弹出的下拉菜单中选择“主题颜色”中的“蓝色，个性色 1，深色 50%”，如图 3-7 所示。鼠标左键选中 A1:D1 单元格区域，在【开始】选项卡的“对齐方式”组中，单击【合并后居中】按钮完成对 A1:D1 单元格区域的合并和单元格内容的居中显示，如图 3-8 所示。

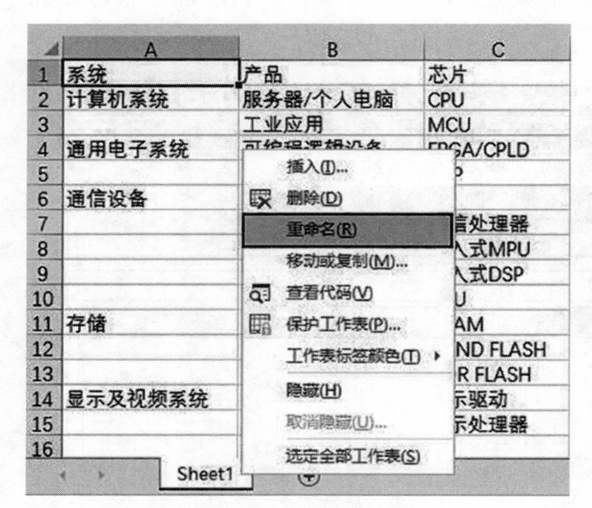

图 3-3　工作表的重命名

图 3-4　插入一行

	A	B	C	D	E
1	核心芯片无法自主提供，国产化率不足10%				
2	系统	产品	芯片	国产芯片占有率	备注
3	计算机系统	服务器/个人电脑	CPU	0%	
4		工业应用	MCU	2%	
5	通用电子系统	可编程逻辑设备	FPGA/CPLD	0%	
6		数字信号处理设备	DSP	0%	
7	通信设备	移动终端	AP	18%	
8			通信处理器	22%	
9			嵌入式MPU	0%	
10			嵌入式DSP	0%	
11		核心网络设备	NPU	15%	
12	存储	存储	DRAM	0%	
13			NAND FLASH	0%	
14			NOR FLASH	5%	
15	显示及视频系统	电视	显示驱动	0%	
16			显示处理器	5%	

芯片占有率

图 3-5　在 A1 单元格输入文字

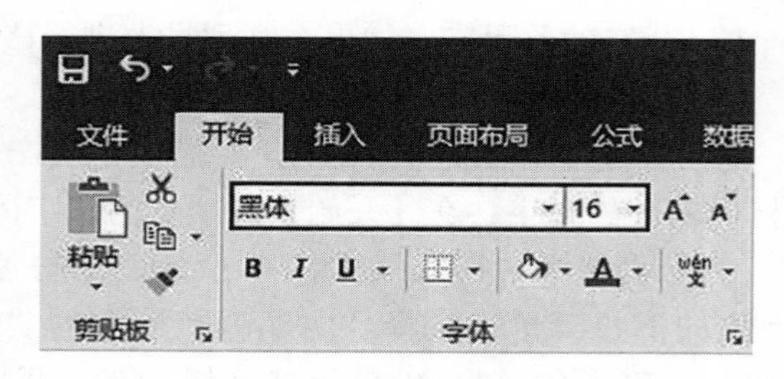

图 3-6　设置字体、字号

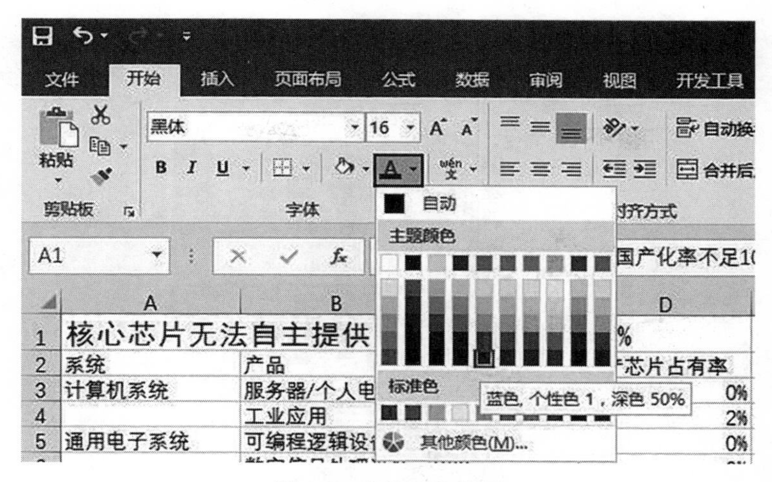

图 3-7　字体颜色设置

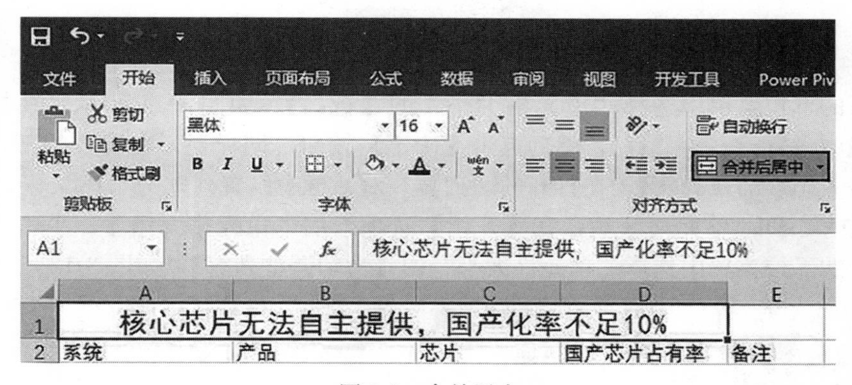

图 3-8　合并居中

6. 在 C3 单元格上点击鼠标右键，在弹出的快捷菜单中选择【插入批注】，如图 3-9 所示。然后删除原有“批注框”中的内容，接着在“批注框”中输入“中央处理器”。鼠标右键单击“列标 E”，在弹出的快捷菜单中选择【删除】，如图 3-10 所示。

图 3-9　插入批注

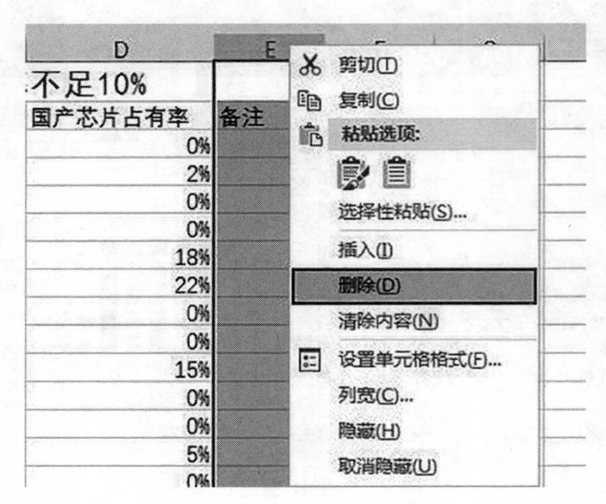

图 3-10　删除列

7. 选中 A2:B16 单元格区域，在【开始】选项卡的“单元格”组中，单击【格式】按钮，在展开的下拉菜单中选择“单元格大小”的【行高】，如图 3-11 所示。在打开的“行高”对话框中设置行高为“17”，然后点击【确定】按钮。同样地，在展开的下拉菜单中选择“单元格大小”的【列宽】，在打开的“列宽”对话框中设置列宽为“18”。

8. 选中 C2:D16 单元格区域，在【开始】选项卡的“单元格”组中，单击【格式】按钮，在展开的下拉菜单中选择“单元格大小”的【自动调整列宽】，如图 3-12 所示。

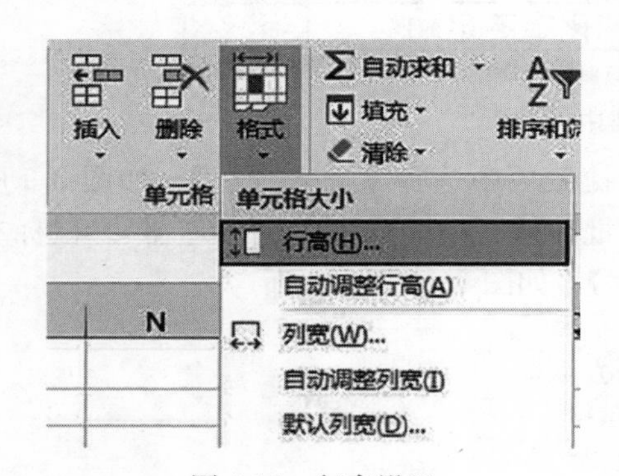

图 3-11　行高设置

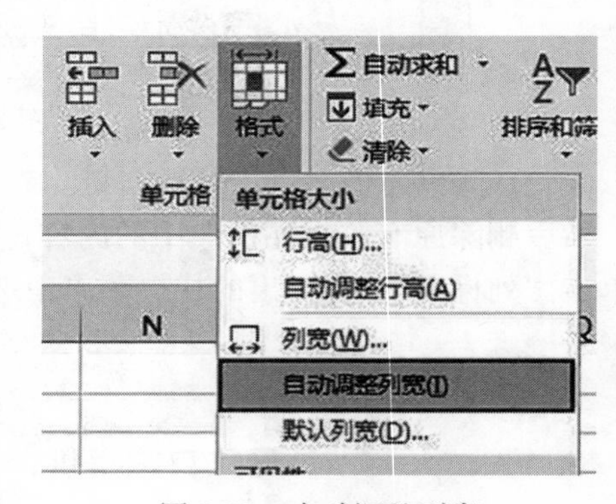

图 3-12　自动调整列宽

9. 选中 A1:D16 单元格区域，在选中区域上单击鼠标右键，在弹出的快捷菜单中选择【设置单元格格式】，如图 3-13 所示。在打开的“设置单元格格式”对话框中选择【边框】选项卡，先选择“线条样式”为“单实线”，然后选择“颜色”为“红色”，最后点击“预置”的【内部】按钮，完成内边框设置，如图 3-14 所示。类似地，选择“线条样式”为“双实线”，再选择“颜色”为“蓝色”，之后点击“预置”的【外部】按钮，完成外边框设置，如图 3-15 所示。最后点击【确定】按钮。

10. 选中 D3:D16 数据区域，在选中区域上单击鼠标右键，在弹出的快捷菜单中选择【设置单元格格式】。选择“设置单元格格式”对话框中的【数字】选项卡。在“分类”列表中选择【百分比】，小数位数设置为“1”，点击【确定】按钮，如图 3-16 所示。

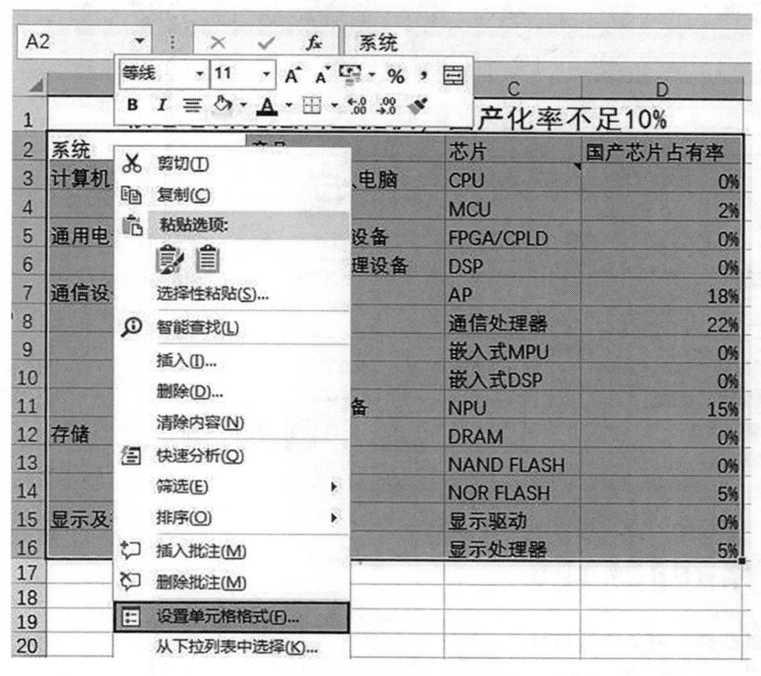

图 3-13　打开“设置单元格格式”对话框

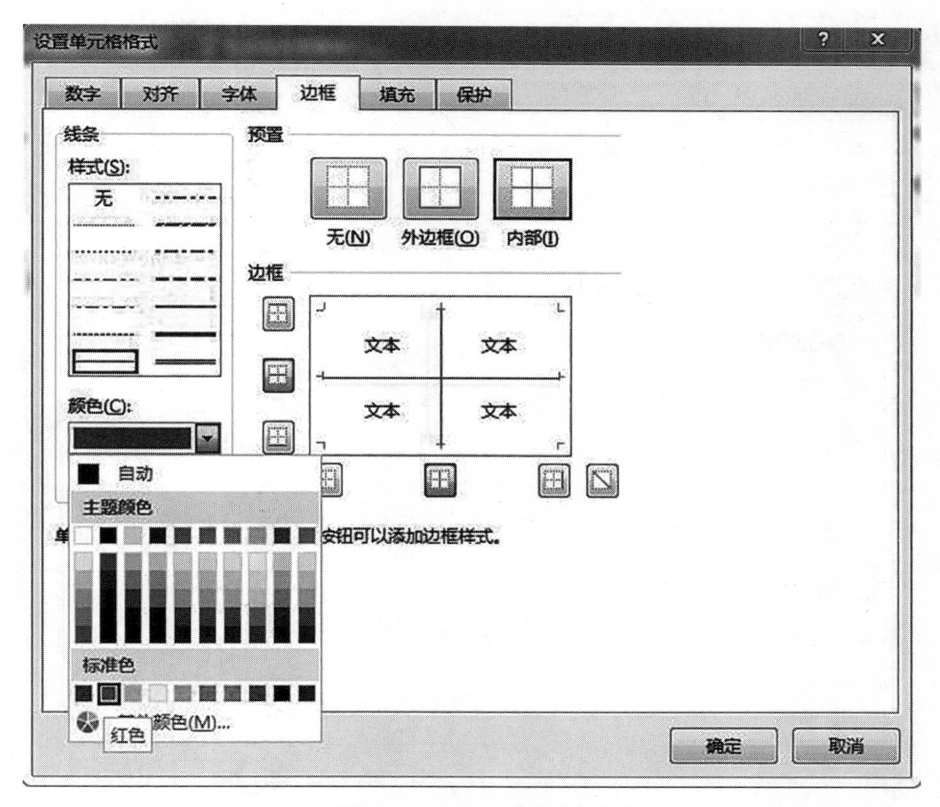

图 3-14　设置表格内边框

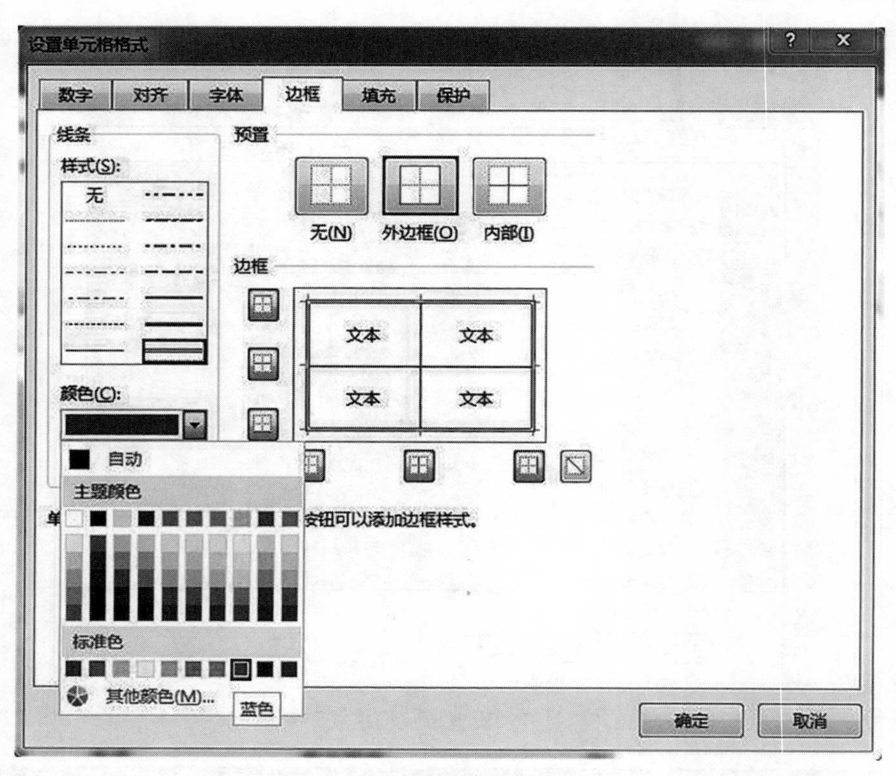

图 3-15　设置表格外边框

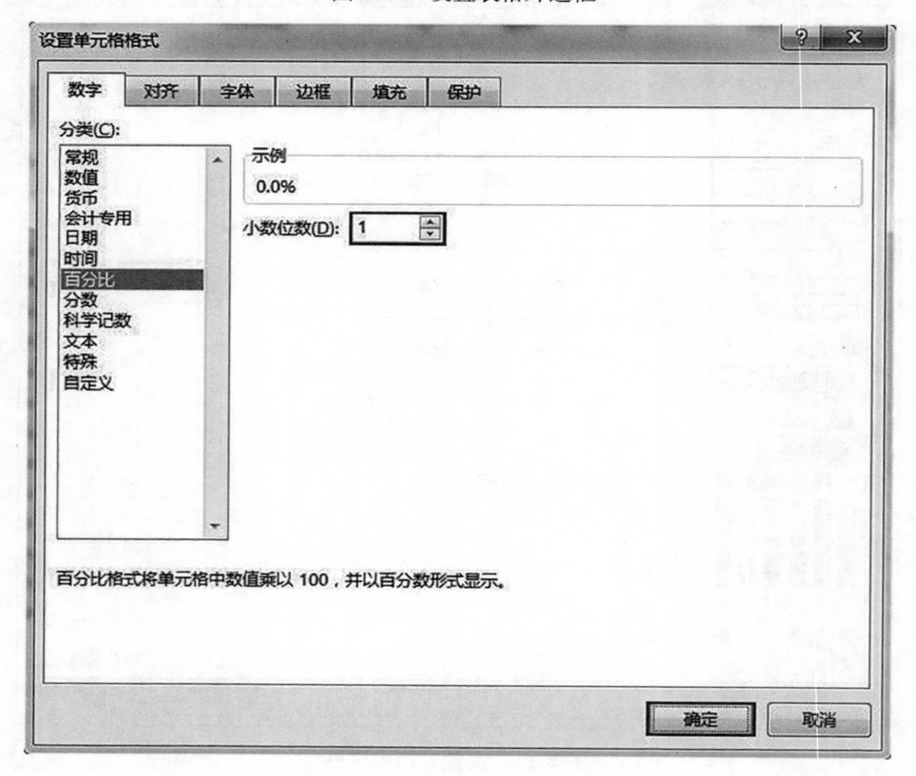

图 3-16　设置单元格数字格式

11. 选中 D3:D16 数据区域，在【开始】选项卡的“样式”组中，点击【条件格式】|【突出显示单元格规则】|【其他规则】，如图 3-17 所示。之后会打开“新建格式规则”对话框。

图 3-17 “条件格式”设置

12. 在“新建格式规则”对话框中，“选择规则类型”中选择【只为包含以下内容的单元格设置格式】；“编辑规则说明”中设置“单元格值”为“小于或等于”、“5%”；然后点击【格式】按钮，如图 3-18 所示。之后会打开“设置单元格格式”对话框。

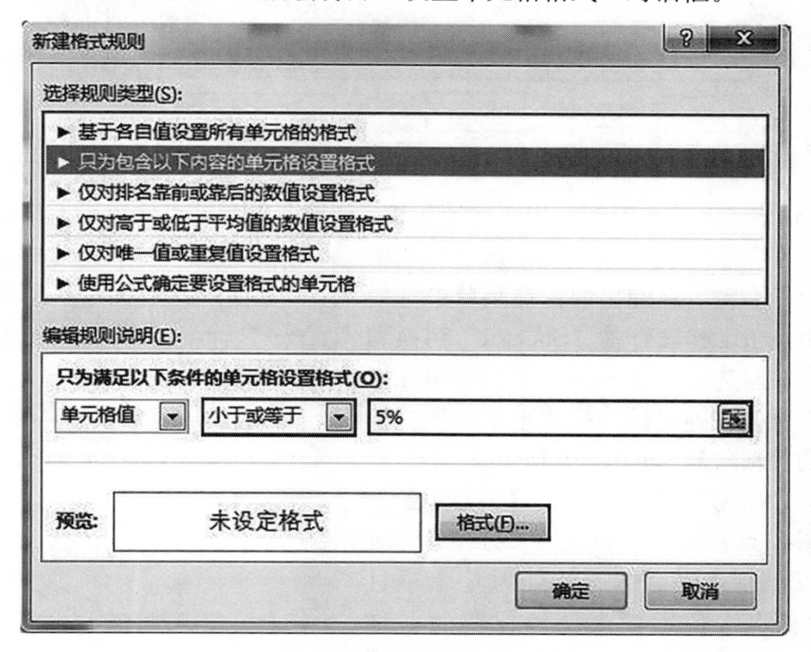

图 3-18 “新建格式规则”对话框

13. 在“设置单元格格式”对话框中选择【字体】选项卡，然后设置“颜色”为“浅蓝”、“字形”为“加粗”，再选择【填充】选项卡，设置“背景色”为“浅蓝色”，单击【确定】按钮完成设置。

14. 依次选中 A3:A4、A5:A6、A7:A11、A12:A14、A15:A16、B7:B10、B12:B14、B15:B16 单元格区域，每次选中一个区域后，在【开始】选项卡的“对齐方式”组中，单击【合并后居中】按钮完成对各单元格区域的合并和单元格内容的水平居中。

15. 选中 A2:D16 单元格区域，在【开始】选项卡的“对齐方式”组中，单击【居中】按钮进行该区域单元格内容的“水平居中”对齐；单击【垂直居中】按钮进行该区域单元格内容的“垂直居中”对齐。

16. 点击 Excel 文档中工作表标签右侧的“新工作表”按钮，创建一个新工作表，此时新工作表标签的名称为“Sheet 1”，如图 3-19 所示。

	A	B	C	D
1	核心芯片无法自主提供，国产化率不足10%			
2	系统	产品	芯片	国产芯片占有率
3	计算机系统	服务器/个人电脑	CPU	0.0%
4		工业应用	MCU	2.0%
5	通用电子系统	可编程逻辑设备	FPGA/CPLD	0.0%
6		数字信号处理设备	DSP	0.0%
7	通信设备	移动终端	AP	18.0%
8			通信处理器	22.0%
9			嵌入式MPU	0.0%
10			嵌入式DSP	0.0%
11		核心网络设备	NPU	15.0%
12	存储	存储	DRAM	0.0%
13			NAND FLASH	0.0%
14			NOR FLASH	5.0%
15	显示及视频系统	电视	显示驱动	0.0%
16			显示处理器	5.0%

芯片占有率　Sheet 1

图 3-19　创建了一个新工作表

17. 在工作表“芯片占有率”中“行号”和“列标”的交叉点处单击鼠标左键就可以选中“芯片占有率”表的整个区域。在选中的数据区域上点击鼠标右键，在弹出的快捷菜单中选择【复制】，然后点击工作表标签“Sheet 1”切换到新建工作表，在新建工作表 Sheet 1 的 A1 单元格内点击鼠标右键，在弹出的快捷菜单中选择“粘贴选项”下的【粘贴】，如图 3-20 所示。

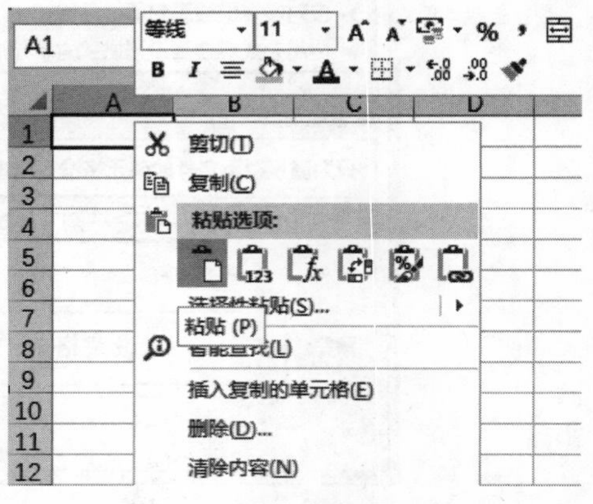

图 3-20　“粘贴选项”选择

18. 点击【文件】选项卡，点击【另存为】|【浏览】，如图 3-21 所示。在弹出的“另存为”对话框中设置文档保存的目录（此处为 C 盘根目录）；在“文件名”位置输入文档保存的名称“Excel 2016 实验素材 1. xlsx”，然后点击【保存】

进行Excel 2016文档的保存，如图3-22所示。单击Excel 2016编辑窗口标题栏右侧的“关闭”按钮☒即可关闭文档。

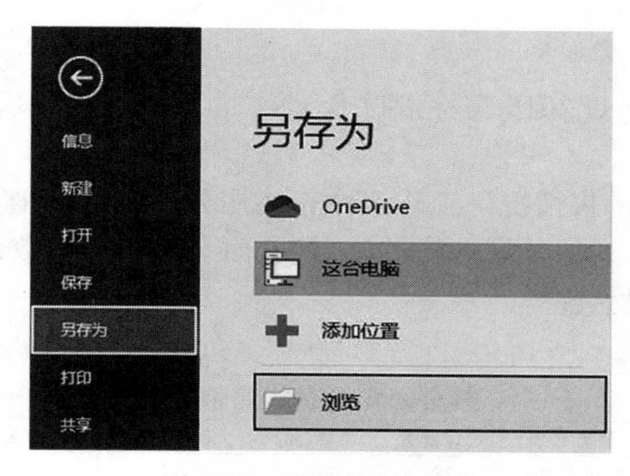

图3-21　“另存为”操作

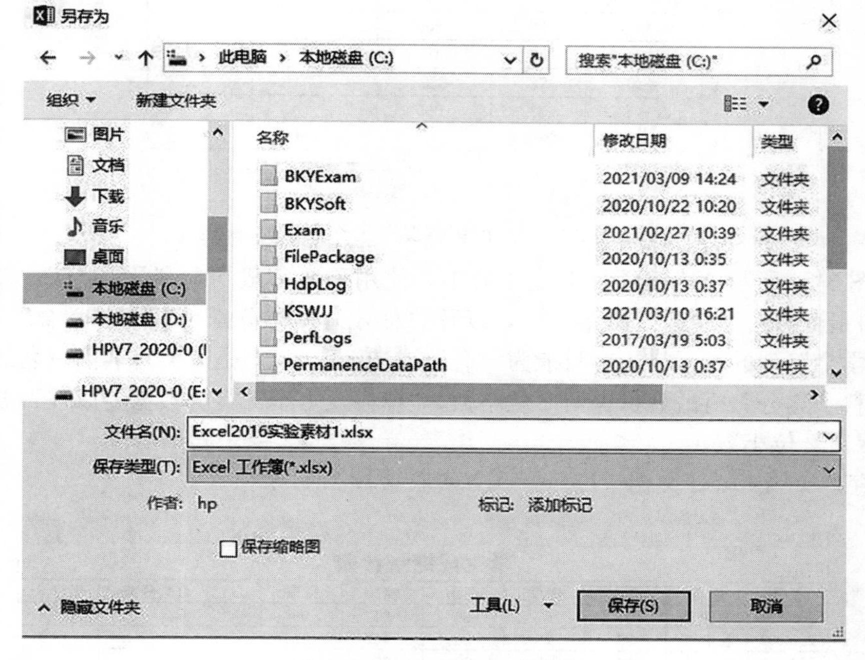

图3-22　“另存为”对话框

实验二　公式和函数的使用

实验目的

1. 理解并掌握单元格的引用方法。
2. 掌握使用公式进行相关数据的计算方法。
3. 掌握SUM、AVERAGE、MAX、MIN、COUNT、COUNTIF、IF、RANK等函数

的使用方法。

视频 3-2
公式和函数的使用

使用 Excel 文档“Excel 2016 实验素材 2. xlsx”，按照下列要求完成对此文档的操作。

1. 在图 3-23 所示“销售情况”工作表中，使用公式完成“销售额”、“总销售额”以及“所占百分比”列的计算。其中，“所占百分比”列的数据要以“百分比”的形式显示，且保留 1 位小数。

	A	B	C	D	E
1	某公司年设备销售情况表				
2	设备名称	销售数量	单价(元)	销售额(元)	所占百分比
3	笔记本电脑	36	6580		
4	MP3	89	780		
5	数码相机	51	2580		
6	扫描仪	23	1200		
7	移动硬盘	62	600		
8	音箱	78	330		
9	打印机	53	1050		
10	总销售额				
11					

销售情况 成绩统计

图 3-23 “销售情况”工作表素材

2. 在图 3-24 所示“成绩统计”工作表中，使用函数完成“单科平均分”、“单科最高分”、“单科最低分”、“单科及格率”行，以及“总分”、“总分排名”、“奖学金”列的计算。其中，“奖学金”列的单元格内容只能为“有”或“无”，规则是总分排名前三名的学生有奖学金。“单科平均分”行的数据保留 1 位小数；“单科及格率”行的数据要以“百分比”形式显示，且保留 2 位小数。

3. 保存并关闭 Excel 文档“Excel 2016 实验素材 2. xlsx”。

	A	B	C	D	E	F	G	H	I	J
1	学生成绩统计表									
2	学号	姓名	语文	数学	英语	物理	化学	总分	总分排名	奖学金
3	2020001	包宏伟	77	67	86	94	96			
4	2020002	杜学江	55	77	86	40	86			
5	2020003	李北大	93	65	92	67	100			
6	2020004	李娜娜	82	70	97	91	79			
7	2020005	齐飞扬	66	62	78	64	75			
8	2020006	苏解放	67	65	60	94	76			
9	2020007	孙玉敏	72	99	78	41	90			
10	2020008	王清华	69	92	58	53	85			
11	2020009	谢如康	86	75	55	62	64			
12	2020010	闫朝霞	59	90	56	56	65			
13	2020011	张桂花	72	86	62	84	41			
14	单科平均分									
15	单科最高分									
16	单科最低分									
17	单科及格率									
18										

销售情况 成绩统计

图 3-24 “成绩统计”工作表素材

1. 打开 Excel 文档“Excel 2016 实验素材 2. xlsx”

2. 在“销售情况”工作表中选中 D3 单元格，输入公式“=B3 * C3”，在输入过程中，对于 B3、C3 单元格的引用可以使用键盘输入，也可以使用鼠标点击 B3、C3 单元格来实现，然后按回车键或单击编辑栏左侧的“输入”按钮✔来完成公式的计算。

3. 拖动 D3 单元格右下角的“填充柄”向下移动，完成 D3 到 D9 单元格的公式复制与数据填充。

4. 在“销售情况”工作表中选中 D10 单元格，在【公式】选项卡下的“函数库”组中单击【插入函数】按钮，如图 3-25 所示，可打开“插入函数”对话框（也可以直接点击编辑栏左侧的“插入函数”按钮fx）。在“插入函数”对话框内“选择函数”列表中选择 SUM 函数，单击【确定】按钮，如图 3-26 所示，之后会弹出“函数参数”对话框。注意：“插入函数”对话框“选择函数”列表默认的所属类别是“常用函数”。如果当前选用的函数不在“常用函数”列表中，可将“选择类别”设置为“全部”后进行函数查找及选取。使用过的函数都会自动添加到“常用函数”列表中，再次使用该函数时，在“常用函数”列表中选用即可。

图 3-25 插入函数

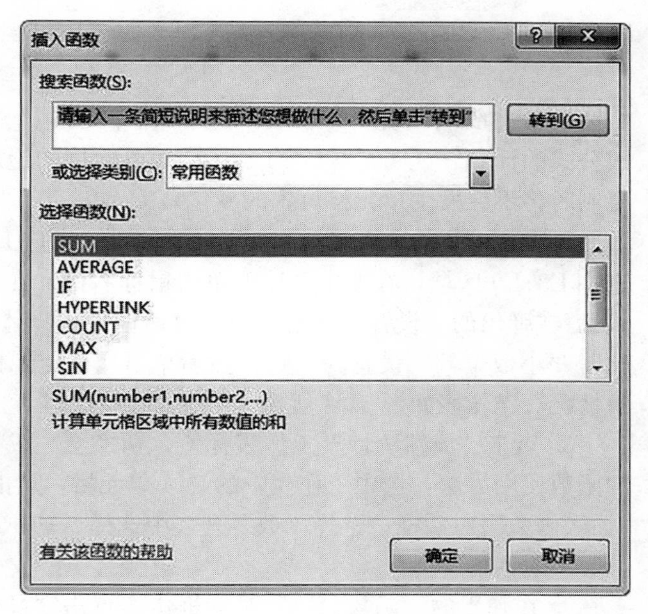

图 3-26 “插入函数”对话框

5. 在弹出的“函数参数”对话框中，将“Number1”设置为“D3:D9”（将“Number1”设置为“D3:D9”一般有 3 种方法：①在“Number1”对应的参数文本框处输入“D3:D9”。②选中或清除“Number1”对应的参数文本框中的内容，点击“Number1”右侧的“折叠窗口”按钮，使用鼠标选取工作表中的 D3:D9 数据区域后点击“展开窗口”按钮返回“函数参数”对话框。③选中或清除“Number1”对应的参数文本框中的内容后，直接使用鼠标选取工作表中的 D3:D9 数据区域），即完成了对“D3:D9”区域的引用，如图 3-27 所示。对于 Excel 2016 函数参数的区域引用，均可参照此方法。参数“Number 1”设置完成后，点击【确定】按钮即可计算出 D10 单元格对应的总分。D10 单元格插入函数的完整形式是“=SUM（D3:D9）”。

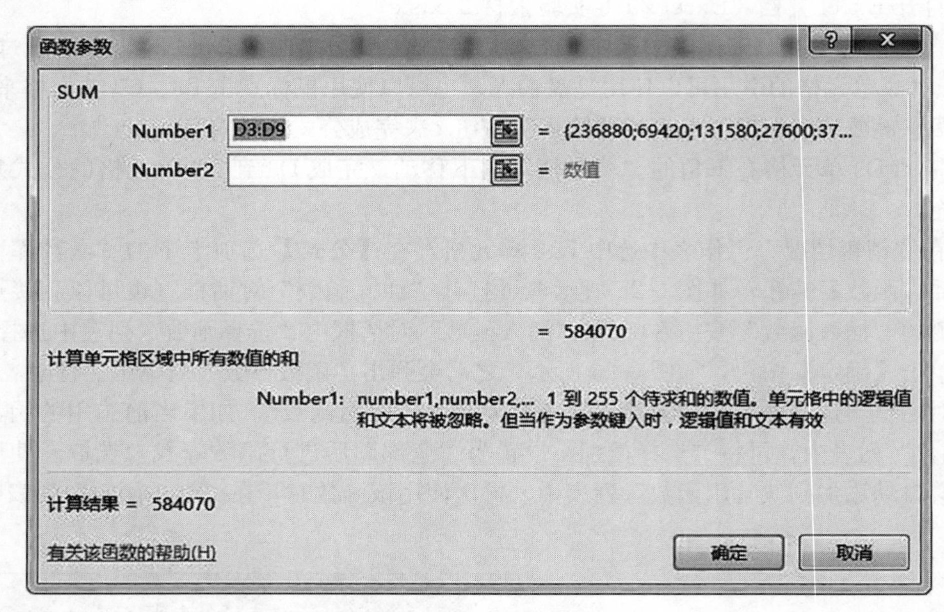

图 3-27　SUM 函数参数设置

6. 在“销售情况”工作表中选中 E3 单元格，输入公式“=D3/＄D＄10”，按回车键完成公式的计算（说明：＄D＄10 为 D10 单元格的绝对引用，单元格被绝对引用后，在公式复制时将不会发生单元格位置的变化）。

7. 拖动 E3 单元格“填充柄”向下移动，完成 E3 到 E9 单元格的公式复制与数据填充。选中 E3:E9 区域，在选中区域上单击鼠标右键，在弹出的快捷菜单中选择【设置单元格格式】。在弹出的“设置单元格格式”对话框中选择【数字】选项卡，“分类”选择为“百分比”，“小数位数”设置为“1”，然后单击【确定】按钮，如图 3-28 所示。完成计算的“销售情况”工作表如图 3-29 所示。

8. 点击“成绩统计”工作表标签，切换至“成绩统计”工作表。参照本实验之前介绍的函数使用方法，选中工作表中的 C14 单元格，点击编辑栏左侧的“插入函数”按钮，在“插入函数”对话框“选择函数”列表中选择 AVERAGE 函数，点击【确定】后弹出“函数参数”对话框。

9. 在弹出的“函数参数”对话框中，点击“Number1”右侧的按钮，然后使用鼠标选取当前工作表的 C3:C13 数据区域后点击返回“函数参数”对话框，点击【确定】按钮即可计算出 C14 单元格对应的“单科平均分”。C14 单元格插入函数的完整形式是“=AVERAGE（C3:C13）”。拖动 C14 单元格“填充柄”向右移动，完成 C14 到 G14 单元格的公式复制与数据填充。选中 C14:G14 数据区域，在选中区域上单击鼠标右键，在弹出的快捷菜单中选择【设置单元格格式】，在弹出的“设置单元格格式”对话框的【数字】选项卡中，“分类”选择为“数值”，“小数位数”设置为“1”，然后单击【确定】按钮。

10. 参照之前的操作步骤，依次在 C15、C16 单元格插入函数“=MAX（C3:C13）”、

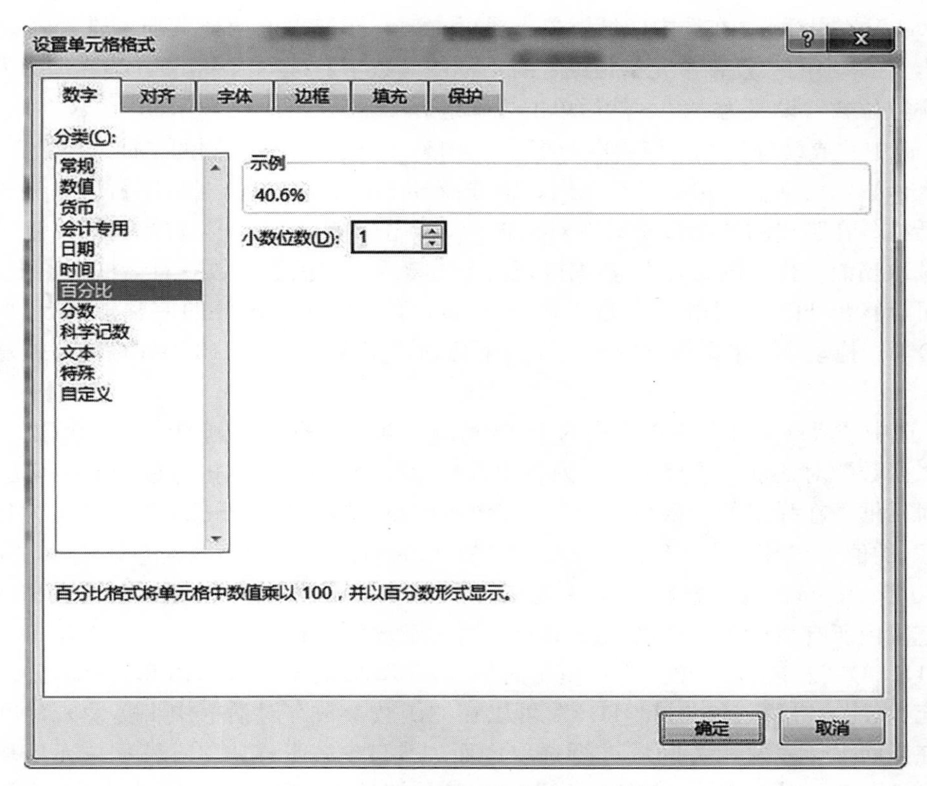

图 3-28　“设置单元格格式”对话框

	A	B	C	D	E
1	某公司年设备销售情况表				
2	设备名称	销售数量	单价(元)	销售额(元)	所占百分比
3	笔记本电脑	36	6580	236880	40.6%
4	MP3	89	780	69420	11.9%
5	数码相机	51	2580	131580	22.5%
6	扫描仪	23	1200	27600	4.7%
7	移动硬盘	62	600	37200	6.4%
8	音箱	78	330	25740	4.4%
9	打印机	53	1050	55650	9.5%
10	总销售额			584070	
11					

销售情况　成绩统计

图 3-29　完成计算后的“销售情况”工作表

“=MIN（C3:C13）”后按回车键完成各自单元格数据的计算，接着向右拖动各自单元格的“填充柄”完成“单科最高分”、“单科最低分”两行（分别对应 C15 到 G15 单元格、C16 到 G16 单元格）数据的填充。

11. 对于“单科及格率”的计算，要在 C17 单元格中插入函数“=COUNTIF（C3:C13," >=60" ）/COUNT（C3:C13）”后，按回车键完成 C17 单元格数据的计算。然后拖动 C17 单元格“填充柄”向右移动，完成 C17 到 G17 单元格的公式复制与数据填充。选中 C17:G17 数据区域，在选中区域上单击鼠标右键，在弹出的快捷菜单中选择【设置单元格格式】，在弹出的“设置单元格格式”对话框的【数字】选项卡中，“分类”选择为“百分比”，“小数位数”设置为“2”，然后单击【确定】按钮。

12. 选中“成绩统计”工作表中的 H3 单元格，点击编辑栏左侧的“插入函数”按钮，在“插入函数”对话框“选择函数”列表中选择 SUM 函数，点击【确定】后弹出“函数参数”对话框。在弹出的“函数参数”对话框中，点击“Number 1”右侧的按钮，然后使用鼠标选取当前工作表的 C3:G3 数据区域后点击返回“函数参数”对话框，点击【确定】按钮即可计算出 H3 单元格对应的“总分”。H3 单元格插入函数的完整形式是“=SUM（C3:G3）”。拖动 H3 单元格“填充柄”向下移动，完成 H3 到 H13 单元格的公式复制与数据填充。

13. 选中“成绩统计”工作表中的 I3 单元格，点击编辑栏左侧的“插入函数”按钮，在“插入函数”对话框“选择函数”列表中选择 RANK 函数，点击【确定】后弹出“函数参数”对话框。在弹出的“函数参数”对话框中，设置参数“Number”的值为“H3”，参数“Ref”的值为“$H$3:$H$13”，参数 Order 的值为“0”或为空，这里设置为空，如图 3-30 所示。点击【确定】按钮即可计算出 H3 单元格数据在“$H$3:$H$13”单元格区域范围内所有数据中的排名。I3 单元格插入函数的完整形式是“=RANK（H3，$H$3:$H$13）”。拖动 I3 单元格“填充柄”向下移动，完成 I3 到 I13 单元格的公式复制与数据填充。（注：“H3”和“H3:H13”可以在“函数参数”对话框中直接输入，也可以使用鼠标在当前工作表的相关区域进行选取；而“$H$3:$H$13”表示单元区域“H3:H13”的“绝对引用”，可在“H3:H13”的对应位置加“$”符号，也可以选中参数“H3:H13”后按“F4”键直接得到。）

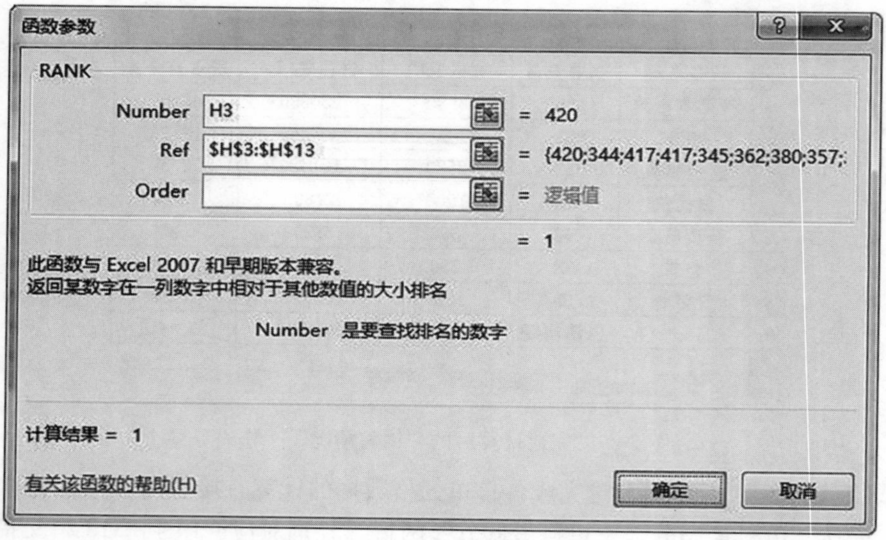

图 3-30　RANK 函数参数设置

14. 选中“成绩统计”工作表中的 J3 单元格，点击编辑栏左侧的“插入函数”按钮，在“插入函数”对话框“选择函数”列表中选择 IF 函数，点击“确定”后弹出“函数参数”对话框。在弹出的“函数参数”对话框中，设置参数“Logical_test”的值为“I3<=3”，

参数“Value_if_true”的值为“有”，参数“Value_if_false”的值为“无”，如图 3-31 所示。点击【确定】按钮即可计算出按照实验内容要求的“奖学金”列中 J3 单元格内容。J3 单元格插入函数的完整形式是“＝IF（I3＜＝3，" 有"，" 无" ）”。拖动 J3 单元格“填充柄”向下移动，完成 J3 到 J13 单元格的公式复制与数据填充。完成计算的“成绩统计”工作表，如图 3-32 所示。

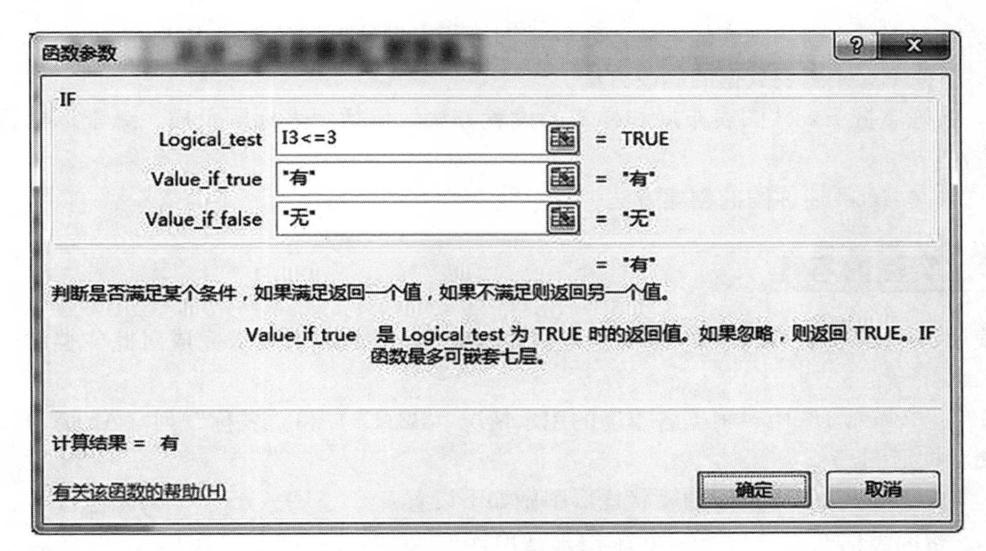

图 3-31　IF 函数参数设置

	A	B	C	D	E	F	G	H	I	J
1	学生成绩统计表									
2	学号	姓名	语文	数学	英语	物理	化学	总分	总分排名	奖学金
3	2020001	包宏伟	77	67	86	94	96	420	1	有
4	2020002	杜学江	55	77	86	40	86	344	9	无
5	2020003	李北大	93	65	92	67	100	417	3	有
6	2020004	李娜娜	82	70	97	91	79	419	2	有
7	2020005	齐飞扬	66	62	78	64	75	345	7	无
8	2020006	苏解放	67	65	60	94	76	362	5	无
9	2020007	孙玉敏	72	99	78	41	90	380	4	无
10	2020008	王清华	69	92	58	53	85	357	6	无
11	2020009	谢如康	86	75	55	62	64	342	10	无
12	2020010	闫朝霞	59	90	56	56	65	326	11	无
13	2020011	张桂花	72	86	62	84	41	345	7	无
14	单科平均分		72.5	77.1	73.5	67.8	77.9			
15	单科最高分		93	99	97	94	100			
16	单科最低分		55	62	55	40	41			
17	单科及格率		81.82%	100.00%	72.73%	63.64%	90.91%			
18										

销售情况　成绩统计

图 3-32　完成计算后的“成绩统计”工作表

15. 点击“快速访问工具栏”上的保存按钮，或者点击【文件】选项卡下的【保存】命令，进行文档的保存。单击编辑窗口标题栏右侧的“关闭”按钮即可关闭文档。

实验三　图表的创建与编辑

实验目的

1. 掌握 Excel 创建图表的方法，熟练掌握簇状二维柱形图的创建方法。

2. 掌握 Excel 图表数据的修改方法。

3. 熟练掌握 Excel 图表布局和样式的设置方法，包括图表标题及横、纵坐标标题的添加等方法。

4. 掌握 Excel 迷你图的创建方法。

实验内容

视频 3-3
图表的创建
与编辑

使用 Excel 文档“Excel 2016 实验素材 3. xlsx”，按照下列要求完成对此文档的操作。

1. 在“Sheet 1”中，根据各季度的用水情况（B2:E7）和“名称”列（A2:A7）建立簇状柱形图。

2. 对“Sheet 1”中创建的簇状柱形图做如下设置：

(1) 将图表标题设置为“2020 年用水情况图”，横坐标标题为“楼层”，纵坐标标题为“用水量”，图例置于图表右侧。

(2) 修改数据源，仅展示“名称”列“1 楼到 4 楼”的四季度用水情况。

(3) 图表样式选择“图表样式 11”，形状样式选“细微效果-灰色-50%，强调颜色 3”。

(4) 将“2020 年用水情况图”放置在 A10:E24 单元格区域内。

3. 在“Sheet 1”中，根据“1 楼各季度的用水情况（A3:E3）”绘制一个迷你折线图并将其放置在 F3 单元格内。

4. 保存并关闭 Excel 文档“Excel 2016 实验素材 3. xlsx”。

实验步骤

1. 打开 Excel 文档“Excel 2016 实验素材 3. xlsx”，选中 A2:E7 单元格区域，在【插入】选项卡的“图表”组中，点击按钮，在“二维柱形图”中点击【簇状柱形图】，如图 3-33 所示。插入的“二维簇状柱形图”如图 3-34 所示。

2. 单击图表以激活“图表工具”，然后依次完成下面操作：

(1) 单击选中插入的“簇状柱形图”的“图表标题”，再次点击“图表标题”后会将光标定位到“图表标题”文本框内部，删除默认的“图表标题”后输入“2020 年用水情况图”即完成了图表标题的修改（注：如果插入图表后，没有“图表标题”，则需要在“图表工具”对应的【设计】选项卡下的“图表布局”组中，选择【添加图表元素】中的【图表标题】选项菜单进行添加，如图 3-35 所示。或点击图表右侧的+按钮，单击“图表标题”进行添加）。

图 3-33　插入“簇状柱形图”

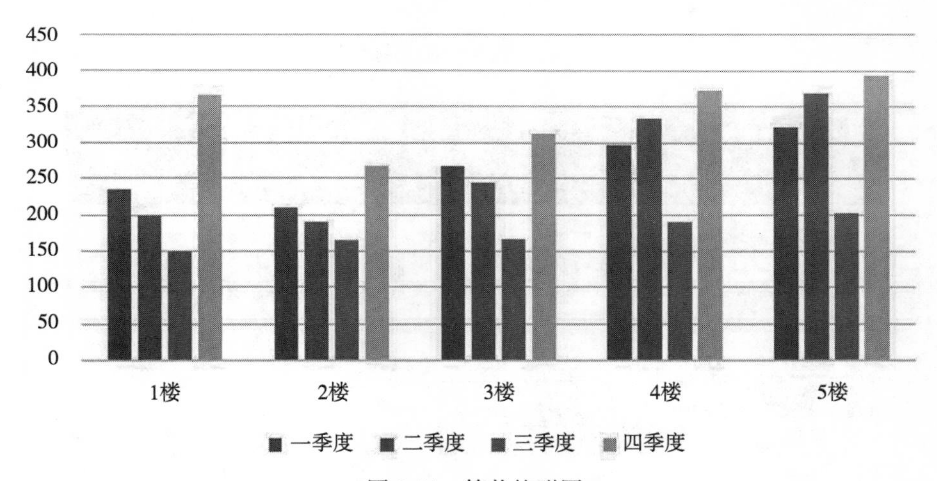

图 3-34　簇状柱形图

(2) 在“图表工具”对应的【设计】选项卡下的“图表布局”组中，单击【添加图表元素】，选择【轴标题】中的【主要横坐标轴】，如图 3-36 所示，会在图表的下方出现“坐标轴标题”文本框，将其修改为“楼层”；同样地，选择【轴标题】中的【主要纵坐标轴】，如图 3-37 所示，会在图表的左侧出现“坐标轴标题”文本框，并将其修改为“用水量”（也可直接点击图表右侧+按钮，单击“轴标题”进行两个坐标轴标题的添加与修改）。

(3) 在“图表工具”对应的【设计】选项卡下的“图表布局”组中，单击【添加图表元素】，选择【图例】中的“右侧”，如图 3-38 所示。

(4) 在“图表工具”对应的【设计】选项卡下的“数据”组中单击【选择数据】，如图 3-39 所示。在弹出的“选择数据源”对话框中，将【水平（分类）轴标签】中的“5 楼”对应的复选框中的对钩去掉，点击【确定】，如图 3-40 所示。

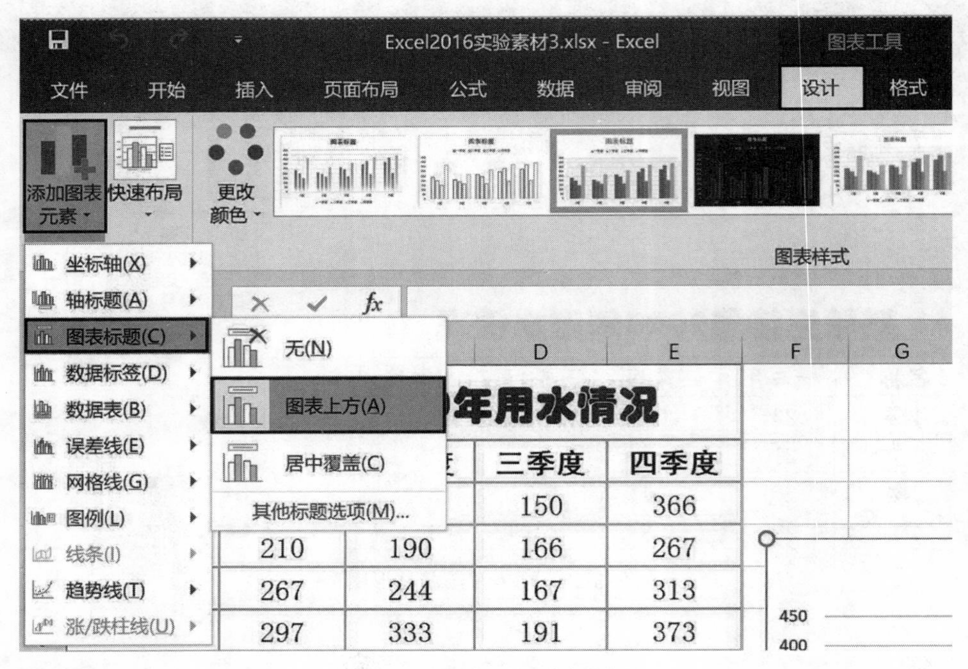

图 3-35　添加“图表标题”

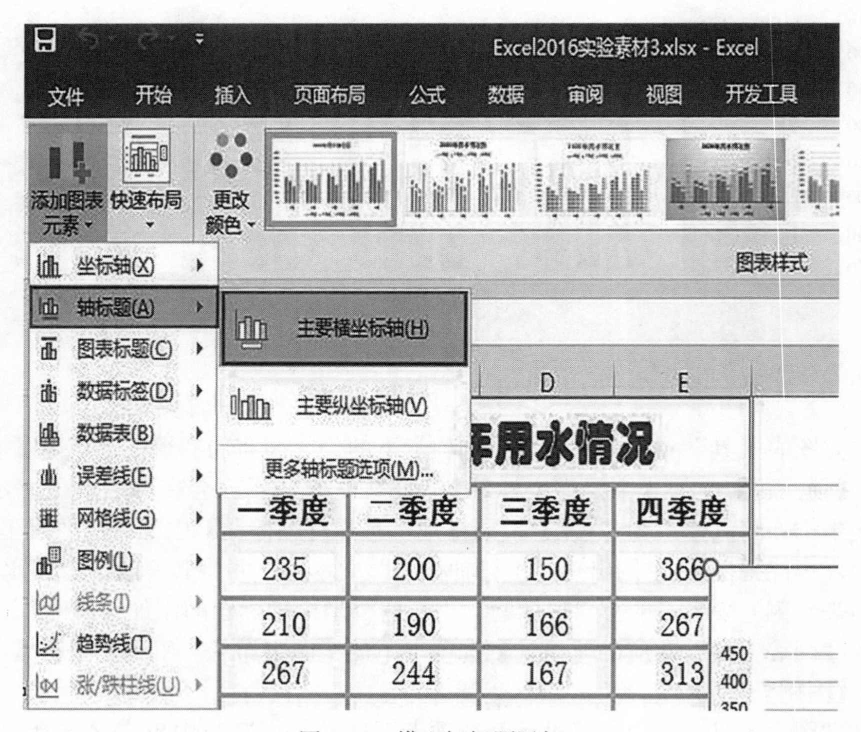

图 3-36　横坐标标题添加

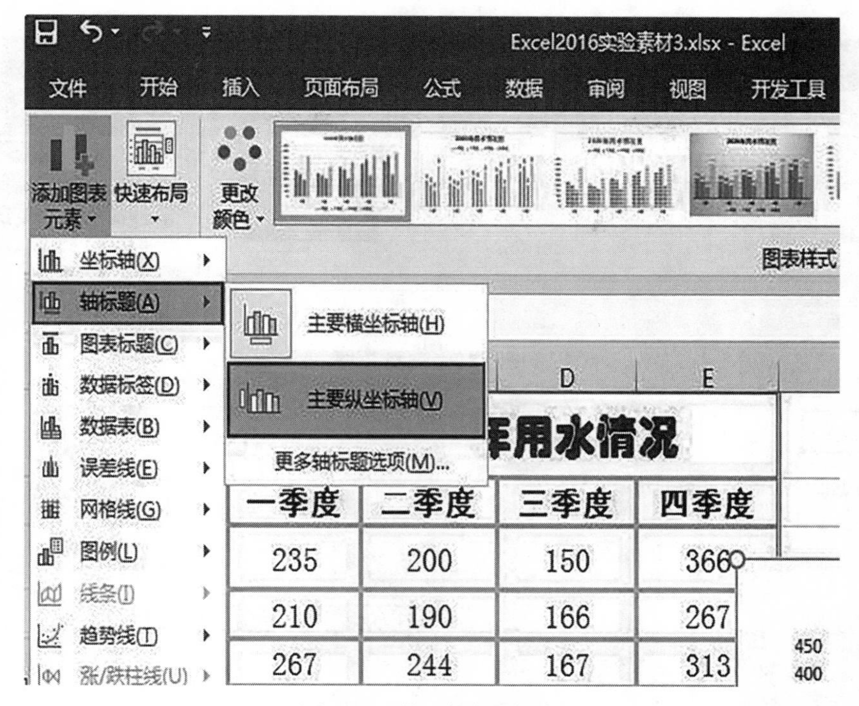

图 3-37　纵坐标标题添加

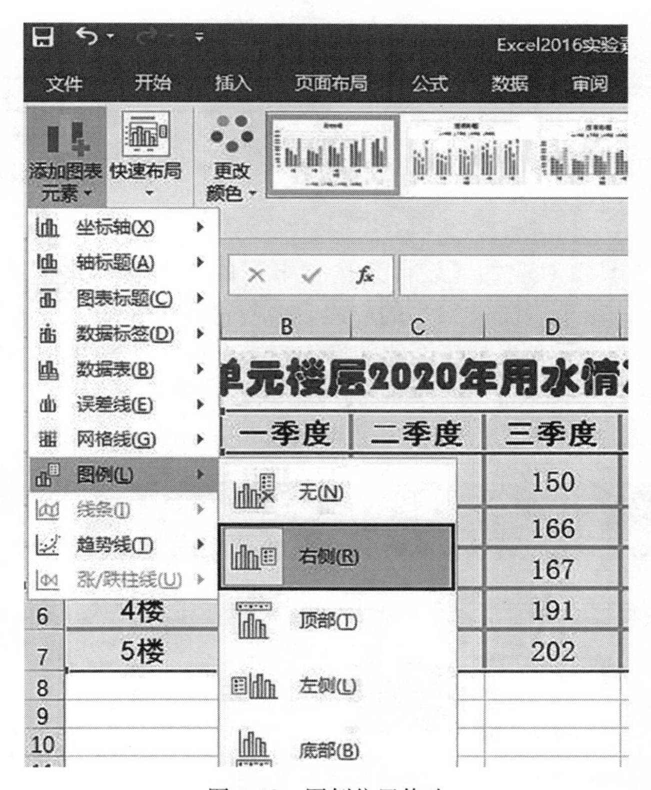

图 3-38　图例位置修改

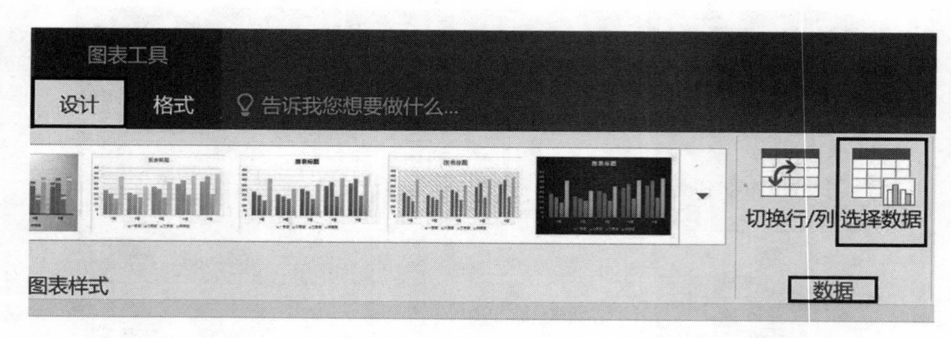

图 3-39　选择数据

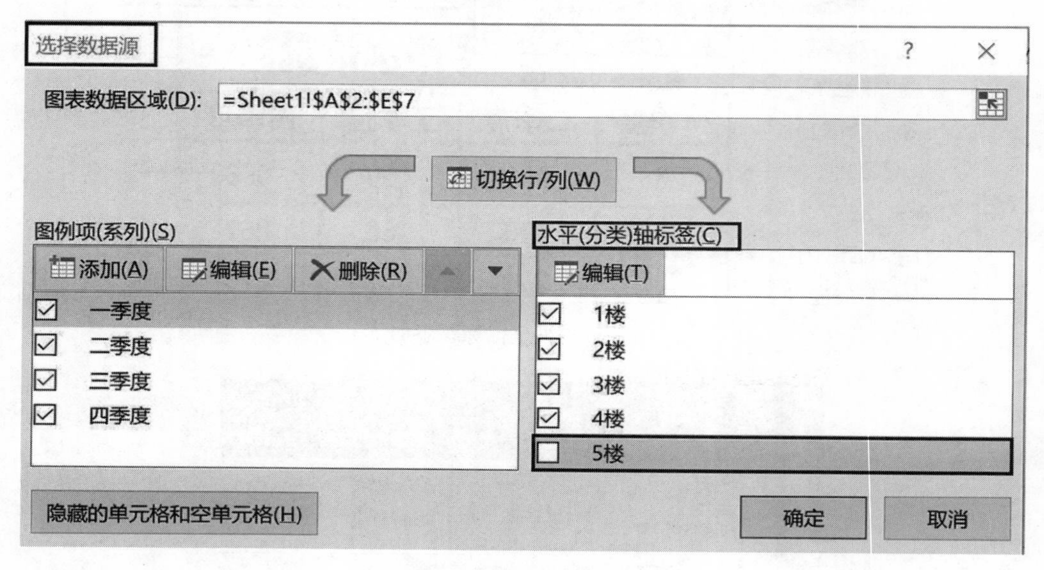

图 3-40　选择数据源

(5) 在“图表工具”对应的【设计】选项卡下的“图表样式”组中，选择的“样式11”，如图 3-41 所示。由于“样式 11”的应用，会使得置于右侧的“图例”置于图表顶部，故此时需要再次进行将“图例”置于右侧的操作。接下来，点击图表“空白”处确保当前焦点应用于整个图表，在“图表工具”对应的【格式】选项卡下的“形状样式”组中，单击“主题样式”中的“细微效果-灰色-50%，强调颜色 3”，如图 3-42 所示。

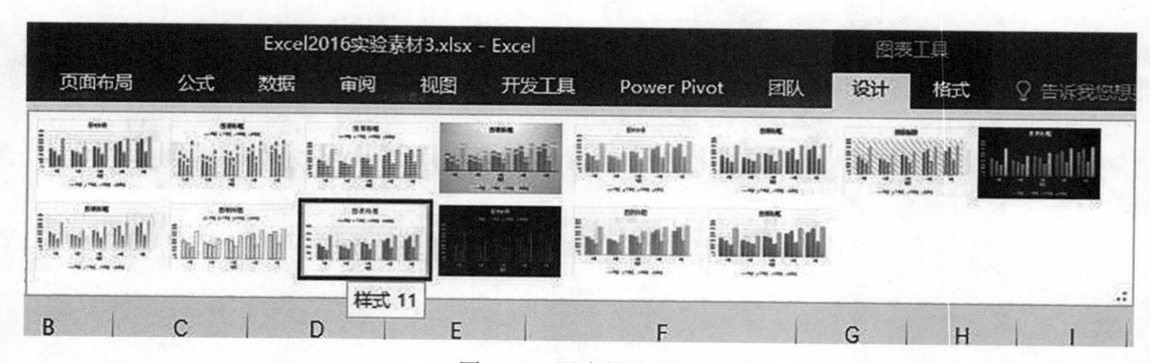

图 3-41　图表样式选择

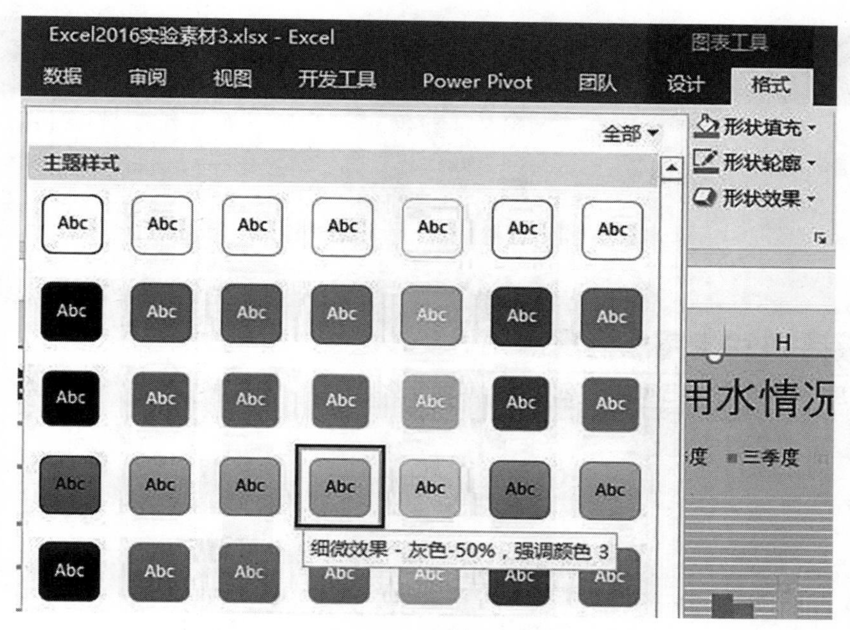

图 3-42　形状样式选择

（6）拖动、缩放图表将其放置在 A10:E24 单元格区域内，如图 3-43 所示。

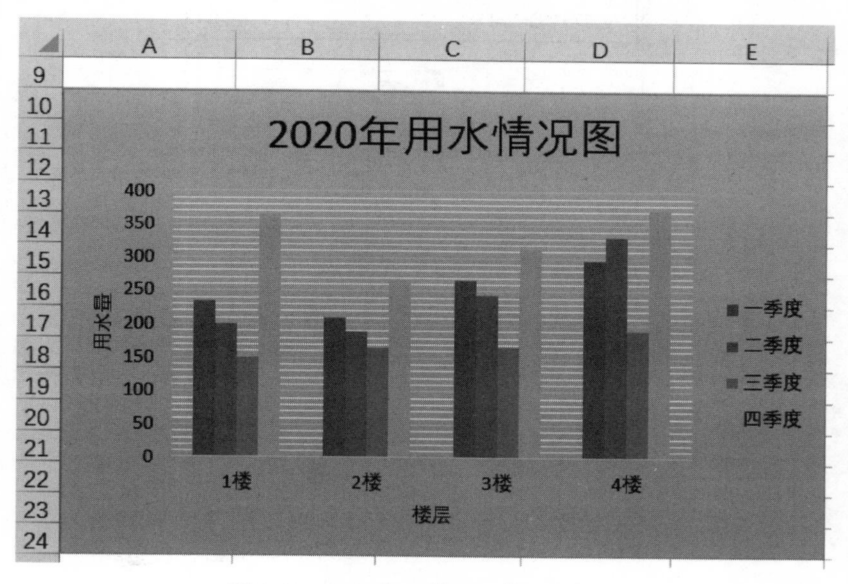

图 3-43　2020 年 1 楼至 4 楼用水情况

3. 选中 A3:E3 单元格区域，在【插入】选项卡的“迷你图”组中，点击“折线图”，如图 3-44 所示。在弹出的“创建迷你图”对话框中，“数据范围”设置为“A3:E3”，“位置范围”设置为 $F$3，最后单击【确定】，如图 3-45 所示。创建好的迷你图如图 3-46 所示。

4. 点击“快速访问工具栏”上的保存按钮，或者点击【文件】选项卡下的【保存】命令，进行文档的保存。单击编辑窗口标题栏右侧的“关闭”按钮即可关闭文档。

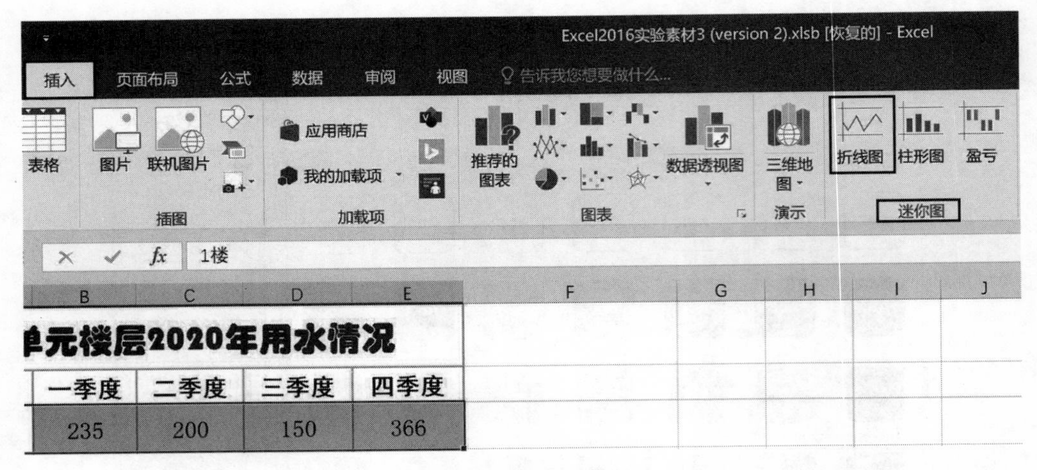

图 3-44　插入迷你图

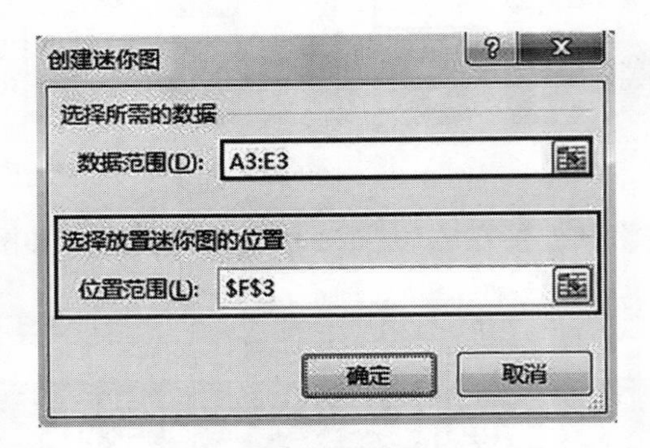

图 3-45　迷你图位置设置

	A	B	C	D	E	F
1	某单元楼层2020年用水情况					
2	名称	一季度	二季度	三季度	四季度	
3	1楼	235	200	150	366	
4	2楼	210	190	166	267	
5	3楼	267	244	167	313	
6	4楼	297	333	191	373	
7	5楼	322	369	202	393	

图 3-46　插入完成的迷你图

实验四　数据排序、筛选及分类汇总

实验目的

1. 掌握 Excel 工作表中数据的排序方法，包含简单排序、多关键字排序。

2. 掌握 Excel 工作表中数据的筛选方法，包含简单筛选、自定义筛选及高级筛选。

3. 掌握 Excel 工作表中数据分类汇总的创建方法。

实验内容

视频 3-4
数据排序、筛选及分类汇总

使用 Excel 文档“Excel 2016 实验素材 4. xlsx”，按照下列要求完成对此文档的操作。

1. 在“简单排序”工作表中，按“销售额（元）”从高到低排序。

2. 在“多关键字排序”工作表中，按主要关键字“总分”递减次序，次要关键字“高等代数”递减次序，第三关键字“大学物理”递减次序进行排序。

3. 在“简单筛选”工作表中，筛选出性别为“女”、学历为“本科”的员工记录。

4. 在“自定义筛选”工作表中，筛选出“交通”费用大于等于 200 元，且“社交应酬”费用从 200 元到 1 000 元的月份。

5. 在“高级筛选”工作表中，使用高级筛选方式筛选出“交通”费用大于等于 200 元，且“社交应酬”费用介于 200 元至 1 000 元的月份，高级筛选所需的“条件区域”放置于 D16:F17 区域。

6. 在“分类汇总”工作表中，建立分类汇总表，按班级统计各科平均分，统计结果保留 1 位小数。

7. 保存并关闭 Excel 文档“Excel 2016 实验素材 4. xlsx”。

实验步骤

1. 打开 Excel 文档“Excel 2016 实验素材 4. xlsx”。

2. 在“简单排序”工作表中，进行如下操作：

(1) 切换至“简单排序”工作表，如图 3-47 所示。

(2) 点击“销售额（元）”所在列的列标“D”，选中工作表 D 列，如图 3-48 所示。

	A	B	C	D
1	产品型号	销售数量（个）	单价（元）	销售额（元）
2	BK001	68	234	15912
3	BK002	89	315	28035
4	BK003	96	567	54432
5	BK004	56	478	26768
6	BK005	48	263	12624
7	BK006	76	391	29716
8	BK007	39	315	12285
9	BK008	85	451	38335
10	BK009	56	85	4760
11				

简单排序　多关键字排序　简单筛选　自定义筛

图 3-47　“简单排序”工作表素材

	A	B	C	D
1	产品型号	销售数量（个）	单价（元）	销售额（元）
2	BK001	68	234	15912
3	BK002	89	315	28035
4	BK003	96	567	54432
5	BK004	56	478	26768
6	BK005	48	263	12624
7	BK006	76	391	29716
8	BK007	39	315	12285
9	BK008	85	451	38335
10	BK009	56	85	4760
11				

简单排序　多关键字排序　简单筛选　自定义筛

图 3-48　选中工作表 D 列

(3) 点击【开始】选项卡“编辑”组中的【排序和筛选】｜【降序】，如图 3-49 所示。或点击【数据】选项卡“排序和筛选”组中的“降序”按钮，如图 3-50 所示。

(4) 在“排序提醒”对话框中选中“扩展选定区域”，点击“排序”按钮，如图 3-51 所示。完成“简单排序”的工作表如图 3-52 所示。

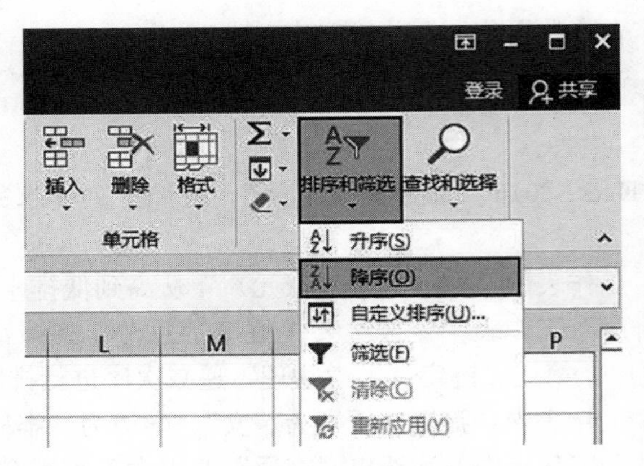

图 3-49　“降序”操作方法之一

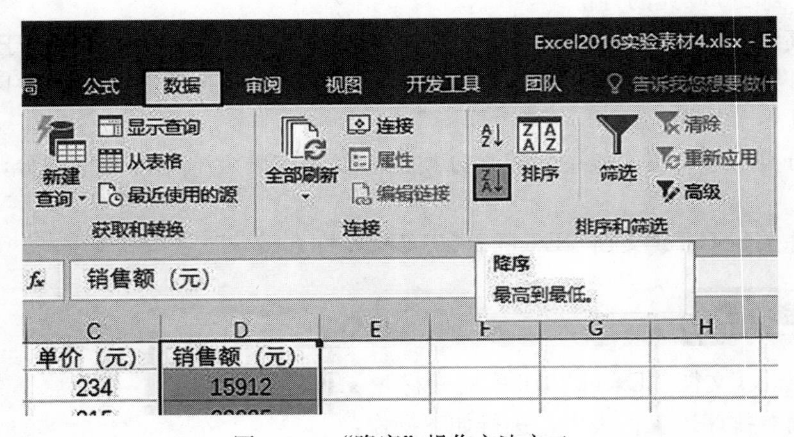

图 3-50　“降序”操作方法之二

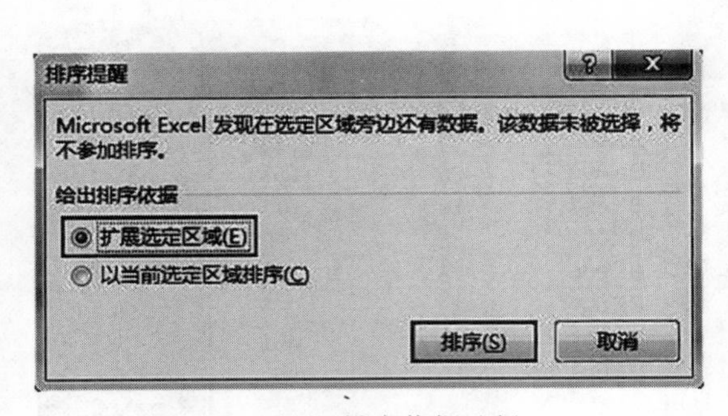

图 3-51　排序依据选择

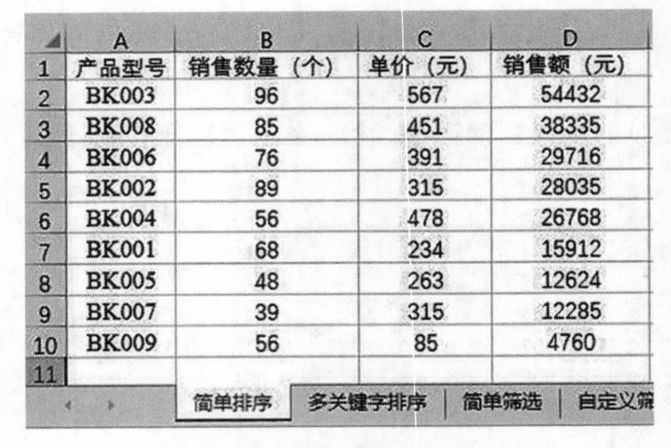

	A	B	C	D
1	产品型号	销售数量（个）	单价（元）	销售额（元）
2	BK003	96	567	54432
3	BK008	85	451	38335
4	BK006	76	391	29716
5	BK002	89	315	28035
6	BK004	56	478	26768
7	BK001	68	234	15912
8	BK005	48	263	12624
9	BK007	39	315	12285
10	BK009	56	85	4760
11				

简单排序　多关键字排序　简单筛选　自定义筛

图 3-52　“简单排序”完成后的工作表

3. 在“多关键字排序”工作表中，进行如下操作：

（1）切换至“多关键字排序”工作表，如图 3-53 所示。

（2）选中 A2:K15 单元格区域，在【数据】选项卡的“排序和筛选”组中，点击【排序】按钮，如图 3-54 所示。在弹出的“排序”对话框中设置“主要关键字”为“总分”，“次序”为“降序”；然后连续点击【添加条件】按钮增加 2 个“次要关键字”，分别设置为“高等代数”、“降序”和“大学物理”、“降序”，继续点击【确定】按钮，如图 3-55 所示。

	A	B	C	D	E	F	G	H	I	J	K
1	学生成绩表										
2	学号	姓名	班级	高等代数	数学分析	大学英语	大学物理	VB程序设计	C语言程序设计	Matlab	总分
3	2020001	杨青	3	88	91	98	76	71	76	90	593
4	2020002	孙毅	2	72	73	89	90	99	83	65	573
5	2020003	杜江	1	95	96	92	68	82	83	98	615
6	2020004	李佳	3	71	86	94	98	89	80	74	595
7	2020005	胡杨	3	96	95	92	67	84	95	94	626
8	2020006	李北	2	95	66	98	91	99	71	93	615
9	2020007	李娜	3	96	87	91	98	100	71	88	634
10	2020008	刘康	2	69	81	91	65	75	86	90	559
11	2020009	刘鹏举	2	67	67	60	85	83	87	72	523
12	2020010	倪冬声	3	68	88	72	62	74	67	98	532
13	2020011	齐飞	1	80	76	66	90	99	69	80	561
14	2020012	苏放	1	78	92	100	67	81	64	72	555
15	2020013	孙玉	2	78	90	73	87	77	81	97	585
16											

简单排序　多关键字排序　简单筛选　自定义筛选　高级筛选　分类汇总

图 3-53　“多关键字排序”工作表素材

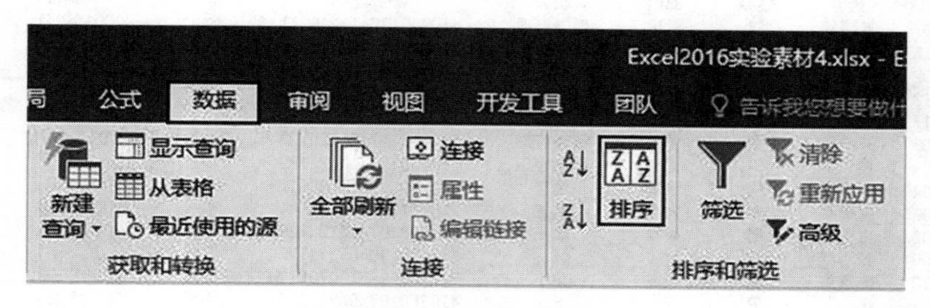

图 3-54　排序操作

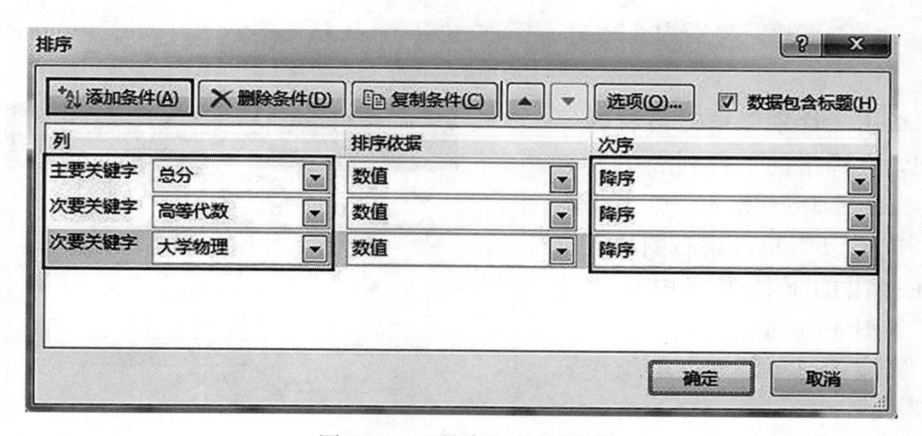

图 3-55　“排序”条件设置

（3）完成“多关键字排序”的工作表如图 3-56 所示。

4. 在“简单筛选”工作表中，进行如下操作：

（1）切换至“简单筛选”工作表，如图 3-57 所示。

（2）选中“性别”所在单元格 C2，点击【开始】选项卡“编辑”组中的【排序和筛选】|【筛选】，如图 3-58 所示。或点击【数据】选项卡“排序和筛选”组中的【筛选】按钮，如图 3-59 所示。

	A	B	C	D	E	F	G	H	I	J	K
1	学生成绩表										
2	学号	姓名	班级	高等代数	数学分析	大学英语	大学物理	VB程序设计	C语言程序设计	Matlab	总分
3	2020007	李娜	3	96	87	91	98	100	71	88	634
4	2020005	胡杨	3	96	95	92	67	84	95	94	626
5	2020006	李北	2	95	66	98	91	99	71	93	615
6	2020003	杜江	1	95	96	92	68	82	83	98	615
7	2020004	李佳	3	71	86	94	98	89	80	74	595
8	2020001	杨青	3	88	91	98	76	71	76	90	593
9	2020013	孙玉	2	78	90	73	87	77	81	97	585
10	2020002	孙毅	2	72	73	89	90	99	83	65	573
11	2020011	齐飞	1	80	76	66	90	99	69	80	561
12	2020008	刘康	2	69	81	91	65	75	86	90	559
13	2020012	苏放	1	78	92	100	67	81	64	72	555
14	2020010	倪冬声	3	68	88	72	62	74	67	98	532
15	2020009	刘鹏举	2	67	67	60	85	83	87	72	523
16											

简单排序 | 多关键字排序 | 简单筛选 | 自定义筛选 | 高级筛选 | 分类汇总

图 3-56 “多关键字排序”完成后的工作表

	A	B	C	D	E	F	G	H	I
1	东方公司员工档案表								
2	员工编号	姓名	性别	部门	职务	身份证号	学历	入职时间	基本工资
3	DF007	曾晓军	男	管理	部门经理	410205196412278211	硕士	2001年3月	10000
4	DF015	李北大	男	管理	人事行政经理	420316197409283216	硕士	2006年12月	9500
5	DF002	郭晶晶	女	行政	文秘	110105198903040128	大专	2012年3月	3500
6	DF013	苏三强	男	研发	项目经理	370108197202213159	硕士	2003年8月	12000
7	DF017	曾令煊	男	研发	项目经理	110105196410020109	博士	2001年6月	18000
8	DF008	齐小小	女	管理	销售经理	110102197305120123	硕士	2001年10月	15000
9	DF003	侯大文	男	管理	研发经理	310108197712121139	硕士	2003年7月	12000
10	DF004	宋子文	男	研发	员工	372208197510090512	本科	2003年7月	5600
11	DF005	王清华	男	人事	员工	110101197209021144	本科	2001年6月	5600
12	DF006	张国庆	男	人事	员工	110108197812120129	本科	2005年9月	6000
13	DF009	孙小红	女	行政	员工	551018198607311126	本科	2010年5月	4000
14	DF010	陈家洛	男	研发	员工	372208197310070512	本科	2006年5月	5500
15	DF011	李小飞	男	研发	员工	410205197908278231	本科	2011年4月	5000
16	DF012	杜兰儿	女	销售	员工	110106198504040127	大专	2013年1月	3000
17	DF014	张乖乖	男	行政	员工	610308198111020379	本科	2009年5月	4700

简单排序 | 多关键字排序 | 简单筛选 | 自定义筛选 | 高级筛选 | 分类汇总

图 3-57 “简单筛选”工作表素材

(3) 单击“性别”单元格右侧的下拉按钮，在弹出的下拉列表中只勾选“女”，如图 3-60 所示，点击【确定】；单击“学历”单元格右侧的下拉按钮，在弹出的下拉列表中只勾选“本科”，如图 3-61 所示。

(4) 完成“简单筛选”的工作表如图 3-62 所示。

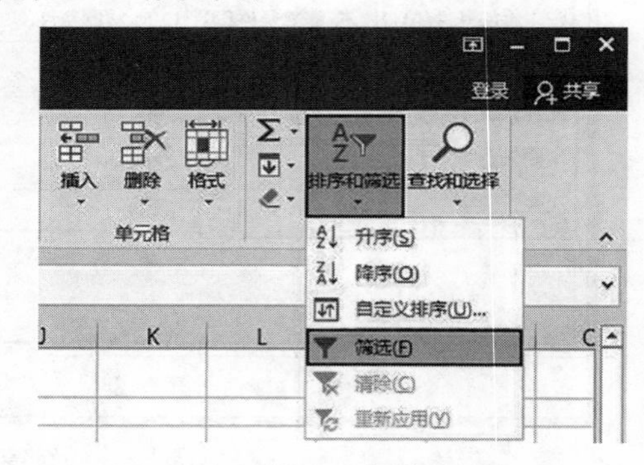

图 3-58 “筛选”操作方法之一

5. 在“自定义筛选”工作表中，进行如下操作：

(1) 切换至“自定义筛选”工作表，如图 3-63 所示。

(2) 选中“交通”所在单元格 D2，点击【开始】选项卡“编辑”组中的【排序和筛选】|【筛选】。或点击【数

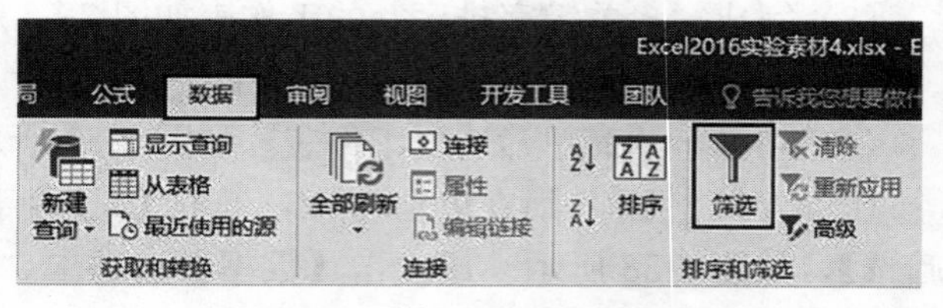

图 3-59 “筛选”操作方法之二

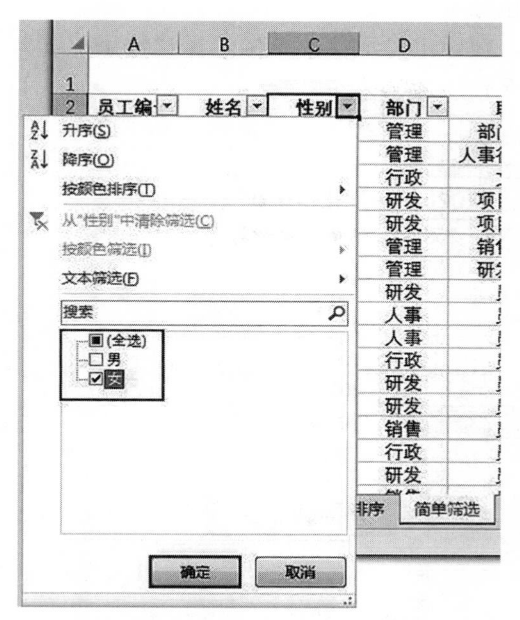

图 3-60　“简单筛选”选择性别

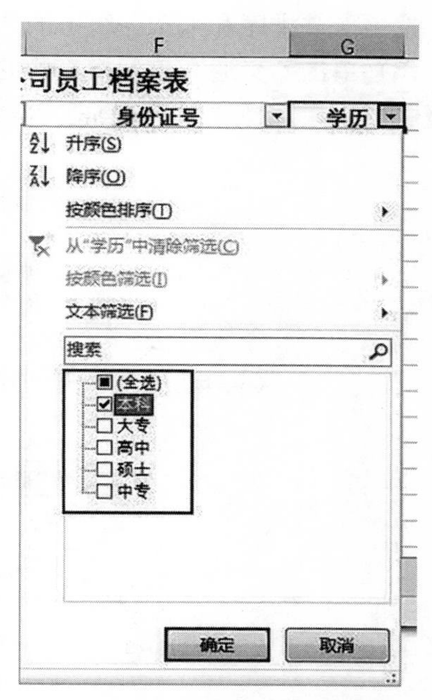

图 3-61　“简单筛选”选择学历

	A	B	C	D	E	F	G	H	I
1	东方公司员工档案表								
2	员工编	姓名	性别	部门	职务	身份证号	学历	入职时间	基本工
13	DF009	孙小红	女	行政	员工	551018198607311126	本科	2010年5月	4000
28	DF027	孙玉敏	女	人事	员工	410205197908078231	本科	2011年1月	3800
29	DF028	王清华	女	人事	员工	110104198204140127	本科	2011年1月	4500
31	DF030	符合	女	研发	员工	610008197610020379	本科	2011年1月	6500
32	DF031	吉祥	女	研发	员工	420016198409183216	本科	2011年1月	8000
33	DF032	李娜娜	女	研发	员工	551018197510120013	本科	2011年1月	7500
35	DF034	闫朝霞	女	研发	员工	120108197606031029	本科	2011年1月	4500
38									

简单排序　多关键字排序　简单筛选　自定义筛选　高级筛选　分类汇总

就绪　在 35 条记录中找到 7 个

图 3-62　“简单筛选”完成后的工作表

	A	B	C	D	E	F	G	H	I
1	2020年各月花销统计								
2	年月	服装服饰	饮食	交通	通信	阅读培训	社交应酬	医疗保健	休闲旅游
3	2020年1月	300	800	260	100	100	300	50	180
4	2020年2月	1200	600	1000	300	0	2000	0	500
5	2020年3月	50	750	300	200	60	200	200	300
6	2020年4月	100	900	300	100	80	300	0	100
7	2020年5月	150	800	150	200	0	600	100	230
8	2020年6月	200	850	200	100	100	200	230	0
9	2020年7月	100	750	250	900	2600	200	100	0
10	2020年8月	300	900	180	0	80	300	50	100
11	2020年9月	1100	850	220	0	100	200	130	80
12	2020年10月	100	900	280	0	0	500	0	400
13	2020年11月	200	900	120	0	50	100	100	0
14	2020年12月	300	1050	350	0	80	500	60	200
15									

简单排序　多关键字排序　简单筛选　自定义筛选　高级筛选　分类汇总

图 3-63　“自定义筛选”工作表素材

据】选项卡“排序和筛选”组中的“筛选”按钮。

（3）单击“交通”单元格右侧的下拉按钮，在弹出的下拉菜单中选择“数字筛选”，打开级联菜单，选择“大于或等于”，如图 3-64 所示。

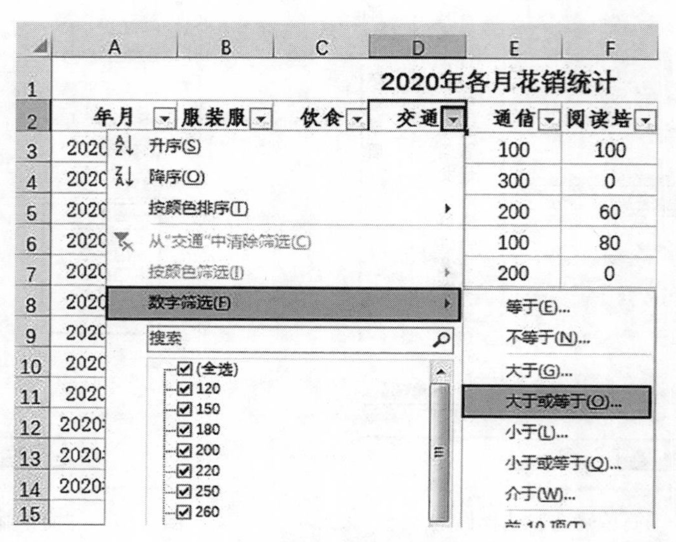

图 3-64　数字筛选方式选择

（4）在弹出的“自定义自动筛选方式”对话框中，“大于或等于”右侧文本框内输入“200”，单击【确定】按钮，如图 3-65 所示。

（5）单击“社交应酬”单元格右侧的下拉按钮，在弹出的下拉菜单中选择“数字筛选”，打开级联菜单，选择“介于”，如图 3-66 所示。

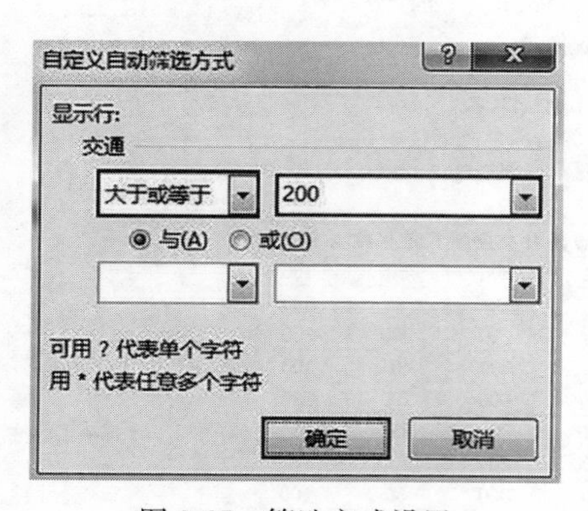

图 3-65　筛选方式设置

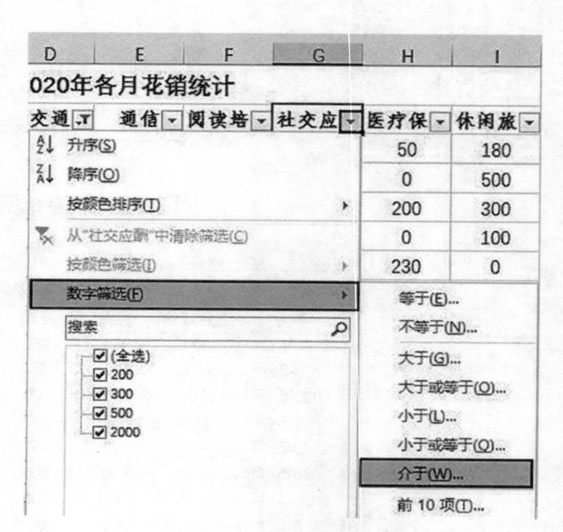

图 3-66　数字筛选方式选择

（6）在弹出的“自定义自动筛选方式”对话框中，“大于或等于”右侧文本框内输入“200”、“小于或等于”右侧文本框内输入“1000”，单击【确定】按钮，如图 3-67 所示。

（7）完成“自定义筛选”的工作表如图 3-68 所示。

6. 在“高级筛选”工作表中，进行如下操作：

（1）切换至“高级筛选”工作表，如图 3-69 所示。

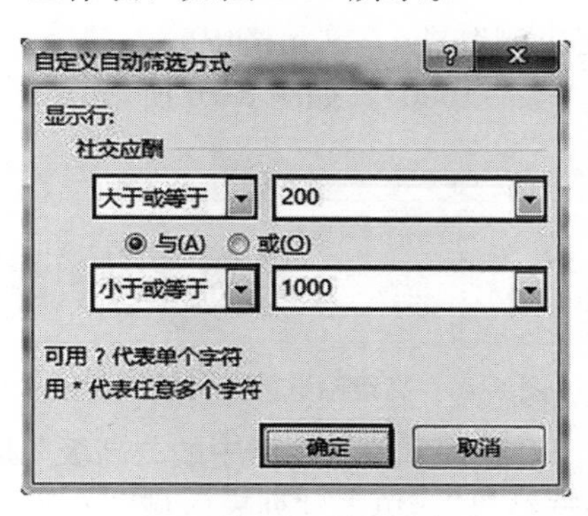

图 3-67　筛选方式设置

	A	B	C	D	E	F	G	H	I
1	2020年各月花销统计								
2	年月	服装服	饮食	交通	通信	阅读培	社交应	医疗保	休闲旅
3	2020年1月	300	800	260	100	100	300	50	180
5	2020年3月	50	750	300	200	60	200	200	300
6	2020年4月	100	900	300	100	80	300	0	100
8	2020年6月	200	850	200	100	100	200	230	0
9	2020年7月	100	750	250	900	2600	200	100	0
11	2020年9月	1100	850	220	0	100	200	130	80
12	2020年10月	100	900	280	0	0	500	0	400
14	2020年12月	300	1050	350	0	80	500	60	200
15									

简单排序　多关键字排序　简单筛选　自定义筛选　高级筛选　分类汇总

图 3-68　“自定义筛选”完成后的工作表

	A	B	C	D	E	F	G	H	I
1	2020年各月花销统计								
2	年月	服装服饰	饮食	交通	通信	阅读培训	社交应酬	医疗保健	休闲旅游
3	2020年1月	300	800	260	100	100	300	50	180
4	2020年2月	1200	600	1000	300	0	2000	0	500
5	2020年3月	50	750	300	200	60	200	200	300
6	2020年4月	100	900	300	100	80	300	0	100
7	2020年5月	150	800	150	200	0	600	100	230
8	2020年6月	200	850	200	100	100	200	230	0
9	2020年7月	100	750	250	900	2600	200	100	0
10	2020年8月	300	900	180	0	80	300	50	100
11	2020年9月	1100	850	220	0	100	200	130	80
12	2020年10月	100	900	280	0	0	500	0	400
13	2020年11月	200	900	120	0	50	100	100	0
14	2020年12月	300	1050	350	0	80	500	60	200
15									

简单排序　多关键字排序　简单筛选　自定义筛选　高级筛选　分类汇总

图 3-69　“高级筛选”工作表素材

（2）在“高级筛选”工作表的D16单元格输入“交通”、D17单元格中输入“>=200”，E16单元格输入“社交应酬”、E17单元格中输入“>=200”，F16单元格输入“社交应酬”、F17单元格中输入“<=1000”，如图3-70所示。

	A	B	C	D	E	F	G
15							
16				交通	社交应酬	社交应酬	
17				>=200	>=200	<=1000	
18							

图3-70　高级筛选的条件区域设置

（3）单击【数据】选项卡下“排序和筛选”组中的“高级”按钮，弹出“高级筛选”对话框，选中“在原有区域显示筛选结果”，单击“列表区域”右侧的“折叠对话框”按钮，选择列表区域“高级筛选！＄A＄2:＄I＄14”，单击“条件区域”右侧的“折叠对话框”按钮，选择条件区域“高级筛选！＄D＄16:＄F＄17”，单击【确定】按钮，如图3-71所示。

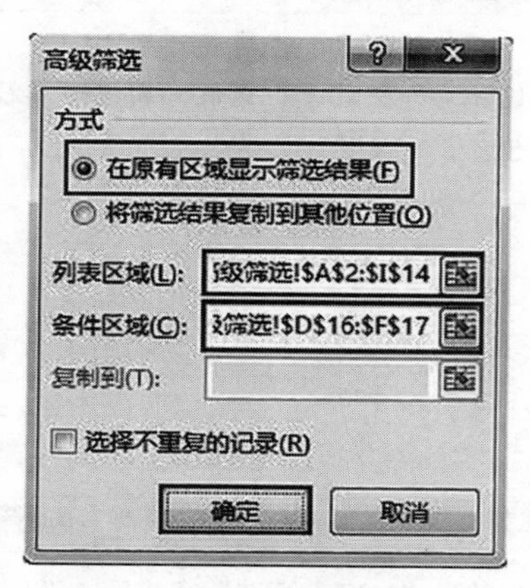

图3-71　高级筛选方式设置

（4）完成“高级筛选”的工作表如图3-72所示。

	A	B	C	D	E	F	G	H	I
1	2020年各月花销统计								
2	年月	服装服饰	饮食	交通	通信	阅读培训	社交应酬	医疗保健	休闲旅游
3	2020年1月	300	800	260	100	100	300	50	180
5	2020年3月	50	750	300	200	60	200	200	300
6	2020年4月	100	900	300	100	80	300	0	100
8	2020年6月	200	850	200	100	100	200	230	0
9	2020年7月	100	750	250	900	2600	200	100	0
11	2020年9月	1100	850	220	0	100	200	130	80
12	2020年10月	100	900	280	0	0	500	0	400
14	2020年12月	300	1050	350	0	80	500	60	200
15									
16				交通	社交应酬	社交应酬			
17				>=200	>=200	<=1000			
18									

简单排序 | 多关键字排序 | 简单筛选 | 自定义筛选 | 高级筛选 | 分类汇总

图3-72　“高级筛选”完成后的工作表

7. 在“分类汇总”工作表中，进行如下操作：

（1）切换至“分类汇总”工作表，如图 3-73 所示。

（2）按班级进行分类汇总，首先要对班级进行排序。选中 A2:J20 单元格区域，在【数据】选项卡的“排序和筛选”组中，点击【排序】按钮。在弹出的“排序”对话框中设置“主要关键字”为“班级”，“次序”为“升序”，然后点击【确定】按钮，如图 3-74 所示。

	A	B	C	D	E	F	G	H	I	J
1	初一年级第一学期期末成绩									
2	学号	姓名	班级	语文	数学	英语	生物	地理	历史	政治
3	C120305	王清华	3班	100	81	97	92	60	64	95
4	C120101	包宏伟	1班	77	60	99	76	67	73	94
5	C120203	吉祥	2班	89	93	100	62	67	77	95
6	C120104	刘康锋	1班	92	86	66	92	94	87	71
7	C120301	刘鹏举	3班	70	82	89	67	79	80	71
8	C120306	齐飞扬	3班	91	63	100	67	73	95	81
9	C120206	闫朝霞	2班	96	92	98	94	69	68	86
10	C120302	孙玉敏	3班	60	62	66	89	74	89	89
11	C120204	苏解放	2班	83	77	69	98	60	75	77

简单排序　多关键字排序　简单筛选　自定义筛选　高级筛选　分类汇总

图 3-73　“分类汇总”工作表素材

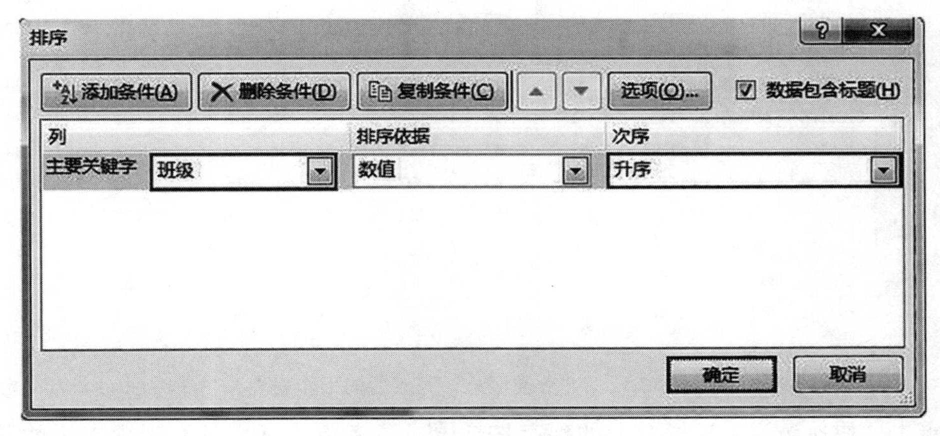

图 3-74　“排序”条件设置

（3）选中 A2:J20 单元格区域，单击【数据】选项卡下“分级显示”组中的“分类汇总”按钮，如图 3-75 所示。

（4）在弹出“分类汇总”对话框中，设置“分类字段”为“班级”，设置“汇总方式”为“平均值”，在“选定汇总项”中勾选“语文”、“数学”、“英语”、“生物”、“地理”、“历史”、“政治”复选框。保持其余默认选择不变，单击【确定】按钮，如图 3-76 所示。

（5）选中“D9:J9”单元格区域，然后按下【Ctrl】键，继续选择“D16:J16”及“D23:J24”单元格区域。在选中区域上单击鼠标右键，在弹出的快捷菜单中选择【设置单

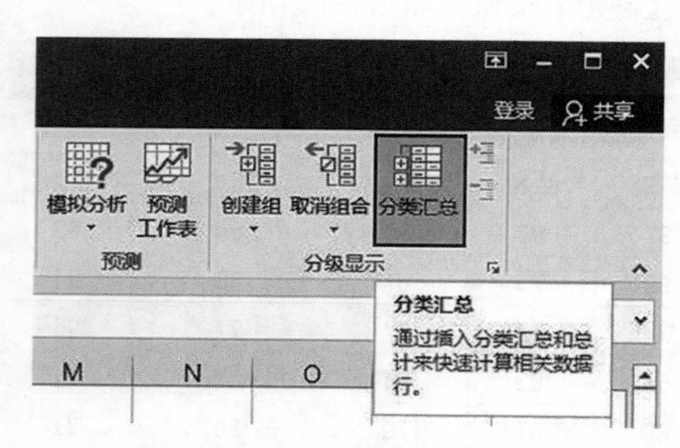

图 3-75　分类汇总操作

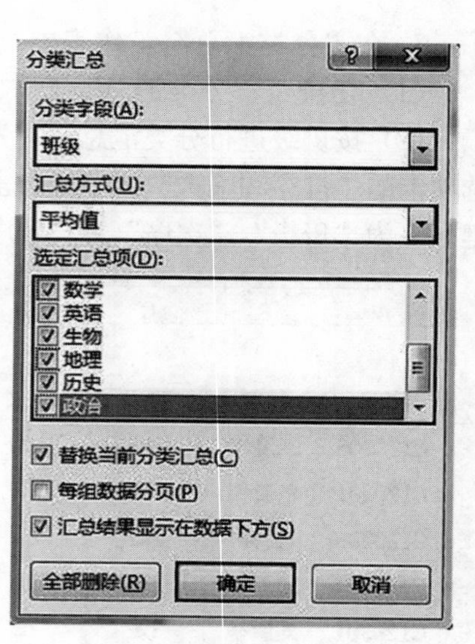

图 3-76　“分类汇总”对话框设置

元格格式】。选择“设置单元格格式”对话框中的【数字】选项卡，在“分类”列表中选择【数值】，小数位数设置为“1”，点击【确定】按钮。

（6）完成“分类汇总”的工作表如图 3-77 所示。

	A	B	C	D	E	F	G	H	I	J
1	初一年级第一学期期末成绩									
2	学号	姓名	班级	语文	数学	英语	生物	地理	历史	政治
3	C120101	包宏伟	1班	77	60	99	76	67	73	94
4	C120104	刘康锋	1班	92	86	66	92	94	87	71
5	C120103	李娜娜	1班	89	67	96	93	77	63	99
6	C120105	张桂花	1班	71	98	72	73	61	93	90
7	C120102	符合	1班	85	67	77	64	98	96	99
8	C120106	谢如康	1班	78	88	60	82	86	63	71
9			1班 平均值	82.0	77.7	78.3	80.0	80.5	79.2	87.3
10	C120203	吉祥	2班	89	93	100	62	67	77	95
11	C120206	闫朝霞	2班	96	92	98	94	69	68	86
12	C120204	苏解放	2班	83	77	69	98	60	75	77

简单排序　多关键字排序　简单筛选　自定义筛选　高级筛选　分类汇总

图 3-77　“分类汇总”完成后的工作表

8. 点击“快速访问工具栏”上的保存按钮，或者点击【文件】选项卡下的【保存】命令，进行文档的保存。单击编辑窗口标题栏右侧的“关闭”按钮即可关闭文档。

实验五　数据透视表及透视图

实验目的

1. 熟练掌握 Excel 数据透视表的创建方法。

2. 掌握 Excel 数据透视表的编辑方法。

3. 掌握 Excel 数据透视图的创建与使用方法。

实验内容

视频 3-5 数据透视表及透视图

使用 Excel 文档“Excel 2016 实验素材 5. xlsx”，按照下列要求完成对此文档的操作。

1. 为“学生成绩”工作表中的数据创建一张数据透视表，放置在名为“成绩数据分析”的新工作表中。

2. 要求针对“性别”比较各班语文、数学、政治三科课程的平均分。其中，“性别”为筛选字段，“班级”为行标签，数值项为各班级语文、数学、政治三科课程的平均分数。

3. 为数据透视表套用“数据透视表样式中等深浅 3”的表格样式，所有单元格的对齐方式设为“水平居中”，透视表中的数值保留 1 位小数。

4. 根据生成的数据透视表，创建一个类型为“簇状柱形图”的数据透视图，透视图中可以对各班针对“性别”对语文、数学、政治三科平均分进行比较。

5. 在透视图上查看各班针对女生的语文、数学、政治三科平均分比较的“簇状柱形图”；在透视图上查看只针对 2 班、3 班女生的语文、数学、政治三科平均分比较的“簇状柱形图”。

6. 保存并关闭 Excel 文档“Excel 2016 实验素材 5. xlsx”

实验步骤

1. 打开 Excel 文档“Excel 2016 实验素材 5. xlsx”，如图 3-78 所示。

	A	B	C	D	E	F	G	H	I	J	K
1	2020-2021学年第一学期期末成绩										
2	学号	姓名	性别	班级	语文	数学	英语	生物	地理	历史	政治
3	C120305	王清华	男	3班	100	81	97	92	60	64	95
4	C120101	包宏伟	男	1班	77	60	99	76	67	73	94
5	C120203	赵亚茹	女	2班	89	93	100	62	67	77	95
6	C120104	刘康锋	男	1班	92	86	66	92	94	87	71
7	C120301	曹佳	女	3班	70	82	89	67	79	80	71
8	C120306	齐飞扬	男	3班	91	63	100	67	73	95	81
9	C120206	闫朝霞	女	2班	96	92	98	94	69	68	86
10	C120302	孙玉敏	女	3班	60	62	66	89	74	89	89
11	C120204	苏解放	男	2班	83	77	69	98	60	75	77
12	C120201	杜学江	男	2班	68	78	65	67	78	80	73
13	C120304	高玉凤	女	3班	95	64	78	73	85	82	61
14	C120103	李娜娜	女	1班	89	67	96	93	77	63	99
15	C120105	张桂花	女	1班	71	98	72	73	61	93	90
16	C120202	陈万地	男	2班	64	76	96	66	98	86	96
17	C120205	倪冬声	男	2班	73	76	62	70	76	73	95
18	C120102	[illegible]	女	1班	85	67	77	64	98	96	99

学生成绩

图 3-78　数据透视表实验素材

2. 在“学生成绩”工作表中，单击【插入】选项卡下“表格”组中的【数据透视表】，如图 3-79 所示。之后会弹出“创建数据透视表”对话框。

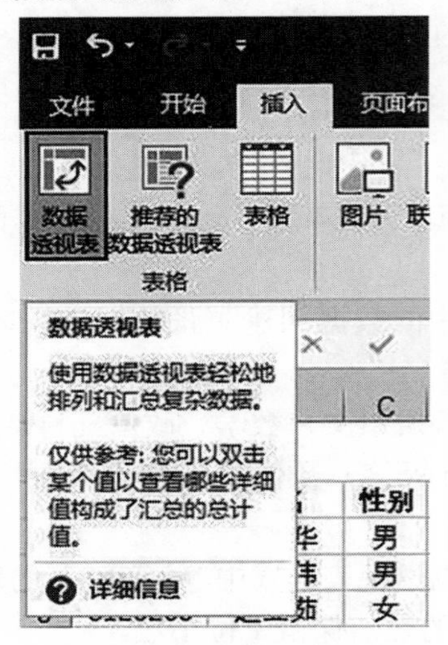

图 3-79　插入数据透视表

3. 在弹出的“创建数据透视表”对话框中，设置“表/区域”为“学生成绩！$A$2:$K$20”；也可以单击“表/区域”文本框右侧的折叠按钮，折叠对话框后在工作表中手动选取创建透视表需要单元格数据区域。选择放置数据透视表的位置为“新工作表”，单击【确定】按钮，如图 3-80 所示。此时会在当前工作表左侧创建一个新工作表 Sheet1，且在新工作表内部创建生成了“数据透视表 1”，双击新工作表的标签 Sheet 1，修改新工作表标签名称“Sheet 1”为“成绩数据分析”，如图 3-81 所示。

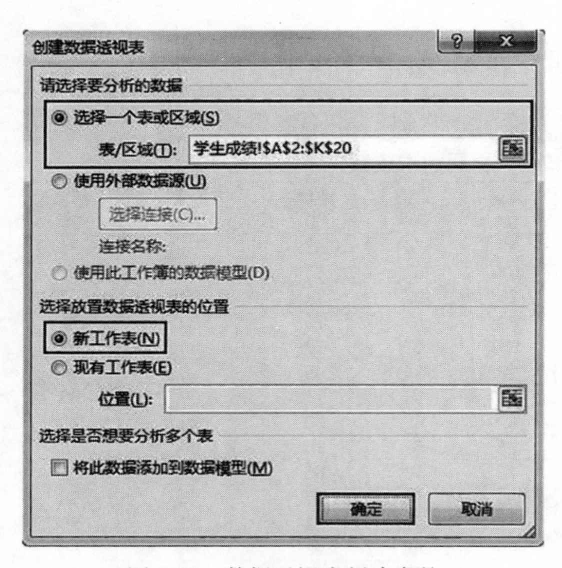

图 3-80　数据透视表创建参数

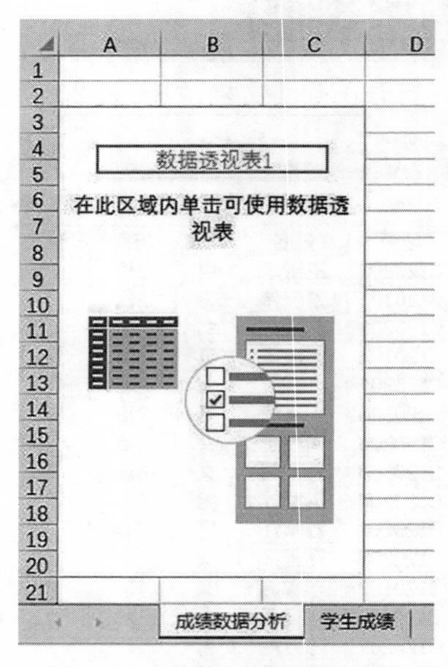

图 3-81　数据透视表创建完成

4. 点击“数据透视表 1”，在“成绩数据分析”工作表右侧会出现一个“数据透视表字段”任务窗格。在“选择要添加到报表的字段”列表框中选中“性别”，拖动到“筛选器”中；同样地，拖动“班级”字段到“行”区域中，拖动“语文”、“数学”、“政治”字段到

“$\sum$ 值”区域中，如图 3-82 所示。

5. 拖动到“$\sum$ 值”中的字段的默认计算类型都是“求和”，所以单击“$\sum$ 值”中“语文”字段右侧的下拉按钮，在下拉选项中选择“值字段设置”选项，如图 3-83 所示。在弹出的“值字段设置”对话框中将“计算类型”设置为“平均值”，单击【确定】按钮，如图 3-84 所示。类似地，对“$\sum$ 值”下的“数学”、“政治”字段进行相同的设置。

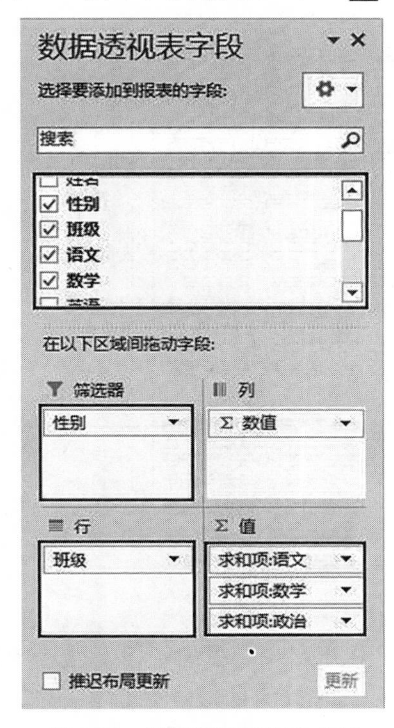

图 3-82　数据透视表字段分配

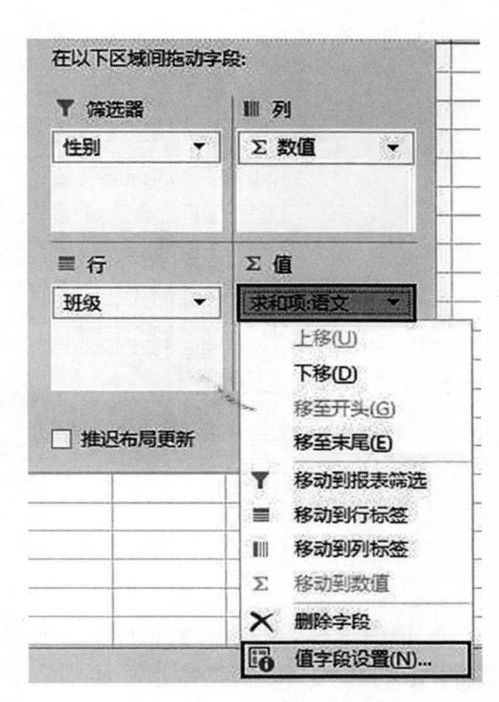

图 3-83　值字段设置

图 3-84　值字段计算类型选择

6. 点击【开始】选项卡“样式”组中的【套用表格样式】，在展开的列表中选择“数据透视表样式中等深浅 3”类型的表格样式，如图 3-85 所示。也可以点击【设计】选项卡，在“数据透视表样式”组中点击▾展开表格样式，进行数据透视表样式的选择。

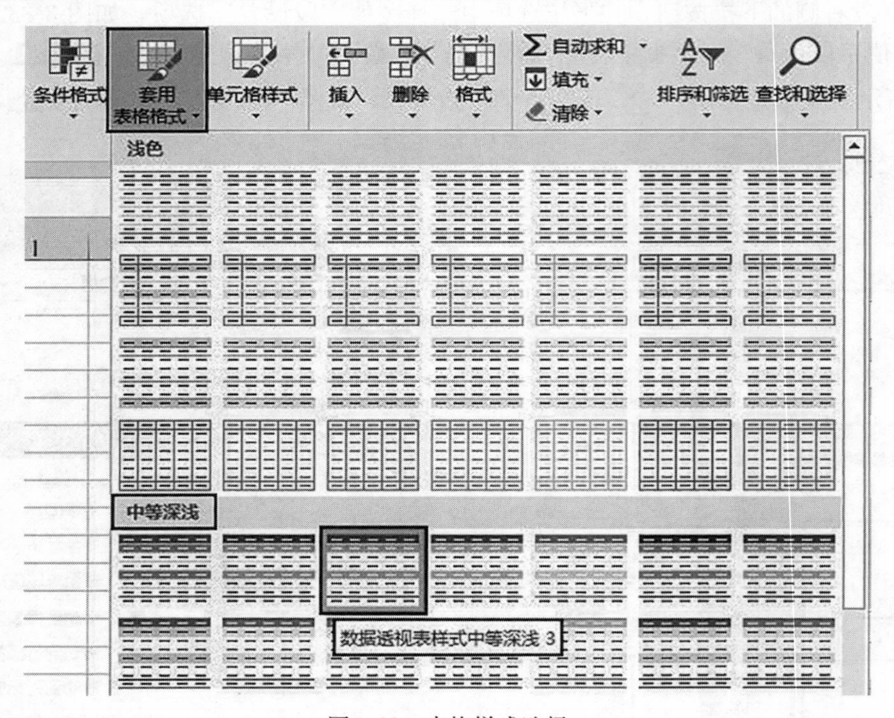

图 3-85　表格样式选择

7. 选中透视表的所有数据区域，在【开始】选项卡的“对齐方式”组中，单击【居中】按钮≡进行单元格内容的“水平居中”对齐。然后选中透视表的数值区域，在选中区域上单击鼠标右键，在弹出的快捷菜单中选择【设置单元格格式】，如图 3-86 所示。选择“设置单元格格式”对话框中的【数字】选项卡，在“分类”列表中选择【数值】，小数位数设置为“1”，点击【确定】按钮。至此，创建生成的数据透视表如图 3-87 所示。另外，如果源数据表的数据发生了变化，可以在数据透视表的任意位置点击鼠标右键，然后点击“刷新”进行数据透视表内容的更新。

图 3-86　设置单元格格式

	A	B	C	D
1	性别	(全部)		
2				
3	行标签	平均值项:语文	平均值项:数学	平均值项:政治
4	1班	82.0	77.7	87.3
5	2班	78.8	82.0	87.0
6	3班	80.3	69.3	78.3
7	总计	80.4	76.3	84.2

图 3-87　数据透视表格式设置完成

8. 选中数据透视表区域中的任意单元格，单击“数据透视表工具”的【分析】选项卡，在“工具”组中点击“数据透视图”按钮，如图 3-88 所示。打开“插入图表”对话框，选择“簇状柱形图”，点击【确定】按钮，如图 3-89 所示。插入的数据透视图如图 3-90 所示。

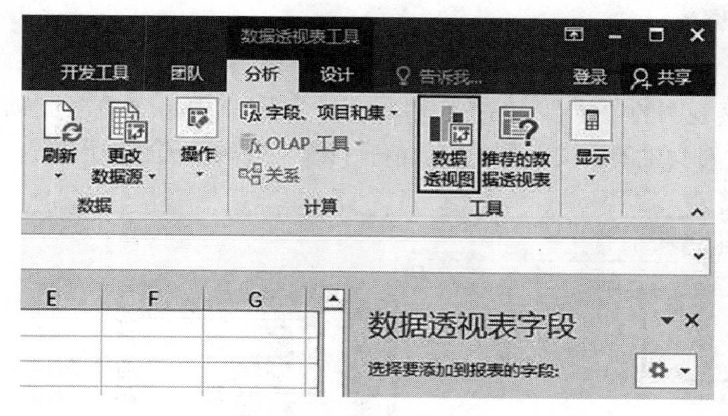

图 3-88　插入数据透视图

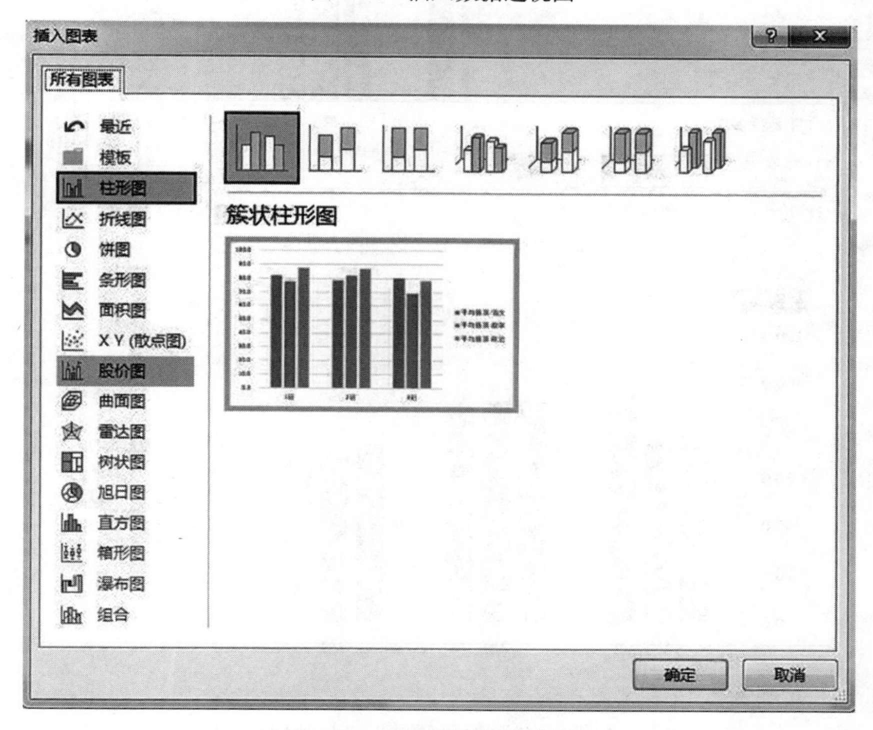

图 3-89　数据透视图类型选择

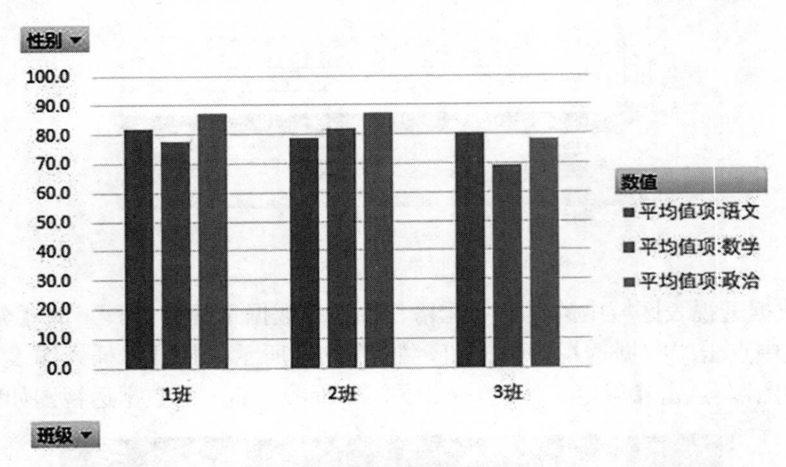

图 3-90　生成数据透视图

9. 点击数据透视图的“性别”筛选按钮，选择“女”，点击【确定】，如图 3-91 所示，就可以生成各班只针对女生的语文、数学、政治三科平均分的“簇状柱形图”，如图 3-92 所示。

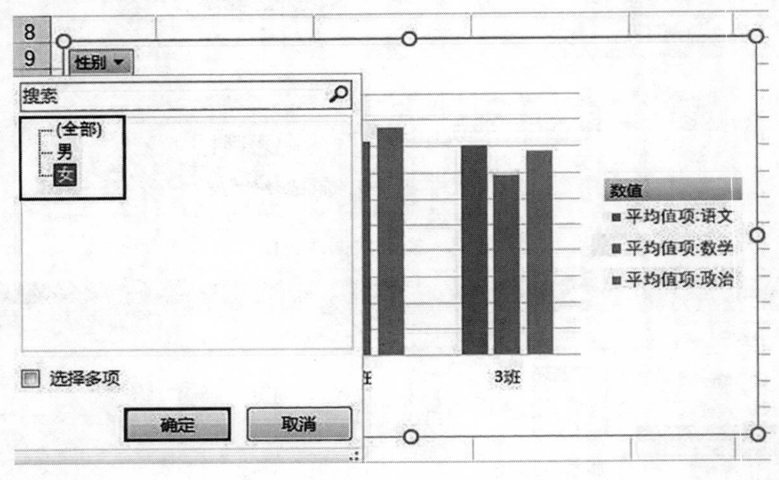

图 3-91　以“性别”进行筛选

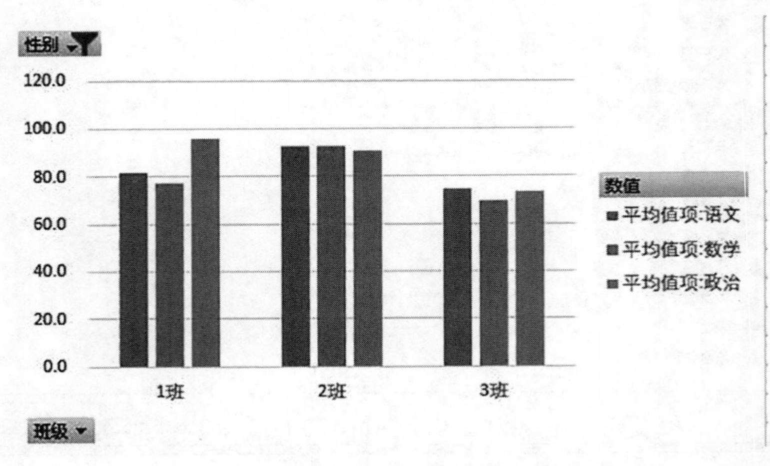

图 3-92　以“性别”进行筛选后的数据透视图

10. 继续点击数据透视图的“班级”筛选按钮，选择“2 班”、“3 班”，点击【确定】，如图 3-93 所示，就可以生成只针对 2 班、3 班女生语文、数学、政治三科平均分的“簇状柱形图”，如图 3-94 所示。

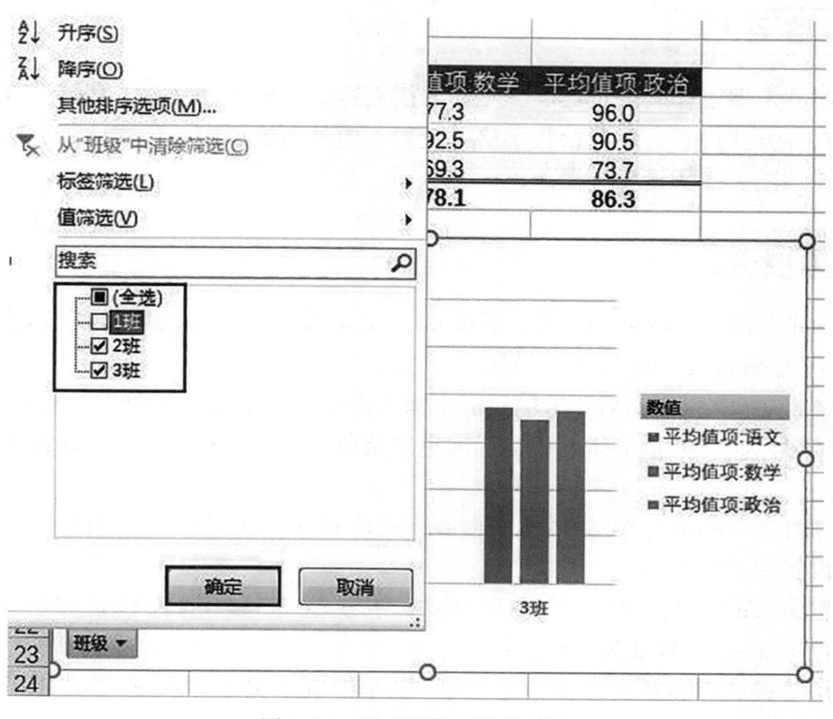

图 3-93　以“班级”进行筛选

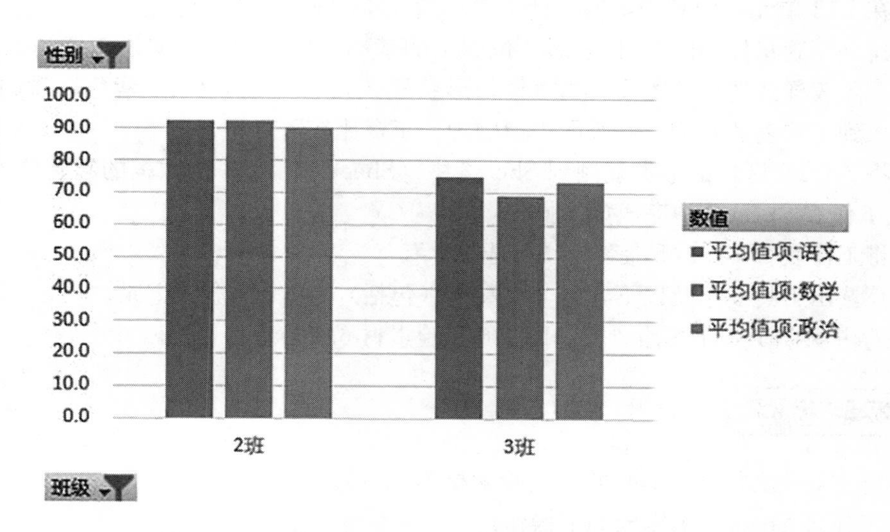

图 3-94　以“性别”、“班级”进行筛选后的数据透视图

11. 点击“快速访问工具栏”上的保存按钮，或者点击【文件】选项卡下的【保存】命令，进行文档的保存。单击编辑窗口标题栏右侧的“关闭”按钮即可关闭文档。

实验六　综合实验（1）

实验目的

综合练习并掌握工作表的重命名、工作表插入行、表格数据复制、字体设置、合并单元格、单元格对齐方式设置、单元格数字格式设置、内外边框设置、公式计算、函数使用、筛选、插入图表、图表样式设置等操作。

实验内容

使用 Excel 文档“Excel 2016 实验素材 6. xlsx”，按照下列要求完成对此文档的操作：

1. 在工作表 Sheet1 中完成如下操作：

（1）在 A1 前插入一行，在 A1 单元格中输入内容为“东方大厦职工工资表”，字体设置为“楷体”，字号为“16”，字体颜色为标准色“紫色”，并将 A1:F1 区域设置为“合并后居中”。

（2）将“姓名”列 A3:A9 区域水平对齐方式设置为“分散对齐（缩进）”，其他区域水平对齐方式设置为“居中”。

（3）设置 A2:F2 栏目名行字体为“黑体”、字号为“14”，A1:F11 区域设置内外边框线颜色为标准色“绿色”，样式为“细实线”。

（4）利用公式计算实发工资（实发工资＝基本工资＋奖金－水电费），用函数计算各项平均值（不包括工龄，结果保留 2 位小数）。

（5）在 E13 单元格中利用函数统计工龄不满 5 年的职工的奖金和。

（6）建立“簇状柱形图”，比较后 3 位职工的基本工资、奖金和实发工资情况。图例为职工姓名，图表样式选择“图表样式 11”，形状样式选择“细微效果-紫色，强调颜色 4”，并将图表放到工作表的右侧，修改图表标题为“工资比较”。

（7）将 A1:F9 区域的数据复制到 Sheet2 中（Sheet2 中，A1 为数据的起始位置）。

2. 在工作表 Sheet 2 中完成如下操作：

（1）将工作表 Sheet 2 重命名为“筛选统计”。

（2）筛选出工龄 5 年及以下，且奖金高于（包括）500 元的职工记录。

3. 保存并关闭 Excel 文档“Excel 2016 实验素材 6. xlsx”。

实验步骤

1. 打开 Excel 文档“Excel 2016 实验素材 6. xlsx”。

2. 在工作表 Sheet 1 中完成如下操作：

（1）在“行号 1”上点击鼠标右键，在弹出的快捷菜单中选择【插入】，如图 3-95 所示。

（2）在 A1 单元格内输入文字“东方大厦职工工资表”。在【开始】选项卡的“字体”组中，设置字体为“楷体”、字号为“16”、字体颜色为标准色“紫色”，如图 3-96 所示。

图 3-95 插入行

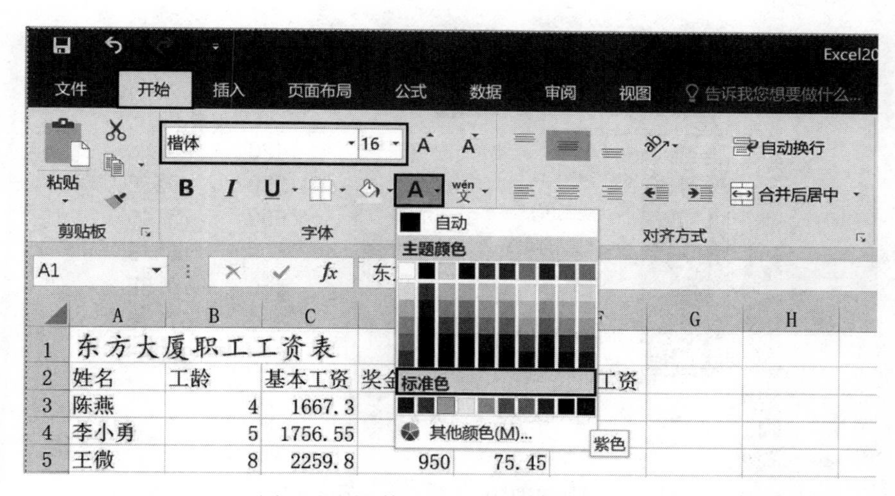

图 3-96 字体、字号、字体颜色设置

(3) 选中 A1:F1 单元格区域，在【开始】选项卡的“对齐方式”组中，点击【合并后居中】，如图 3-97 所示。

(4) 选中 A3:A9 单元格区域，单击鼠标右键，在弹出的快捷菜单中选择【设置单元格格式】，如图 3-98 所示。在弹出的“设置单元格格式”对话框中的“对齐”选项卡中，设置水平对齐方式为“分散对齐（缩进）”，单击【确定】按钮，如图 3-99 所示。

(5) 参照上述步骤 (4) 的方法，依次将 A2:F2 单元格区域、B3:F9 单元格区域、A11 单元格、B13:E13 单元格区域的“水平对齐”方式设置为“居中”，设置结果如图 3-100 所示。

(6) 选中 A2:F2 单元格区域，在【开始】选项卡的“字体”组中，设置字体为“黑体”，字号为“14”。

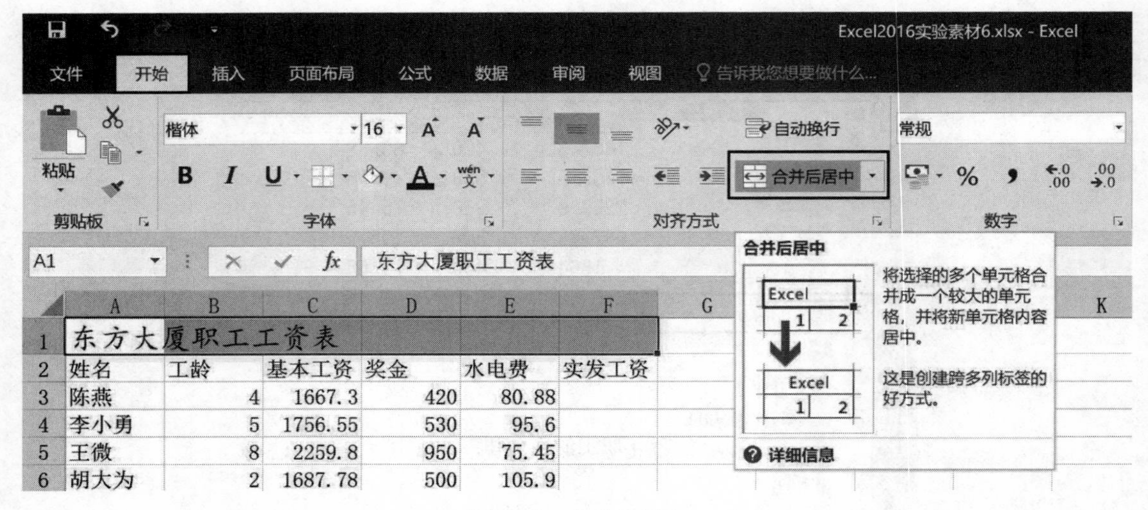

图 3-97　合并后居中

图 3-98　设置单元格格式

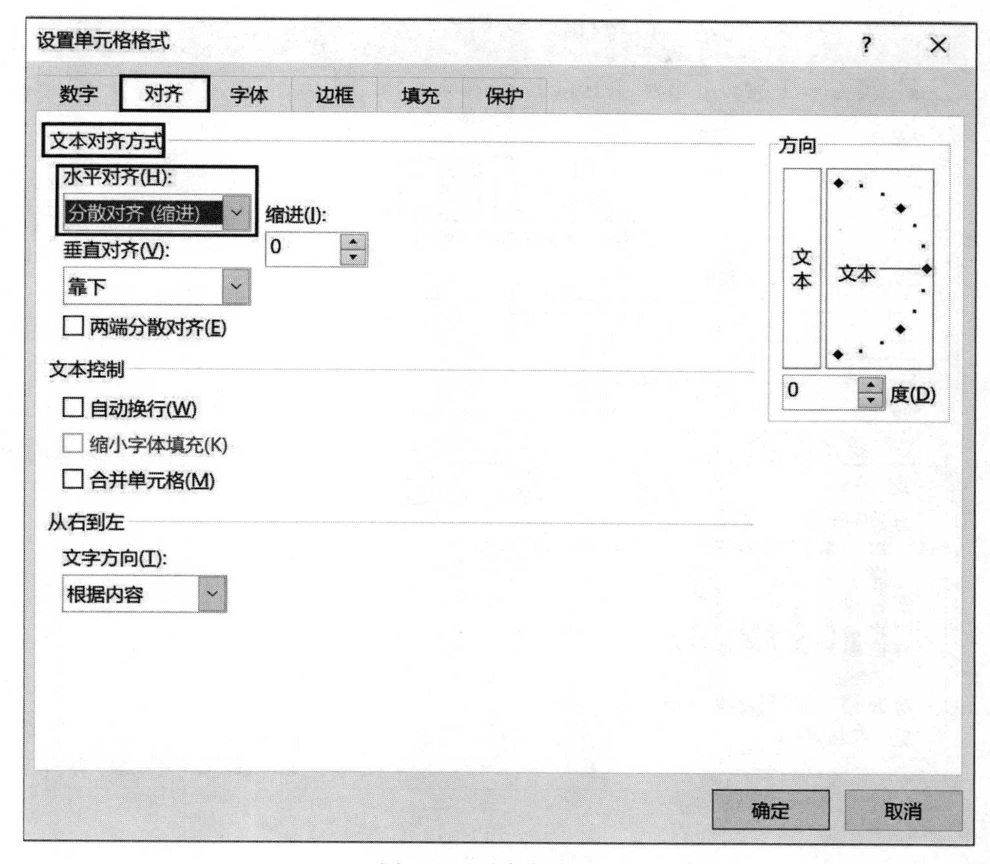

图 3-99　对齐方式设置

	A	B	C	D	E	F
1	东方大厦职工工资表					
2	姓名	工龄	基本工资	奖金	水电费	实发工资
3	陈 燕	4	1667.3	420	80.88	
4	李 小 勇	5	1756.55	530	95.6	
5	王 微	8	2259.8	950	75.45	
6	胡 大 为	2	1687.78	500	105.9	
7	王 军	3	1564	460	79.65	
8	张 东 风	9	2376.38	860	67.46	
9	于 晓 晓	4	1778.3	610	39.65	
10						
11	平均					
12						
13		工龄不满5年职工的奖金和:				

图 3-100　对齐方式设置为“水平居中”

（7）选中 A1:F11 单元格区域，单击鼠标右键，在弹出的快捷菜单中选择【设置单元格格式】，在弹出的“设置单元格格式”对话框的“边框”选项卡中，设置“线条样式”为“细实线”，“颜色”为标准色“绿色”，然后依次点击“预置”区域的“外边框”按钮和“内部”按钮，点击【确定】按钮，如图 3-101 所示。

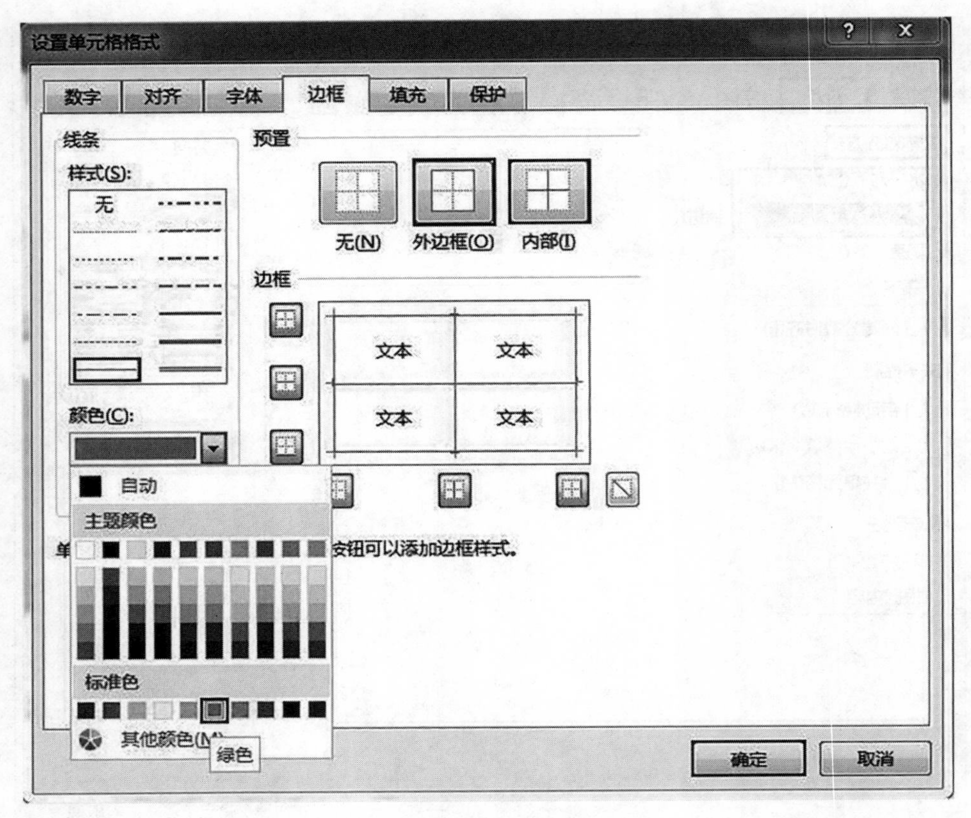

图 3-101　边框设置

（8）在 F3 单元格中，输入公式“＝C3＋D3－E3”。在输入过程中，对于 C3、D3、E3 单元格的引用可以使用键盘输入，也可以使用鼠标依次点击 C3、D3、E3 单元格来实现。然后按回车键或单击编辑栏左侧的“输入”按钮✓完成公式的计算。拖动 F3 单元格右下角的“填充柄”向下移动，完成 D3 到 D9 单元格的公式复制与数据填充，计算结果如图 3-102 所示。

	A	B	C	D	E	F
1	东方大厦职工工资表					
2	姓名	工龄	基本工资	奖金	水电费	实发工资
3	陈　燕	4	1667.3	420	80.88	2006.42
4	李小勇	5	1756.55	530	95.6	2190.95
5	王　微	8	2259.8	950	75.45	3134.35
6	胡大为	2	1687.78	500	105.9	2081.88
7	王　军	3	1564	460	79.65	1944.35
8	张东风	9	2376.38	860	67.46	3168.92
9	于晓晓	4	1778.3	610	39.65	2348.65

图 3-102　计算结果

（9）选中工作表中的 C11 单元格，点击编辑栏左侧的“插入函数”按钮 fx，在“插入函数”对话框的“选择函数”列表中选择 AVERAGE 函数，点击【确定】后弹出“函数参数”

对话框。

（10）在弹出的“函数参数”对话框中，将“Number 1”设置为 C3:C9 区域，点击【确定】按钮，如图 3-103 所示。C11 单元格插入函数的完整形式是“＝AVERAGE（C3:C9）”。拖动 C11 单元格“填充柄”向右移动，完成 C11 到 F11 单元格的公式复制与数据填充。

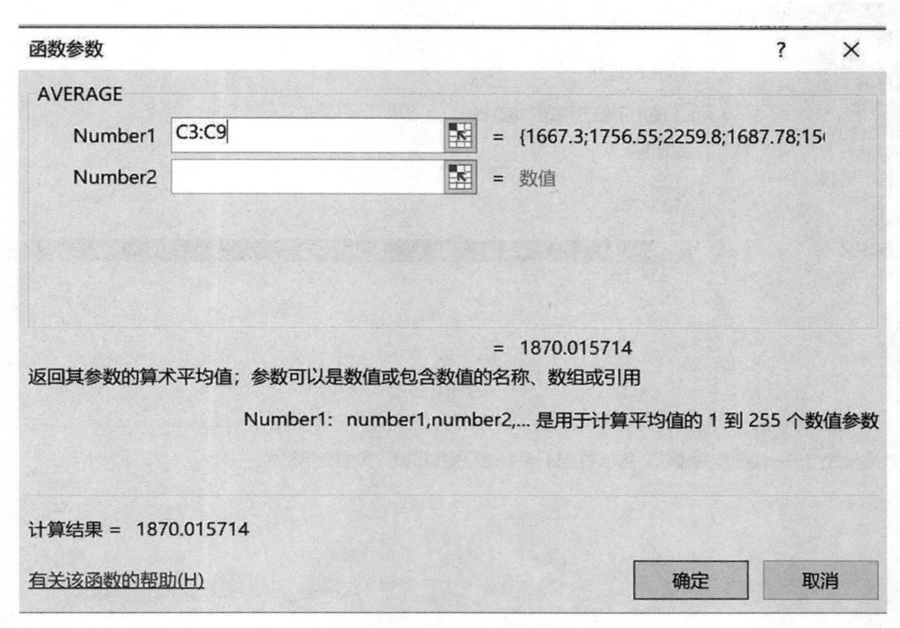

图 3-103　AVERAGE 函数参数设置

（11）选中 C11:F11 数据区域，单击鼠标右键，在弹出的快捷菜单中选择【设置单元格格式】，打开的“设置单元格格式”对话框，然后选择“数字”选项卡，在“数字”选项卡的“分类”列表中选择“数值”，“小数位数”设置为“2”，然后单击【确定】按钮，如图 3-104 所示。

（12）选中 E13 单元格，点击编辑栏左侧的“插入函数”按钮，在“插入函数”对话框的“选择函数”列表中选择 SUMIF 函数，点击【确定】后弹出“函数参数”对话框。在弹出的“函数参数”对话框中，设置参数“Range”的值为“B3:B9”，参数“Criteria”的值为“＜5”，参数“Sum _ range”的值为“D3:D9”，点击【确定】按钮，如图 3-105 所示。E13 单元格插入函数的完整形式是“＝SUMIF（B3:B9," ＜5", D3:D9）”。

（13）选中 A2 单元格，按下【Ctrl】键，然后依次选中 A7:A9 单元格区域、C2:D2 单元格区域、C7:D9 单元格区域、F2 单元格、F7:F9 单元格区域，在【插入】选项卡的“图表”组中，点击按钮，在“二维柱形图”中点击【簇状柱形图】，如图 3-106 所示。然后点击“图表工具”下的【设计】选项卡，在“图表样式”组中选择“样式 11”。点击“图表工具”下的【格式】选项卡，选择“形状样式”组中的“细微效果-紫色，强调颜色 4”，修改样式后的图表如图 3-107 所示。在图表的“空白”处按下鼠标左键，将其拖动到工作表的右侧。单击“图表标题”区域，将其修改为“工资比较”。

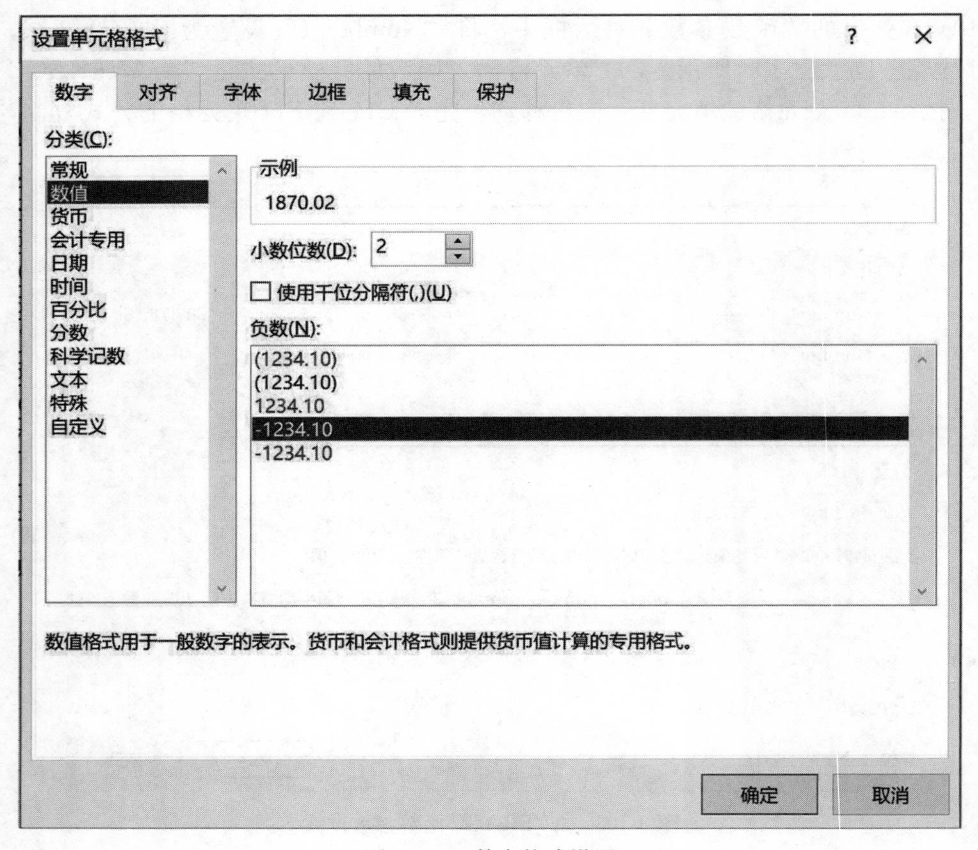

图 3-104　数字格式设置

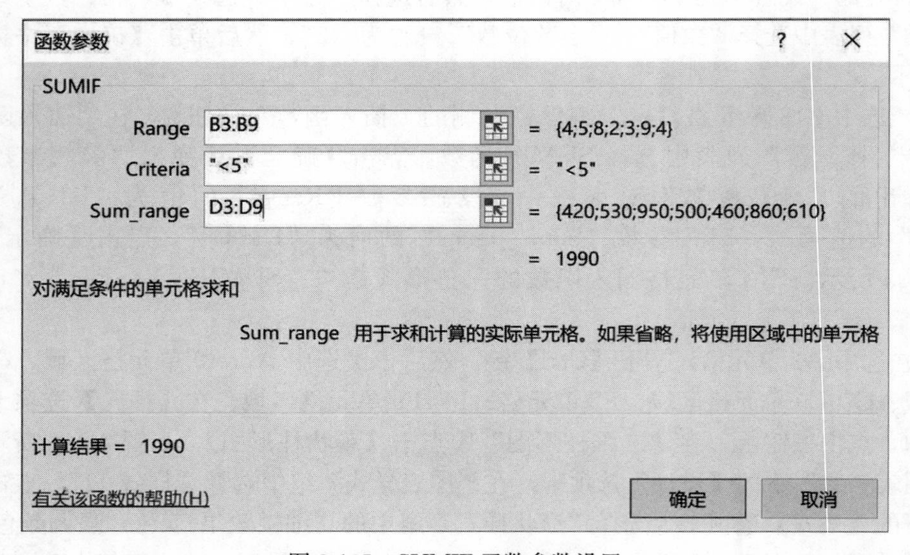

图 3-105　SUMIF 函数参数设置

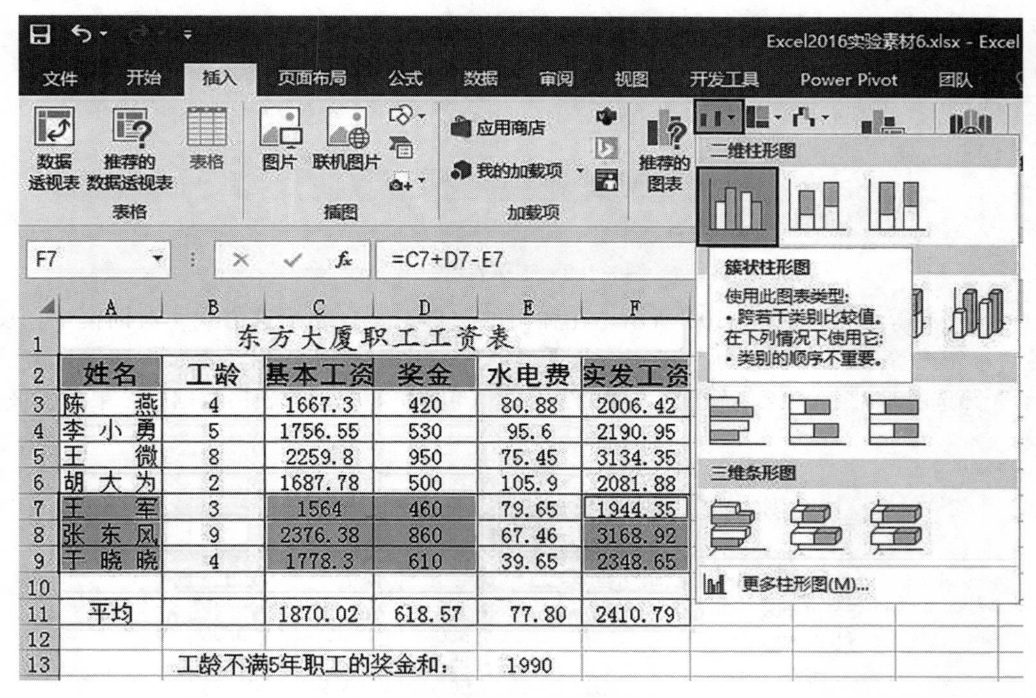

	A	B	C	D	E	F
1	东方大厦职工工资表					
2	姓名	工龄	基本工资	奖金	水电费	实发工资
3	陈　燕	4	1667.3	420	80.88	2006.42
4	李小勇	5	1756.55	530	95.6	2190.95
5	王　微	8	2259.8	950	75.45	3134.35
6	胡大为	2	1687.78	500	105.9	2081.88
7	王　军	3	1564	460	79.65	1944.35
8	张东风	9	2376.38	860	67.46	3168.92
9	于晓晓	4	1778.3	610	39.65	2348.65
10						
11	平均		1870.02	618.57	77.80	2410.79
12						
13		工龄不满5年职工的奖金和:			1990	

图 3-106　插入簇状柱形图

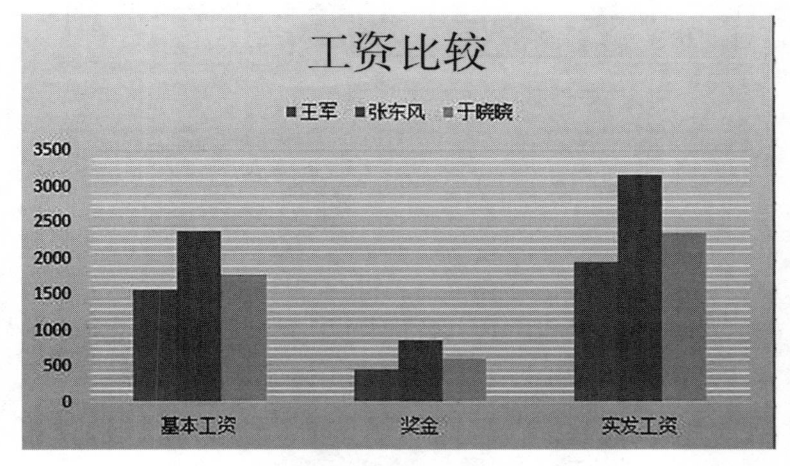

图 3-107　修改样式后的图表

（14）选中 A1:F9 单元格区域，单击鼠标右键选择【复制】，切换至 Sheet 2 工作表，在 Sheet 2 工作表的 A1 单元格内，单击鼠标右键选择【粘贴】。

3. 在工作表 Sheet 2 中完成如下操作：

（1）鼠标右键单击工作表标签名称“Sheet 2”，在弹出的快捷菜单中选择【重命名】，然后输入“筛选统计”，如图 3-108 所示。

（2）在“筛选统计”工作表中，选中“工龄”所在单元格 B2，点击【开始】选项卡“编辑”组中的【排序和筛选】|【筛选】。或点击【数据】选项卡“排序和筛选”组中的【筛选】按钮。单击“工龄”单元格右侧的下拉按钮，在弹出的下拉菜单中选择“数字筛选”

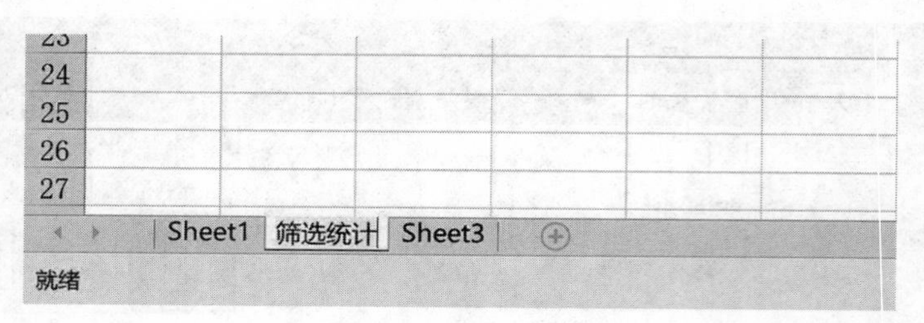

图 3-108　工作表重命名

中的“小于或等于”，如图 3-109 所示。在弹出的“自定义自动筛选方式”对话框中，设置工龄“小于或等于”的数值为“5”，单击【确定】，如图 3-110 所示。参照上述筛选方法在“工龄”筛选的基础上，继续筛选出“奖金”高于（包括）500 元的表格数据，结果如图 3-111 所示。

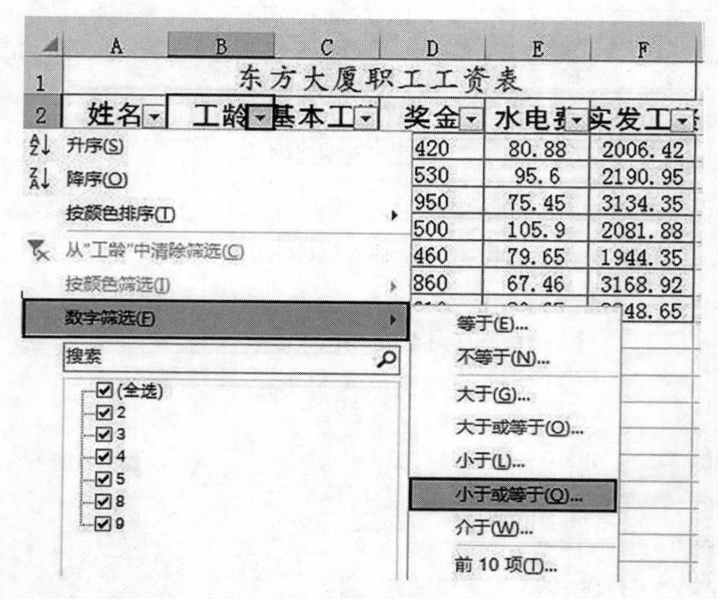

图 3-109　数字“筛选”操作

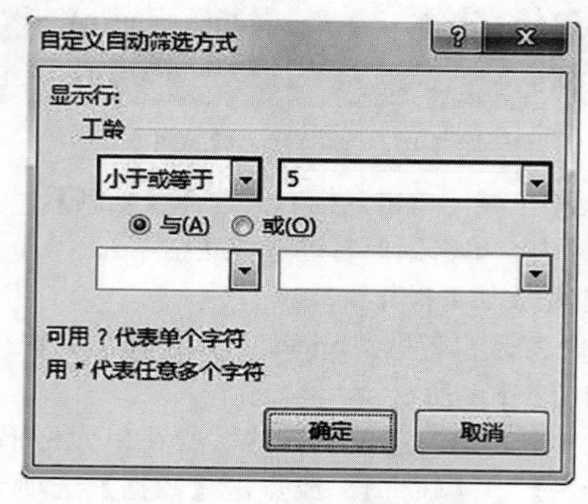

图 3-110　“工龄筛选”设置值

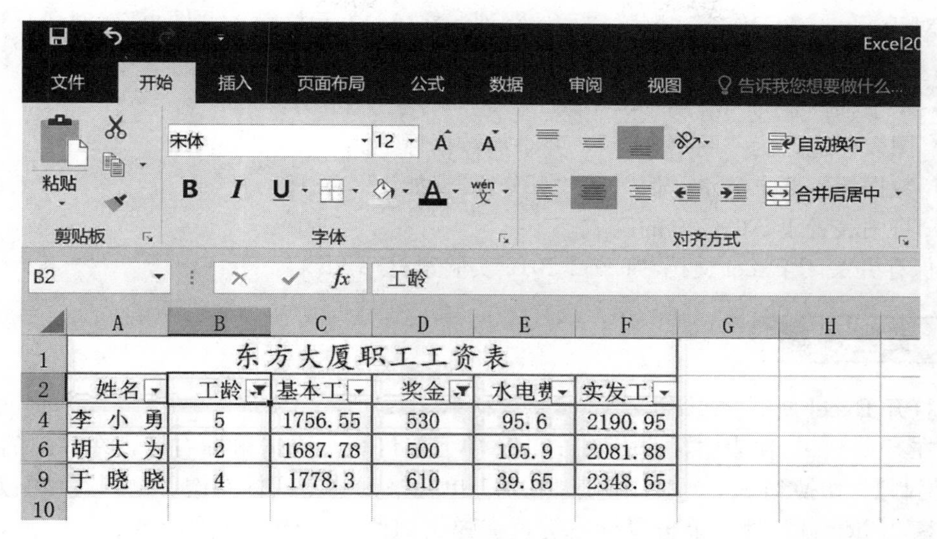

图 3-111　“筛选”结果

4. 点击“快速访问工具栏”上的保存按钮，或者点击【文件】选项卡下的【保存】命令，进行文档的保存。单击编辑窗口标题栏右侧的“关闭”按钮即可关闭文档。

实验七　综合实验（2）

实验目的

综合练习并掌握工作表的重命名，表格数据复制，工作表内容的添加，函数使用，删除列，插入图表，图表数据显示等操作。

实验内容

打开工作簿“Excel 2016 实验素材 7. xlsx”，按照下列要求完成对此工作簿的操作。

1. 将 Sheet 1 工作表中的数据复制到 Sheet 2 工作表中，并将“Sheet 1”更名为“销售报表”。

2. 在 Sheet 2 工作表中的 A8 单元格所在行下添加一行内容：“计算机病毒，50，80，40，20，45”。

3. 在 Sheet 2 工作表的 G2 单元格输入“小计”，A126 单元格输入“合计”，求出第 G 列和第 126 行有关统计值（G126 单元格不计算）。

4. 将 Sheet 2 工作表数据复制到 Sheet 3 工作表中，在 Sheet 3 工作表中对各种图书按“小计”值降序排列（“合计”行位置不变）。

5. 在 Sheet 3 工作表中利用公式统计周销售量在 650 以上（含 650）的图书种类，并把数据放入 J2 单元格。

6. 在 Sheet 3 工作表后添加工作表 Sheet 4，将 Sheet 2 工作表中第 2 行和“合计”行复制到 Sheet4 工作表中。

7. 对于 Sheet 4 工作表，删除“小计”列，在 A1 单元格输入“图书”，对 A1:F2 区域的数据，生成“三维饼图”，要求：

（1）水平轴标签为“星期一、星期二、……、星期五”。

（2）图表标题改为“图书合计”，并添加数据标签。

（3）数据标签要求显示“值”和“百分比”（如 1234，15%）。

（4）将图表置于 A6:G20 的区域。

8. 保存并关闭 Excel 文档“Excel 2016 实验素材 7. xlsx”。

实验步骤

1. 打开 Excel 文档“Excel 2016 实验素材 7. xlsx”。

2. 在 Sheet 1 工作表中，选中 A1:F124 单元格区域，单击鼠标右键，在弹出的菜单中选择【复制】。切换到 Sheet 2 工作表，在 A1 单元格内单击鼠标右键，选择【粘贴】。在工作表标签“Sheet 1”处，单击鼠标右键，在弹出的菜单中选择【重命名】，将工作表名称“Sheet 1”修改为“销售报表”。

3. 在 Sheet 2 工作表中，选中第 9 行，在选中区域上单击鼠标右键，在弹出的菜单中选择【插入】，即在第 8 行后插入一行，并在 A8:F8 区域依次输入“计算机病毒”、“50”、“80”、“40”、“20”、“45”，如图 3-112 所示。

	A	B	C	D	E	F
1	计算机书籍销售周报表					
2		星期一	星期二	星期三	星期四	星期五
3	计算机网络（上）	120	101	204	168	173
4	计算机网络（下）	100	98	120	86	75
5	多媒体教程（一）	138	84	120	188	69
6	多媒体教程（二）	200	185	160	205	193
7	Office2010教程	488	321	230	385	367
8	Excel2010教程	102	90	81	128	110
9	计算机病毒	50	80	40	20	45
10	Word2010教程	268	198	179	158	185
11	Windows7教程	334	286	329	348	378
12	Access2010教程	86	80	79	63	58

图 3-112　插入行

4. 在 Sheet 2 工作表中，选中 G2 单元格，输入“小计”，选中 A126 单元格，输入“合计”。选中 G3 单元格，点击编辑栏左侧的“插入函数”按钮 f_x，在“插入函数”对话框“选择函数”列表中选择 SUM 函数，点击“确定”后弹出“函数参数”对话框。

5. 在弹出的“函数参数”对话框中，将“Number 1”设置为 B3:F3 区域，点击【确定】按钮。使用 G3 单元格“填充柄”下拉至 G125 单元格，计算出“小计”列其余单元格的内容。选中 B126 单元格，插入“SUM”函数，在弹出的“函数参数”对话框中，将“Number 1”设置为 B3:B125 区域，点击【确定】按钮，如图 3-113 所示。使用 B126 单元格“填充柄”向右拖动至 F126 单元格。

6. 在 Sheet 2 工作表中，选中 A1:G126 单元格区域，单击鼠标右键，在弹出的菜单中选择【复制】。切换到 Sheet3 工作表，选中 A1 单元格，单击鼠标右键，选择【粘贴】。在 Sheet 3 工作表中，选中 A2:G125 单元格区域，在【数据】选项卡的“排序和筛选”组

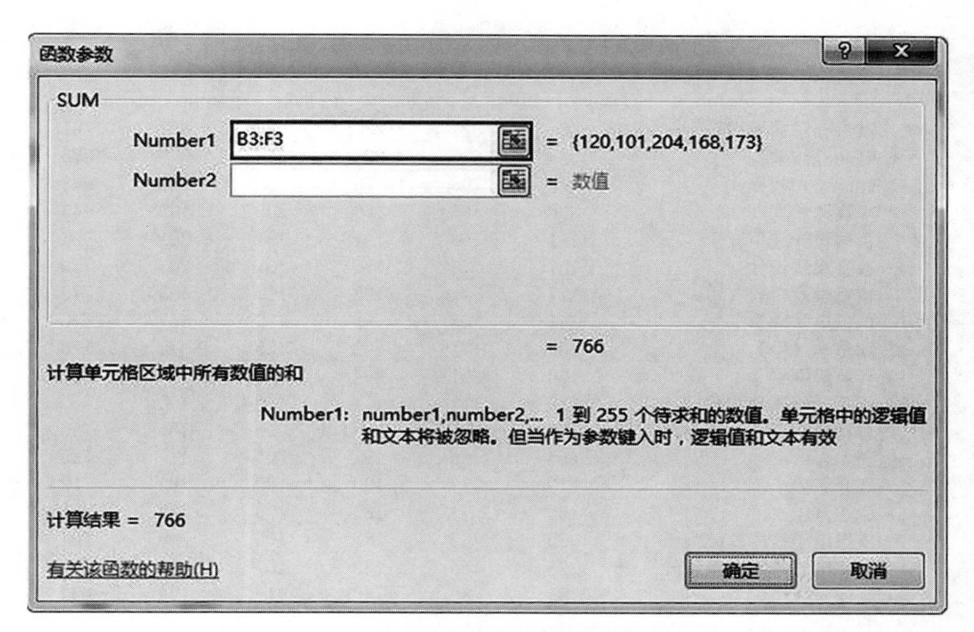

图 3-113　SUM 函数参数设置对话框

中，点击【排序】按钮。在弹出的“排序”对话框中，设置“主要关键字”为“小计”，“次序”为“降序”，点击【确定】按钮，如图 3-114 所示。完成排序的结果如图 3-115 所示。

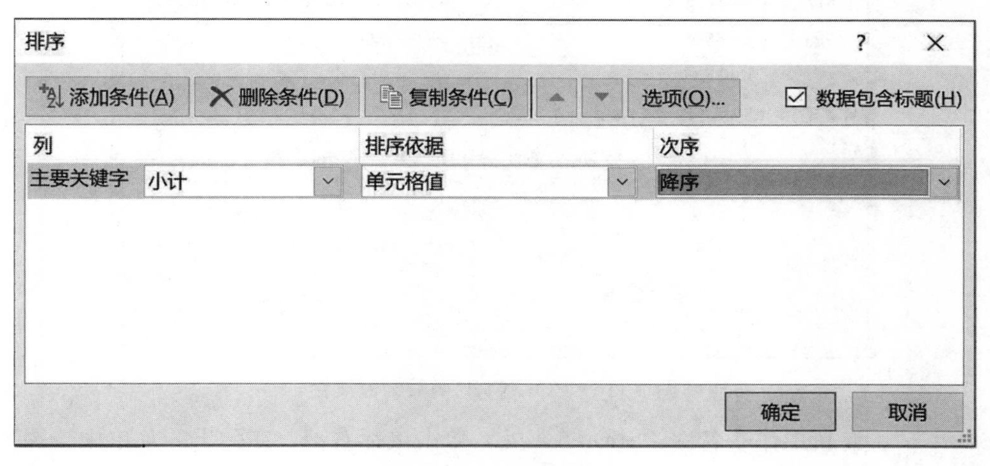

图 3-114　排序对话框

7. 在 Sheet 3 工作表中，选中 J2 单元格，点击编辑栏左侧的“插入函数”按钮，在“插入函数”对话框“选择函数”列表中选择“COUNTIF”函数，点击【确定】后弹出“函数参数”对话框。在弹出的“函数参数”对话框中，参数“Range”设置为 G3:G125 区域，在参数“Criteria”右侧的文本框中输入“＞＝650”（注意：输入“＞＝”符号时，输入法应在英文输入状态下），点击【确定】按钮，如图 3-116 所示。

8. 鼠标左键单击工作表名“Sheet 3”右侧的“新工作表”按钮⊕，插入一个新工作表。由于之前将工作表“Sheet 1”重命名为“销售报表”，所以此时新建的工作表默认名称就成

	A	B	C	D	E	F	G
1	计算机书籍销售周报表						
2		星期一	星期二	星期三	星期四	星期五	小计
3	Office2010教程	488	321	230	385	367	1791
4	Windows7教程	334	286	329	348	378	1675
5	Word2010教程	268	198	179	158	185	988
6	多媒体教程（二）	200	185	160	205	193	943
7	机械设计（甲）I	191	193	191	131	201	907
8	数字系统设计I	157	75	186	161	201	780
9	植物学及实验（甲）	177	74	198	199	128	776
10	电工电子学	141	203	89	173	167	773
11	测量学（甲）	202	171	202	125	70	770
12	计算机网络（上）	120	101	204	168	173	766
13	过程工程原理实验(乙)	135	174	174	160	110	753
14	分析化学（乙）	168	119	183	96	186	752
15	美术Ⅳ	154	68	192	204	117	735
16	媒介素养	119	177	130	130	163	719
17	微积分III	165	71	182	120	167	705
18	模拟电子技术基础实验	90	182	182	102	148	704
19	数字电子技术基础实验	123	185	186	107	103	704
20	宪法学	185	80	148	112	174	699

图 3-115　排序后的工作表

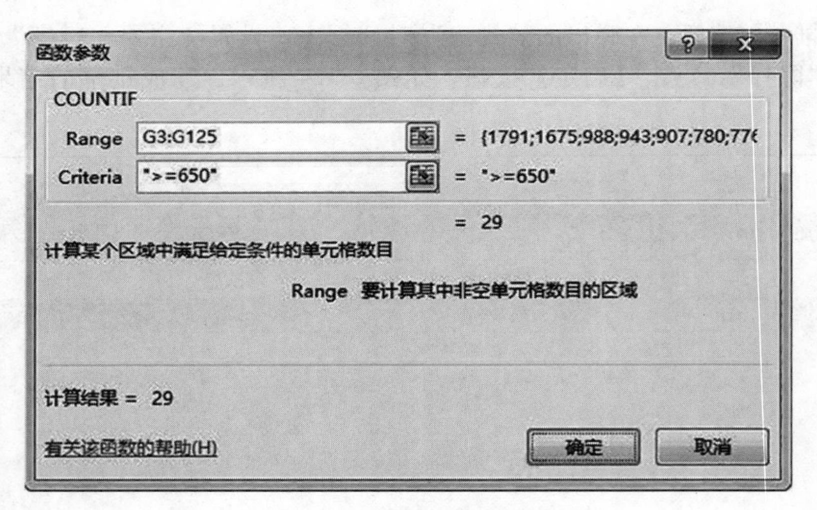

图 3-116　COUNTIF 函数参数设置

了“Sheet 1”。在新工作表名称“Sheet 1”处，单击鼠标右键，在弹出的菜单中选择“重命名”后，将新工作表名称“Sheet 1”修改为“Sheet 4”。

9. 在 Sheet 2 工作表中选中第二行，按下【Ctrl】键，继续选中“合计”行，在选中区域上单击鼠标右键，在弹出的快捷菜单中选择【复制】，然后在“Sheet 4”工作表中，鼠标右键单击 A1 单元格，在弹出的快捷菜单中选择【粘贴】。

10. 在“Sheet 4”表中，鼠标右键单击 G 列“列标”，在弹出的快捷菜单中选择【删除】。选中 A1 单元格，输入“图书”。选中 A1:F2 单元格区域，在【插入】选项卡的“图表”组中，点击【饼图】类中的【三维饼图】，如图 3-117 所示。

11. 单击图表“空白”处激活“图表工具”，在“图表工具”对应的【设计】选项卡下，点击“数据”组中的【选择数据】按钮，如图 3-118 所示。在弹出的“选择数据源”对话框中，设置“水平（分类）轴标签”为“星期一、星期二、星期三、星期四、星期五”，如图 3-119 所示。

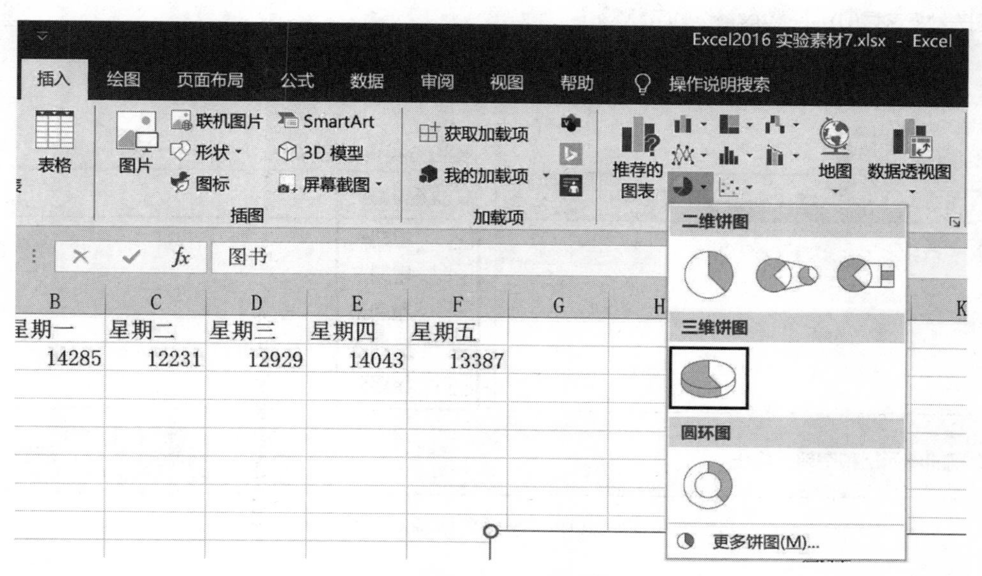

图 3-117　插入三维饼图

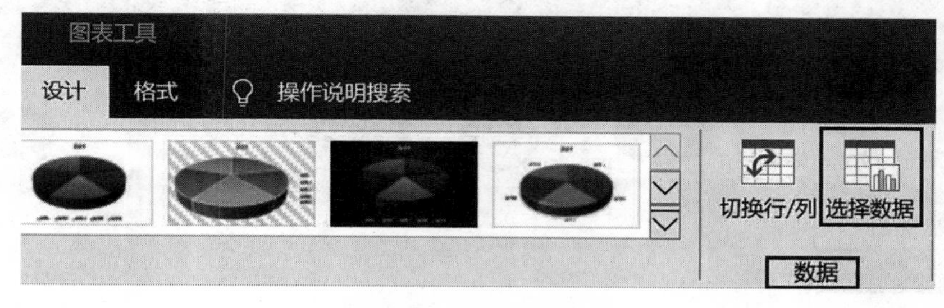

图 3-118　图表选择数据

12. 在图表上方默认标题“合计”处，单击鼠标右键，在弹出的菜单中选择【编辑文字】，修改标题文字为“图书合计”。在“图表工具”对应的【设计】选项卡下，单击“图表布局”组中的【添加图表元素】。在弹出的下拉菜单中选择【数据标签】｜【数据标签内】，如图 3-120 所示。

13. 鼠标右键单击图表中“饼图”区域，在弹出的快捷菜单中选择【设置数据标签格式】。在 Excel 工作簿右侧打开的“设置数据标签格式”窗格中，勾选“标签选项”中“值”和“百分比”的复选框完成设置，如图 3-121 所示。

14. 在图表“空白”处按下鼠标左键可对图表进行移动，在图表周围“控制柄”处按下鼠标左键可对图表进行缩放。移动、缩放图表将其放置在 A6:G20 单元格区域内，如图 3-122 所示。

15. 点击“快速访问工具栏”上的保存按钮，或者点击【文件】选项卡下的【保存】命令，进行文档的保存。单击编辑窗口标题栏右侧的“关闭”按钮即可关闭文档。

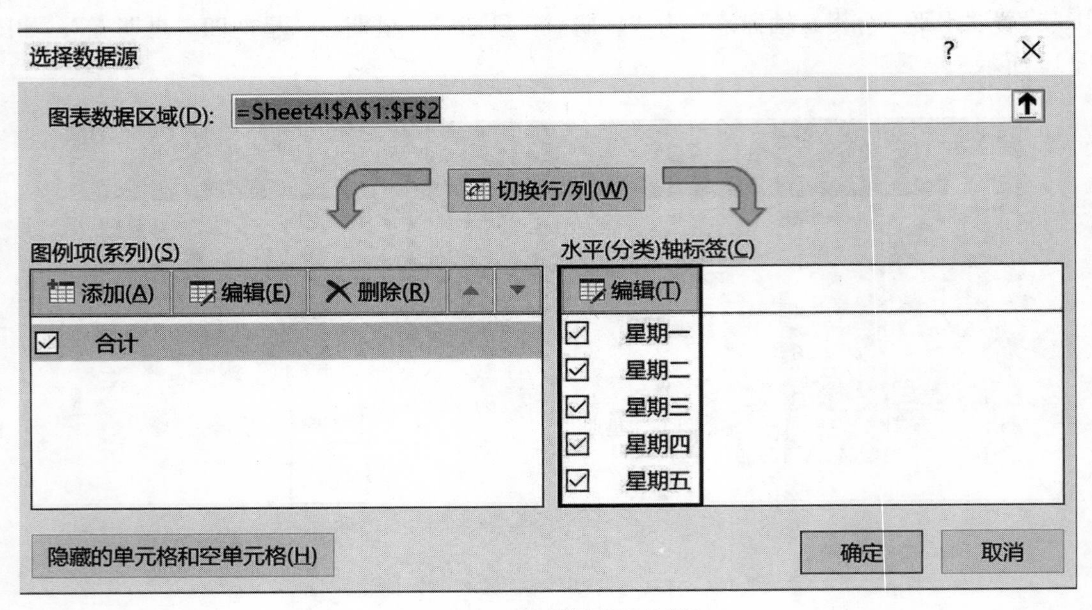

图 3-119　选择数据源对话框

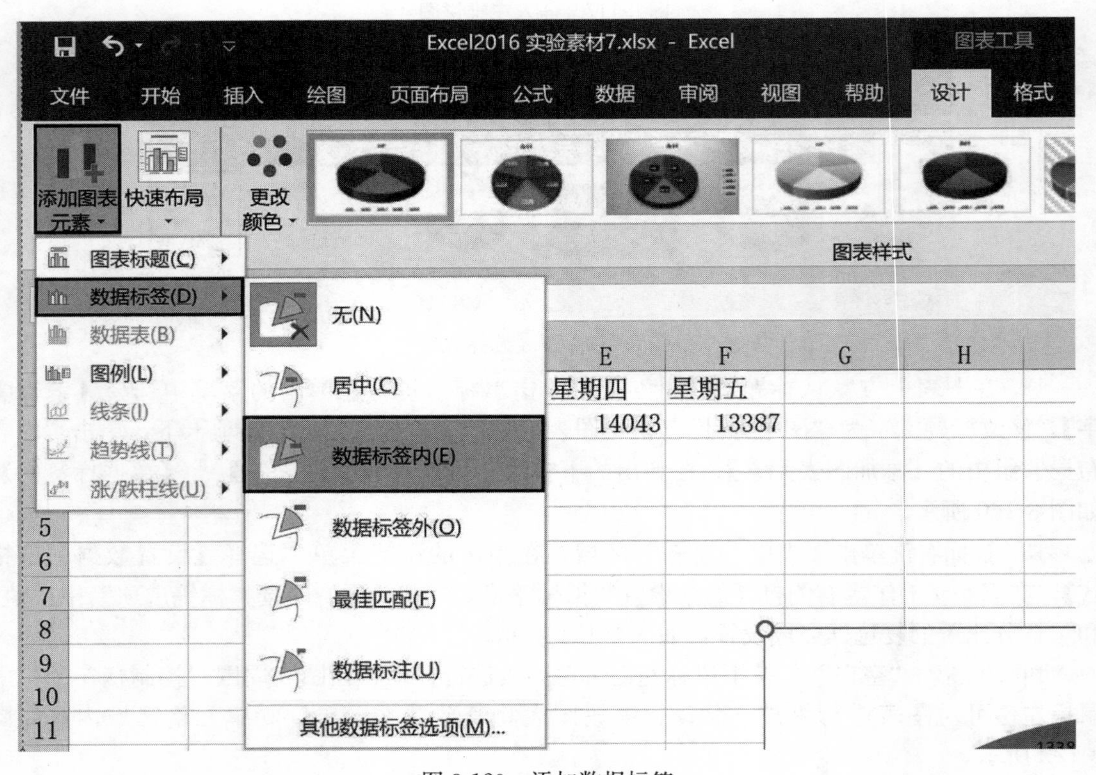

图 3-120　添加数据标签

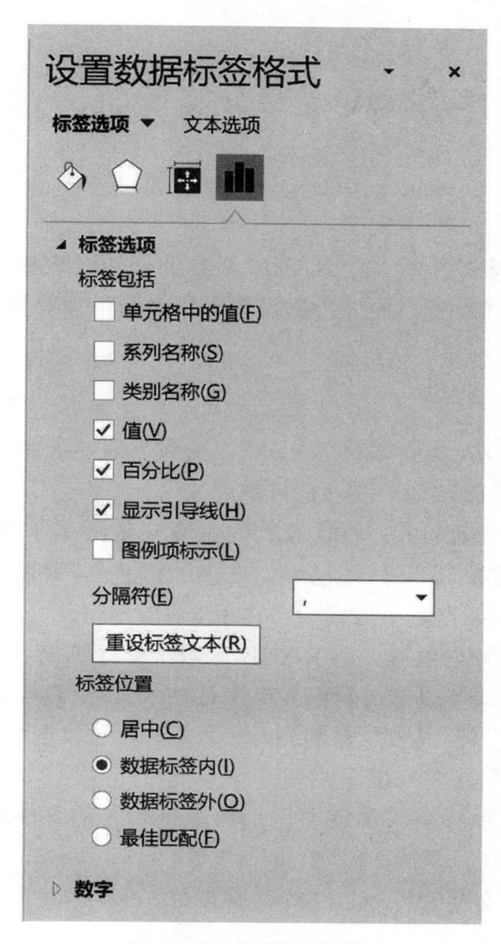

图 3-121　数据标签设置

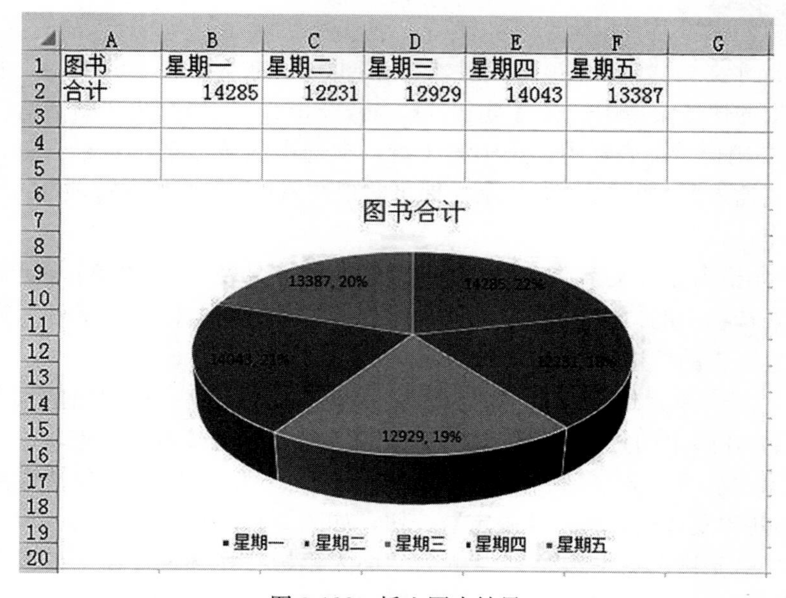

图 3-122　插入图表结果

实验八　综合实验（3）

实验目的

综合练习并掌握工作表的重命名、RANK 函数的使用、表格数据复制、字体设置、合并单元格、单元格对齐方式设置、内外边框设置、排序及筛选等操作。

实验内容

打开工作簿“Excel 2016 实验素材 8. xlsx”，按照下列要求完成对此工作簿的操作：

1. 将工作表 Sheet1 重命名为“图书销售情况表”。

2. 在 A1 单元格所在行前插入一行，输入内容为“某图书销售公司销售情况表”，字体设置为“仿宋”，字号为“22”，字体颜色为标准色“橙色”，并将 A1:F1 区域合并单元格，水平对齐方式为“居中”，垂直对齐方式为“靠下”。

3. 根据“销售量”列数据内容，用 RANK 函数统计计算出“销售量排名”列的内容。

4. 将 A1:F44 区域设置外边框线颜色为标准色“浅蓝色”，样式为“双实线”。

5. 将工作表“图书销售情况表”复制到 Sheet 2 中，对数据清单的内容进行筛选，条件为第一或第二季度且销售量排名在前 20 名。

6. 将筛选后的数据清单按主要关键字“销售量排名”的升序次序和次要关键字“经销部门”的升序次序进行排序。

7. 保存并关闭 Excel 文档“Excel 2016 实验素材 8. xlsx”。

实验步骤

1. 打开 Excel 文档“Excel 2016 实验素材 8. xlsx”。在工作表“Sheet 1”标签处单击鼠标右键，在弹出的快捷菜单中选择【重命名】，将“Sheet 1”修改为“图书销售情况表”。

2. 在“图书销售情况表”中，选中第 1 行，在选中区域上单击鼠标右键，在弹出的快捷菜单中选择【插入】，如图 3-123 所示。即可实现在 A1 单元格所在行前插入一行，然后依次完成如下操作：

（1）A1 单元格内输入文字“某图书销售公司销售情况表”，选中 A1 单元格内输入的文字，在【开始】选项卡的“字体”组中，设置“字体”为“仿宋”，“字号”为“22”、“颜色”为“标准色”中的“橙色”，如图 3-124 所示。

（2）选中 A1:F1 单元格区域，在选中区域上单击鼠标右键，在弹出的菜单中选择【设置单元格格式】。在弹出的“设置单元格格式”对话框中点击【对齐】选项卡，先设置“文本对齐方式”中“水平对齐”为“居中”，“垂直对齐”为“靠下”；勾选“文本控制”下“合并单元格”前的复选框，单击【确定】按钮，如图 3-125 所示。

3. 选中 F3 单元格，点击编辑栏左侧的“插入函数”按钮 fx，在“插入函数”对话框“选择函数”列表中选择 RANK 函数，点击【确定】后弹出“函数参数”对话框。在弹出的

	经销部门	图书类别	季度	数量(册)	销售额(元)	销售量排名
2			3	124	8680	
3			2	321	9630	
4			2	435	21750	
5			2	256	17920	
6			1	167	8350	
7			4	157	10990	
8			4	187	13090	
9			4	213	10650	
10			4	196	13720	
11			4	219	10950	
12			3	234	16380	
13			1	206	14420	
14			2	211	10550	
15	第3分部	社科类	3	189	9450	

剪切(T)
复制(C)
粘贴选项:
选择性粘贴(S)...
插入(I)
删除(D)
清除内容(N)
设置单元格格式(F)...
行高(R)...
隐藏(H)
取消隐藏(U)

图 3-123　插入行

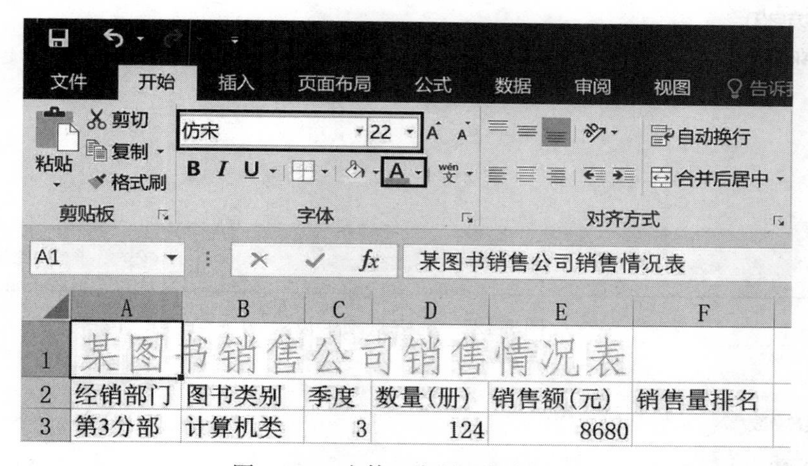

图 3-124　字体、字号、颜色设置

“函数参数”对话框中，“Number”参数设置为“D3”，“REF”参数设置为“$D$3:$D$44”，“Order”参数不需要设置，点击【确定】，如图 3-126 所示。拖动 E3 单元格“填充柄”向下移动，完成 F3 到 F44 单元格的公式复制与数据填充。

4. 选中 A1:F44 数据区域，在选中区域上单击鼠标右键，在弹出的快捷菜单中选择【设置单元格格式】。在“设置单元格格式”对话框的【边框】选项卡中，设置“线条样式”为“双实线”，“颜色”为“标准色”内的“浅蓝色”，点击“预置”的“外边框”按钮和“内部”按钮，点击【确定】按钮，如图 3-127 所示。边框设置完成后如图 3-128 所示。

5. 选中“图书销售情况表”中 A1:F44 单元格区域，单击鼠标右键，在弹出的菜单中选择【复制】。切换至 Sheet 2 工作表，选中 A1 单元格，单击鼠标右键，选择【粘贴】。在 Sheet 2 工作表中，选中 A2:F2 单元格区域，在【数据】选项卡的“排序和筛选”组中，点击【筛选】按钮。

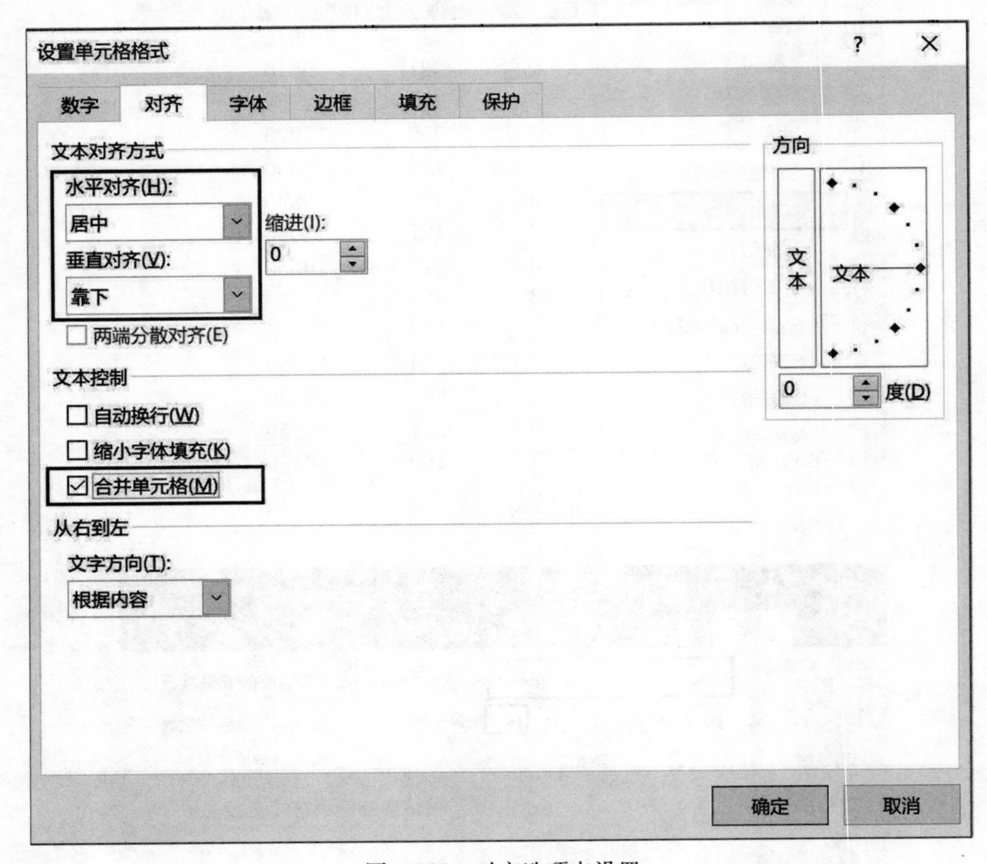

图 3-125　对齐选项卡设置

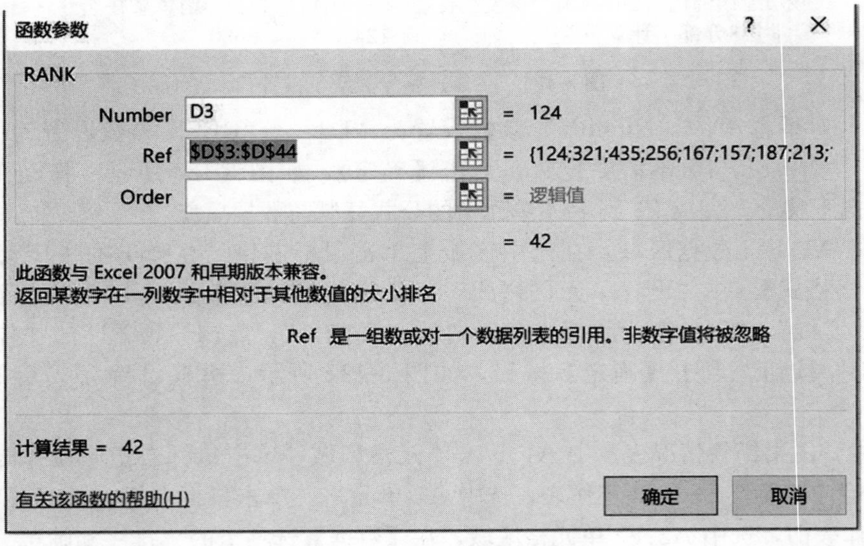

函数参数

RANK

Number　D3　= 124

Ref　$D$3:$D$44　= {124;321;435;256;167;157;187;213;

Order　= 逻辑值

= 42

此函数与 Excel 2007 和早期版本兼容。
返回某数字在一列数字中相对于其他数值的大小排名

Ref　是一组数或对一个数据列表的引用。非数字值将被忽略

计算结果 =　42

有关该函数的帮助(H)　确定　取消

图 3-126　RANK 函数参数设置

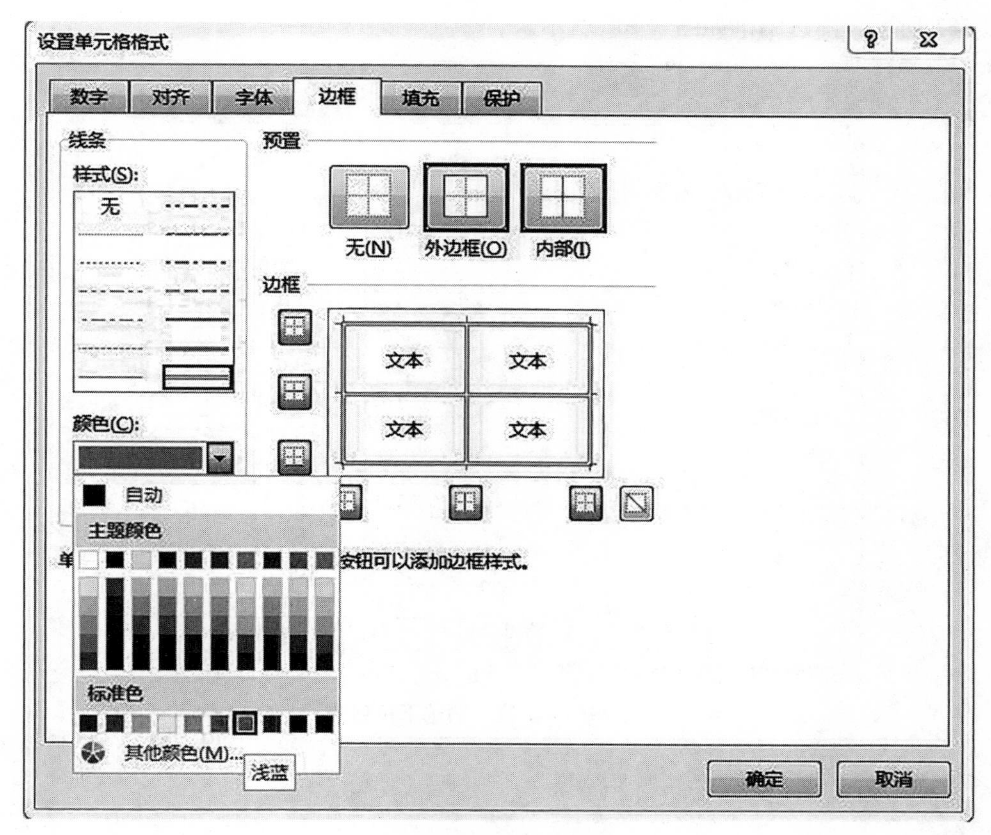

图 3-127　边框选项卡设置

	A	B	C	D	E	F
1	某图书销售公司销售情况表					
2	经销部门	图书类别	季度	数量(册)	销售额(元)	销售量排名
3	第3分部	计算机类	3	124	8680	42
4	第3分部	少儿类	2	321	9630	20
5	第1分部	社科类	2	435	21750	5
6	第2分部	计算机类	2	256	17920	26
7	第2分部	社科类	1	167	8350	40
8	第3分部	计算机类	4	157	10990	41
9	第1分部	计算机类	4	187	13090	38
10	第3分部	社科类	4	213	10650	32
11	第2分部	计算机类	4	196	13720	36
12	第2分部	社科类	4	219	10950	30

图 3-128　边框设置结果

6. 点击 C2 单元格“季度”右侧的倒三角按钮，在下拉列表中勾选“1”、“2”之前的复选框，点击【确定】，如图 3-129 所示。点击 F2 单元格“销售量排名”右侧的倒三角按钮，在下拉菜单中选择【数字筛选】中的【小于或等于】，如图 3-130 所示。在弹出的“自定义自动筛选方式”对话框中设置“小于或等于”的数值为“20”，点击【确定】按钮，如图 3-131 所示。筛选结果如图 3-132 所示。

	A	B	C	D	E	F
1	某图书销售公司销售情况表					
2	经销部门	图书类别	季度	数量(册	销售额(	销售量排
				124	8680	42
				321	9630	20
				435	21750	5
				256	17920	26
				167	8350	40
				157	10990	41
				187	13090	38
				213	10650	32
				196	13720	36
				219	10950	30
				234	16380	28
				206	14420	35
				211	10550	34
16	第3分部	社科类	3	189	9450	37

升序(S)
降序(O)
按颜色排序(T)
从“季度”中清除筛选(C)
按颜色筛选(I)
数字筛选(F)
搜索
1
2
3
4
确定 取消

图 3-129 “季度”筛选下拉列表

	A	B	C	D	E	F	G	H
1	某图书销售公司销售情况表							
2	经销部门	图书类别	季度	数量(册	销售额(	销售量排名		
4	第3分部	少儿类						
5	第1分部	社科类						
6	第2分部	计算机类						
7	第2分部	社科类						
14	第2分部	计算机类						
15	第2分部	社科类						
17	第2分部	少儿类						
22	第3分部	社科类						
26	第3分部	社科类						
27	第3分部	少儿类						
28	第3分部	计算机类						
29	第2分部	少儿类						
30	第3分部	计算机类						
31	第1分部	计算机类	1	345	24150	13		
33	第1分部	计算机类	2	412	28840	9		
36	第1分部	社科类	1	569	28450	3		
37	第1分部	少儿类	2	654	19620	2		
38	第1分部	少儿类	1	765	22950	1		

升序(S)
降序(O)
按颜色排序(T)
从“销售量排名”中清除筛选(C)
按颜色筛选(I)
数字筛选(F)
搜索
(全选)
1
2
3
5
确定 取消

等于(E)...
不等于(N)...
大于(G)...
大于或等于(O)...
小于(L)...
小于或等于(Q)...
介于(W)...
前 10 项(T)...
高于平均值(A)
低于平均值(O)
自定义筛选(F)...

图 3-130 数字筛选方式设置

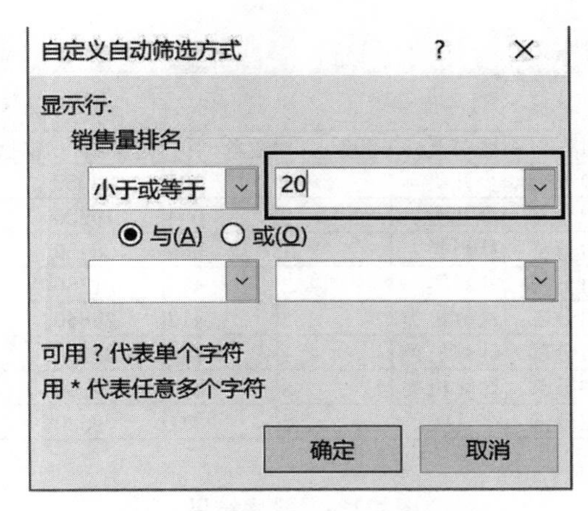

图 3-131　数字筛选“值”的设置

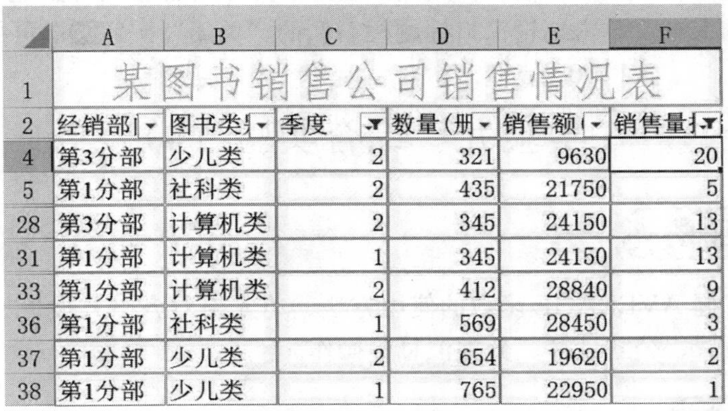

	A	B	C	D	E	F
1	某图书销售公司销售情况表					
2	经销部门	图书类别	季度	数量(册	销售额(	销售量排
4	第3分部	少儿类	2	321	9630	20
5	第1分部	社科类	2	435	21750	5
28	第3分部	计算机类	2	345	24150	13
31	第1分部	计算机类	1	345	24150	13
33	第1分部	计算机类	2	412	28840	9
36	第1分部	社科类	1	569	28450	3
37	第1分部	少儿类	2	654	19620	2
38	第1分部	少儿类	1	765	22950	1

图 3-132　筛选结果

7. 在 Sheet 2 工作表中，选中 A2:F38 单元格区域，在【数据】选项卡的“排序和筛选”组中，点击【排序】按钮。在“排序”对话框中，设置“主要关键字”为“销售量排名”，“次序”为“升序”，点击【添加条件】按钮，设置“次要关键字”为“经销部门”，“次序”为“升序”，点击【确定】按钮，如图 3-133 所示。排序结果如图 3-134 所示。

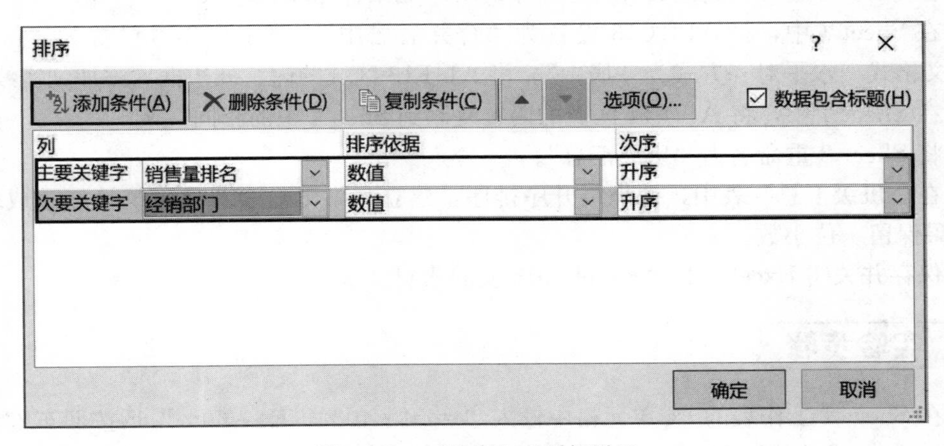

图 3-133　“排序”对话框设置

	A	B	C	D	E	F
1	某图书销售公司销售情况表					
2	经销部门	图书类别	季度	数量(册)	销售额(	销售量排
4	第1分部	少儿类	1	765	22950	1
5	第1分部	少儿类	2	654	19620	2
28	第1分部	社科类	1	569	28450	3
31	第1分部	社科类	2	435	21750	5
33	第1分部	计算机类	2	412	28840	9
36	第1分部	计算机类	1	345	24150	13
37	第3分部	计算机类	2	345	24150	13
38	第3分部	少儿类	2	321	9630	20
45						

图 3-134　排序结果

8. 点击“快速访问工具栏”上的保存按钮，或者点击【文件】选项卡下的【保存】命令，进行文档的保存。单击编辑窗口标题栏右侧的“关闭”按钮即可关闭文档。

实验九　综合实验（4）

实验目的

综合练习并掌握 AVERAGE 函数的使用方法、单元格对齐方式设置、单元格数字格式设置、内外边框设置、公式计算、分类汇总等操作。

实验内容

使用 Excel 文档“Excel 2016 实验素材 9. xlsx”，按照下列要求完成对此文档的操作：

1. 在 Sheet 1 中，利用公式计算总成绩（总成绩＝机试成绩＊40%＋笔试成绩＊60%），结果保留到整数。

2. 在 Sheet 1 中，利用函数计算三项平均分，结果保留 1 位小数。

3. 在 Sheet 1 中，将 A13:C13 设置为“合并后居中”，将出生年月设置为“yyyy/m”的自定义格式，水平对齐方式为“居中”。将 A1:F13 区域的内、外边框均添加细实线边框。

4. 在 Sheet 1 中，将 A1:F11 区域的内容复制到 Sheet2 中的相同区域。

5. 将 Sheet 2 重命名为“班级汇总”。

6. 在“班级汇总”表中，按班级升序排序，建立分类汇总表，分别统计三项成绩平均分，结果保留 1 位小数。

7. 保存并关闭 Excel 文档“Excel 2016 实验素材 9. xlsx”。

实验步骤

1. 在 Sheet 1 工作表的 F4 单元格中输入“＝D4＊40%＋E4＊60%”后按回车键，完成对单元格 F4 总成绩的计算。鼠标右键单击 F4 单元格，在弹出的快捷菜单中选择【设置单元格格式】。在“设置单元格格式”对话框的【数字】选项卡中，设置“分类”为“数值”，“小数位数”为“0”。下拉 F4 单元格“填充柄”到 F11 单元格完成“总成绩”列数据的计算，如图 3-135 所示。

	A	B	C	D	E	F
1	电子系学生　C语言程序设计　成绩单					
2						
3	姓名	班级	出生年月	机试成绩	笔试成绩	总成绩
4	郝英勇	1班	May-81	65	78	73
5	项南	2班	Dec-82	89	90	90
6	王红军	2班	Apr-81	75	69	71
7	李俊杰	2班	Feb-82	94	96	95
8	陈燕	2班	Aug-81	90	92	91
9	宋虹	1班	Oct-80	65	76	72
10	程潇潇	1班	Mar-81	78	62	68
11	纪小刚	2班	Sep-82	87	85	86
12						
13	平均					

图 3-135　总成绩计算

2. 在 Sheet 1 工作表中，选中 D13 单元格，点击编辑栏左侧的“插入函数”按钮 fx，在弹出的“插入函数”对话框中，选择“AVERAGE”函数，点击【确定】按钮。在弹出的“函数参数”对话框中，将“Number 1”设置为 D4:D11 区域，点击【确定】按钮。鼠标右键单击 D13 单元格，在弹出的快捷菜单中选择【设置单元格格式】，在“设置单元格格式”对话框的【数字】选项卡中，设置“分类”为“数值”，“小数位数”为“1”。使用 D13 单元格“填充柄”向右拖动至 F13 单元格，完成 D13:F13 区域的数据填充。

3. 在 Sheet 1 工作表中，选中 A13:C13 数据区域，在【开始】选项卡的“对齐方式”组中，单击【合并后居中】按钮完成对 A13:C13 单元格区域的合并和单元格内容居中显示。选中 C4:C11 数据区域，单击鼠标右键，在弹出的快捷菜单中选择【设置单元格格式】。在“设置单元格格式”对话框的【数字】选项卡中，设置“分类”为“自定义”，右侧的“类型”选择“yyyy/m/d”，在编辑框中将其修改为“yyyy/m”，如图 3-136 所示。继续在打开的“设置单元格格式”对话框中选择【对齐】选项卡，设置“水平对齐”方式为“居中”，点击【确定】按钮。

4. 在 Sheet 1 工作表中，选中 A1:F13 数据区域，在选中区域上单击鼠标右键，在弹出的快捷菜单中选择【设置单元格格式】。在“设置单元格格式”对话框的【边框】选项卡中，设置“线条样式”为“细实线”，点击“预置”的“外边框”按钮和“内部”按钮，如图 3-137 所示。点击【确定】按钮，完成内、外边框线的设置。

5. 在 Sheet 1 工作表中，选中 A1:F11 数据区域，在选中区域上单击鼠标右键，在弹出的快捷菜单中选择【复制】。然后在 Sheet2 表中，鼠标右键单击 A1 单元格，在弹出的快捷菜单中选择【粘贴】。

6. 鼠标右键单击 Sheet 2 工作表标签，在弹出的快捷菜单中选择【重命名】，将“Sheet 2”修改为“班级汇总”。

7. 在“班级汇总”表中，选中 A3:F11 区域单元格，在【数据】选项卡的“排序和筛选”组中，点击【排序】按钮，如图 3-138 所示。在弹出的“排序”对话框中设置“主要关

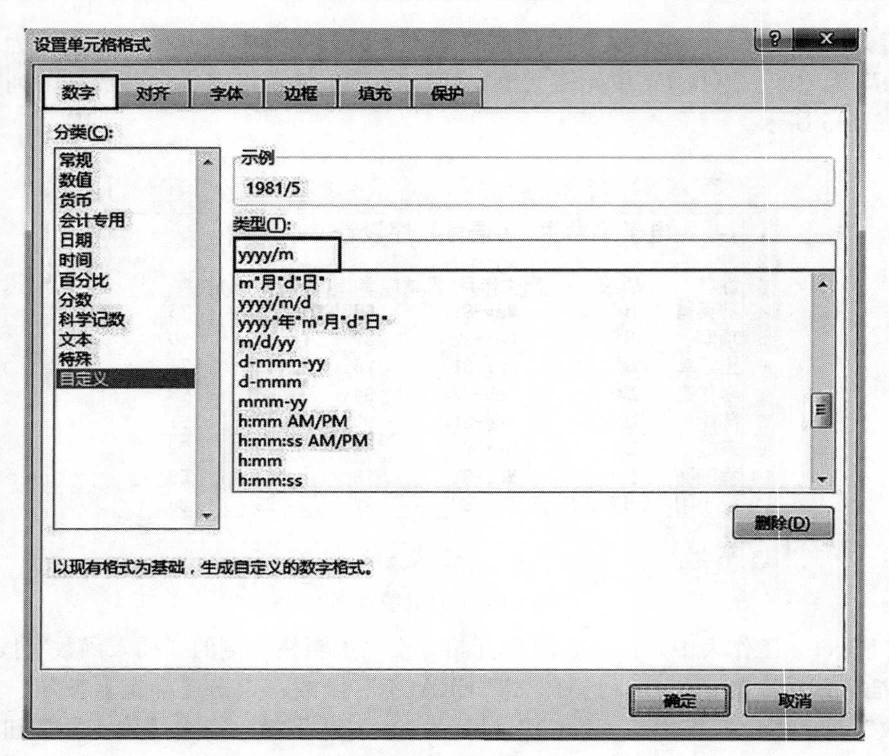

图 3-136　日期格式设置

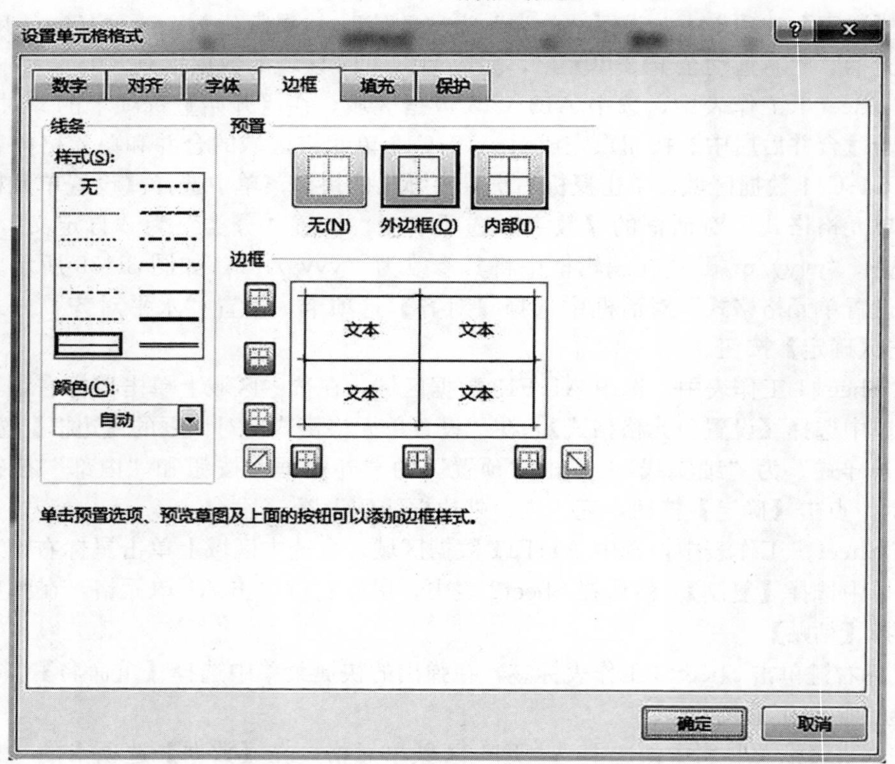

图 3-137　边框样式设置

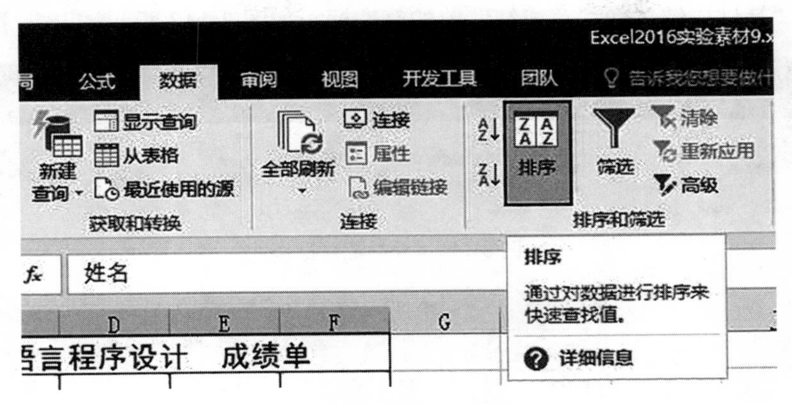

图 3-138　排序操作

键字”为“班级”，“次序”为“升序”，如图 3-139 所示，然后点击【确定】按钮。完成 A3:F11 表格区域按照“班级”的升序排序，排序结果如图 3-140 所示。

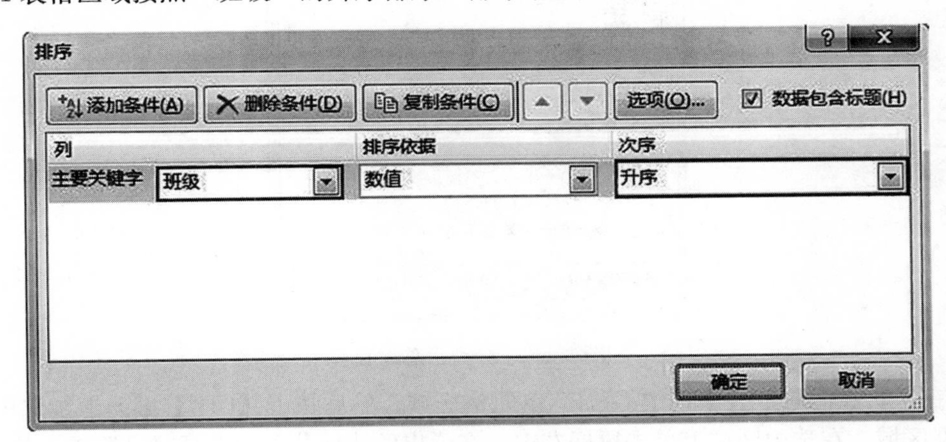

图 3-139　“排序”条件设置

	A	B	C	D	E	F
1	电子系学生　C语言程序设计　成绩单					
2						
3	姓名	班级	出生年月	机试成绩	笔试成绩	总成绩
4	郝英勇	1班	1981/5	65	78	73
5	宋虹	1班	1980/10	65	76	72
6	程潇潇	1班	1981/3	78	62	68
7	项南	2班	1982/12	89	90	90
8	王红军	2班	1981/4	75	69	71
9	李俊杰	2班	1982/2	94	96	95
10	陈燕	2班	1981/8	90	92	91
11	纪小刚	2班	1982/9	87	85	86

图 3-140　按“班级”升序排序

8. 保持在“班级汇总”表中 A3:F11 区域单元格的选中状态，在【数据】选项卡的“分级显示”组中，点击【分类汇总】按钮，如图 3-141 所示。在弹出的“分类汇总”对话框中，设置“分类字段”为“班级”，“汇总方式”为“平均值”，勾选“选定汇总项”中

“机试成绩”、“笔试成绩”和“总成绩”前的复选框，如图 3-142 所示，点击【确定】按钮。

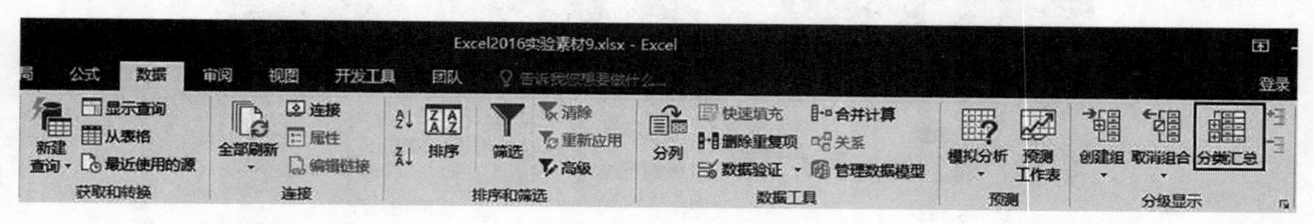

图 3-141　分类汇总操作

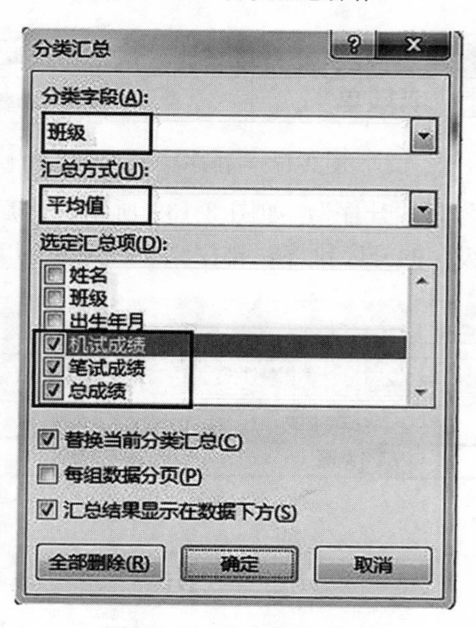

图 3-142　分类汇总设置

9. 在“班级汇总”表中选中 D7:F7 单元格区域，然后按下【Ctrl】键，继续选中 D13:F14 数据区域，在选中区域上单击鼠标右键，在弹出的快捷菜单中选择【设置单元格格式】。在“设置单元格格式”对话框的【数字】选项卡中，设置“分类”为“数值”，“小数位数”为“1”，点击【确定】按钮。建立完成的分类汇总表如图 3-143 所示。

	A	B	C	D	E	F
1	电子系学生　C语言程序设计　成绩单					
2						
3	姓名	班级	出生年月	机试成绩	笔试成绩	总成绩
4	郝英勇	1班	1981/5	65	78	73
5	宋虹	1班	1980/10	65	76	72
6	程潇潇	1班	1981/3	78	62	68
7		1班 平均值		69.3	72.0	70.9
8	项南	2班	1982/12	89	90	90
9	王红军	2班	1981/4	75	69	71
10	李俊杰	2班	1982/2	94	96	95
11	陈燕	2班	1981/8	90	92	91
12	纪小刚	2班	1982/9	87	85	86
13		2班 平均值		87.0	86.4	86.6
14		总计平均值		80.4	81.0	80.8

图 3-143　按照“班级”建立的分类汇总表

10. 点击“快速访问工具栏”上的保存按钮，或者点击【文件】选项卡下的【保存】命令，进行文档的保存。单击编辑窗口标题栏右侧的“关闭”按钮即可关闭文档。

实验案例 1　销售信息的分析和汇总

案例题目

小李今年毕业后，在一家计算机图书销售公司担任市场部助理，主要的工作职责是为部门经理提供销售信息的分析和汇总。

请根据销售数据报表文件“Excel 2016 案例素材 1. xlsx”，按照如下要求完成统计和分析工作：

1. 请对“订单明细表”工作表进行格式调整，对 A2:H636 区域套用表格格式“表样式中等深浅 3”，并将“单价”列和“小计”列所包含的单元格调整为“会计专用”（人民币）数字格式。

2. 根据图书编号，请在“订单明细表”工作表的“图书名称”列中，使用 VLOOKUP 函数完成图书名称的自动填充。“图书名称”和“图书编号”的对应关系在“编号对照”工作表中。

3. 根据图书编号，请在“订单明细表”工作表的“单价”列中，使用 VLOOKUP 函数完成图书单价的自动填充。“单价”和“图书编号”的对应关系在“编号对照”工作表中。

4. 在“订单明细表”工作表的“小计”列中，计算每笔订单的销售额。

5. 根据“订单明细表”工作表中的销售数据，统计所有订单的总销售金额，并将其填写在“统计报告”工作表的 B3 单元格中。

6. 根据“订单明细表”工作表中的销售数据，统计《MS Office 高级应用》图书在 2012 年的总销售额，并将其填写在“统计报告”工作表的 B4 单元格中。

7. 根据“订单明细表”工作表中的销售数据，统计隆华书店在 2011 年第 3 季度的总销售额，并将其填写在“统计报告”工作表的 B5 单元格中。

8. 根据“订单明细表”工作表中的销售数据，统计隆华书店在 2011 年的每月平均销售额（保留 2 位小数），并将其填写在“统计报告”工作表的 B6 单元格中。

9. 保存“Excel 2016 案例素材 1”文件。

解题步骤

1. 打开“Excel 2016 案例素材 1. xlsx”文件。

2. 在“订单明细表”中选中 A2:H636 区域，单击【开始】选项卡下“样式”组中的【套用表格格式】按钮，在弹出的下拉列表中选择“表样式中等深浅 3”，如图 3-144 所示。弹出“套用表格格式”对话框，直接点击【确定】即可。

3. 在“订单明细表”中，利用【Ctrl】键，同时选中“单价”列和“小计”列，并在选中区域上单击鼠标右键，在弹出的下拉菜单中选择【设置单元格格式】命令。继而弹出“设置单元格格式”对话框，在“数字”选项卡下的“分类”组中选择“会计专用”命令，然后单击

“货币符号（国家/地区）”下拉列表选择“￥”，单击【确定】按钮，如图 3-145 所示。

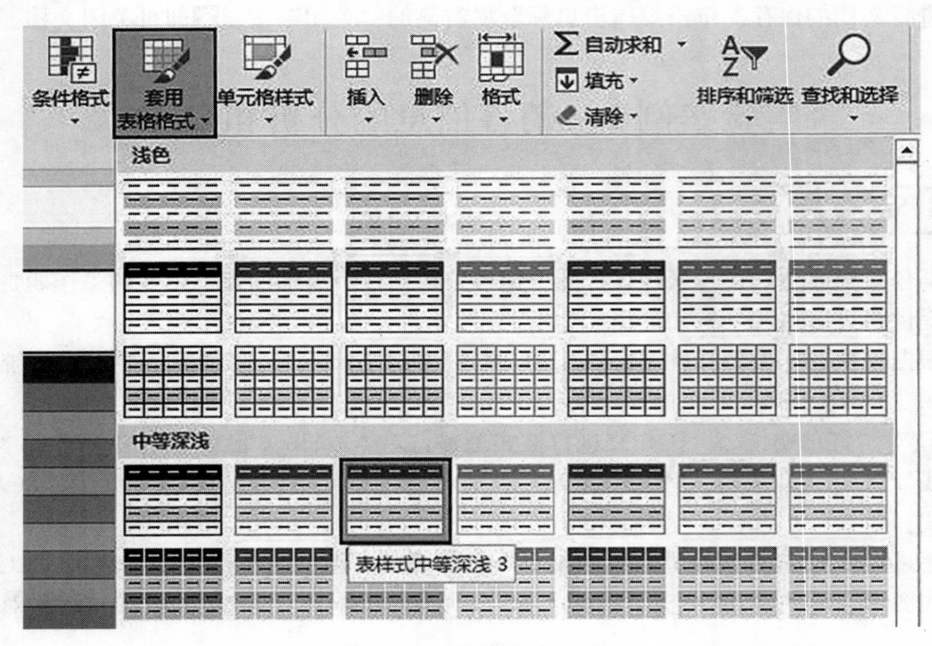

图 3-144　表格样式选择

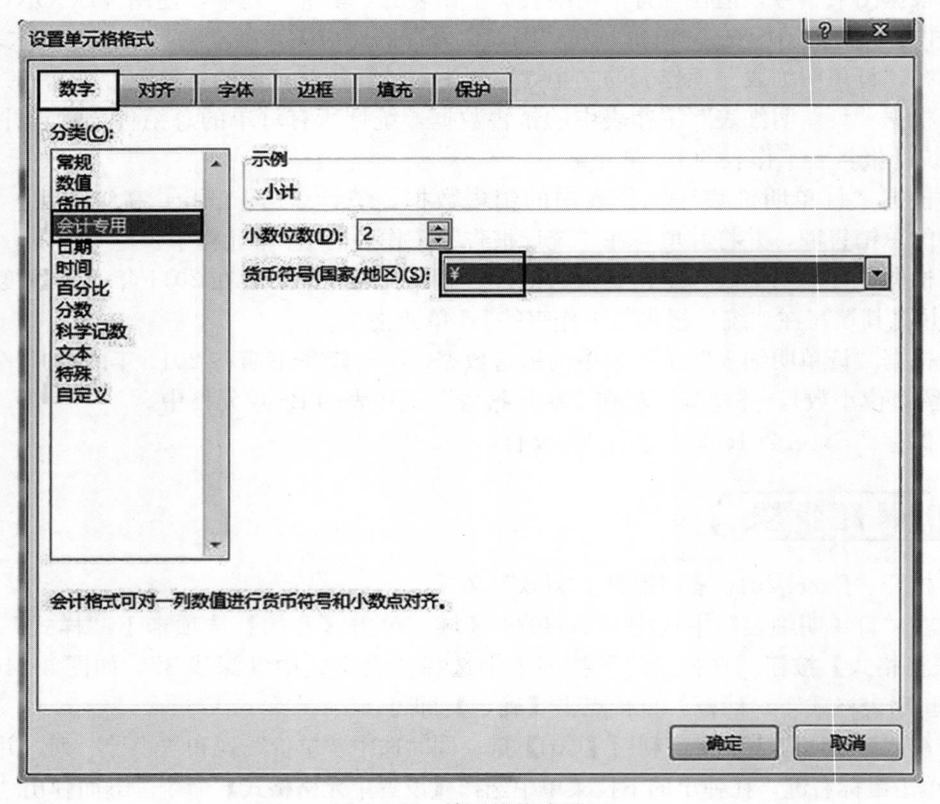

图 3-145　单元格格式设置

4. 在“订单明细表”中，选中 E3 单元格，单击【公式】选项卡下“函数库”组中的“插入函数”按钮，如图 3-146 所示。弹出“插入函数”对话框。

图 3-146　插入函数

5. 在“插入函数”对话框的“选择函数”列表中找到 VLOOKUP 函数，单击【确定】按钮，弹出“函数参数”对话框。在第 1 个参数框中用鼠标选择“D3”；第 2 个参数框中用鼠标选择“编号对照”工作表中的 A3:C19 区域；第 3 个参数框中输入“2”；第 4 个参数框中输入“FALSE”或者“0”，如图 3-147 所示（说明：“订单明细表”套用表格样式后，会自动对表格进行了相关区域的名称定义，故用鼠标选择函数参数时，会自动以定义的名称进行参数的表示，图 3-147、图 3-148 所示“函数参数”对话框等价）。参数设置完成后，单击【确定】按钮即可实现 E3 单元格的内容填充。也可直接在“订单明细表”工作表的 E3 单元格中输入函数“＝VLOOKUP（D3，编号对照！＄A＄2:＄C＄19，2，FALSE）”，按回车键进行函数计算。双击 E3 单元格右下角的“填充柄”完成“图书名称”列的自动填充。

函数参数

VLOOKUP

Lookup_value　[@图书编号]　= "BK-83021"

Table_array　表2　= {"BK-83021","《计算机基础及MS ...

Col_index_num　2　= 2

Range_lookup　FALSE　= FALSE

= "《计算机基础及MS Office应用》"

搜索表区域首列满足条件的元素，确定待检索单元格在区域中的行序号，再进一步返回选定单元格的值。默认情况下，表是以升序排序的

Lookup_value　需要在数据表首列进行搜索的值，lookup_value 可以是数值、引用或字符串

计算结果 = 《计算机基础及MS Office应用》

有关该函数的帮助(H)　确定　取消

图 3-147　使用表格定义的名称进行 VLOOKUP 函数参数设置

VLOOKUP 函数说明：

VLOOKUP 是一个查找函数，给定一个查找的目标，它就能从指定的查找区域中查找并返回想要查找到的值。

本题中，函数“＝VLOOKUP（D3，编号对照！＄A＄2:＄C＄19，2，FALSE）”中各参数的含义如下：

参数 1：“D3”为查找目标。VLOOKUP 函数将在“参数 2”指定区域的第 1 列中查找

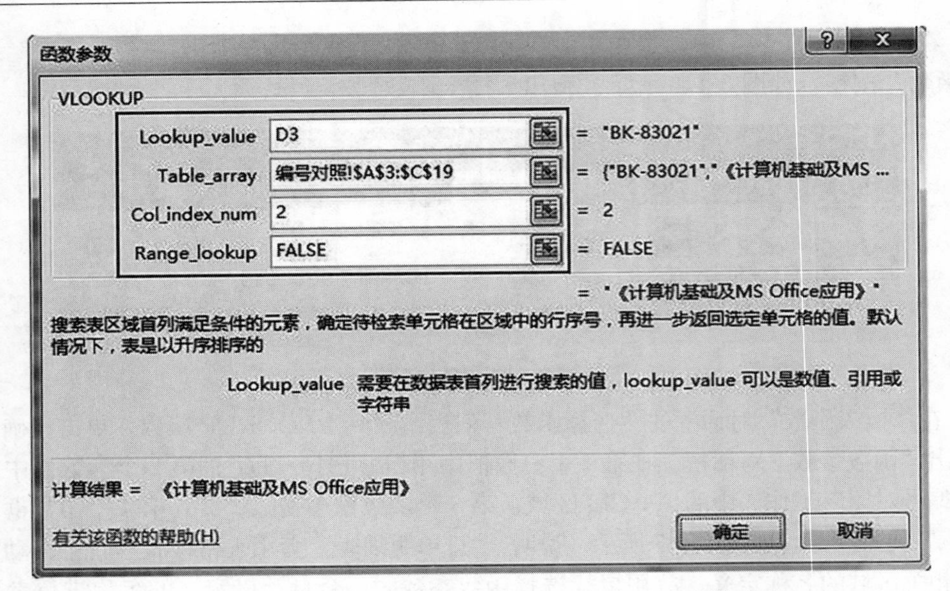

图 3-148 使用单元格区域进行 VLOOKUP 函数参数设置

与 D3 内容相同的单元格。

参数 2："编号对照！$A$2:$C$19"表示查找范围。"编号对照！$A$2:$C$19"表示"编号对照"工作表中的 A2:C19 数据区域。注意：查找目标一定要在该区域的第一列。

参数 3："2"表示返回值所在的列数，"2"表示"编号对照！$A$2:$C$19"区域的第 2 列。如果在"参数 2"中找到与"参数 1"内容相同的单元格，则返回第 2 列的内容。

参数 4：设置精确或模糊查找。决定查找精确匹配值还是近似匹配值。第 4 个参数如果值为 0 或 FALSE 则表示精确查找，如果找不到精确匹配值，则返回错误值#N/A。如果值为 1 或 TRUE，或者省略时，则表示模糊查找。

6. 在"订单明细表"中继续使用 VLOOKUP 函数，在 F3 单元格中插入函数"=VLOOKUP（D3，编号对照！$A$2:$C$19，3，0）"完成计算后，双击 F3 单元格"填充柄"实现"单价"列的自动填充。

7. 在"订单明细表"中选择 H3 单元格，输入"="，单击选择 F3 单元格，再输入乘号"*"，单击选择 G3 单元格，即可输入公式"=[@单价]*[@销量（本）]"；也可直接在"订单明细表"的 H3 单元格中输入公式"=F3*G3"，按 Enter 键完成计算。之后双击 H3 单元格"填充柄"实现"小计"列的自动填充。

8. 在"统计报告"工作表中选择 B3 单元格，点击编辑栏左侧的"插入函数"按钮 fx，打开"插入函数"对话框。在"插入函数"对话框"选择函数"列表中选择 SUM 函数，单击【确定】按钮，弹出"函数参数"对话框，在 Number 1 参数框中选择"订单明细表"中的 H3:H636 区域，单击【确定】按钮，如图 3-149 所示。也可直接在"统计报告"工作表中的 B3 单元格输入函数"=SUM（订单明细表！H3:H636）"后按回车键完成"所有订单的总销售金额"的统计计算。

9. 在"统计报告"工作表选择 B4 单元格，点击编辑栏左侧的"插入函数"按钮 fx，打开"插入函数"对话框。在"插入函数"对话框"选择函数"列表中找到 SUMIFS 函数，单击【确定】按钮，弹出"函数参数"对话框。在 Sum _ range 参数框中选择"订单明细

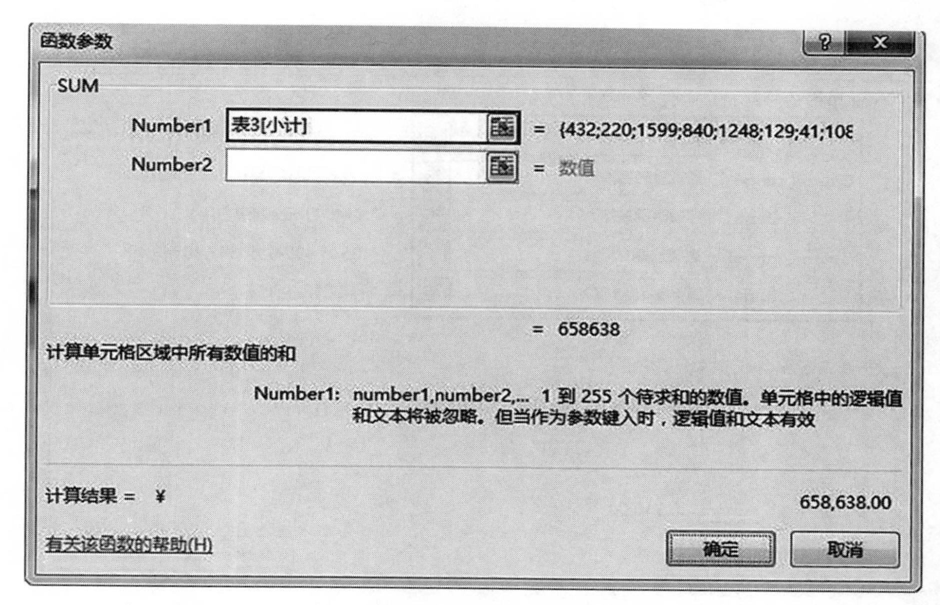

图 3-149　使用表格定义的名称进行 SUM 函数参数设置

表”中的 H3:H636 区域；Criteria _ range 1 参数框选择“订单明细表”中的 E3:E636 区域；Criteria 1 参数框中选择一个包含“《MS Office 高级应用》”内容的单元格，这里选择“订单明细表”中的 E7 单元格；Criteria _ range2 参数框选择“订单明细表”中的 B3:B636 区域；Criteria 2 参数框中输入“>=2012-1-1”；Criteria _ range 3 参数框也选择“订单明细表”中的 B3:B636 区域；Criteria 2 参数框中输入“<=2012-12-31”，单击【确定】按钮，如图 3-150、图 3-151 所示。也可在“统计报告”工作表中的 B4 单元格插入函数“=SUMIFS（订单明细表！H3:H636，订单明细表！E3:E636，订单明细表！E7，订单明细表！B3:B636，" >=2012-1-1"，订单明细表！B3:B636，" <=2012-12-31"）”完成“《MS Office 高级应用》图书在 2012 年的总销售额”的统计计算。

10. 在“统计报告”工作表选择 B5 单元格，点击编辑栏左侧的“插入函数”按钮 fx，打开“插入函数”对话框。在“插入函数”对话框“选择函数”列表中找到 SUMIFS 函数，单击【确定】按钮，弹出“函数参数”对话框。在 Sum _ range 参数框中选择“订单明细表”中的 H3:H636 区域；Criteria _ range 1 参数框选择“订单明细表”中的 C3:C636 区域；Criteria 1 参数框中选择一个包含“隆华书店”内容的单元格，这里选择“订单明细表”中的 C12 单元格；Criteria _ range 2 参数框选择“订单明细表”中的 B3:B636 区域；Criteria 2 参数框中输入“>=2011-7-1”；Criteria _ range 3 参数框也选择“订单明细表”中的 B3:B636 区域；Criteria 2 参数框中输入“<=2011-9-30”，单击【确定】按钮，如图 3-152、图 3-153 所示。也可在“统计报告”工作表中的 B5 单元格插入函数“=SUMIFS（订单明细表！H3:H636，订单明细表！C3:C636，订单明细表！C12，订单明细表！B3:B636，" >=2011-7-1"，订单明细表！B3:B636，" <=2011-9-30"）”完成隆华书店在 2011 年第 3 季度的总销售额统计计算。

11. 在“统计报告”工作表选择 B6 单元格，点击编辑栏左侧的“插入函数”按钮 fx，打开“插入函数”对话框。在“插入函数”对话框“选择函数”列表中找到 SUMIFS 函数，

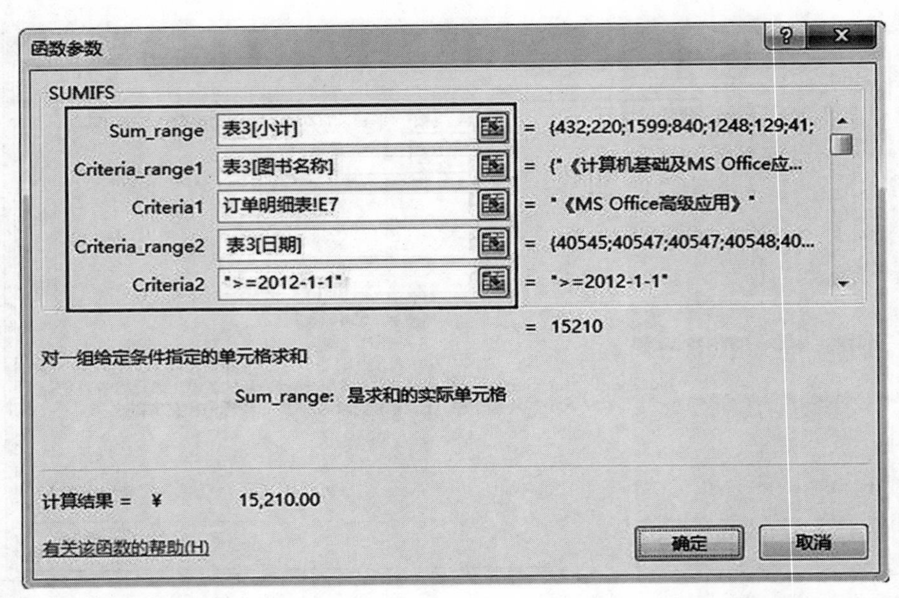

图 3-150 计算“《MS Office 高级应用》图书在 2012 年的总销售额”时前 5 个参数的设置

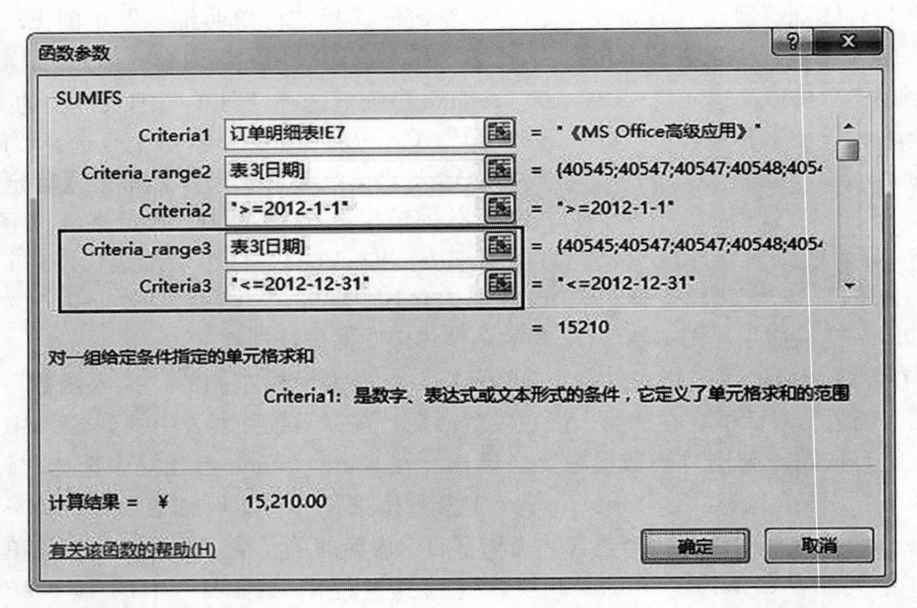

图 3-151 计算“《MS Office 高级应用》图书在 2012 年的总销售额”时第 6、第 7 个参数的设置

单击【确定】按钮，弹出“函数参数”对话框。在 Sum _ range 参数框中选择“订单明细表”中的 H3:H636 区域；Criteria _ range 1 参数框选择“订单明细表”中的 C3:C636 区域；Criteria 1 参数框中选择一个包含“隆华书店”内容的单元格，这里继续选择“订单明细表”中的 C12 单元格；Criteria _ range 2 参数框选择“订单明细表”中的 B3:B636 区域；Criteria 2 参数框中输入“＞＝2011-1-1”；Criteria _ range 3 参数框也选择“订单明细表”中的 B3:B636 区域；Criteria 2 参数框中输入“＜＝2011-12-30”，单击【确定】按钮，如图 3-154、图 3-155 所示。点击【确定】后，插入的函数为“＝SUMIFS（表 1［小计］，表 1

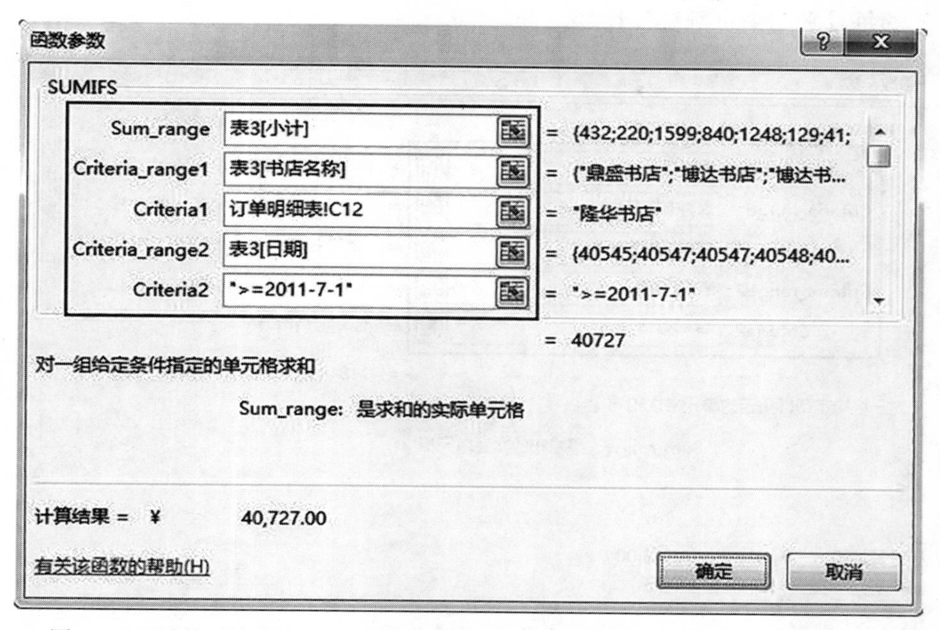

图 3-152 计算“隆华书店在 2011 年第 3 季度的总销售额”时前 5 个参数的设置

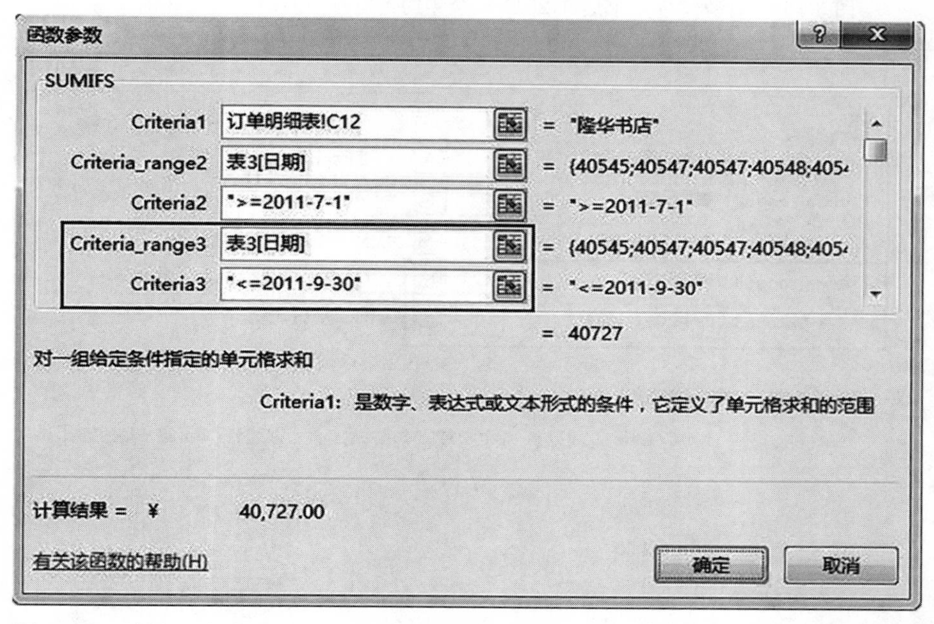

图 3-153 计算“隆华书店在 2011 年第 3 季度的总销售额”时第 6、第 7 个参数的设置

[书店名称]，订单明细表！C12，表 1 [日期]，"＞＝2011-1-1"，表 1 [日期]，"＜＝2011-12-31"）”所得的结果为“隆华书店在 2011 年全年的销售额”，将该函数再除以 12 即可求得“隆华书店在 2011 年的每月平均销售额”，此时只需单击编辑栏插入函数的最右侧，输入“/12”后按回车键即可。也可在“统计报告”工作表中的 B5 单元格插入函数“＝SUMIFS（订单明细表！H3:H636，订单明细表！C3:C636，订单明细表！C12，订单明细表！B3:B636，"＞＝2011-1-1"，订单明细表！B3:B636，"＜＝2011-12-31"）/12”完成隆华书店

在 2011 年的每月平均销售额统计计算。

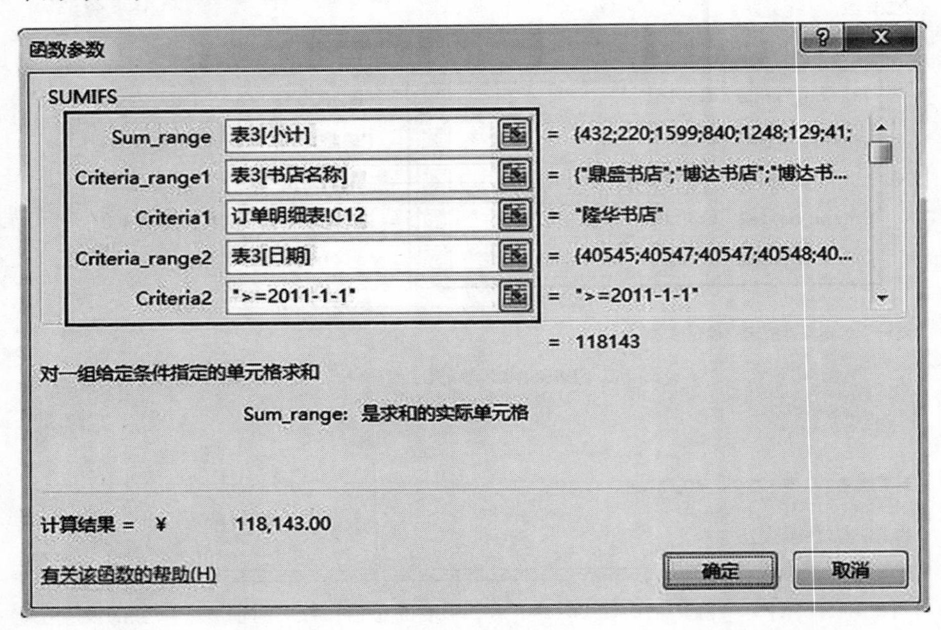

图 3-154 计算“隆华书店在 2011 年全年的销售额”时前 5 个参数的设置

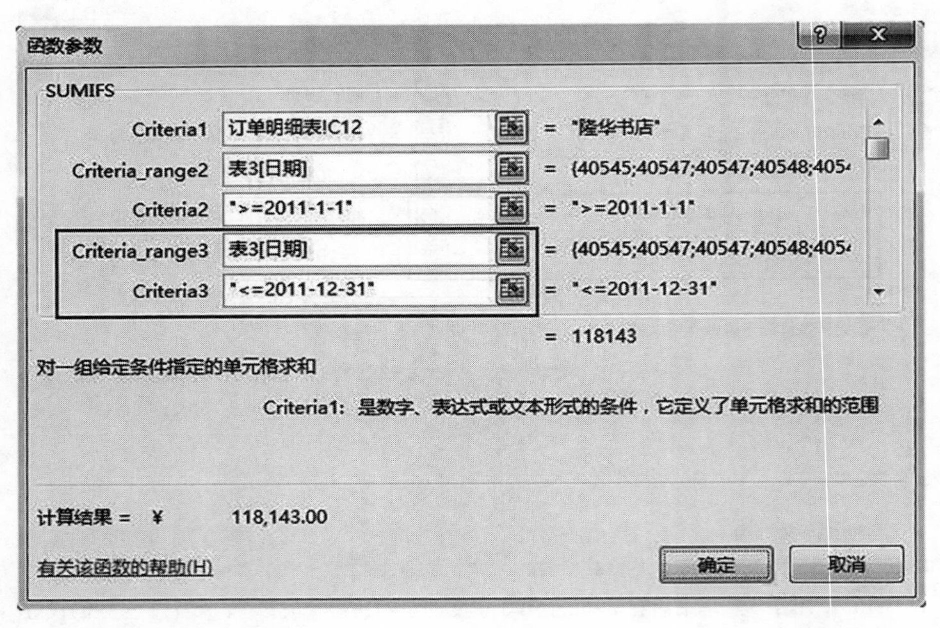

图 3-155 计算“隆华书店在 2011 年全年的销售额”时第 6、第 7 个参数的设置

12. 选中 B6 单元格，单击鼠标右键，在弹出的快捷菜单中选择【设置单元格格式】，在弹出的“设置单元格格式”对话框的【数字】选项卡中，“分类”选择为“会计专用”，“小数位数”设置为“2”，然后单击【确定】按钮。

13. 点击“快速访问工具栏”上的保存按钮，或者点击【文件】选项卡下的【保存】命令，进行文档的保存。单击编辑窗口标题栏右侧的“关闭”按钮即可关闭文档。

实验案例2　学生成绩的统计和分析

案例题目

小蒋是一位中学教师，在教务处负责初一年级学生的成绩管理。由于学校地处偏远地区，缺乏必要的教学设施，只有一台配置不太高的PC可以使用。他在这台电脑中安装了Microsoft Office，决定通过Excel来管理学生成绩，以弥补学校缺少数据库管理系统的不足。现在，第一学期期末考试刚刚结束，小蒋将初一年级三个班的成绩均录入了文件名为“Excel 2016案例素材2.xlsx”的Excel工作簿文档中。

请根据下列要求帮助小蒋老师对该成绩单进行整理和分析：

1. 对工作表“第一学期期末成绩”中的数据列表进行格式化操作：将第一列“学号”列设为文本，将所有成绩列设为保留两位小数的数值；适当加大行高列宽，改变字体、字号，设置对齐方式，增加适当的边框和底纹以使工作表更加美观。

2. 利用“条件格式”功能进行下列设置：将语文、数学、英语三科中不低于110分的成绩所在的单元格以一种颜色填充，其他四科中高于95分的成绩以另一种字体颜色标出，所用颜色深浅以不遮挡数据为宜。

3. 利用sum和average函数计算每一个学生的总分及平均成绩。

4. 学号第3、4位代表学生所在的班级，如“120105”代表12级1班5号。请通过函数提取每个学生所在的班级并按对应关系，如表3-1所示，填写在“班级”列中。

表3-1　学号和班级对应关系

学号的3、4位	对应班级
01	1班
02	2班
03	3班

5. 复制工作表“第一学期期末成绩”，将副本放置到原表之后；改变该副本表标签的颜色，并重新命名，新表名需包含“分类汇总”字样。

6. 通过分类汇总功能求出每个班各科的平均成绩，并将每组结果分页显示。

7. 以分类汇总结果为基础，创建一个簇状柱形图，对每个班各科平均成绩进行比较，并将该图表放置在一个名为“柱状分析图”新工作表中。

解题步骤

1. 打开“Excel 2016案例素材2.xlsx”文件。分别从“设置数字格式”、“字体”、“边框和底纹”几个方面依次设置，步骤如下：

(1) 在“第一学期期末成绩”工作表中，选中“学号”列，在选中区域单击鼠标右键，在弹出的下拉菜单中选择【设置单元格格式】命令，弹出“设置单元格格式”对话框。切换至“数字”选项卡，在“分类”组中选择“文本”，单击【确定】按钮，如图 3-156 所示。选中所有成绩列（D2:L19），单击鼠标右键，在弹出的下拉菜单中选择【设置单元格格式】命令，弹出“设置单元格格式”对话框，切换至“数字”选项卡，在“分类”组中选择“数值”，设置小数位数为“2”，单击【确定】按钮，如图 3-157 所示。

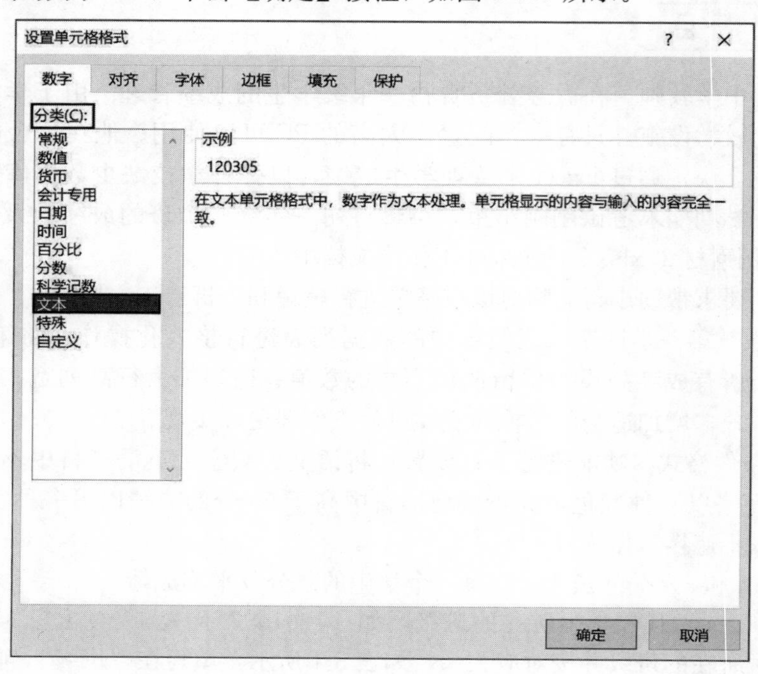

图 3-156　设置“文本”格式

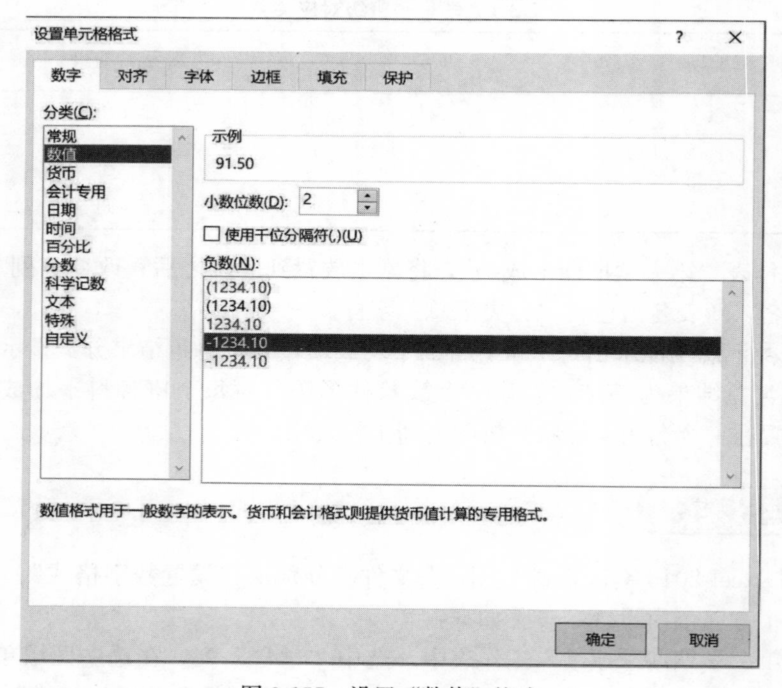

图 3-157　设置“数值”格式

（2）在“第一学期期末成绩”工作表中，选中 A1:L19 单元格，单击【开始】选项卡下“单元格”组中的【格式】下拉按钮，在弹出的下拉菜单中选择【行高】命令，如图 3-158 所示。弹出“行高”对话框，设置行高值为“16”，点击【确定】，如图 3-159 所示。按同样方式设置列宽为“9”。

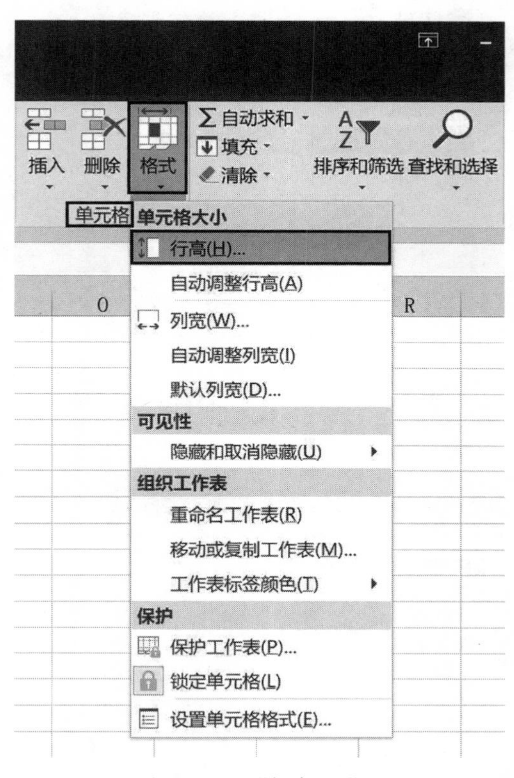

图 3-158　“行高”设置

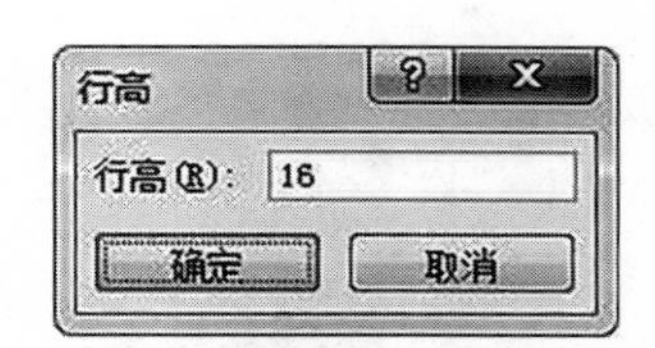

图 3-159　“行高”对话框

（3）在“第一学期期末成绩”工作表中，选中 A1:L19 单元格，单击鼠标右键，在弹出的下拉菜单中选择【设置单元格格式】命令，弹出“设置单元格格式”对话框。按题目要求依次切换到“字体”、“对齐”选项卡，对字体、字号和对齐方式进行设置，如图 3-160、图 3-161 所示。然后切换至“边框”选项卡，“线条”设置为“双实线”，“颜色”设置为标准色“浅蓝色”，在“预置”选项中选择“外边框”和“内部”选项，如图 3-162 所示。再切换至“填充”选项卡，在“背景色”组中选择一种颜色即可（如标准色“黄色”），设置完毕后单击【确定】按钮，如图 3-163 所示。

2. 在“第一学期期末成绩”工作表中，选中 D2:F19 单元格区域，单击【开始】选项卡下“样式”组中的“条件格式”下拉按钮，选择“突出显示单元格规则”中的“其他规则”命令，如图 3-164 所示。弹出“新建格式规则”对话框。

3. 在“新建格式规则”对话框中，“选择规则类型”中保持默认选择“只为包含以下内容的单元格设置格式”；在“编辑规则说明”中设置“单元格值”、“大于或等于”、“110”，如图 3-165 所示。

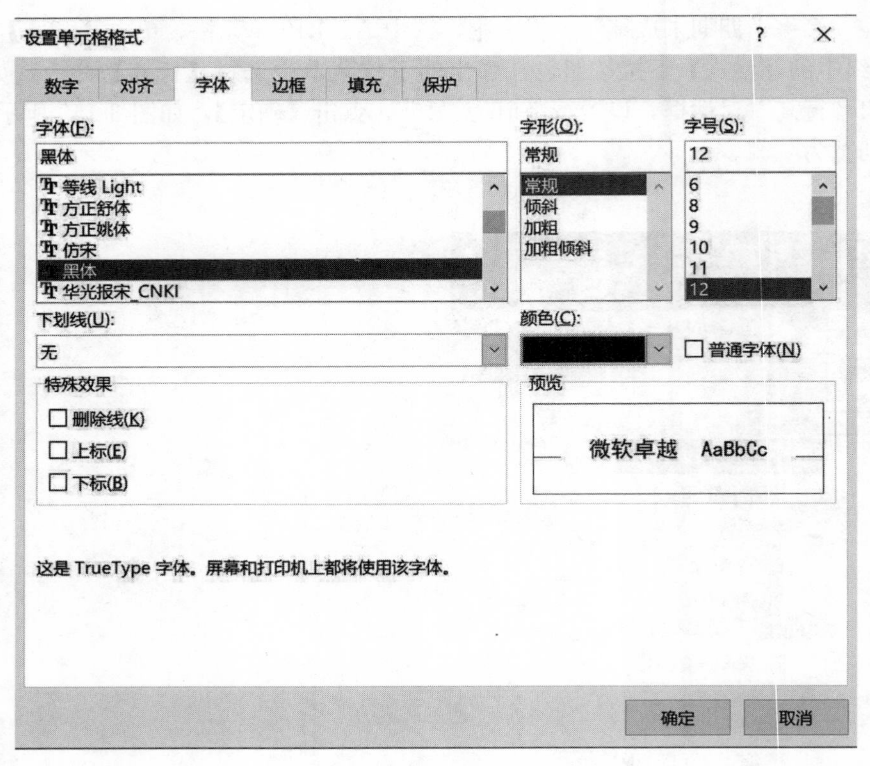

图 3-160 “字体”设置

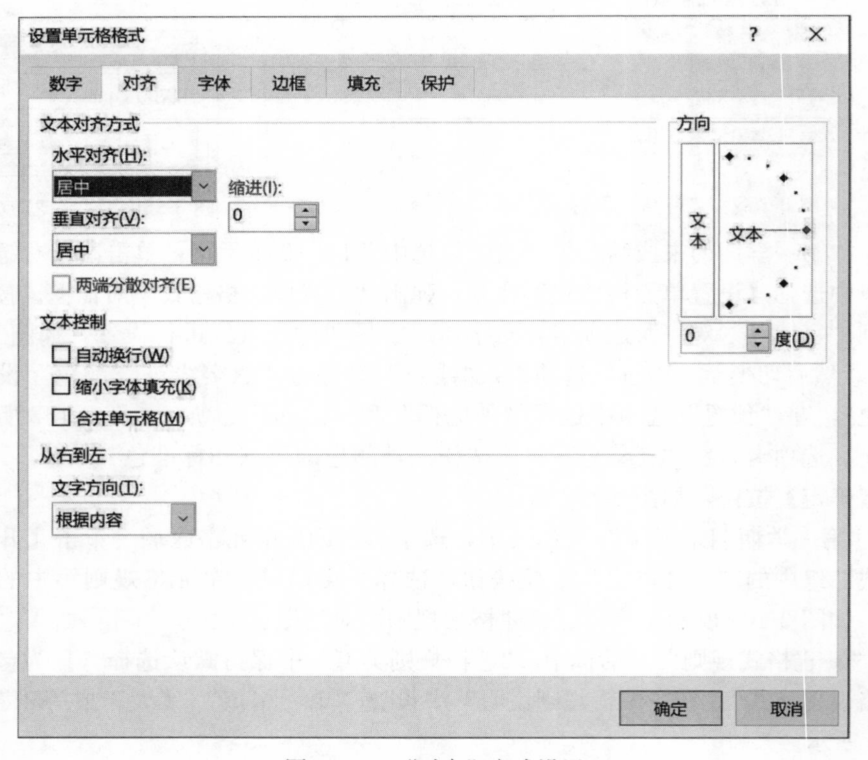

图 3-161 “对齐”方式设置

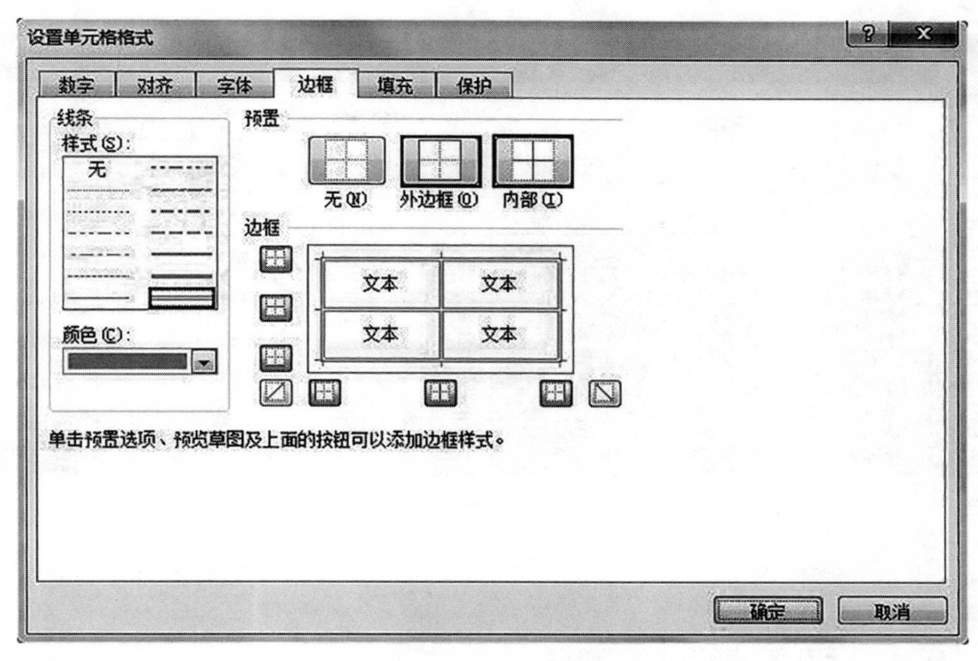

图 3-162　“边框”设置

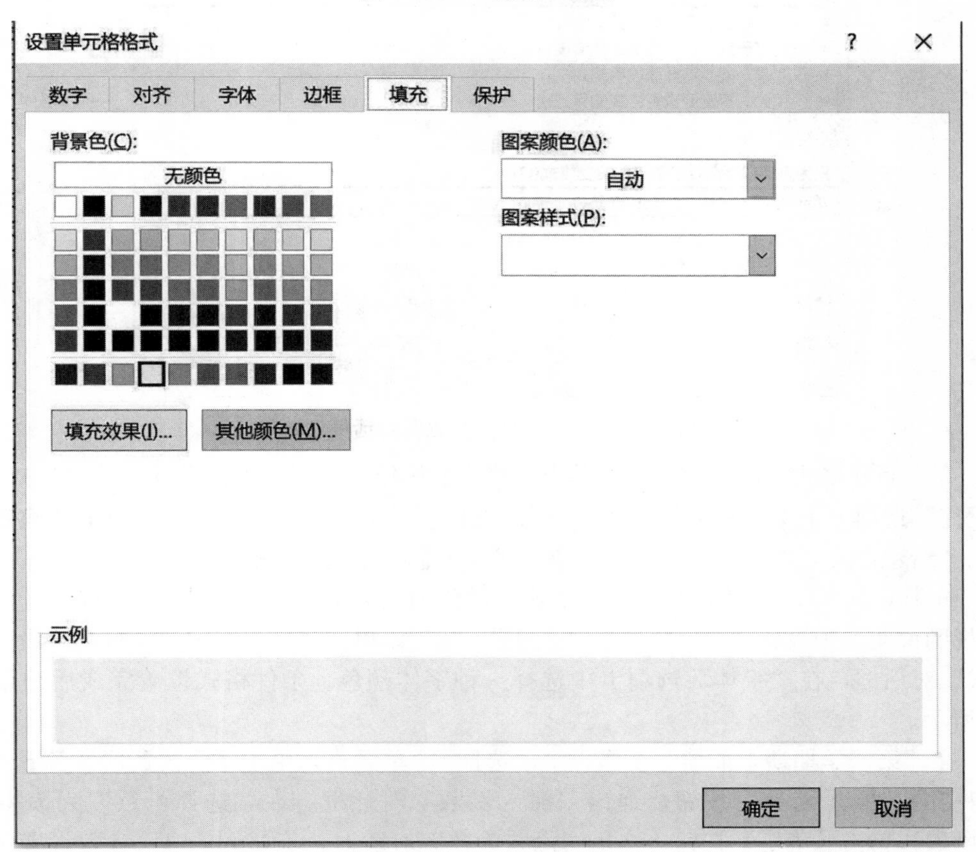

图 3-163　“底纹”设置

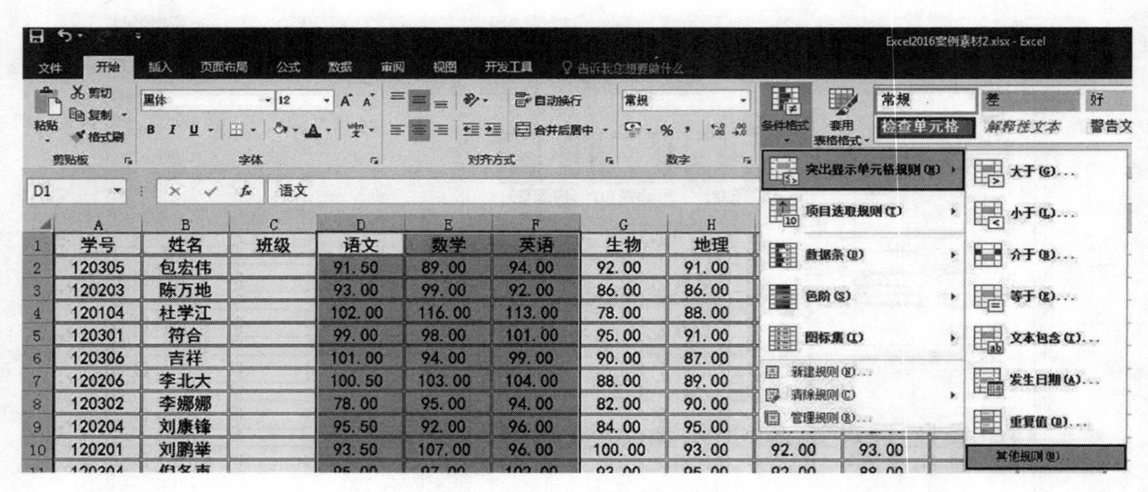

图 3-164 “条件格式”设置

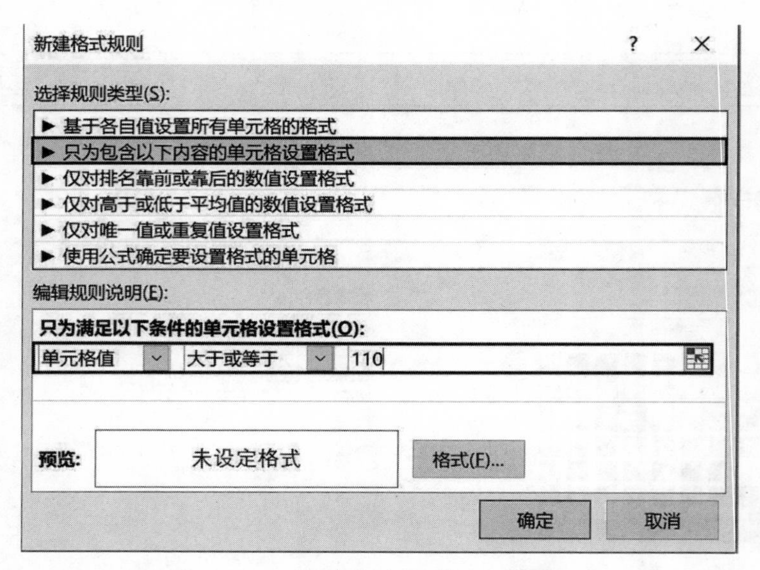

图 3-165 “新建格式规则”对话框设置

4. 在“新建格式规则”对话框中单击【格式】按钮，打开“设置单元格格式”对话框，在“填充”选项卡中选择一种填充颜色（如“红色”），如图 3-166 所示。单击【确定】按钮返回“新建格式规则”对话框，再次单击【确定】按钮完成“条件格式”设置。

5. 选中 G2:J19，参照上述“条件格式”的设置方法，在“新建格式规则”对话框的“编辑规则说明”中设置“单元格值”、“大于”、“95”。单击【格式】按钮，打开“设置单元格格式”对话框，在“字体”选项卡中选择一种字体颜色。条件格式设置完成后结果如图 3-167 所示。

6. 在“第一学期期末成绩”工作表中，选择 K2 单元格，单击【公式】选项卡下“函数库”组中的“插入函数”按钮，弹出“插入函数”对话框。在“选择函数”列表中找到 SUM 函数，单击【确定】按钮，弹出“函数参数”对话框。“Number 1”参数设置为 D2:J2，单击【确定】按钮即可实现 K2 单元格的求解，如图 3-168 所示。也可直接在“第一学

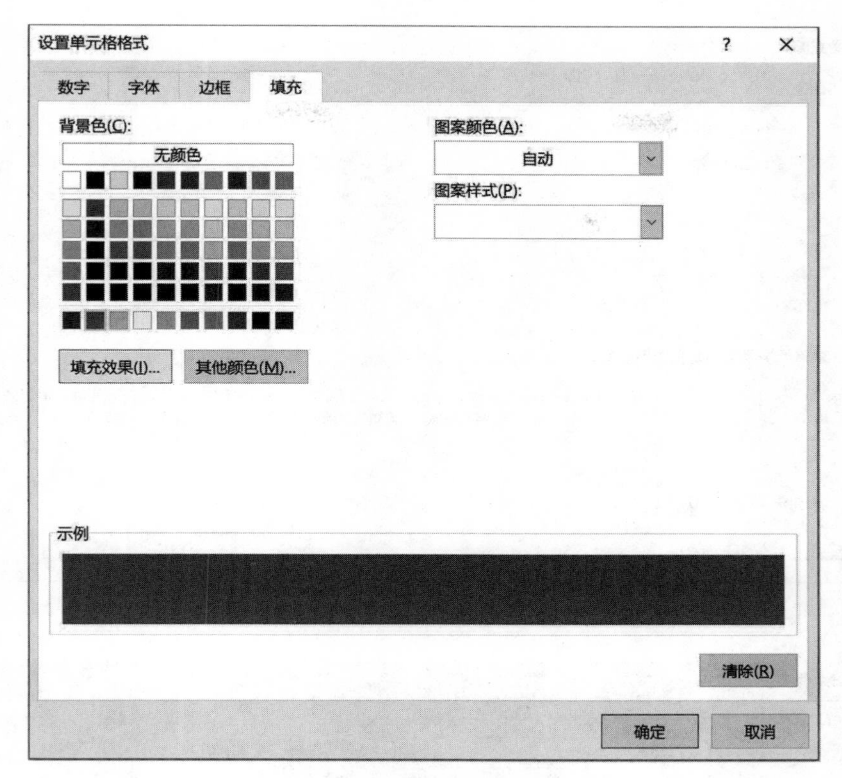

图 3-166　“单元格格式”设置

	A	B	C	D	E	F	G	H	I	J	K	L
1	学号	姓名	班级	语文	数学	英语	生物	地理	历史	政治	总分	平均分
2	120305	包宏伟		91.50	89.00	94.00	92.00	91.00	86.00	86.00		
3	120203	陈万地		93.00	99.00	92.00	86.00	86.00	73.00	92.00		
4	120104	杜学江		102.00	116.00	113.00	78.00	88.00	86.00	73.00		
5	120301	符合		99.00	98.00	101.00	95.00	91.00	95.00	78.00		
6	120306	吉祥		101.00	94.00	99.00	90.00	87.00	95.00	93.00		
7	120206	李北大		100.50	103.00	104.00	88.00	89.00	78.00	90.00		
8	120302	李娜娜		78.00	95.00	94.00	82.00	90.00	93.00	84.00		
9	120204	刘康锋		95.50	92.00	96.00	84.00	95.00	91.00	92.00		
10	120201	刘鹏举		93.50	107.00	96.00	100.00	93.00	92.00	93.00		
11	120304	倪冬声		95.00	97.00	102.00	93.00	95.00	92.00	88.00		
12	120103	齐飞扬		95.00	85.00	99.00	98.00	92.00	92.00	88.00		
13	120105	苏解放		88.00	98.00	101.00	89.00	73.00	95.00	91.00		
14	120202	孙玉敏		86.00	107.00	89.00	88.00	92.00	88.00	89.00		
15	120205	王清华		103.50	105.00	105.00	93.00	93.00	90.00	86.00		
16	120102	谢如康		110.00	95.00	98.00	99.00	93.00	93.00	92.00		
17	120303	闫朝霞		84.00	100.00	97.00	87.00	78.00	89.00	93.00		
18	120101	曾令煊		97.50	106.00	108.00	98.00	99.00	99.00	96.00		
19	120106	张桂花		90.00	111.00	116.00	72.00	95.00	93.00	95.00		

图 3-167　“条件格式”设置结果

期期末成绩”工作表的 K2 单元格中输入函数“＝SUM（D2:J2）”，按回车键进行函数的计算。双击 K2 单元格右下角的“填充柄”完成“总分”列的自动填充。

7. 选择 L2 单元格，单击【公式】选项卡下“函数库”组中的“插入函数”按钮，弹出“插入函数”对话框，在“选择函数”列表中找到 AVERAGE 函数，单击【确定】按钮，弹出“函数参数”对话框。“Number 1”参数设置为 D2:J2，单击【确定】按钮即可实现 L2 单元格的求解，如图 3-169 所示。也可直接在“第一学期期末成绩”工作表的 L2 单元格中

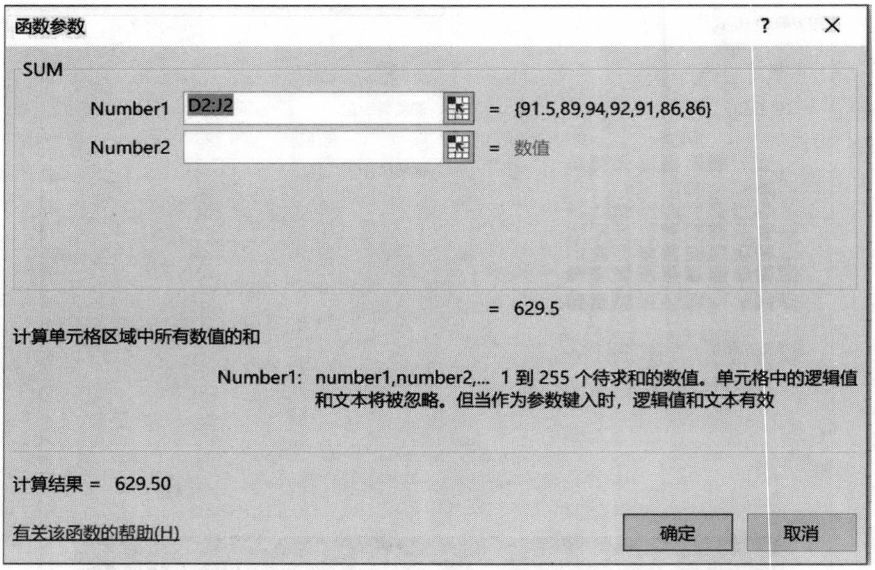

函数参数

SUM

Number1 D2:J2 = {91.5,89,94,92,91,86,86}

Number2 = 数值

= 629.5

计算单元格区域中所有数值的和

Number1: number1,number2,... 1 到 255 个待求和的数值。单元格中的逻辑值和文本将被忽略。但当作为参数键入时，逻辑值和文本有效

计算结果 = 629.50

有关该函数的帮助(H)

确定 取消

图 3-168 SUM 函数参数设置

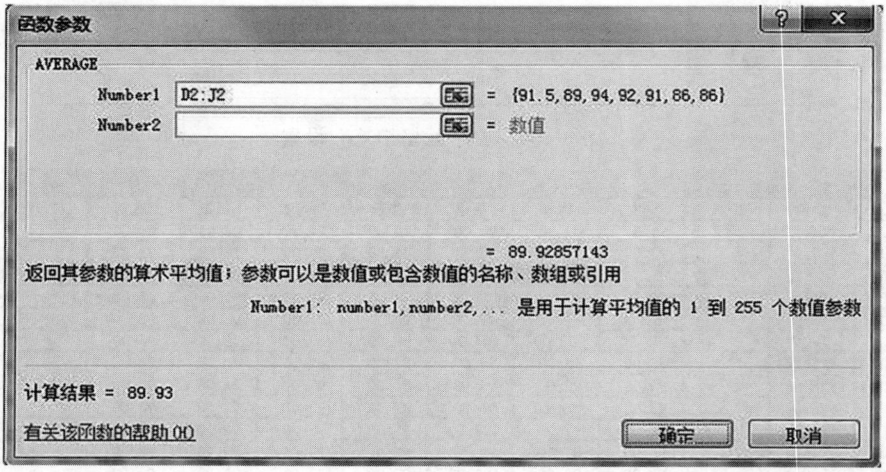

函数参数

AVERAGE

Number1 D2:J2 = {91.5,89,94,92,91,86,86}

Number2 = 数值

= 89.92857143

返回其参数的算术平均值；参数可以是数值或包含数值的名称、数组或引用

Number1: number1,number2,... 是用于计算平均值的 1 到 255 个数值参数

计算结果 = 89.93

有关该函数的帮助(H)

确定 取消

图 3-169 AVERAGE 函数参数设置

输入函数“＝AVERAGE（D2:J2）”，按回车键进行函数的计算。双击 L2 单元格右下角的“填充柄”完成“平均分”列的自动填充。“总分及平均成绩”计算结果如图 3-170 所示。

8. 在“第一学期期末成绩”工作表中，选择 C2 单元格，单击【公式】选项卡下“函数库”组中的“插入函数”按钮，弹出“插入函数”对话框。在“选择函数”列表中找到 MID 函数，单击【确定】按钮，弹出“函数参数”对话框。将“Text”参数设置为“A2”，“Start _ num”参数设置为“3”，“Num _ chars”参数设置为“2”，单击【确定】按钮，如图 3-171 所示。此时，C2 单元格插入的函数为“＝MID（A2，3，2）”，计算结果为“班级”编号，而且提取的“班级”编号有 2 位。如果第 1 位为“0”，需要将“0”去掉，可以通过在编辑栏修改插入函数为“＝INT（MID（A2，3，2））”来实现；此外，还需要在“班级”编号后追加一个“班”字。故继续在编辑栏修改当前 C2 单元格内的函数为“＝INT

	A	B	C	D	E	F	G	H	I	J	K	L
1	学号	姓名	班级	语文	数学	英语	生物	地理	历史	政治	总分	平均分
2	120305	包宏伟		91.50	89.00	94.00	92.00	91.00	86.00	86.00	629.50	89.93
3	120203	陈万地		93.00	99.00	92.00	86.00	86.00	73.00	92.00	621.00	88.71
4	120104	杜学江		102.00	116.00	113.00	78.00	88.00	86.00	73.00	656.00	93.71
5	120301	符合		99.00	98.00	101.00	95.00	91.00	95.00	78.00	657.00	93.86
6	120306	吉祥		101.00	94.00	99.00	90.00	87.00	95.00	93.00	659.00	94.14
7	120206	李北大		100.50	103.00	104.00	88.00	89.00	78.00	90.00	652.50	93.21
8	120302	李娜娜		78.00	95.00	94.00	82.00	90.00	93.00	84.00	616.00	88.00
9	120204	刘康锋		95.50	92.00	96.00	84.00	95.00	91.00	92.00	645.50	92.21
10	120201	刘鹏举		93.50	107.00	96.00	100.00	93.00	92.00	93.00	674.50	96.36
11	120304	倪冬声		95.00	97.00	102.00	93.00	95.00	92.00	88.00	662.00	94.57
12	120103	齐飞扬		95.00	85.00	99.00	98.00	92.00	92.00	88.00	649.00	92.71
13	120105	苏解放		88.00	98.00	101.00	89.00	73.00	95.00	91.00	635.00	90.71
14	120202	孙玉敏		86.00	107.00	89.00	88.00	92.00	88.00	89.00	639.00	91.29
15	120205	王清华		103.50	105.00	105.00	93.00	93.00	90.00	86.00	675.50	96.50
16	120102	谢如康		110.00	95.00	98.00	99.00	93.00	93.00	92.00	680.00	97.14
17	120303	闫朝霞		84.00	100.00	97.00	87.00	78.00	89.00	93.00	628.00	89.71
18	120101	曾令煊		97.50	106.00	108.00	98.00	99.00	99.00	96.00	703.50	100.50
19	120106	张桂花		90.00	111.00	116.00	72.00	95.00	93.00	95.00	672.00	96.00

图 3-170　“总分及平均成绩”计算结果

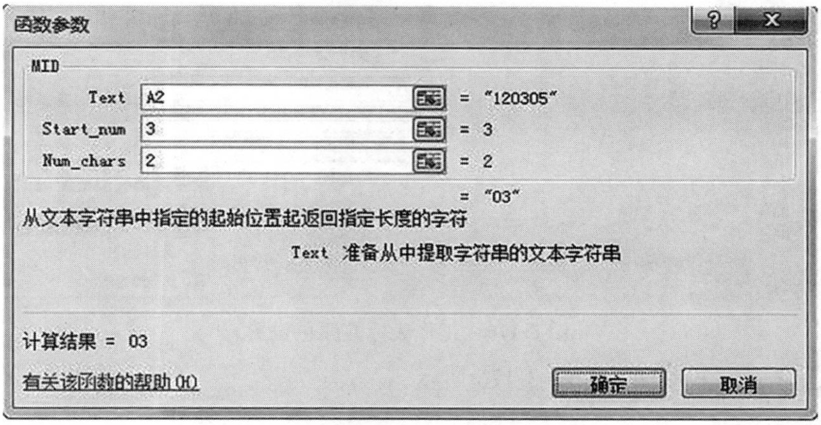

函数参数

MID

Text　A2　= "120305"

Start_num　3　= 3

Num_chars　2　= 2

= "03"

从文本字符串中指定的起始位置起返回指定长度的字符

Text　准备从中提取字符串的文本字符串

计算结果 = 03

有关该函数的帮助(H)　确定　取消

图 3-171　MID 函数参数设置

(MID（A2，3，2））& " 班" "。双击 C2 单元格右下角的“填充柄”完成“班级”列的自动填充。

9. 在工作表“第一学期期末成绩”标签位置处，单击鼠标右键，在弹出的快捷菜单中选择“移动或复制”选项，如图 3-172 所示。接着弹出“移动或复制工作表”对话框，在“下列选定工作表之前”列表框中选择“Sheet 2”，勾选“建立副本”，单击【确定】按钮，如图 3-173 所示。

10. 在副本工作表“第一学期期末成绩（2）”的表名上单击鼠标右键，在弹出的快捷菜单中选择“工作表标签颜色”，在其级联菜单中选择一种颜色，如图 3-174 所示。双击副本工作表名“第一学期期末成绩（2）”，然后修改表名使得表名中包含“分类汇总”字样，如“第一学期期末成绩分类汇总”。

11. 在“第一学期期末成绩分类汇总”工作表中，依次进行如下操作：

（1）按“班级”进行排序：选中 A1:L19 区域，单击【数据】选项卡下“排序和筛选”组中的【排序】按钮，弹出“排序”对话框。“主要关键字”选择“班级”，“次序”选择

图 3-172 “移动或复制”工作表

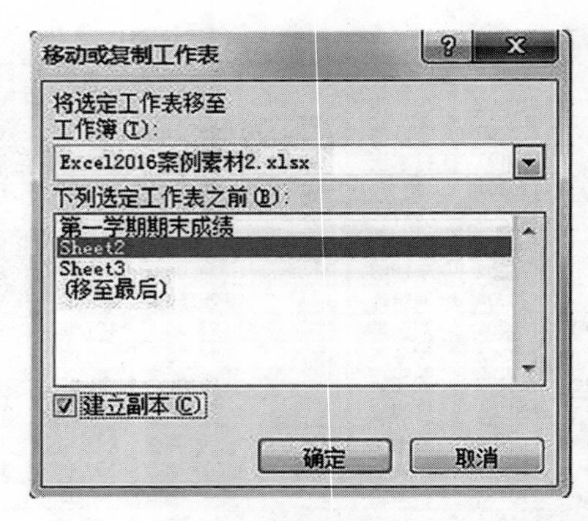

图 3-173 “移动或复制工作表”对话框设置

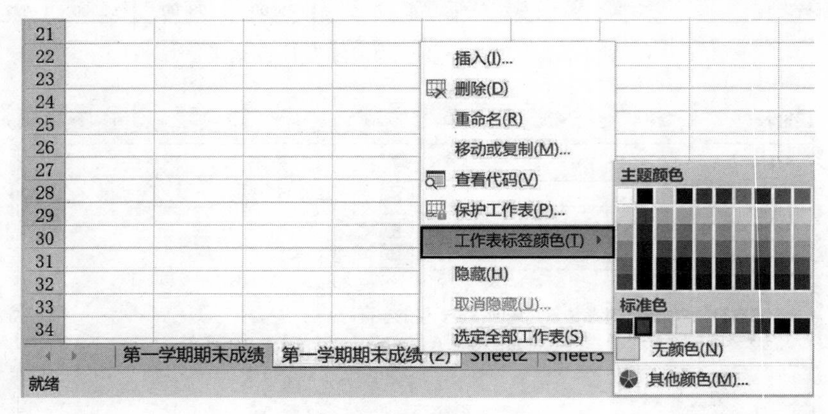

图 3-174 工作表标签颜色设置

“升序”，单击【确定】按钮，如图 3-175 所示。

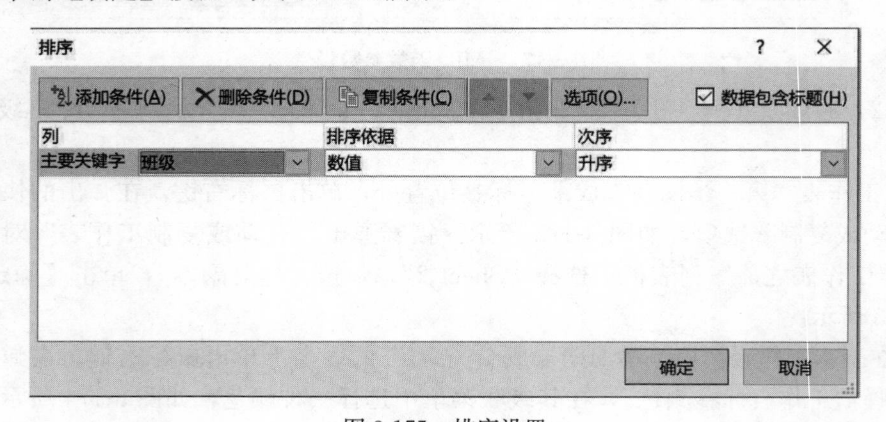

图 3-175 排序设置

(2) 选中 A1:L19 单元格区域，单击【数据】选项卡下“分级显示”组中的【分类汇总】按钮，如图 3-176 所示。在弹出的“分类汇总”对话框中，“分类字段”选择“班级”、“汇总方式”选择“平均值”，在“选定汇总项”中只勾选“语文”、“数学”、“英语”、“生物”、“地理”、“历史”、“政治”复选框。最后勾选“每组数据分页”复选框，单击【确定】

按钮，如图 3-177 所示。“分类汇总”结果如图 3-178 所示。

图 3-176　“分类汇总”操作

分类汇总
分类字段(A):
班级
汇总方式(U):
平均值
选定汇总项(D):
☑语文
☑数学
☑英语
☑生物
☑地理
☑历史
☑替换当前分类汇总(C)
☑每组数据分页(P)
☑汇总结果显示在数据下方(S)
全部删除(R)　确定　取消

图 3-177　“分类汇总”对话框设置

	A	B	C	D	E	F	G	H	I	J	K	L
1	学号	姓名	班级	语文	数学	英语	生物	地理	历史	政治	总分	平均分
2	120104	杜学江	1班	102.00	116.00	113.00	78.00	88.00	86.00	73.00	656.00	93.71
3	120103	齐飞扬	1班	95.00	85.00	99.00	98.00	92.00	92.00	88.00	649.00	92.71
4	120105	苏解放	1班	88.00	98.00	101.00	89.00	73.00	95.00	91.00	635.00	90.71
5	120102	谢如康	1班	110.00	95.00	98.00	99.00	93.00	93.00	92.00	680.00	97.14
6	120101	曾令煊	1班	97.50	106.00	108.00	98.00	99.00	99.00	96.00	703.50	100.50
7	120106	张桂花	1班	90.00	111.00	116.00	72.00	95.00	93.00	95.00	672.00	96.00
8			1班 平均值	97.08	101.83	105.83	89.00	90.00	93.00	89.17		
9	120203	陈万地	2班	93.00	99.00	92.00	86.00	86.00	73.00	92.00	621.00	88.71
10	120206	李北大	2班	100.50	103.00	104.00	88.00	89.00	78.00	90.00	652.50	93.21
11	120204	刘康锋	2班	95.50	92.00	96.00	84.00	95.00	91.00	92.00	645.50	92.21
12	120201	刘鹏举	2班	93.50	107.00	96.00	100.00	93.00	92.00	93.00	674.50	96.36
13	120202	孙玉敏	2班	86.00	107.00	89.00	88.00	92.00	88.00	89.00	639.00	91.29
14	120205	王清华	2班	103.50	105.00	105.00	93.00	93.00	90.00	86.00	675.50	96.50
15			2班 平均值	95.33	102.17	97.00	89.83	91.33	85.33	90.33		
16	120305	包宏伟	3班	91.50	89.00	94.00	92.00	91.00	86.00	86.00	629.50	89.93
17	120301	符合	3班	99.00	98.00	101.00	95.00	91.00	95.00	78.00	657.00	93.86
18	120306	吉祥	3班	101.00	94.00	99.00	90.00	87.00	95.00	93.00	659.00	94.14
19	120302	李娜娜	3班	78.00	95.00	94.00	82.00	90.00	93.00	84.00	616.00	88.00
20	120304	倪冬声	3班	95.00	97.00	102.00	93.00	95.00	92.00	88.00	662.00	94.57
21	120303	闫朝霞	3班	84.00	100.00	97.00	87.00	78.00	89.00	93.00	628.00	89.71
22			3班 平均值	91.42	95.50	97.83	89.83	88.67	91.67	87.00		
23			总计平均值	94.61	99.83	100.22	89.56	90.00	90.00	88.83		

图 3-178　“分类汇总”结果

12. 在“第一学期期末成绩分类汇总”工作表中，选中工作表中 A1:L23 的数据区域，在【数据】选项卡的“分级显示”组中单击【隐藏明细数据】按钮，之后表格中只显示按照

“班级”分类汇总后的“各科平均值”和“总计平均值”，如图 3-179 所示。

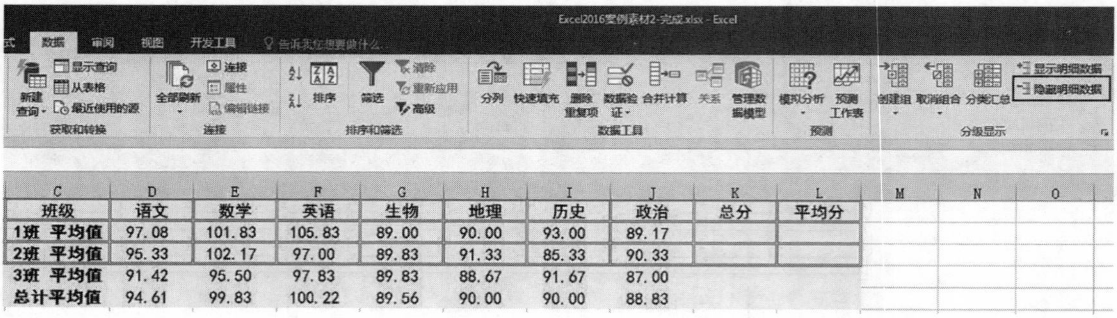

Excel2016案例素材2-完成.xlsx - Excel

式 数据 审阅 视图 开发工具 告诉我您想要做什么...

新建查询 显示查询 从表格 最近使用的源 获取和转换 | 全部刷新 连接 属性 编辑链接 连接 | 排序 筛选 清除 重新应用 高级 排序和筛选 | 分列 快速填充 删除重复项 数据验证 合并计算 关系 管理数据模型 数据工具 | 模拟分析 预测工作表 预测 | 创建组 取消组合 分类汇总 显示明细数据 隐藏明细数据 分级显示

C	D	E	F	G	H	I	J	K	L	M	N	O
班级	语文	数学	英语	生物	地理	历史	政治	总分	平均分			
1班 平均值	97.08	101.83	105.83	89.00	90.00	93.00	89.17					
2班 平均值	95.33	102.17	97.00	89.83	91.33	85.33	90.33					
3班 平均值	91.42	95.50	97.83	89.83	88.67	91.67	87.00					
总计平均值	94.61	99.83	100.22	89.56	90.00	90.00	88.83					

图 3-179　“隐藏明细数据”设置

13. “隐藏明细数据”操作后，选中 3 个班各科名称及对应平均值所在的数据区域，如图 3-180 所示。单击【插入】选项卡“图表”组中“柱形图”下拉按钮，在下拉列表中选择【簇状柱形图】，如图 3-181 所示。生成的图表如图 3-182 所示。

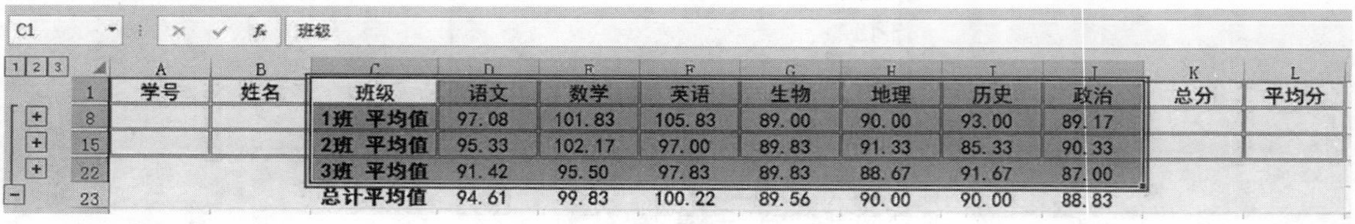

C1 fx 班级

	A	B	C	D	E	F	G	H	I	J	K	L
1	学号	姓名	班级	语文	数学	英语	生物	地理	历史	政治	总分	平均分
8			1班 平均值	97.08	101.83	105.83	89.00	90.00	93.00	89.17		
15			2班 平均值	95.33	102.17	97.00	89.83	91.33	85.33	90.33		
22			3班 平均值	91.42	95.50	97.83	89.83	88.67	91.67	87.00		
23			总计平均值	94.61	99.83	100.22	89.56	90.00	90.00	88.83		

图 3-180　选择数据区域

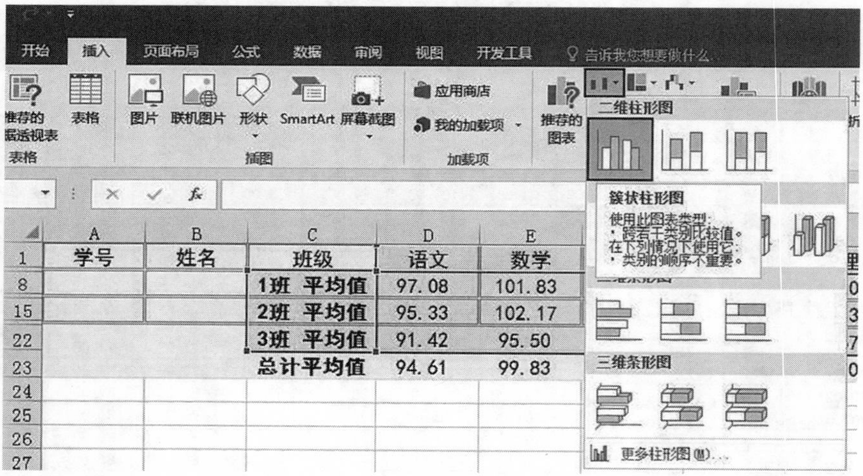

开始 插入 页面布局 公式 数据 审阅 视图 开发工具 告诉我您想要做什么

推荐的数据透视表 表格 表格 | 图片 联机图片 形状 SmartArt 屏幕截图 插图 | 应用商店 我的加载项 加载项 | 推荐的图表

二维柱形图 簇状柱形图 使用此图表类型：跨若干类别比较值。在下列情况下使用它：类别的顺序不重要。 二维条形图 三维条形图 更多柱形图(M)...

	A	B	C	D	E
1	学号	姓名	班级	语文	数学
8			1班 平均值	97.08	101.83
15			2班 平均值	95.33	102.17
22			3班 平均值	91.42	95.50
23			总计平均值	94.61	99.83
24					
25					
26					
27					

图 3-181　插入“簇状柱形图”

14. 选中新生成的图表，点击“图表工具”下的【设计】选项卡，“位置”组中单击【移动图表】，如图 3-183 所示。打开“移动图表”对话框，选择“新工作表”，在右侧的文本框中输入“柱状分析图”，图 3-184 所示。单击【确定】按钮即可实现将图表放置在一个名为“柱状分析图”新工作表中。

15. 点击“快速访问工具栏”上的保存按钮，或者点击【文件】选项卡下的【保存】命令，进行文档的保存。单击编辑窗口标题栏右侧的【关闭】按钮即可关闭文档。

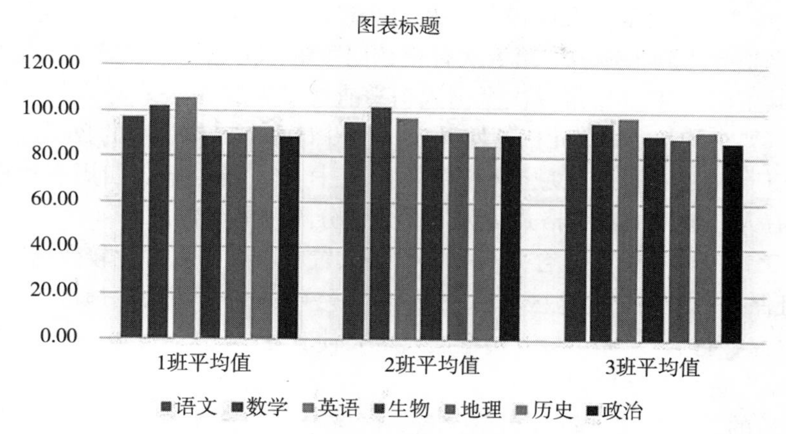

图 3-182　生成的“簇状柱形图”

图 3-183　“移动图表”操作

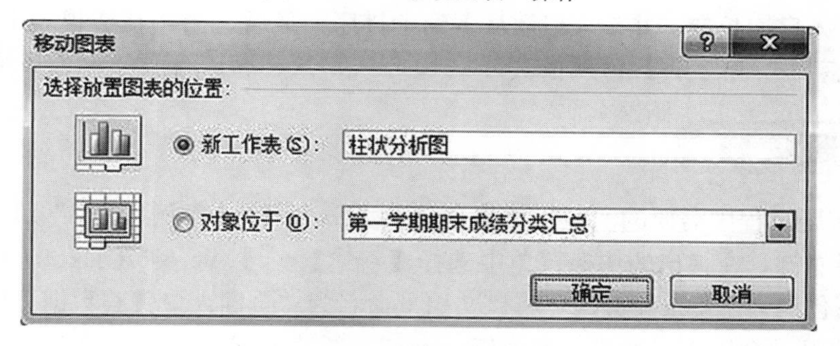

图 3-184　图表移动位置设置

实验案例 3　人口普查数据的统计分析

案例题目

国家统计局每 10 年进行一次全国人口普查，以掌握全国人口的增长速度及规模。按照下列要求完成对第五次、第六次人口普查数据的统计分析：

1. 新建一个空白 Excel 文档，将工作表 Sheet1 更名为“第五次普查数据”，新增加一个工作表并更名为“第六次普查数据”。将该文档以“全国人口普查数据分析 . xlsx”为文件名进行保存。

2. 浏览网页“第五次全国人口普查公报.htm”，将其中的“2000 年第五次全国人口普查主要数据”表格导入到工作表“第五次普查数据”中；浏览网页“第六次全国人口普查公报.htm”，将其中的“2010 年第六次全国人口普查主要数据”表格导入到工作表“第六次普查数据”中（要求均从 A1 单元格开始导入，不得对两个工作表中的数据进行排序）。

3. 对两个工作表中的数据区域套用合适的表格样式，要求至少四周有边框且偶数行有底纹，并将所有人口数列的数字格式设为带千分位分隔符的整数。

4. 将两个工作表内容合并，合并后的工作表放置在新工作表“比较数据”中（自 A1 单元格开始），且保持最左列仍为地区名称、A1 单元格中的列标题为“地区”，对合并后的工作表适当调整行高列宽、字体字号、边框底纹等，使其便于阅读。以“地区”为关键字对工作表“比较数据”进行升序排列。

5. 在合并后的工作表“比较数据”中数据区域最右边依次增加“人口增长数”和“比重变化”两列，计算这两列的值，并设置合适的格式。其中，人口增长数＝2010 年人口数－2000 年人口数；比重变化＝2010 年比重－2000 年比重。

6. 打开工作簿“统计指标.xlsx”，将“统计数据”工作表插入到正在编辑的文档“全国人口普查数据分析.xlsx”中“比较数据”工作表的右侧。

7. 在工作簿“全国人口普查数据分析.xlsx”的工作表“比较数据”中的相应单元格内填入统计结果。

8. 基于工作表“比较数据”创建一个数据透视表，将其单独存放在一个名为“透视分析”的工作表中。透视表中要求筛选出 2010 年人口数超过 5 000 万的地区及其人口数、2010 年所占比重、人口增长数，并按人口数从多到少排序。最后适当调整透视表中的数字格式。（提示：行标签为“地区”，数值项依次为 2010 年人口数、2010 年比重、人口增长数）。

解题步骤

1. 本题解题过程中需要的实验素材都存放于“Excel 2016 案例素材 3”目录下。在该目录下点击鼠标右键，在弹出的快捷菜单中选择【新建】|【Microsoft Excel 工作表】，即可在当前目录下创建一个 Excel 文档，将该文档重命名为“全国人口普查数据分析.xlsx”。

2. 双击打开“全国人口普查数据分析.xlsx”，新建的 Excel 2016 文档默认只有一个工作表且工作表标签为“Sheet1”。双击工作表标签“Sheet1”，在编辑状态下输入“第五次普查数据”。点击工作表标签右侧的“新工作表”按钮⊕，创建一个新工作表，双击新工作表标签，在编辑状态下输入“第六次普查数据”。

3. 在“Excel 2016 案例素材 3”目录下“第五次全国人口普查公报.htm”文件上点击右键，在右键菜单的“打开方式”下选择“Internet Explorer”程序以网页形式打开，复制网页地址栏中的地址。在工作表“第五次普查数据”中选中 A1，单击【数据】选项卡下“获取外部数据”组中的【自网站】按钮，如图 3-185 所示。弹出“新建 Web 查询”对话框，在“地址”文本框中粘贴之前复制的地址（也可以直接手动输入“第五次全国人口普查公报.htm”在本机的完整路径），单击右侧的【转到】按钮，如图 3-186 所示。

4. 向下拖动“新建 Web 查询”对话框右侧的滚动条，找到网页中的“2000 年第五次全国人口普查主要数据”表，单击要选择的表左侧的带方框的“箭头”➔，使向右箭头变成

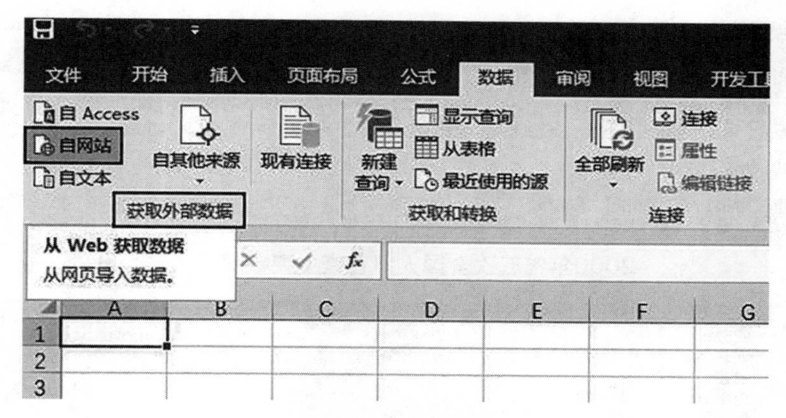

图 3-185　获取外部数据操作

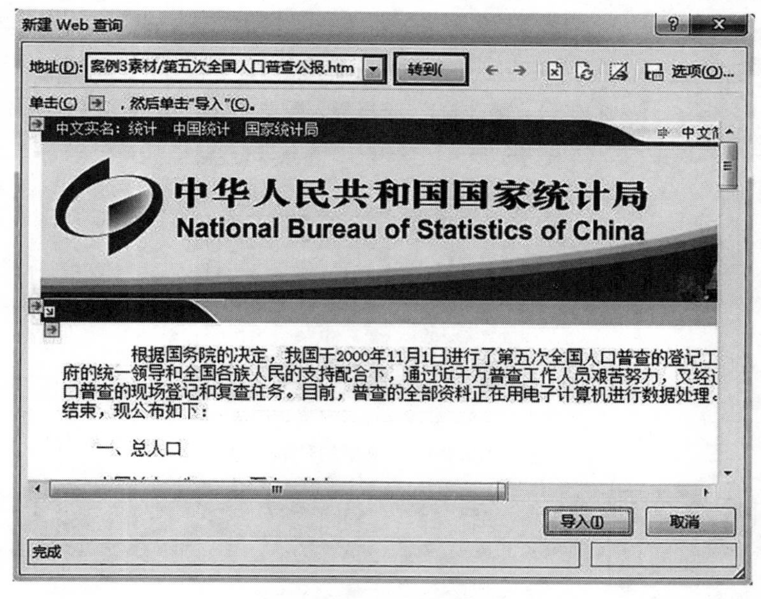

图 3-186　显示外部数据

“对钩”，然后单击【导入】按钮，如图 3-187 所示。之后会弹出“导入数据”对话框，选择“数据的放置位置”为“现有工作表”，在文本框中输入“= $A$1”，单击【确定】按钮，如图 3-188 所示。

5. 打开网页文件“第六次全国人口普查公报 . htm”，按照上述方法将其中的“2010 年第六次全国人口普查主要数据”表格导入工作表“第六次普查数据”中的相同位置。

6. 在工作表“第五次普查数据”中选中数据区域 A1:C34，在【开始】选项卡的“样式”组中单击【套用表格格式】下拉按钮，弹出下拉列表，按照题目要求选择一种至少四周有边框且偶数行有底纹的表格样式，这里选择的表格样式为“表样式中等深浅 2”，如图 3-189 所示。选择表格样式“表样式中等深浅 2”后，会弹出“套用表格式”对话框，保持该对话框的默认设置，点击【确定】，如图 3-190 所示。之后 Excel 会弹出选定的表格区域和外部数据连接是否删除的对话框，点击【是】，如图 3-191 所示。

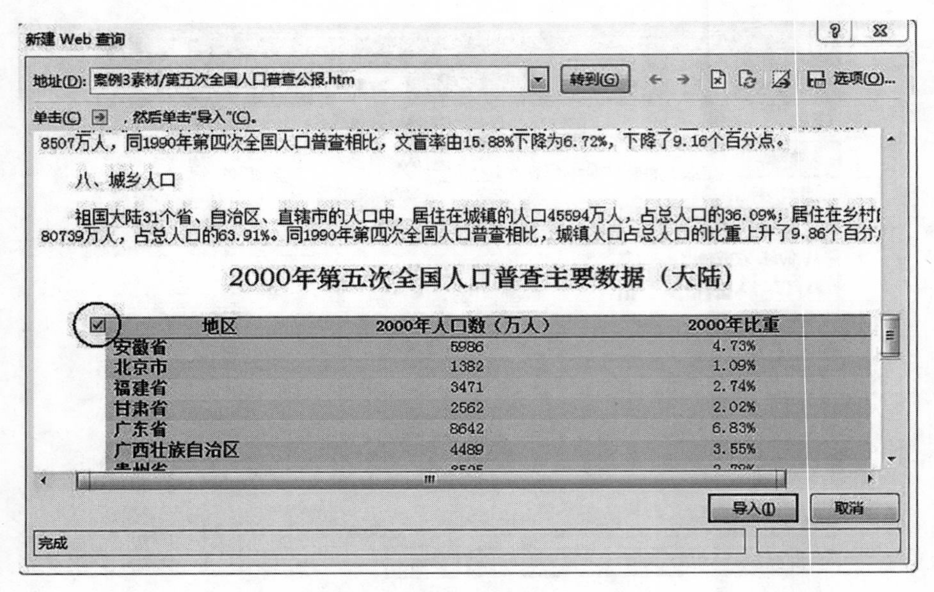

图 3-187　选择导入数据

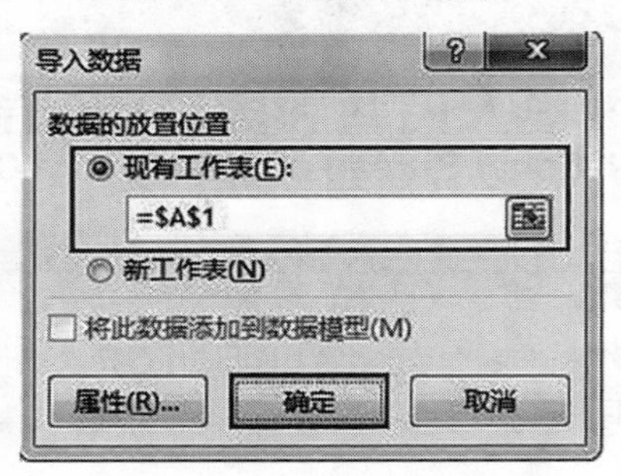

图 3-188　导入数据的位置设置

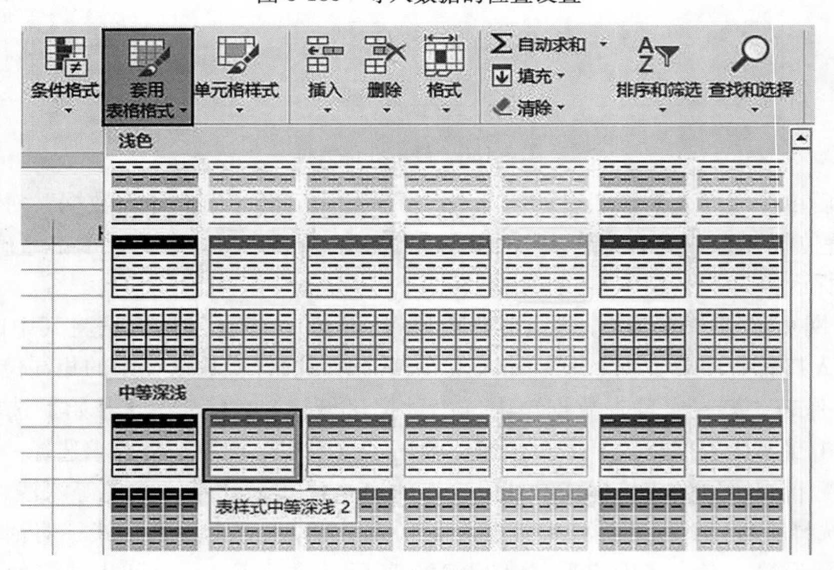

图 3-189　表格样式选择

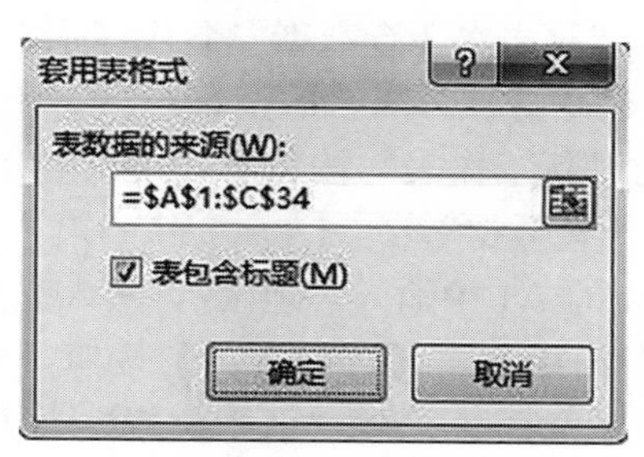

图 3-190　套用表格式确认

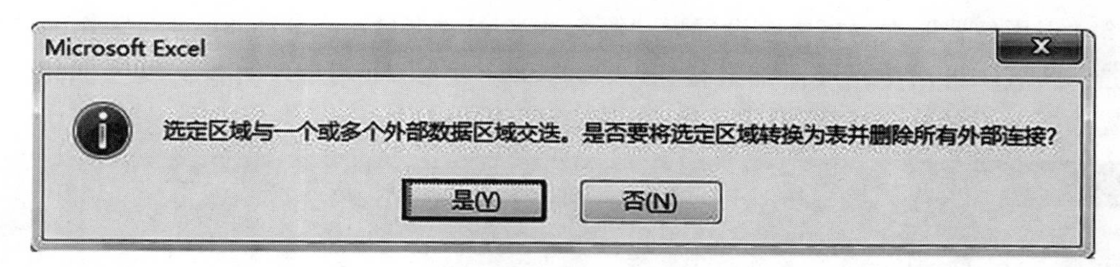

图 3-191　选定区域转换为表并删除外部连接

7. 在工作表“第五次普查数据”中点击“列标 B”选中 B 列，单击【开始】选项卡下“数字”组中“对话框启动器”按钮，弹出“设置单元格格式”对话框。在“数字”选项卡的“分类”下选择“数值”，“小数位数”设置为“0”，勾选“使用千位分隔符”复选框，然后单击【确定】按钮，如图 3-192 所示。

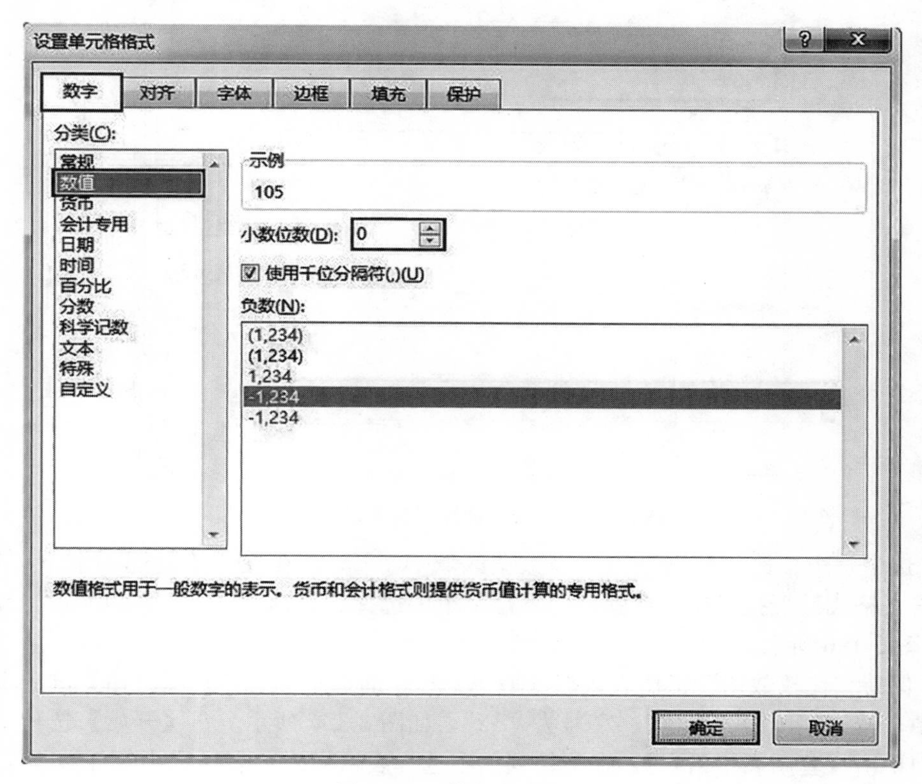

图 3-192　数字格式设置

8. 参照上述方法对工作表“第六次普查数据”套用“表样式中等深浅 3”的表格样式，并同样将 B 列的数字格式设为带千分位分隔符的整数。

9. 点击工作表标签右侧的“新工作表”按钮⊕，再次创建一个新工作表，双击新工作表标签，在编辑状态下输入“比较数据”。

10. 在“比较数据”工作表的 A1 中输入“地区”，输入完成确认后选中 A1 单元格，在【数据】选项卡的“数据工具”组中单击【合并计算】按钮，如图 3-193 所示。弹出“合并计算”对话框，设置“函数”为“求和”，将“引用位置”文本框内容设置为“第五次普查数据！＄A＄1:＄C＄34”作为要合并的第一个区域，单击【添加】按钮，如图 3-194 所示。然后将“引用位置”文本框内容设置为“第六次普查数据！＄A＄1:＄C＄34”作为要合并的第二个区域，再次单击【添加】按钮，在“标签位置”下勾选“首行”复选框和“最左列”复选框，然后单击【确定】按钮，如图 3-195 所示。

图 3-193　合并计算操作

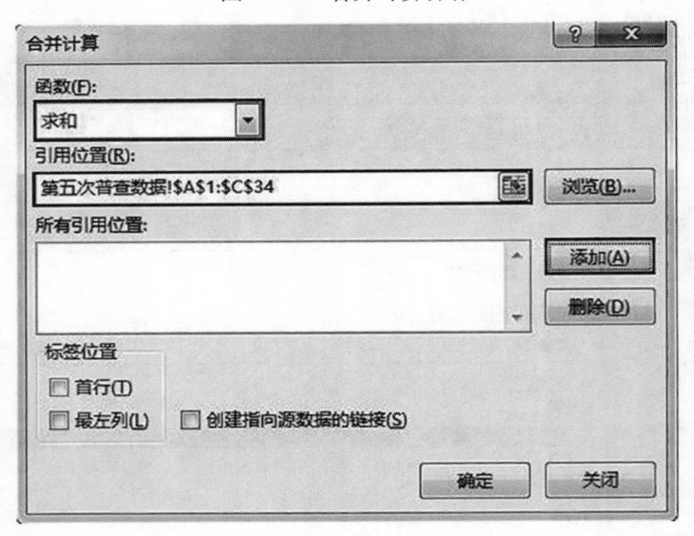

图 3-194　“合并计算”参数设置（一）

11. 选中整个“比较数据”工作表数据区域 A1:E34，在【开始】选项卡下“单元格”组中单击【格式】下拉按钮，从弹出的下拉菜单中选择“自动调整行高”以及“自动调整列宽”，如图 3-196 所示。

12. 保持“比较数据”工作表数据区域 A1:E34 的选中状态，在【开始】选项卡的“字体”组中，选择字体为“黑体”、字号为“12”，如图 3-197 所示。在【开始】选项卡的“样式”组中单击【套用表格格式】，在下拉列表中选择表格样式“表样式中等深浅 7”，即为表格添加了边框和底纹。

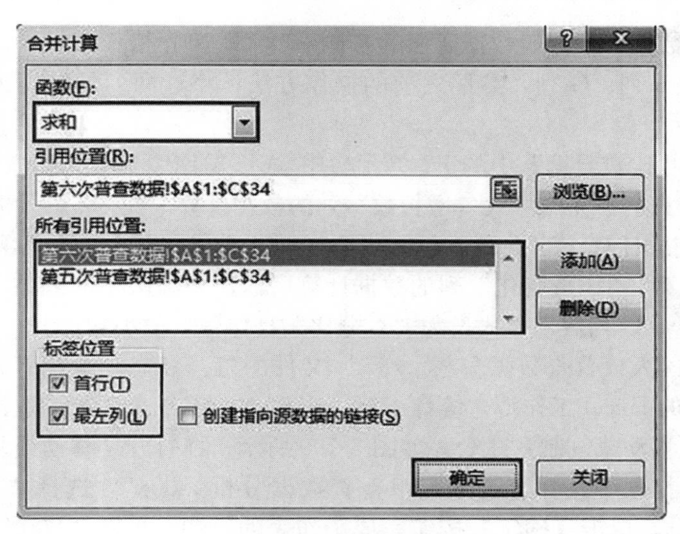

图 3-195　“合并计算”参数设置（二）

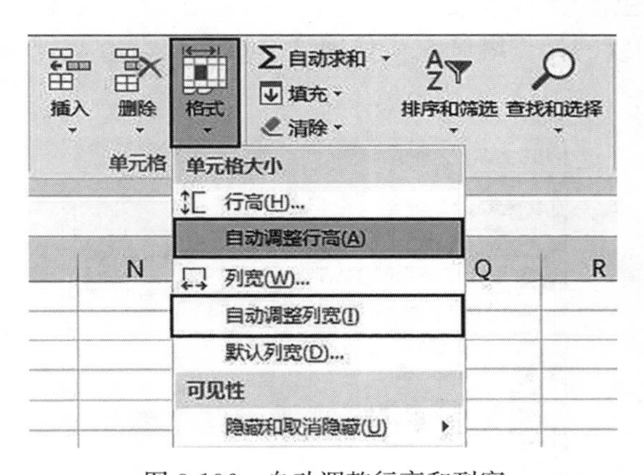

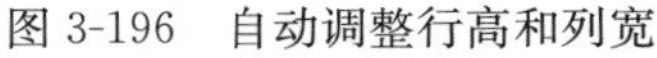

图 3-196　自动调整行高和列宽

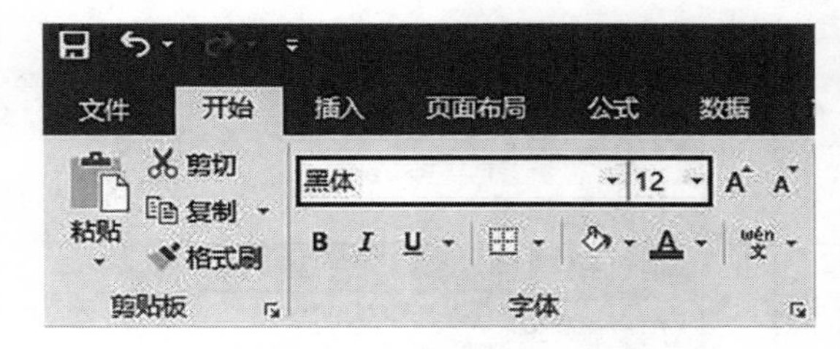

图 3-197　字体、字号设置

13. 选中“比较数据”工作表数据区域的任一单元格，单击【数据】选项卡下“排序和筛选”组中的【排序】按钮，弹出“排序”对话框。设置“主要关键字”为“地区”，“次序”为“升序”，单击【确定】按钮，如图 3-198 所示。

图 3-198　排序设置

14. 在“比较数据”工作表数据区域的右侧 F1、G1 单元格依次输入“人口增长数”和“比重变化”。选中 F 列、G 列，参照之前的操作方法，将这两列的列宽也进行“自动调整列宽”设置。

15. 在工作表“比较数据”中的 F2 单元格中输入“＝B2－D2”后按回车键完成计算。双击右下角的“填充柄”完成“人口增长数”列的数据计算。在 G2 单元格中输入“＝C2－E2”后按回车键完成计算。双击右下角的“填充柄”完成“比重变化”列的数据计算。完成“人口增长数”列、“比重变化”列的数据计算后，还要确保将 F 列数字格式设为带千分位分隔符的整数；将 G 列数字格式设为“百分比”且保留 2 位小数。

16. 保持“全国人口普查数据分析 . xlsx”文件的打开状态，继续打开“Excel 2016 案例素材 3”目录下的 Excel 工作簿“统计指标 . xlsx”。在工作表“统计数据”的标签上单击鼠标右键，选择【移动或复制】命令，如图 3-199 所示。在打开“移动或复制工作表”对话框的“工作簿”下拉框中选择“全国人口普查数据分析 . xlsx”，选择“移至最后”，勾选“建立副本”复选框，单击【确定】按钮完成工作表的复制，如图 3-200 所示。此步骤就实现了将工作簿“统计指标 . xlsx”中的“统计数据”工作表插入到文档“全国人口普查数据分析 . xlsx”中工作表“比较数据”的右侧。后续的操作继续在工作簿“全国人口普查数据分析 . xlsx”中进行。

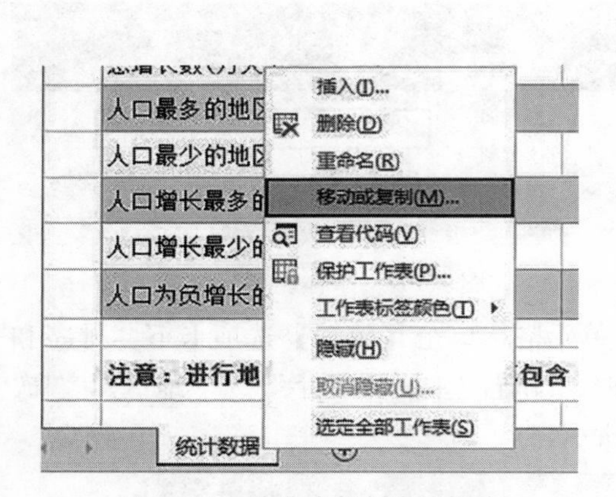

图 3-199　移动或复制表格操作

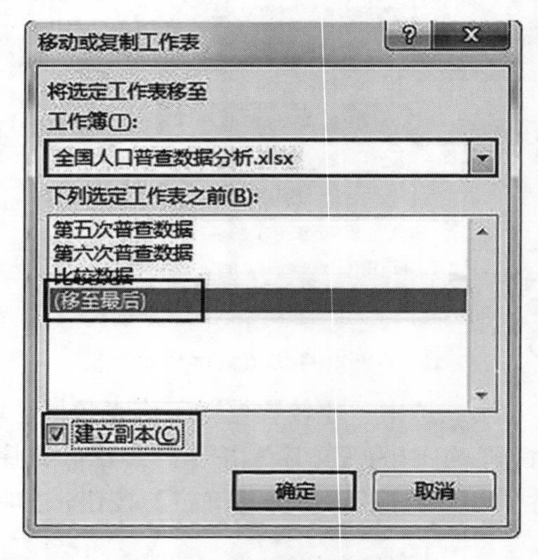

图 3-200　复制表格参数设置

17. 选择“统计数据”工作表的 C3 单元格，单击【公式】选项卡下【自动求和】下拉菜单中的【求和】，如图 3-201 所示。切换到“第五次普查数据”工作表，选择 B2:B34 单元格，按回车键确认。也可以直接输入函数“＝SUM（第五次普查数据！B2:B34）”，按回车键确认。

18. 选择“统计数据”工作表的 D3 单元格，单击【公式】选项卡下【自动求和】下拉菜单中的【求和】。切换到“第六次普查数据”工作表，选择 B2:B34 单元格。也可以直接输入公式“＝SUM（第六次普查数据！B2:B34）”，按回车键确认。

19. 选择“统计数据”工作表的 D4 单元格，单击【公式】选项卡下【自动求和】下拉菜单中的【求和】。切换到“比较数据”工作表，选择 F2:F34 单元格，按回车键确认。也

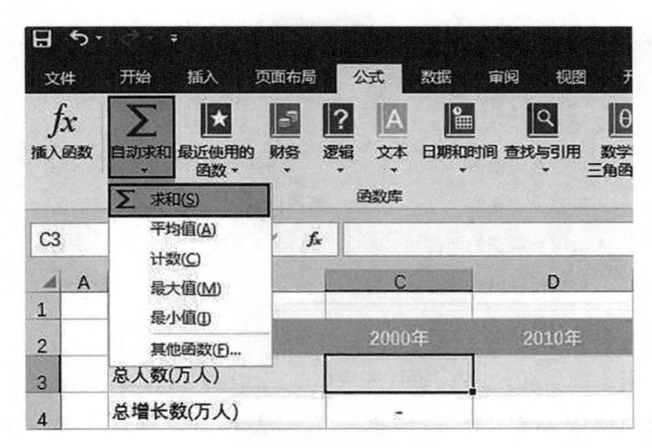

图 3-201　求和操作

可以直接输入公式“=SUM（比较数据！F2:F34）”，按回车键确认。

20. 点击“比较数据”工作表 D1 单元格“2000 年人口数”右侧的筛选按钮，点击【降序】，如图 3-202 所示。排序结束后，D 列中除去“中国人民解放军现役军人”及“难以确定常住地”后，D 列最上方的人口数对应的省就是人口最多的地区，为“河南省”、D 列最下方的人口数对应的省就是人口最少的地区，为“西藏自治区”。所以在“统计数据”工作表的 C5 单元格内输入“河南省”、C6 单元格内输入“西藏自治区”。

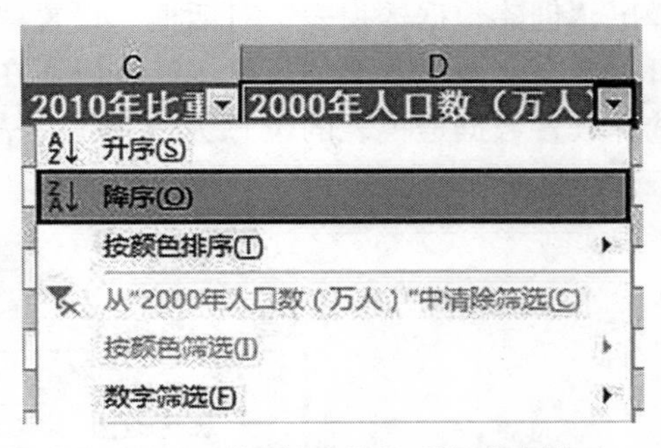

图 3-202　利用筛选按钮进行降序排列

21. 点击“比较数据”工作表 B1 单元格“2010 年人口数”右侧的筛选按钮，点击【降序】。排序结束后，B 列中除去“中国人民解放军现役军人”及“难以确定常住地”后，B 列最上方的人口数对应的省就是人口最多的地区，为“广东省”、B 列最下方的人口数对应的省就是人口最少的地区，为“西藏自治区”。所以在“统计数据”工作表的 D5 单元格内输入“广东省”、D6 单元格内输入“西藏自治区”。

22. 点击“比较数据”工作表 F1 单元格“人口增长数”右侧的筛选按钮，点击【降序】。排序结束后，F 列中除去“中国人民解放军现役军人”及“难以确定常住地”后，F 列最上方的“人口增长数”对应的省就是人口增长最多的地区，为“广东省”、F 列最下方的“人口增长数”对应的省就是人口增长最少的地区，为“湖北省”。所以在“统计数据”工作表的 D7 单元格内输入“广东省”、D8 单元格内输入“湖北省”。由于对“人口增长数”列进行了排序，故 D9 单元格的数据可以通过人工计数来实现，人工计数后发现除去“中国人民解放军现役军人”及“难以确定常住地”有 6 个地区增长为负数，所以在 D9 单元格输入“6”；D9 单元格的数据如果需要通过函数计算来实现，可以在 D9 单元格插入函数“=COUNTIFS（比较数据！F2:F34，"＜0"，比较数据！A2:A34，"＜＞" &" 中国人民解放军现役军人"，比较数据！A2:A34，"＜＞" &" 难以确定常住地"）”，按回车键确认。“比较数据”工作表中的相应单元格的数据统计完成后的结果如图 3-203 所示。

统计项目	2000年	2010年
总人数(万人)	126,583	133,973
总增长数(万人)	-	7,390
人口最多的地区	河南省	广东省
人口最少的地区	西藏自治区	西藏自治区
人口增长最多的地区	-	广东省
人口增长最少的地区	-	湖北省
人口为负增长的地区数	-	6

图 3-203　数据统计完成后的“比较数据”工作表

23. 由于本案例题目中要求“比较数据”工作表要以“地区”为关键字进行升序排列，所以此时点击“比较数据”工作表 A1 单元格“地区”右侧的筛选按钮，点击【升序】。

24. 在“比较数据”工作表中，单击【插入】选项卡下“表格”组中的【数据透视表】，弹出“创建数据透视表”对话框。设置“表/区域”为“比较数据！＄A＄1:＄G＄34”，也可以单击文本框右侧的折叠按钮，以便在工作表中手动选取创建透视表需要的单元格区域。选择放置数据透视表的位置为“新工作表”，单击【确定】按钮，如图 3-204 所示。双击新工作表的标签重命名为“透视分析”。

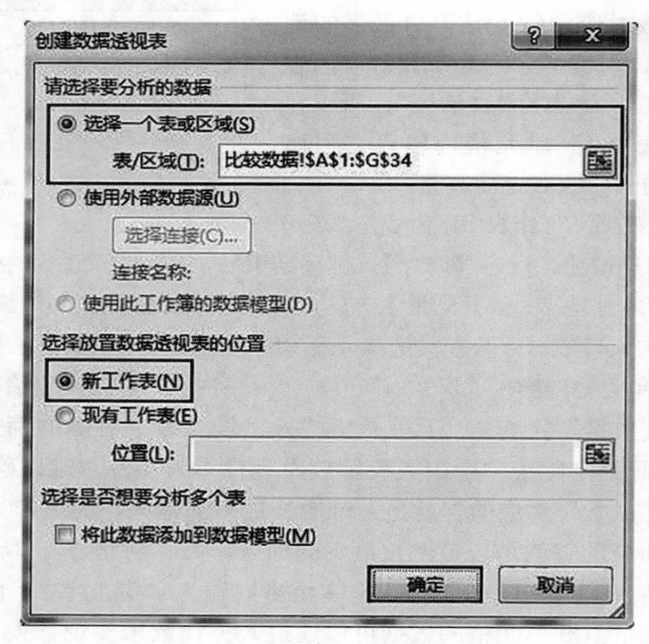

图 3-204　数据透视表创建参数

25. 切换至“透视分析”工作表，在工作表右侧的“数据透视字段”任务窗格中拖动“地区”到“行”区域，拖动“2010 年人口数（万人）”、“2010 年比重”、“人口增长数”到“∑值”区域，如图 3-205 所示。

26. 单击“透视分析”工作表“行标签”单元格右侧的下拉按钮，在弹出的下拉菜单中选择“值筛选”，打开级联菜单，选择“大于”，如图 3-206 所示。弹出“值筛选（地区）”

对话框，在第一个文本框中选择“求和项：2010 年人口数（万人）”，第二个文本框选择“大于”，在第三个文本框中输入“5000”，单击【确定】按钮，如图 3-207 所示。

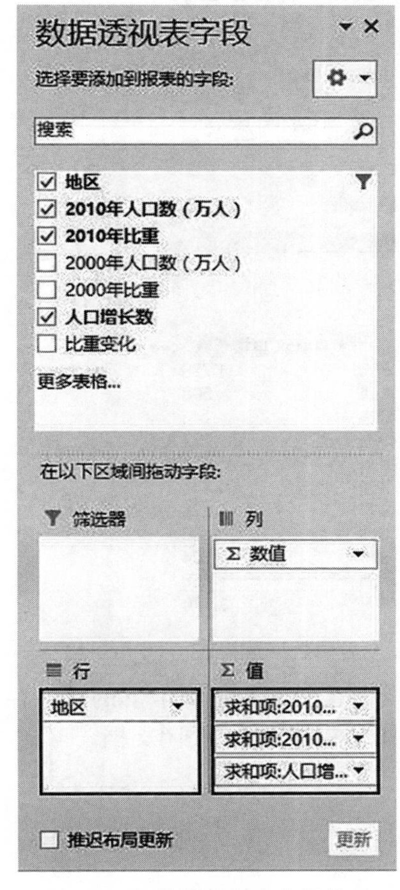

图 3-205　数据透视表字段分配

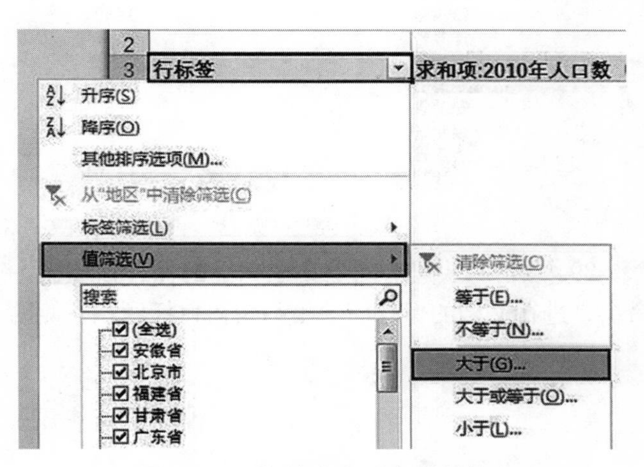

图 3-206　利用行标签进行数据筛选

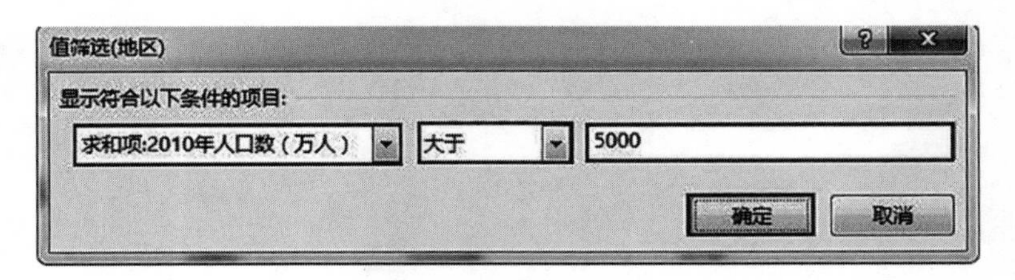

图 3-207　筛选条件设置

27. 在“透视分析”工作表中，选中 B4:B13 单元格，单击【数据】选项卡下“排序和筛选”组中的【降序】按钮，如图 3-208 所示。即可实现当前“数据透视表”按人口数从多到少排序。

28. 参照之前步骤中数字格式的设置方法，在“透视分析”工作表中，将数据透视表的 B 列、D 列的数字格式设为“带千分位分隔符的整数”；将数据透视表的 C 列的数字格式设为“百分比”且保留 2 位小数。数据透视表经过“筛选”、“排序”、“数字格式设置”后的结果如图 3-209 所示。

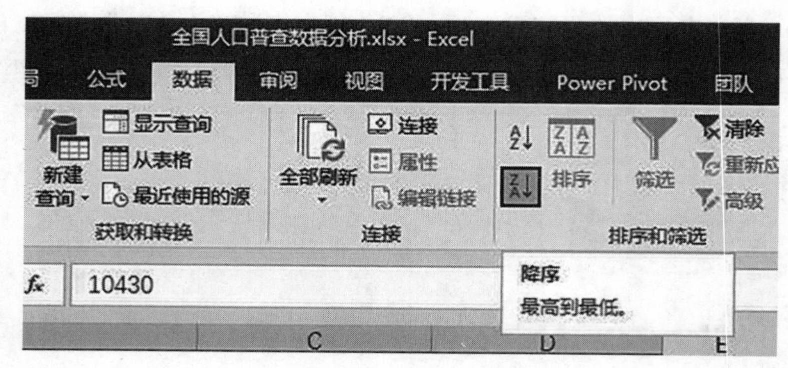

图 3-208　“降序”排序操作

行标签	求和项:2010年人口数（万人）	求和项:2010年比重	求和项:人口增长数
广东省	10,430	7.79%	1,788
山东省	9,579	7.15%	500
河南省	9,402	7.02%	146
四川省	8,042	6.00%	-287
江苏省	7,866	5.87%	428
河北省	7,185	5.36%	441
湖南省	6,568	4.90%	128
安徽省	5,950	4.44%	-36
湖北省	5,724	4.27%	-304
浙江省	5,443	4.06%	766
总计	76,189	56.86%	3,570

图 3-209　经过“筛选”、“排序”、“数字格式设置”后的数据透视表

29. 点击“快速访问工具栏”上的保存按钮，或者点击【文件】选项卡下的【保存】命令，进行文档的保存。单击编辑窗口标题栏右侧的“关闭”按钮即可关闭文档。

第4章 PowerPoint 2016 演示文稿

● **本章实验内容**

PowerPoint 2016 的基本操作，演示文稿中幻灯片的主题设置、背景设置，幻灯片中图像、文本、图表、音视频、艺术字等对象的编辑，幻灯片中对象动画、幻灯片切换效果、链接操作等设置。

● **本章实验目标**

1. 熟悉 PowerPoint 2016 的编辑环境。
2. 熟练掌握幻灯片的背景设置、主题设置。
3. 熟练掌握幻灯片中艺术字、图片、音视频、图表等对象的插入和编辑。
4. 熟练掌握幻灯片中各种对象的动画设置、幻灯片切换效果设置、幻灯片放映方式设置。
5. 熟悉指定对象转换为 SmartArt 的方法。
6. 能够按要求独立完成演示文稿的制作。

● **本章重点与难点**

1. 重点：幻灯片的背景设置、主题设置，幻灯片中艺术字、图片、音视频、图表等对象的插入与编辑，幻灯片中各种对象的动画设置，幻灯片切换效果设置，幻灯片放映方式设置。

2. 难点：演示文稿中添加幻灯片的编号，幻灯片中各对象的动画设置，以及动画播放次序设置，自定义放映方式的设置，SmartArt 的使用方法。

实验一 PowerPoint 2016 的基本操作

实验目的

1. 熟悉 PowerPoint 2016 的编辑环境。
2. 熟悉并掌握打开、保存、关闭演示文稿。
3. 能够区分文稿文件的“保存”和“另存为”操作。
4. 掌握幻灯片的插入、移动及删除操作。

实验内容

1. 启动 PowerPoint 2016，创建空白演示文稿并熟悉编辑环境窗口的各组成元素。

2. 在当前创建的空白演示文稿的“标题”输入框中输入“PowerPoint 2016 演示文稿”，输入完成后对文稿进行“保存”操作，将文稿保存到桌面，文稿名为“文稿 1. pptx”，保存后关闭演示文稿。

3. 打开桌面上的“文稿 1. pptx”，在幻灯片的“副标题”输入框中输入“基本操作”，输入完成后对文稿分别进行“保存”和“另存为”操作，体会“保存”和“另存为”的区别。

视频 4-1 PowerPoint 2016 的基本操作

4. 重新打开“文稿 1. pptx”，在第一张幻灯片后插入一张版式为“标题和内容”的幻灯片。将新插入的幻灯片移动到第一张幻灯片之前，移动后，新插入的幻灯片成为第一张幻灯片。

5. 删除第一张幻灯片。

实验步骤

1. 启动 PowerPoint 2016。点击【开始】菜单，选择【PowerPoint 2016】，即可启动 PowerPoint 2016，如图 4-1 所示。选择【空白演示文稿】即可打开一个空白的 PowerPoint 2016 演示文稿编辑环境窗口，如图 4-2 所示。该演示文稿默认只有一张幻灯片，且该幻灯片版式为“标题幻灯片”。查看幻灯片版式的方法：点击【开始】选项卡，在“幻灯片”组中选择【版式】，即可查看到当前版式为“标题幻灯片”，如图 4-3 所示。

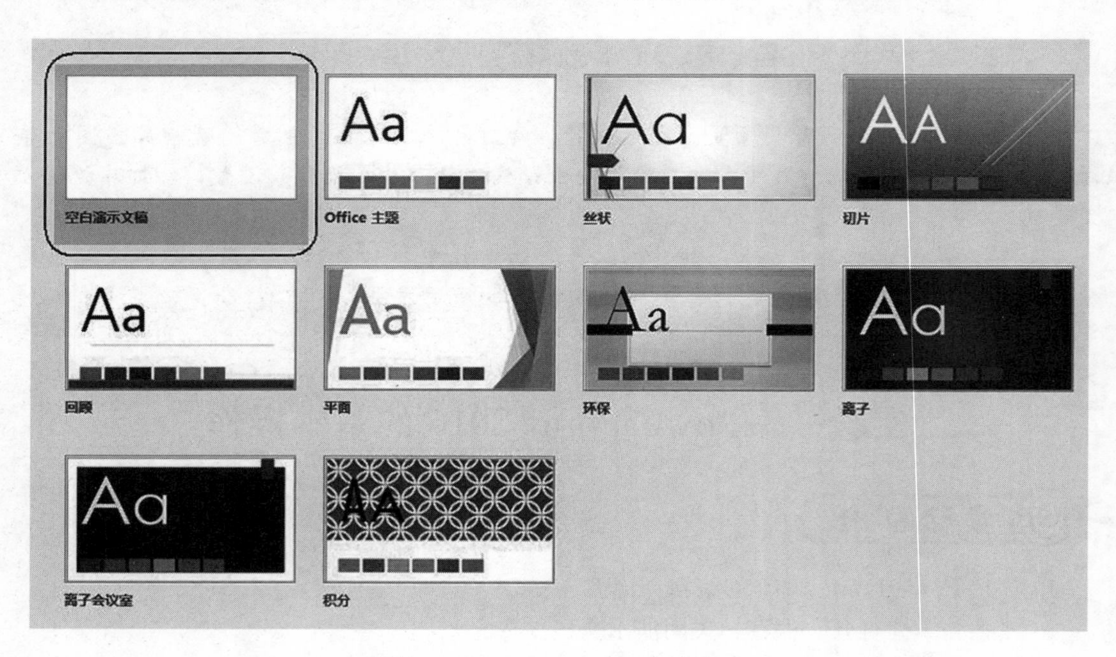

图 4-1 PowerPoint 2016 启动界面

2. 保存、关闭演示文稿。在新建空白演示文稿的“单击此处添加标题”输入框中输入“PowerPoint 2016”，如图 4-4 所示。输入完成后，点击【文件】选项卡下的【保存】命令(或者点击“快速访问工具栏”上的保存按钮)，然后依次选择【这台电脑】、【桌面】，打开的“另存为”对话框，文件名设置为“PowerPoint 2016. pptx”，之后点击“另存为”对话框右下方的【保存】按钮，如图 4-5 所示。文稿保存完成后，点击文稿窗口右上角的关闭按钮关闭演示文稿。

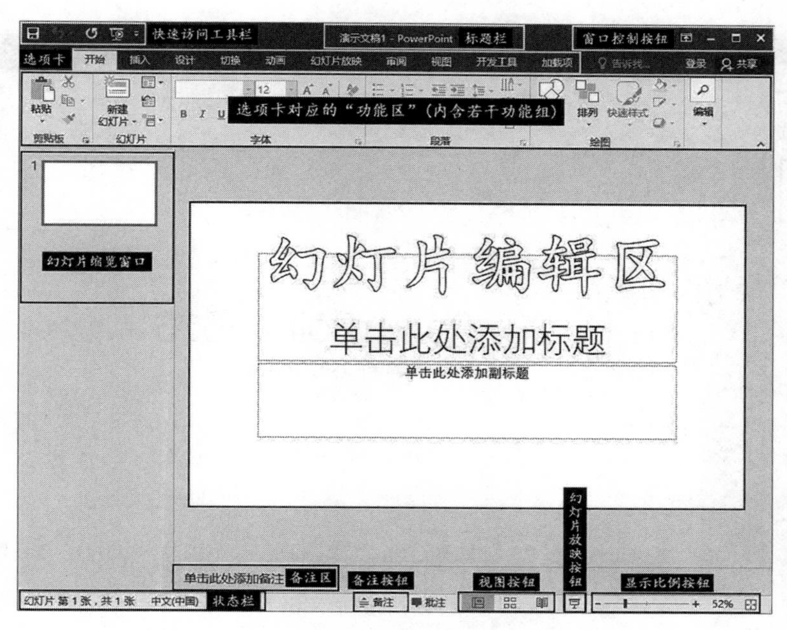

图 4-2　PowerPoint 2016 演示文稿编辑环境窗口

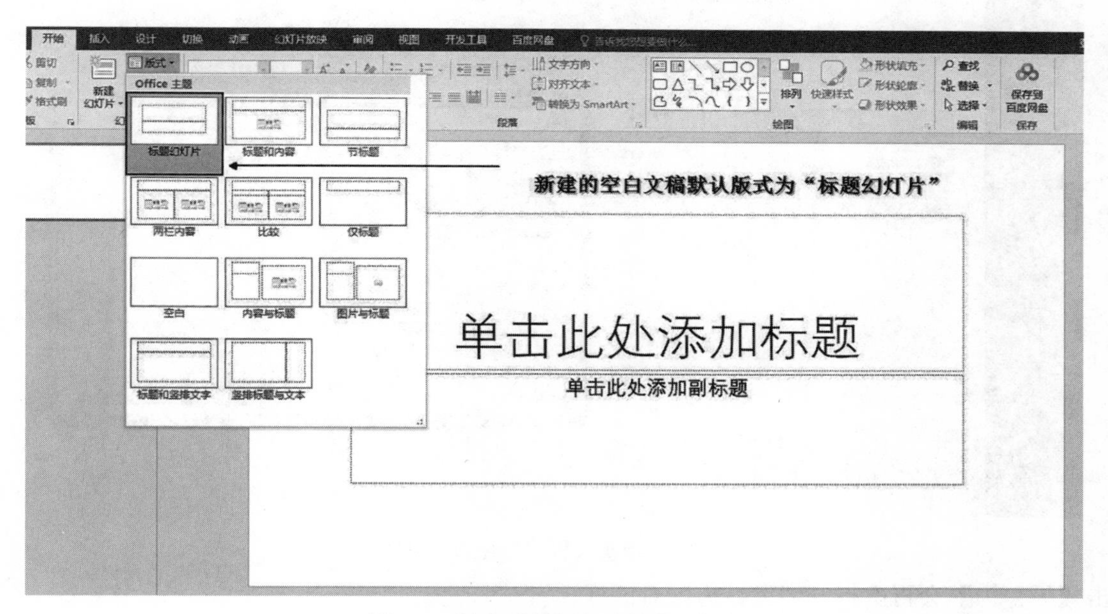

图 4-3　新建“空白演示文稿”版式

3. 打开、另存文稿。打开桌面上的“PowerPoint 2016. pptx”，在“单击此处添加副标题”输入框中输入“基本操作”。输入完成后，依次点击【文件】选项卡下的【保存】和【另存为】命令，观察文稿窗口的变化。

通过上面的操作可以发现，【保存】命令就是把编辑好的文稿存储在计算机上。初次保存的时候，会弹出“另存为”对话框，可以设置文稿保存的“文件名”和“位置”；再次打开文件保存时，只是对原文件进行覆盖，并不会弹出“另存为”对话框。而【另存为】命令不会对原文件进行覆盖，只会在另外选择的新存储路径下进行一次全新文件的保存，所以点

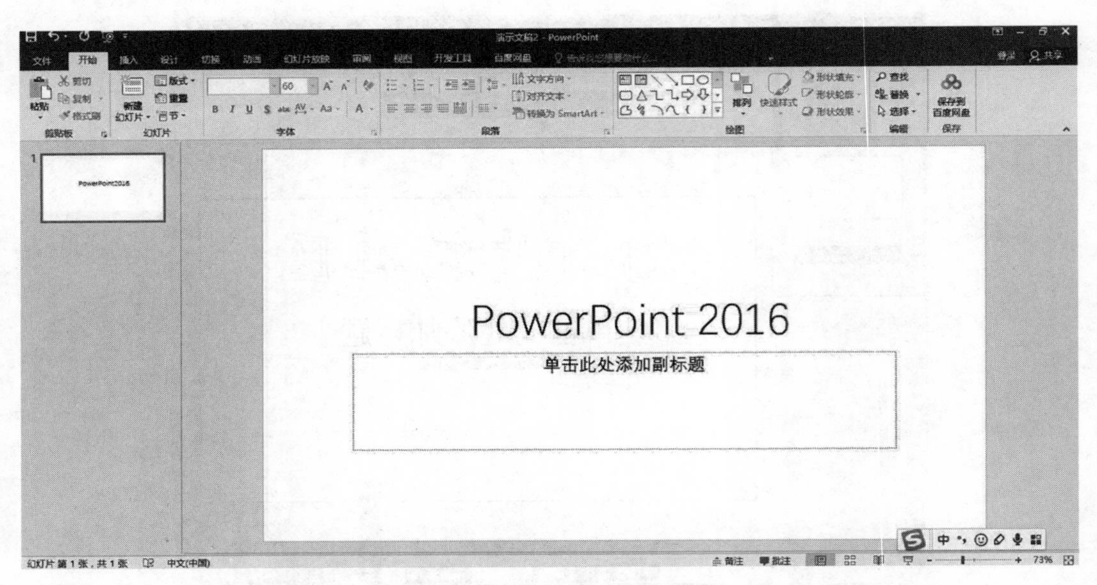

图 4-4　编辑后的演示文稿界面

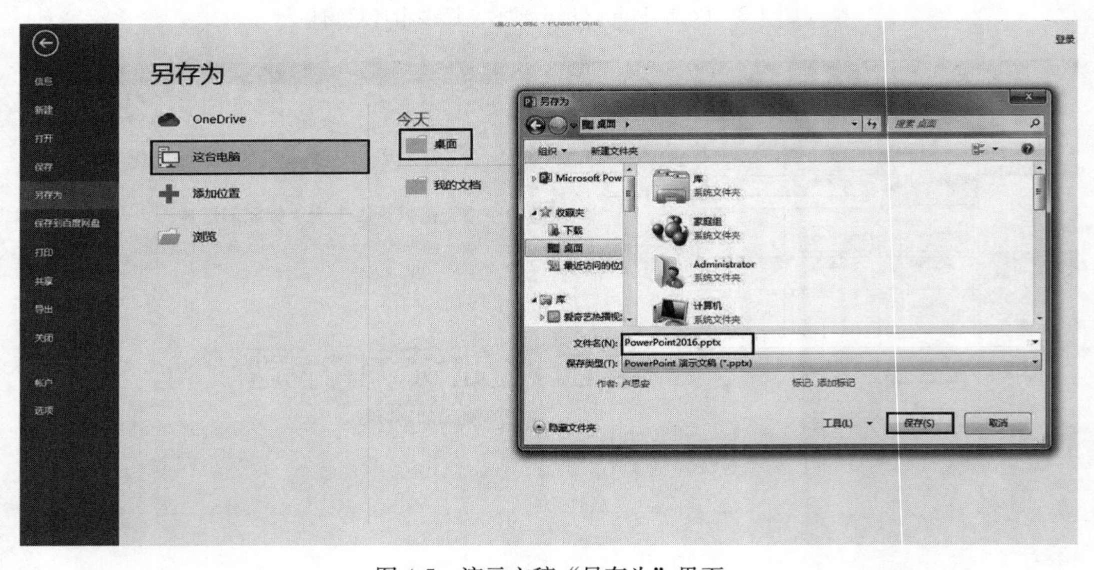

图 4-5　演示文稿“另存为”界面

击【另存为】会再次打开“另存为”对话框。

4. 幻灯片的插入、移动及删除。

（1）插入幻灯片：在“幻灯片缩览”窗口中选中“第一张幻灯片”，单击【开始】选项卡下“幻灯片”组中的【新建幻灯片】按钮，在下拉列表中选择【标题和内容】，如图 4-6 所示。之后，会在当前选中幻灯片的后面插入一张新幻灯片，即新插入的幻灯片为第二张幻灯片。

（2）移动幻灯片：在“幻灯片缩览”窗口中新建好的幻灯片上按下鼠标左键向上拖动，当移动的新建幻灯片上边缘超过第一张幻灯片上方时，PowerPoint 2016 程序会自动交换两张幻灯片的位置，此刻释放鼠标左键即可实现将新建好的第二张幻灯片移动到一张新幻灯片前的效果，此时刚刚新建好的第二张幻灯片变成了第一张幻灯片，原来的第一张幻灯片变成了第二张幻灯片。

如果希望插入的新幻灯片直接成为第一张幻灯片，需要用鼠标点击“幻灯片缩览”窗口中“第一张幻灯片”前面的空隙处，此时会在空隙处出现一条“显示线”，如图 4-7 所示。然后再单击【新建幻灯片】按钮，这样就会直接在“显示线”位置插入新幻灯片。

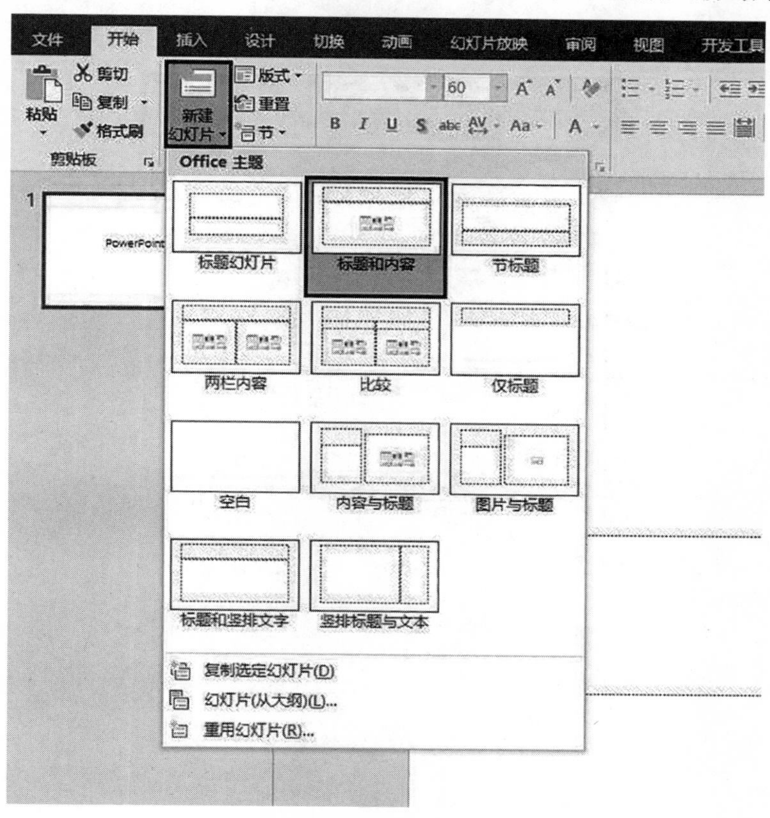

图 4-6　新建幻灯片

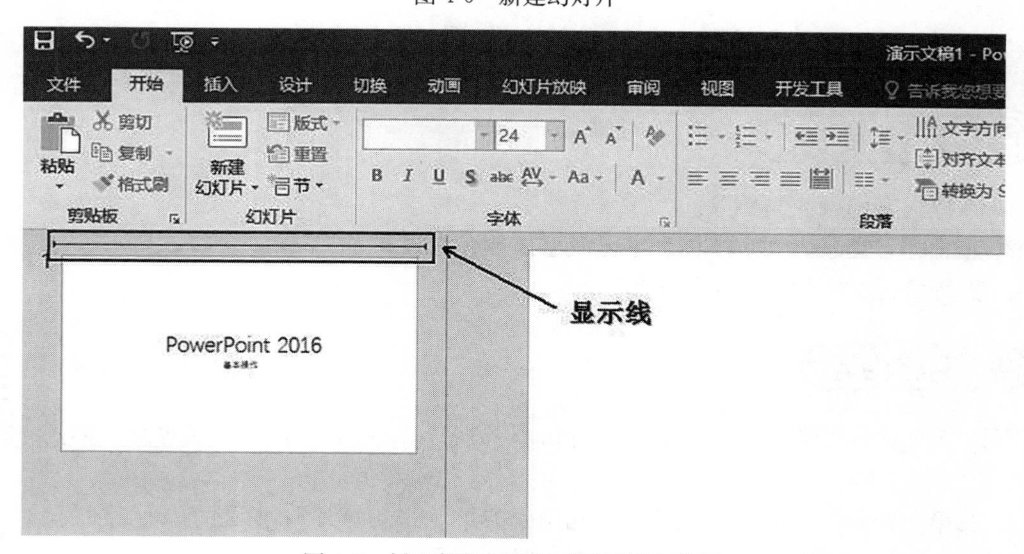

图 4-7　插入新幻灯片的“显示线”位置

（3）删除幻灯片：本实验中，删除“第一张幻灯片”有两种方法：

（a）在“幻灯片缩览”窗口中的“第一张幻灯片”上点击鼠标右键，在弹出的快捷菜单中选择【删除幻灯片】，如图 4-8 所示。

（b）在“幻灯片缩览”窗口中的鼠标左键单击选中“第一张幻灯片”，按【Delete】键即可将其删除。

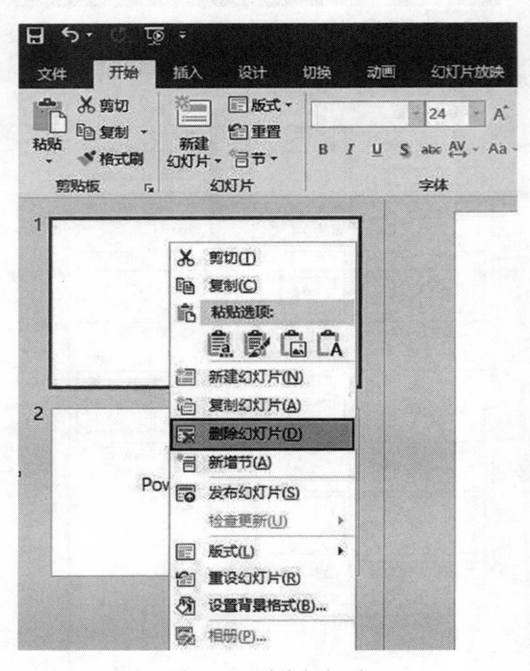

图 4-8　删除幻灯片

实验二　文字的录入与编辑

实验目的

1. 掌握文字的录入与删除。
2. 熟悉并掌握录入文字字体、字号及字体颜色的设置。
3. 熟练掌握文字超级链接的设置。

实验内容

视频 4-2
幻灯片文字的录入与编辑

新建空白演示文稿，并以“实验二．pptx”命名，按照下列要求完成对此文稿的编辑。

1. 在第一张幻灯片的标题处输入“我制作的第一张幻灯片”；标题字体、字号及颜色分别设置为“楷体”、50 磅字、标准色“红色”。

2. 按照“实验一”中操作方法，在第一张幻灯片后插入一张版式为【标题和内容】的新幻灯片，并在标题中输入内容“内蒙古农业大学”，字体、字号及颜色分别设置为“隶书”、50 磅、标准色“蓝色”。在内容区域输入“计算机基础公共课程”，字体、字号及颜色分别设置为“宋体”、30 磅、主题颜色“黑色，文字 1”。

3. 在第二张幻灯片后插入一张版式为【标题幻灯片】的新幻灯片，在标题区域中输入内容“我喜欢这门课程”，字体、字号及颜色分别设置为“华文彩云”、60 磅、自定义红色 RGB（240，0，0），并在“这门课程”文本上设置超级链接，链接的对象是本文稿的第二张幻灯片。

4. 修改第二张幻灯片的标题内容“内蒙古农业大学”为“计算机与信息工程学院”。

实验步骤

1. 按照“实验一”中的步骤新建幻灯片，在第一张幻灯片的标题输入框中输入文字“我制作的第一张幻灯片”，如图 4-9 所示。用鼠标选中标题输入框中的文字，然后选择【开始】选项卡下“字体”组中对文字进行相应设置，如图 4-10、图 4-11 所示。

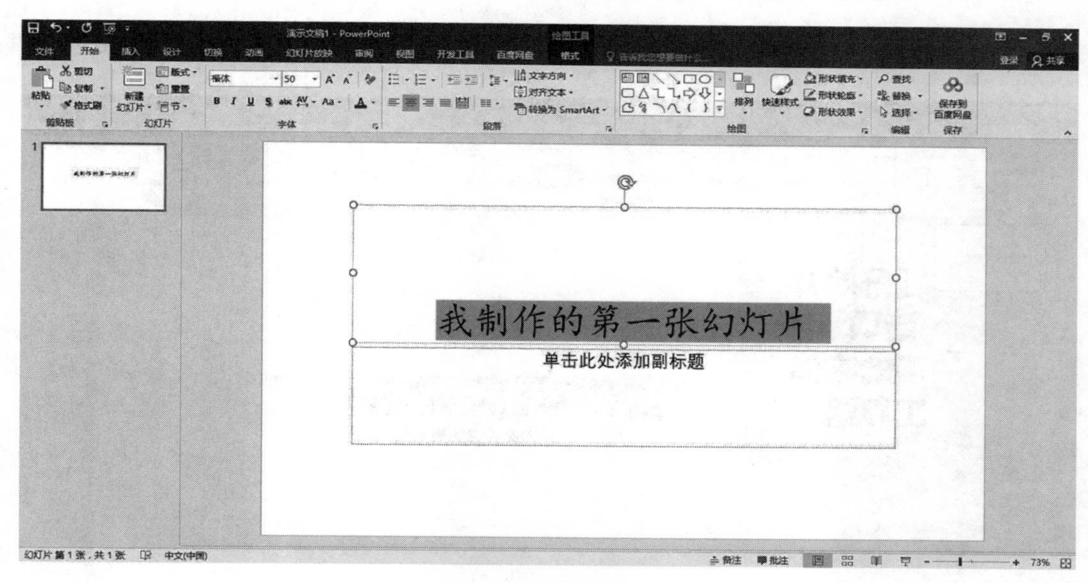

图 4-9　新建幻灯片

2. 在“幻灯片缩览”窗口中选中第一张幻灯片，点击【开始】选项卡下“幻灯片”组中的【新建幻灯片】按钮，选择【标题和内容】版式，插入第二张幻灯片，如图 4-12 所示。按照题目要求输入相应文字内容，并依次对字体、字号和字体颜色进行设置，如图 4-13、图 4-14 所示（注意：在选择颜色时先将鼠标放到某颜色上，这时系统会自动在鼠标箭头下方以文字形式显示该颜色的相关信息）。

3. 在“幻灯片缩览”窗口中选中第二张幻灯片，点击【开始】选项卡下“幻灯片”组中的【新建幻灯片】按钮，选择【标题幻灯片】版式，插入第三张幻灯片。按照实验要求输入文字“我喜欢这门课程”，并对文字进行相应的字体、字号设置。对于自定义颜色，依然是先点击字体颜色按钮 A · 右侧的倒三角按钮，然后在弹出的下拉菜单中点击【其他颜色】，

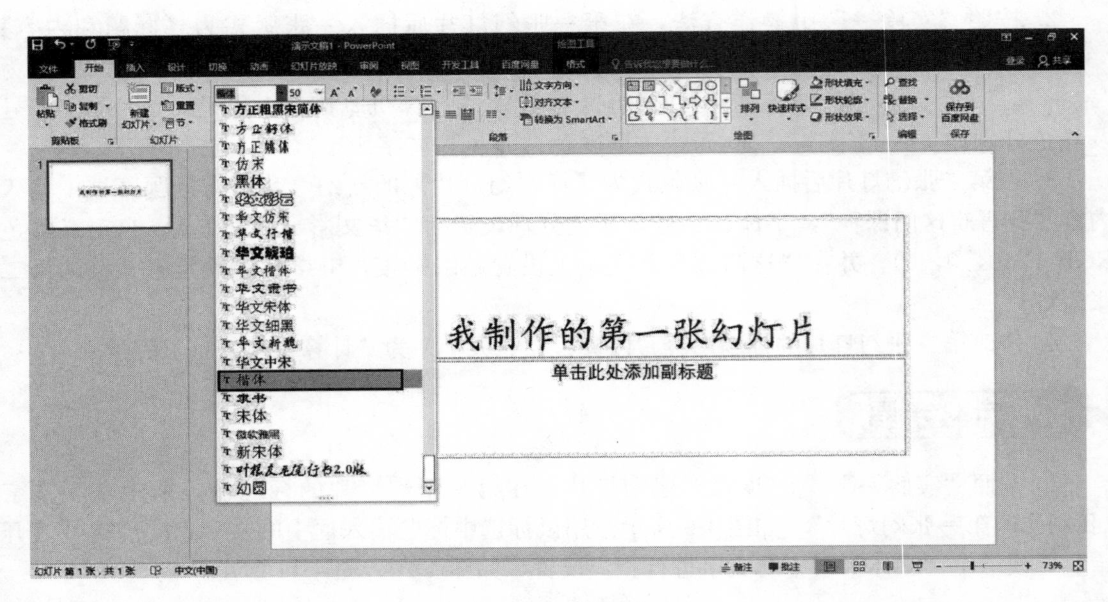

图 4-10　字体设置

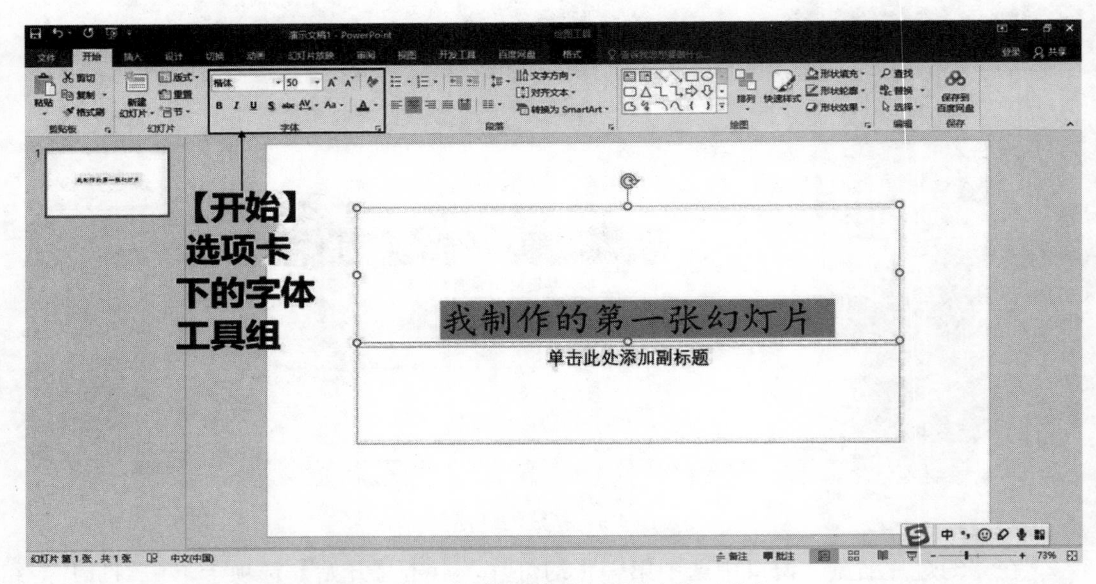

图 4-11　“开始”选项卡下的字体工具组

在弹出的【颜色】对话框中点击【自定义】标签进行颜色 RGB 值的设置（红色 240、绿色 0、蓝色 0），如图 4-15、图 4-16 所示。用鼠标选中文字“这门课程”，然后点击鼠标右键，在弹出的快捷菜单中选择【超链接】，如图 4-17 所示。在弹出的“插入超链接”对话框左侧“链接到”列表中选择【本文档中的位置】，并在右侧“请选择文档中的位置”列表中选择第二张幻灯片，如图 4-18 所示。

4. 在幻灯片编辑窗口中选中第二张幻灯片的标题文本，按【Backspace】或【Delete】键进行删除，删除后在原位置输入文本“计算机与信息工程学院”，如图 4-19 所示。

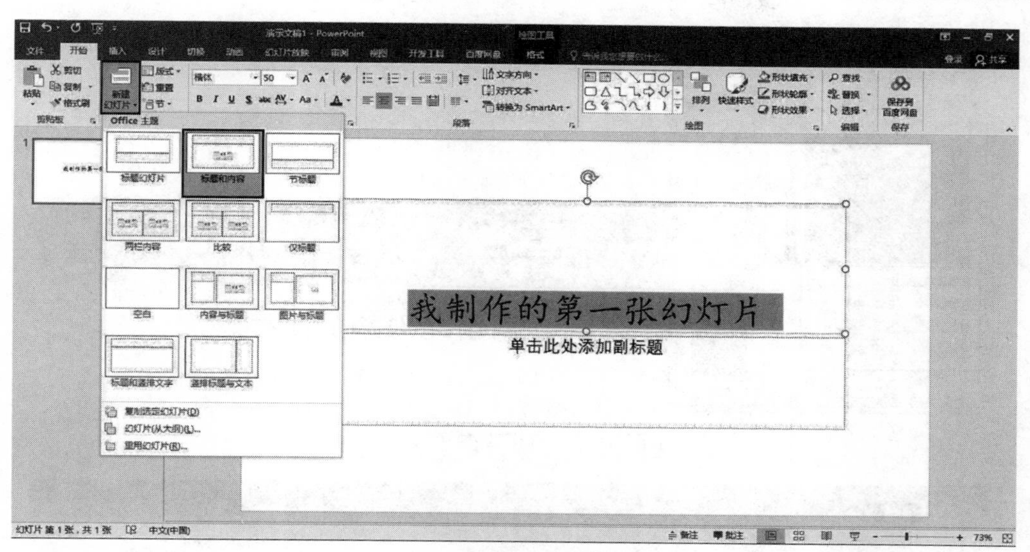

图 4-12　插入新幻灯片

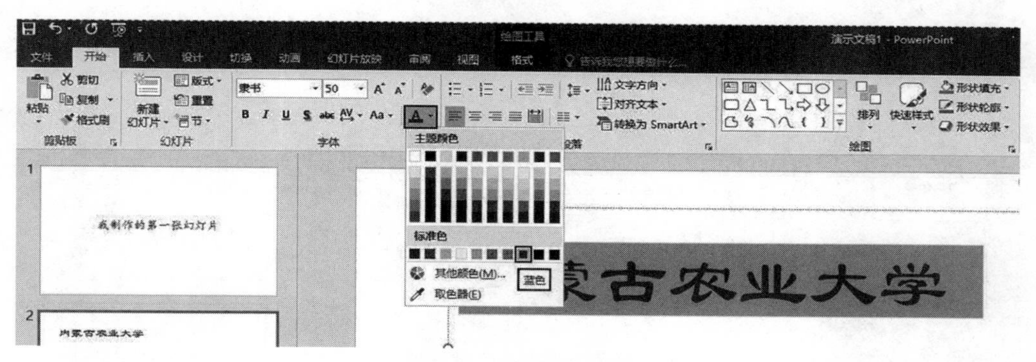

图 4-13　字体颜色设置

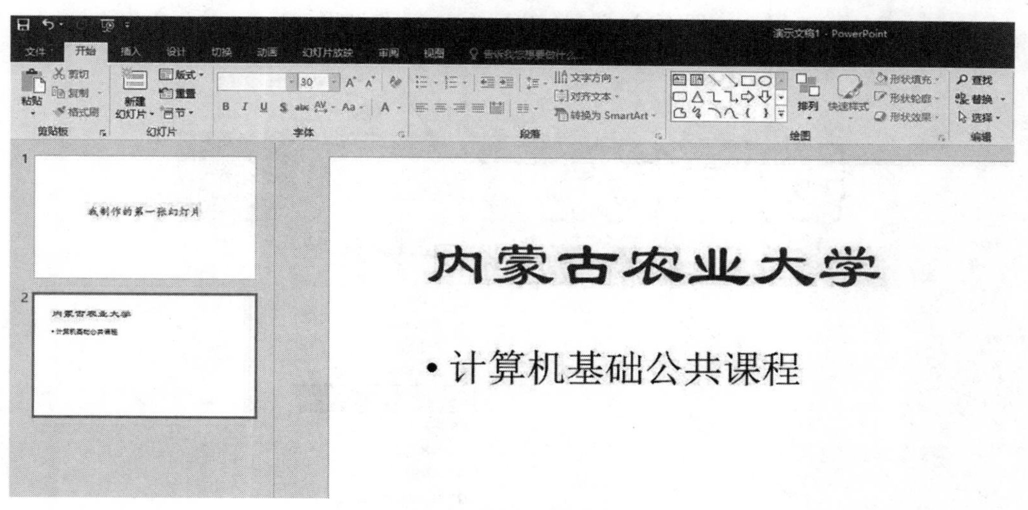

图 4-14　修改幻灯片内容

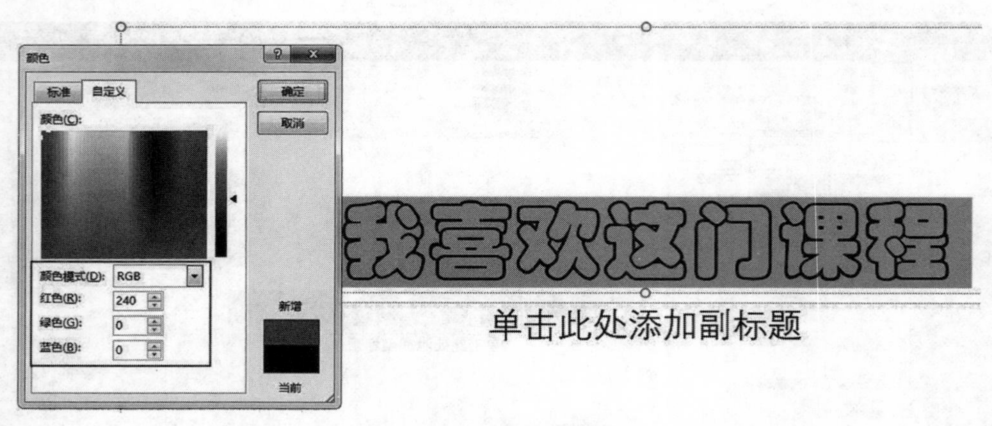

图 4-15　自定义颜色设置

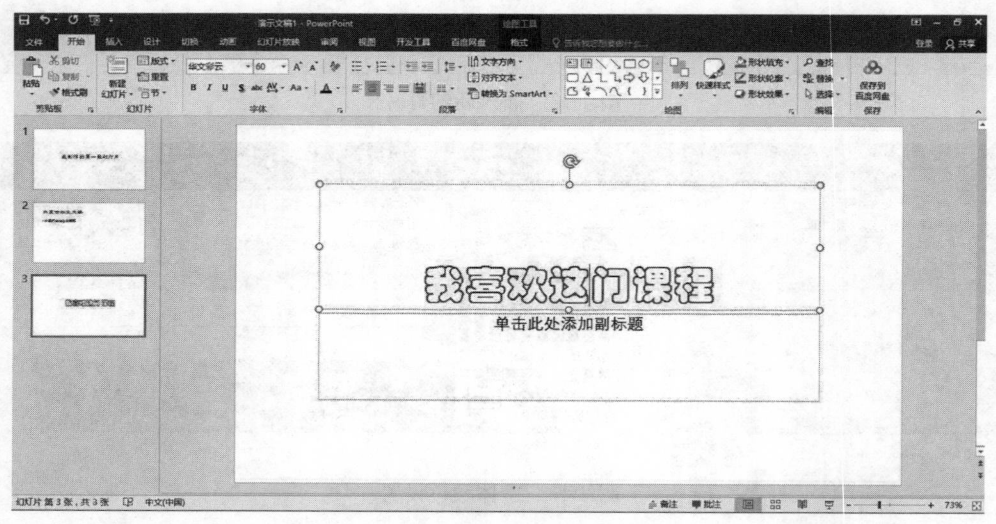

图 4-16　设置完成后的第三张幻灯片

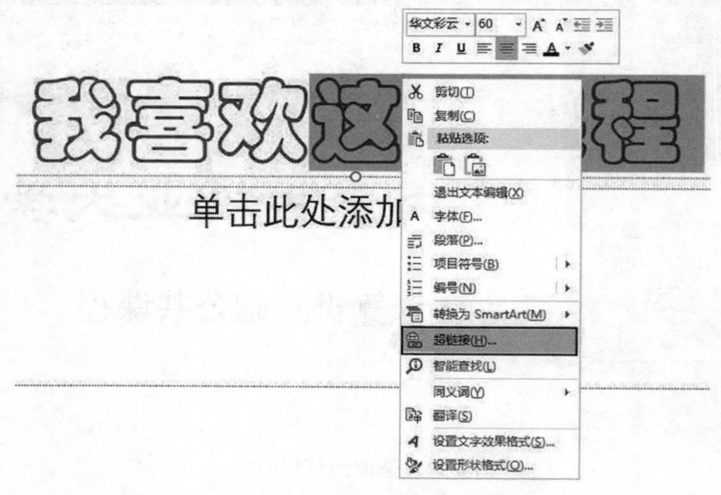

图 4-17　右键快捷菜单设置超链接

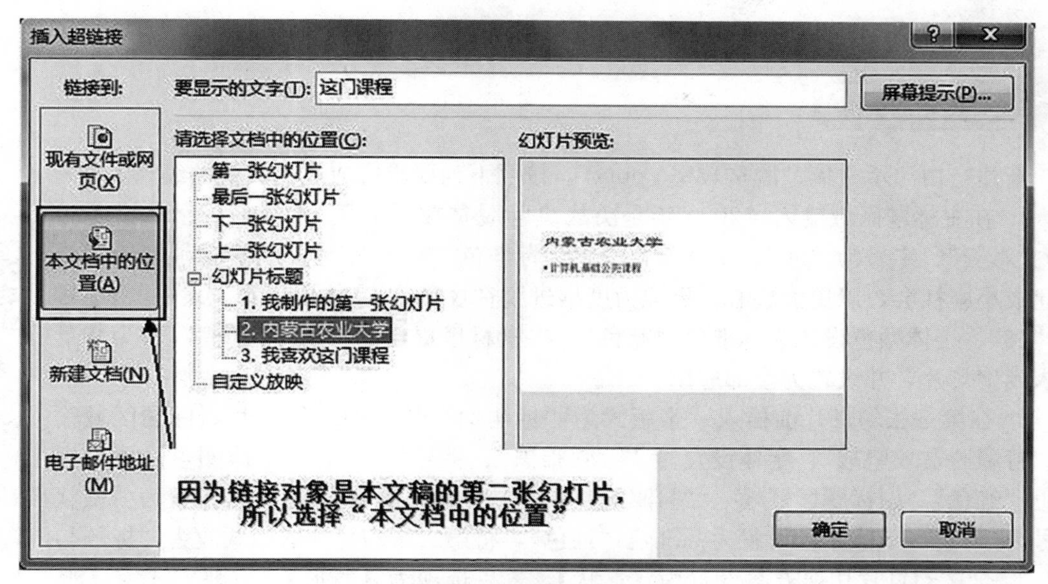

图 4-18　超链接地址设置

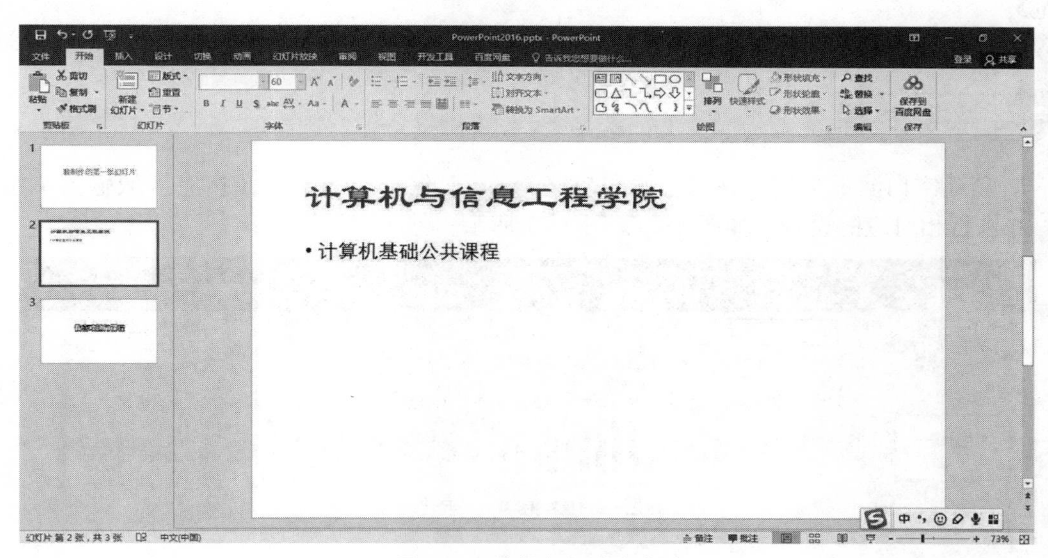

图 4-19　编辑幻灯片内容

实验三　幻灯片相关属性的设置

实验目的

1. 熟悉 PowerPoint 版式的概念。
2. 掌握图片的插入。
3. 掌握 PowerPoint 的背景及其相关效果的设置。
4. 掌握 PowerPoint 切换效果的设置。
5. 掌握 PowerPoint 的主题设置。

6. 掌握 PowerPoint 放映方式的设置。

新建空白演示文稿“脱贫攻坚 . pptx”，按照下列要求完成对此文稿的编辑。

视频 4-3
幻灯片相关属性的设置

1. 在主标题区域输入“2020 年是决战决胜脱贫攻坚的关键一年”，字体设置为“华文彩云”、字号为“60”、字体颜色设置为标准色“红色”，在副标题区域输入“全面建成小康社会，以更大决心、更强力度推进脱贫攻坚”，字体设置为“隶书”、字号为“48”、字体颜色设置为标准色“蓝色”，将素材里提供的“脱贫 . JPG”作为背景插入到幻灯片，并设置为全部应用。

2. 在第一张幻灯片前插入一张版式为“标题幻灯片”的新幻灯片，标题区域输入“打赢脱贫攻坚战”，字体设置为“微软雅黑”、字号为“80”、字体颜色设置为标准色“红色”，副标题区域输入“打赢脱贫攻坚，建成小康社会”，字体设置为“微软雅黑”、字号为“32”、字体颜色设置为标准色“红色”，将第二张幻灯片的版式改为“标题与内容”。

3. 全文幻灯片切换方案设置为【形状】，效果选项为【菱形】。放映方式为【观众自行浏览】。

4. 使用【回顾】主题修饰全文。

实验步骤

1. 新建空白演示文稿，并以“脱贫攻坚 . pptx”保存，按要求在相应区域输入文字内容，并进行相对应的设置，如图 4-20、图 4-21 所示。

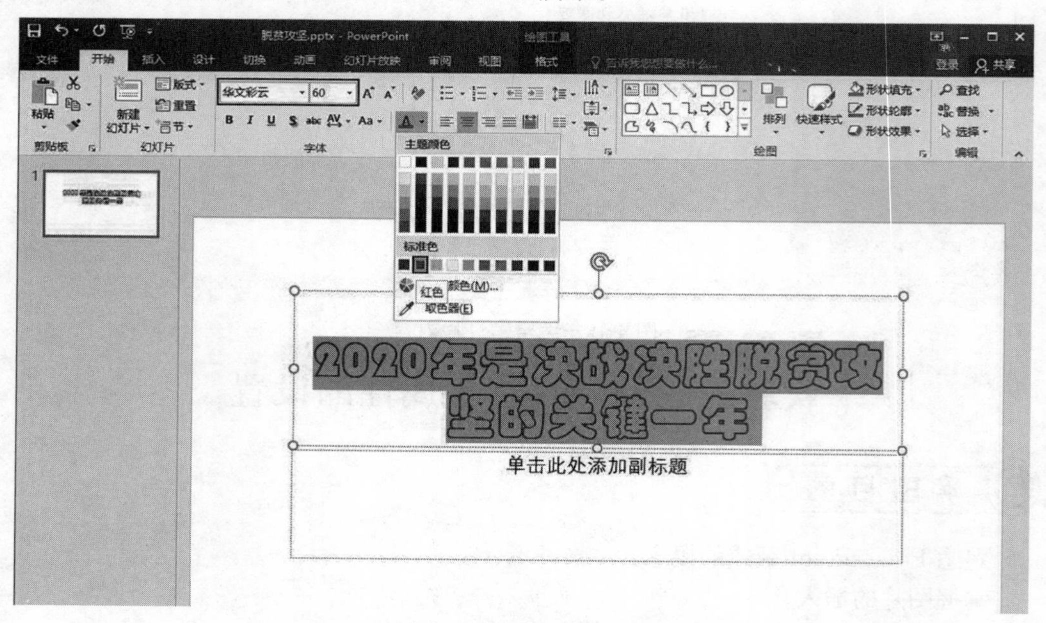

图 4-20　主标题设置

在第一张幻灯片的空白处点击鼠标右键，在弹出的快捷菜单中选择【设置背景格式】，如图 4-22 所示。

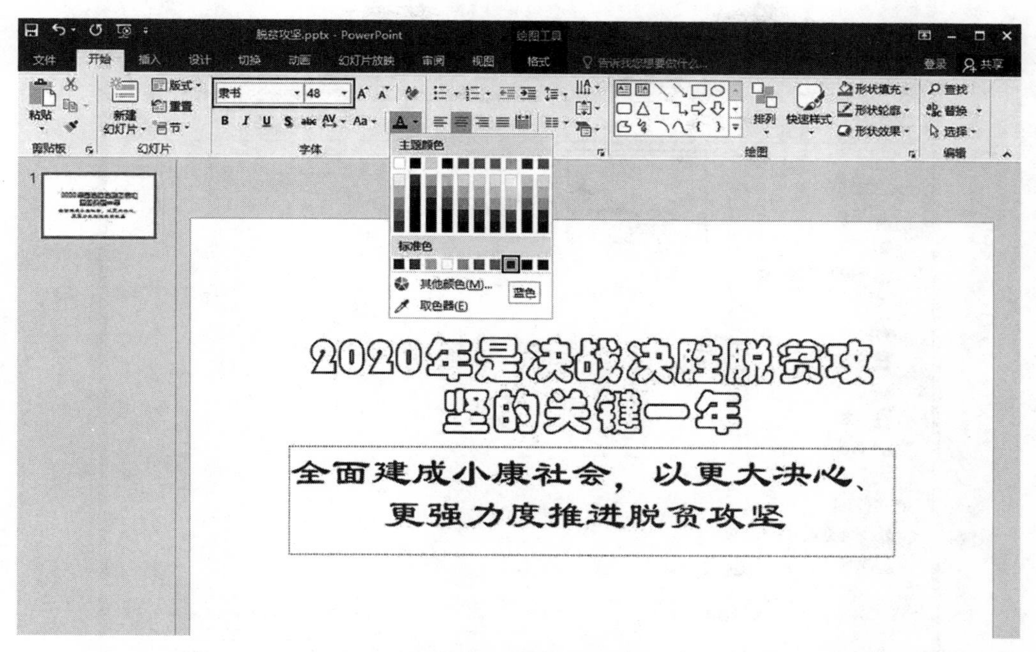

图 4-21　副标题设置

这时幻灯片编辑窗口右侧会出现“设置背景格式”窗格，在该窗格里选择【图片或纹理填充】，然后点击“插入图片来自”下方的【文件】。在弹出的“插入图片”对话框里选择“脱贫.JPG”，然后点击【插入】。最后点击“设置背景格式”窗格中的【全部应用】，如图 4-23、图 4-24、图 4-25 所示。

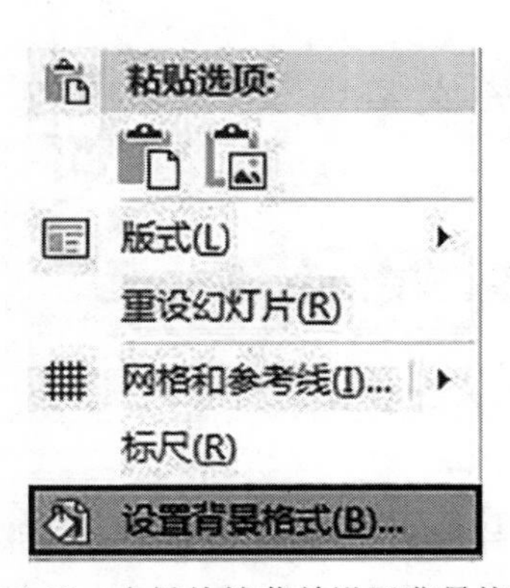

图 4-22　右键快捷菜单设置背景格式

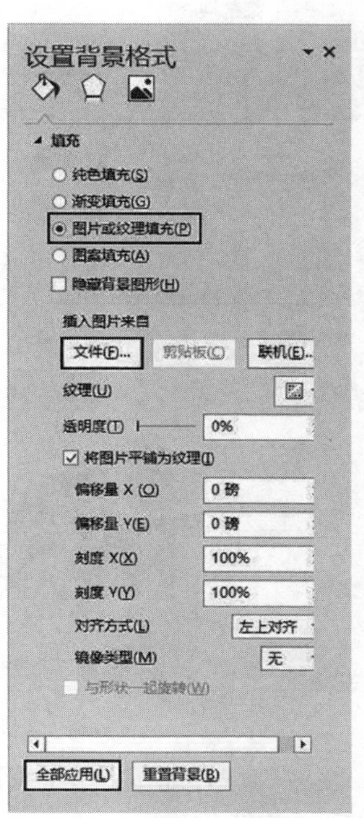

图 4-23　“设置背景格式”窗格

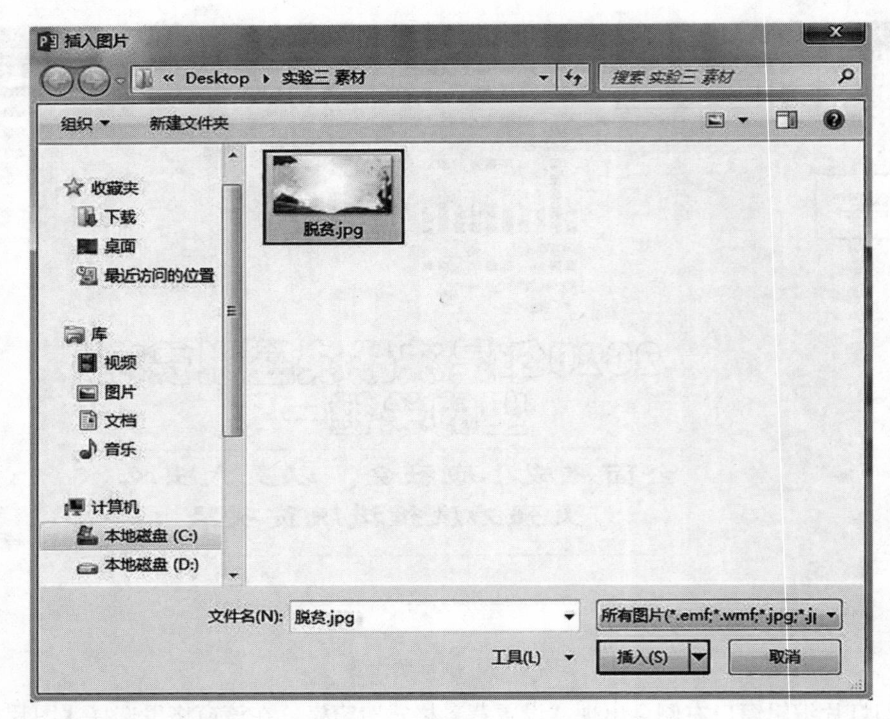

图 4-24　“插入图片”对话框

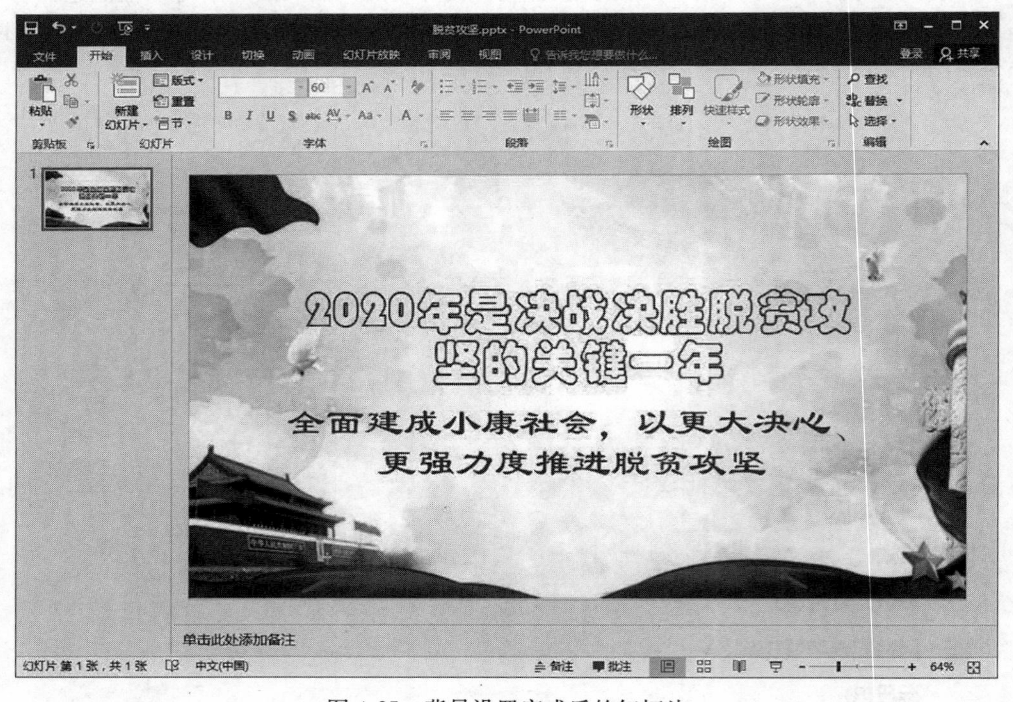

图 4-25　背景设置完成后的幻灯片

2. 在“幻灯片缩览”窗口用鼠标左键单击第一张幻灯片前面空隙出，会在第一张幻灯片前出现一条红色“显示线”，如图 4-26 所示。点击【开始】选项卡下“幻灯片”组中的

【新建幻灯片】，选择【标题幻灯片】，按照实验内容的要求输入相应文字内容并设置文字格式，如图 4-27 所示。

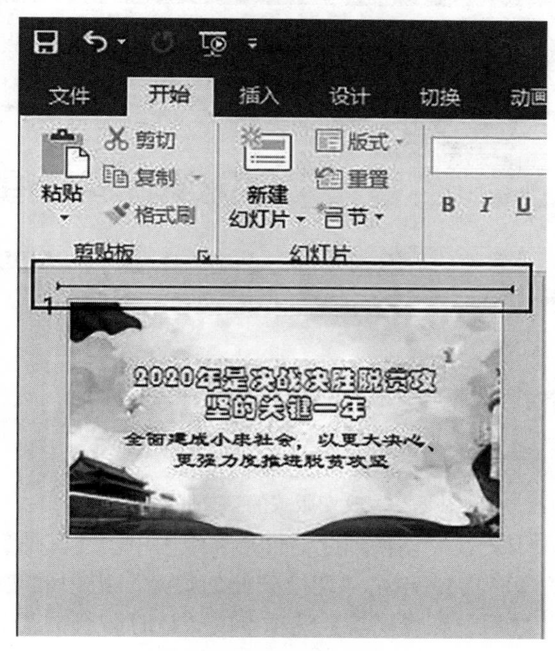

图 4-26　新幻灯片插入位置

图 4-27　编辑完成后的新幻灯片

在“幻灯片缩览”窗口选择第二张幻灯片，然后点击【开始】选项卡下“幻灯片”组中的【版式】按钮，把第二张幻灯片的版式改为“标题与内容”，如图 4-28 所示。

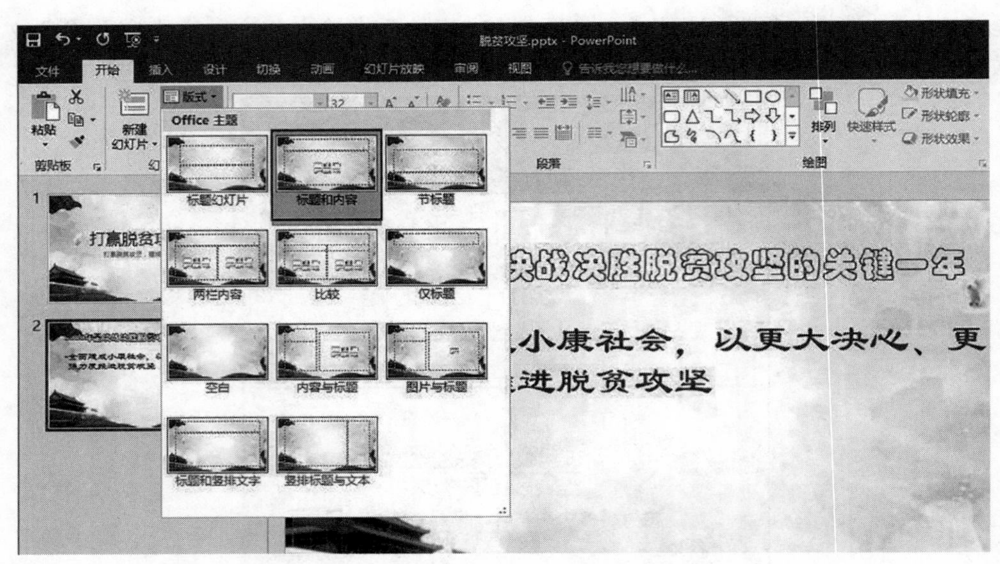

图 4-28　改变版式的第二张幻灯片

3. 选择【切换】选项卡，在“切换到此幻灯片”组中单击【其他】按钮，在展开的列表中选择“细微型”部分的【形状】。单击“切换到此幻灯片”组中的【效果选项】按钮，选择【菱形】，如图 4-29 所示。之后，在【切换】选项卡的“计时”组中点击【全部应用】按钮。

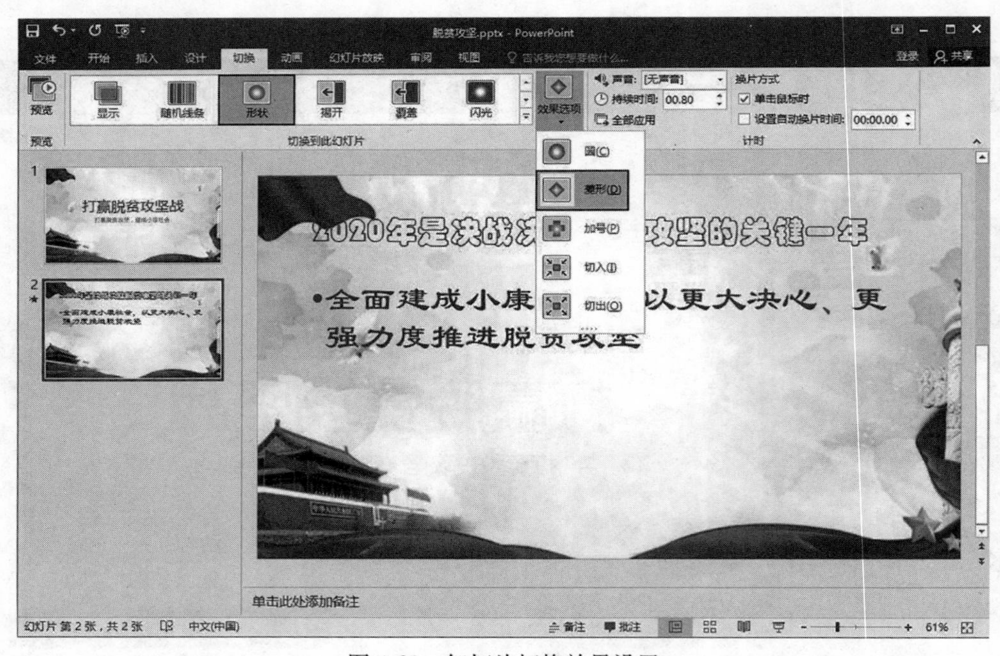

图 4-29　幻灯片切换效果设置

选择【幻灯片放映】选项卡，在“设置”组中单击【设置幻灯片放映】，在弹出的“设置放映方式”对话框中选择【观众自行浏览（窗口）】，点击【确定】，如图 4-30 所示。

4. 选择【设计】选项卡，在“主题”组中单击【其他】按钮，在展开的列表中选择【回顾】，如图 4-31 所示。

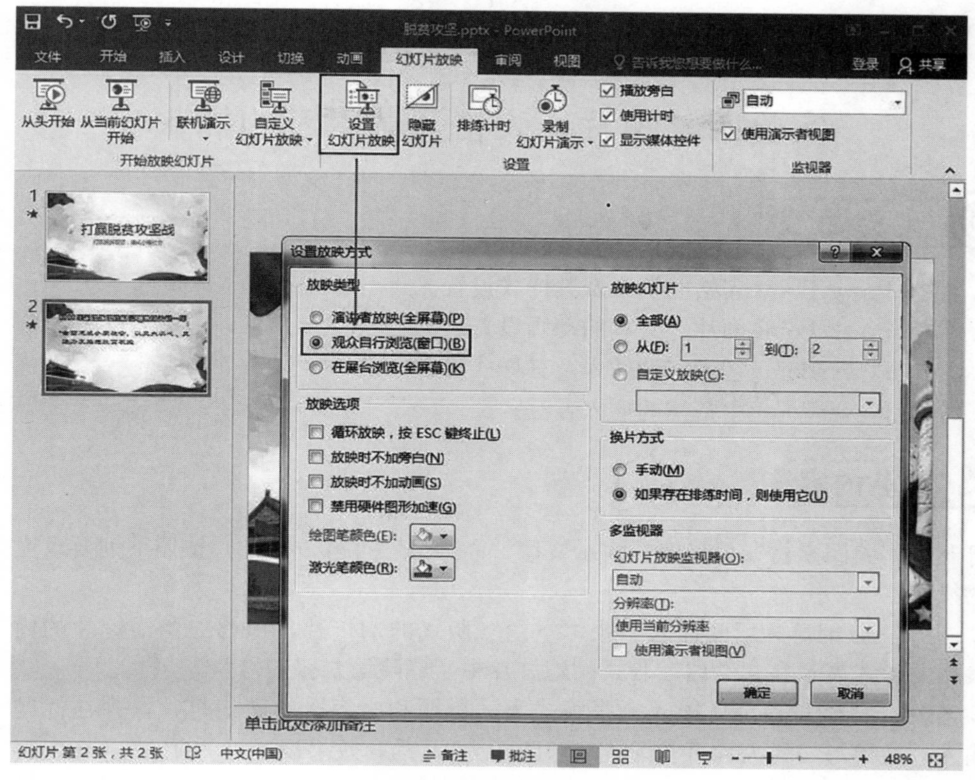

图 4-30 幻灯片放映方式设置

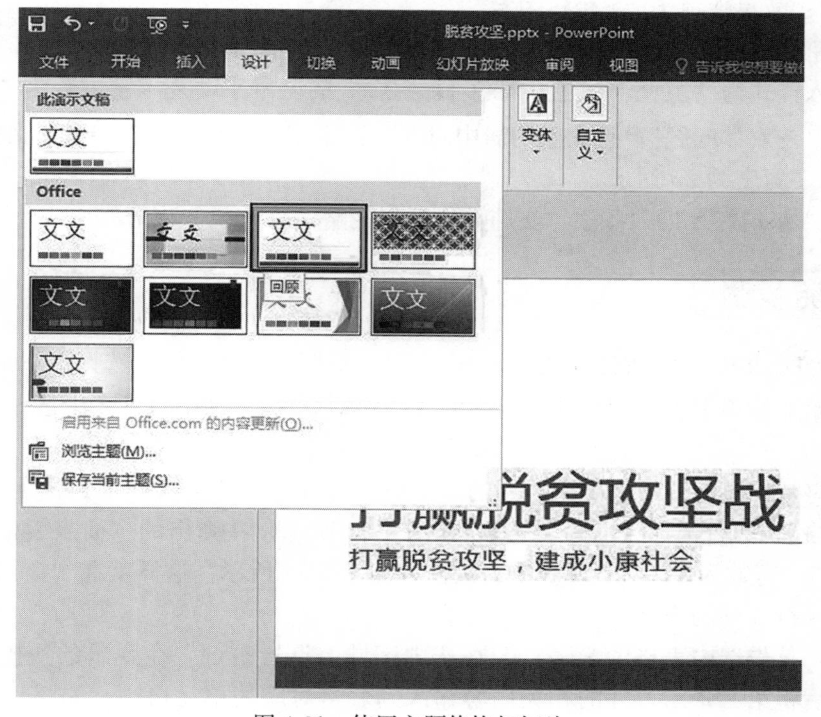

图 4-31 使用主题修饰幻灯片

实验四　图片、表格及艺术字的插入

实验目的

1. 掌握 PowerPoint 表格的插入及其样式设置。
2. 掌握 PowerPoint 图片、文本的动画设置。
3. 掌握 PowerPoint 艺术字的插入及其样式设置。
4. 掌握 PowerPoint 中备注的插入方法。

实验内容

打开“实验四素材”目录中的演示文稿“‘三农’问题.pptx”，按照下列要求完成对此文稿的操作。

1. 在第三张幻灯片后面插入一张“空白”版式的幻灯片，把第二张幻灯片的内容以表格的形式展示在“空白”版式的幻灯片中，删除第二张幻灯片。

视频 4-4
图片、艺术字表格的插入及动画设置

2. 在第三张幻灯片之后插入一张版式为“标题和内容”的新幻灯片，并在标题区域输入“城镇与农村人均可支配收入差距较大”，动画效果设置为“浮入”；在内容区域插入本实验素材文件夹下的图片文件“城镇与农村收入比例.jpg”，动画效果设置为“轮子”，效果选项为“4 轮辐图案”。

3. 第六张幻灯片在位置（水平：5.8 厘米，自：左上角；垂直：3.1 厘米，自：左上角）插入样式为“填充一绿色，着色 1，阴影”的艺术字，艺术字内容为“新时期如何解决‘三农’问题”，且文字均居中对齐。艺术字文字效果为“转换一跟随路径一上弯弧”，艺术字宽度为 25 厘米。

4. 为第八张幻灯片插入备注“实施乡村振兴战略，打赢脱贫攻坚战!”。

实验步骤

1. 打开演示文稿“‘三农’问题.pptx”，在“幻灯片缩览”窗口选择第三张幻灯片，然后单击【开始】选项卡下“幻灯片”组中的【新建幻灯片】，在下拉列表中选择【空白】，如图 4-32 所示。

在“幻灯片缩览”窗口选中刚插入的“空白”幻灯片，单击【插入】选项卡下“表格”组中的【表格】，然后选择【插入表格】，如图 4-33 所示。在弹出的“插入表格”对话框中设置列数为 3，行数为 4，点击【确定】按钮，如图 4-34 所示。这样就在“空白”幻灯片中插入了一个 4 行 3 列的表格。

接下来，首先选中表格的第一行，在选中区域上点击右键，在弹出的快捷菜单中选择【合并】。然后将第二张幻灯片的相关内容输入到表格对应的单元格中，如图 4-35 所示。选中整个表格，在“表格工具”对应的【布局】选项卡下的“对齐方式”组中设置表格内容对

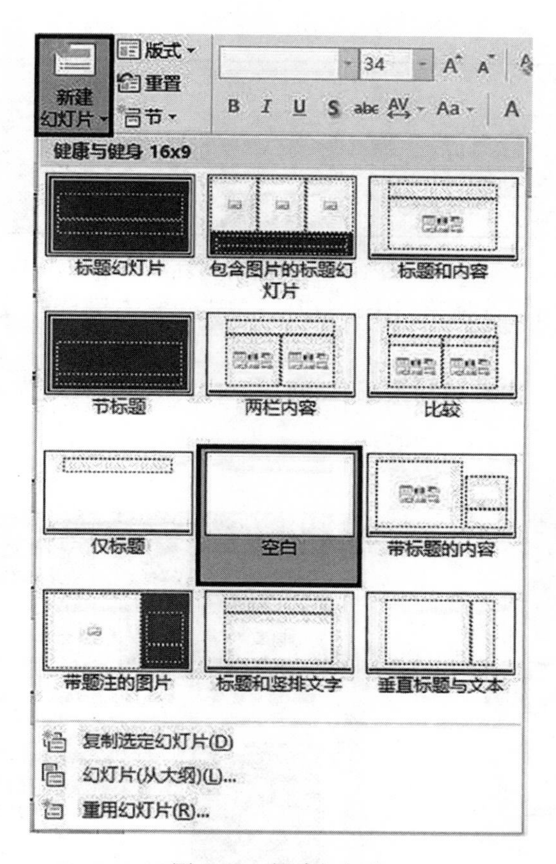

图 4-32　新建幻灯片

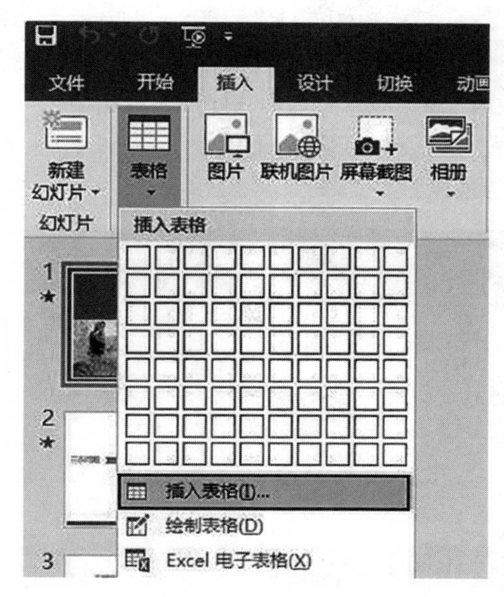

图 4-33　插入表格

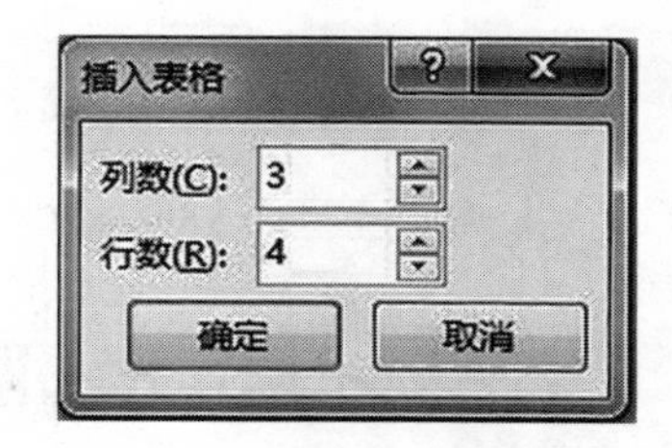

图 4-34　设置行数、列数

齐方式为“居中”。

“三农”问题		
农村	农业	农民
农村土地问题	粮食安全问题	农民素质问题
基层政权问题	粮食政策问题	农民收入问题

图 4-35　完成后的表格

在“幻灯片缩览”窗口选择第二张幻灯片，单击鼠标右键选择【删除幻灯片】，如图 4-36 所示。

2. 在“幻灯片缩览”窗口选择第三张幻灯片，插入一张版式为【标题和内容】的新幻灯片，如图 4-37 所示。

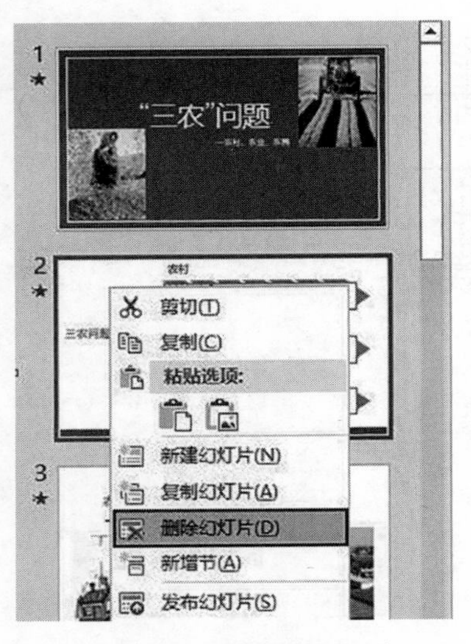

图 4-36　右键删除幻灯片

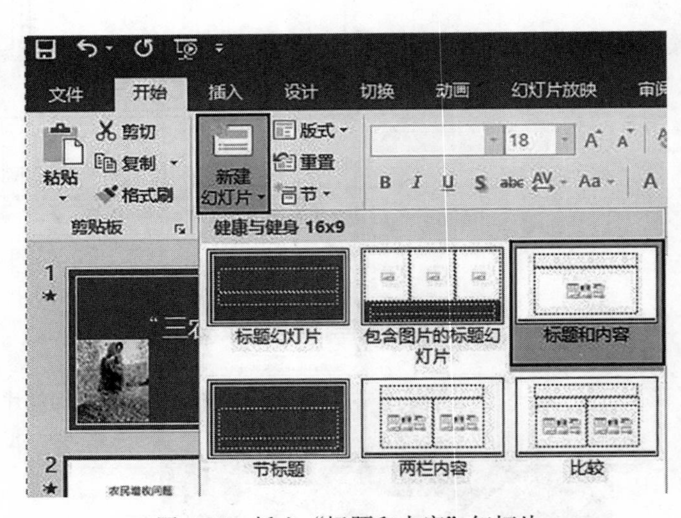

图 4-37　插入“标题和内容”幻灯片

在“新幻灯片”标题区域输入“城镇与农村人均可支配收入差距较大”。选中标题区域的文字，单击【动画】选项卡，对其进行相应的动画设置，如图 4-38 所示。

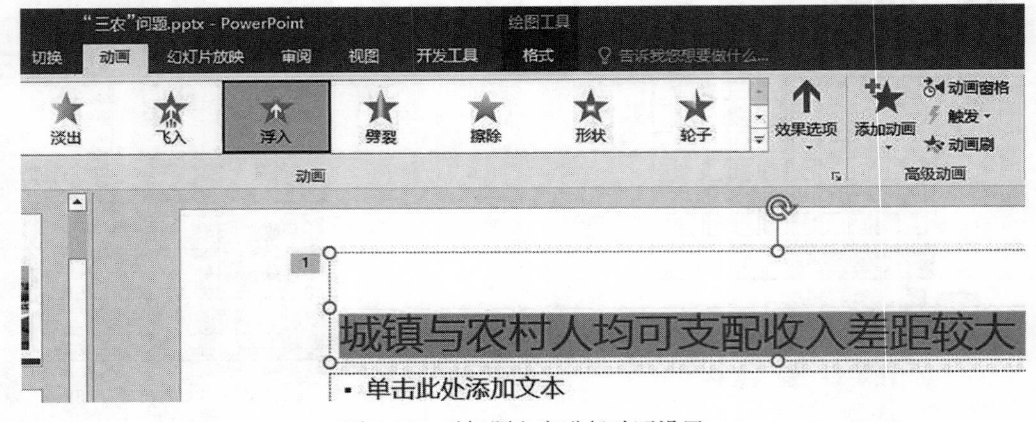

图 4-38　对标题文字进行动画设置

点击“新幻灯片”内容区域的【图片】按钮，如图 4-39 所示。在“插入图片”对话框中选中本实验对应素材文件夹中的图片“城镇与农村收入比例 .jpg”，点击【插入】即可，如图 4-40 所示。选中插入的图片，单击【动画】选项卡，对其进行相应的动画设置，如图 4-41 所示。

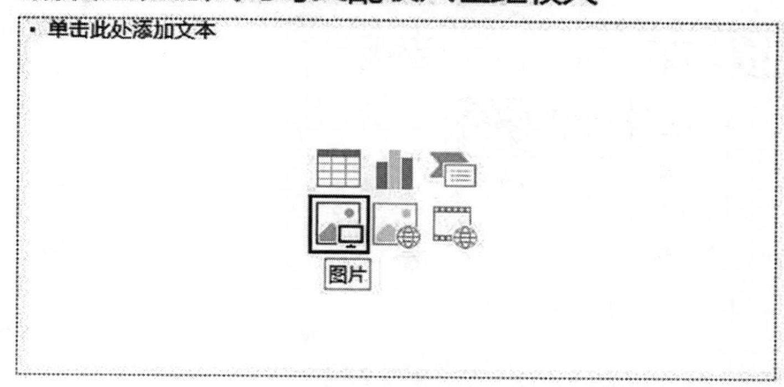

图 4-39　点击“图片”按钮

图 4-40　选择图片

3. 在“幻灯片缩览”窗口中选择第六张幻灯片，点击【插入】选项卡“文本”组中的【艺术字】，选择“填充—绿色，着色 1，阴影”样式的艺术字，如图 4-42 所示。

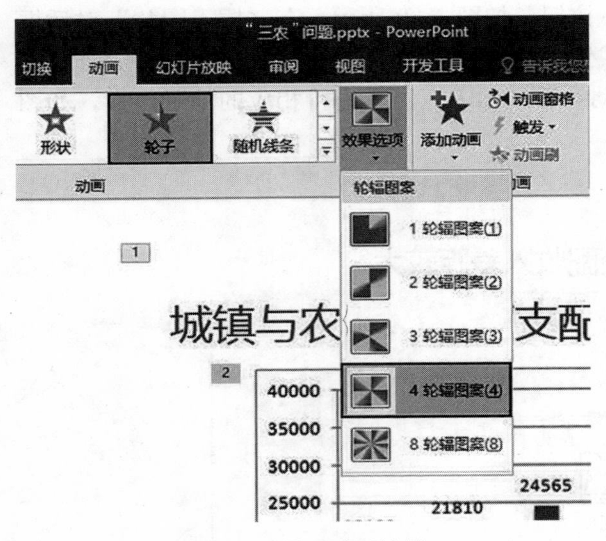

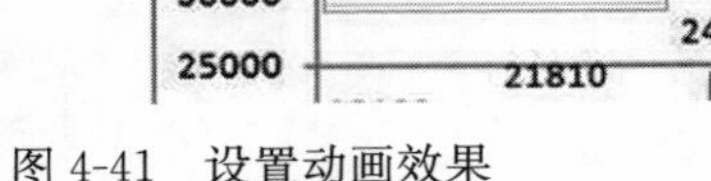

图 4-41　设置动画效果

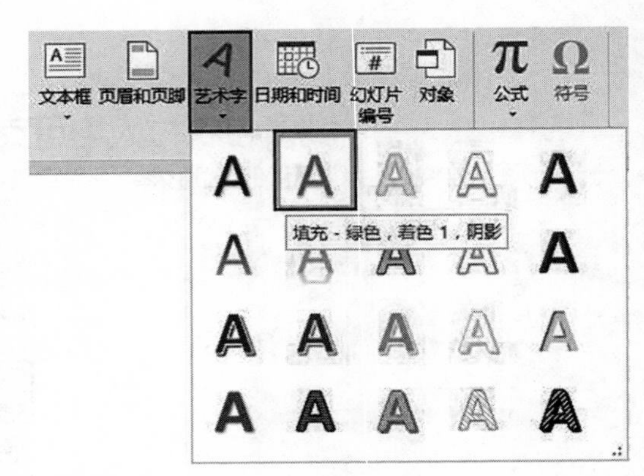

图 4-42　插入艺术字

然后输入文字“新时期如何解决‘三农’问题”。选中该艺术字，点击“绘图工具”下的【格式】选项卡，在“大小”组中点击【扩展按钮】，如图 4-43 所示。之后会在幻灯片编辑窗口右侧出现“设置形状格式”窗格，按照“实验内容”要求在该窗格对艺术字进行位置、宽度的设置，如图 4-44 所示。

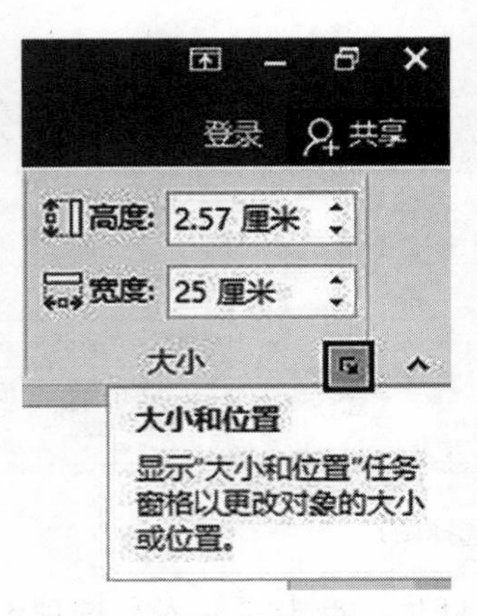

图 4-43　扩展按钮

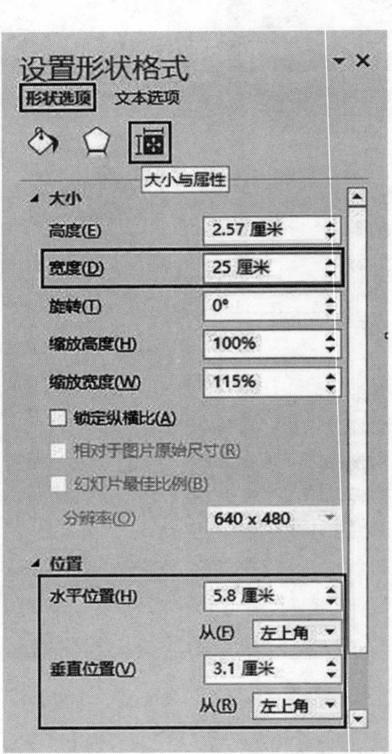

图 4-44　“位置”、“宽度”设置

继续选择【格式】选项卡下方的【文本效果】按钮，对艺术字进行相应的文本效果设置，如图 4-45 所示。

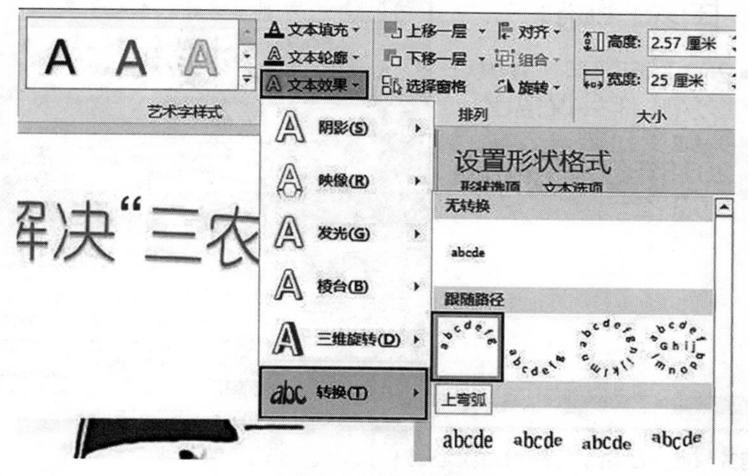

图 4-45　对艺术字进行文本效果设置

4. 在“幻灯片缩览”窗口中选择第八张幻灯片，单击幻灯片状态栏右侧的【备注】，如图 4-46 所示。会在幻灯片下方出现备注内容输入区域，如图 4-47 所示。在备注区域输入“实施乡村振兴战略，打赢脱贫攻坚战!”，如图 4-48 所示。

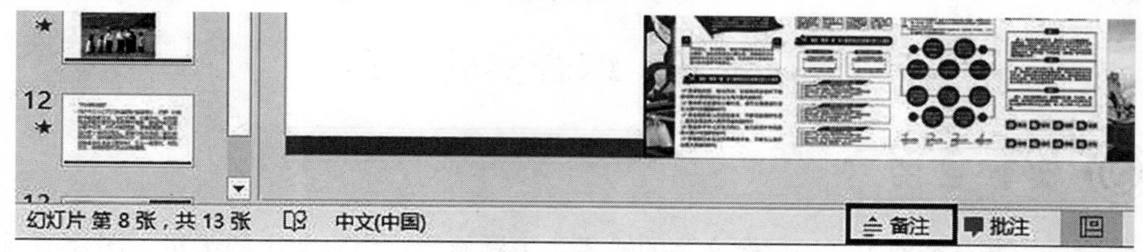

图 4-46　“备注”按钮

图 4-47　幻灯片的备注区域

图 4-48　幻灯片添加备注

实验五　综合实验（1）

实验目的

综合练习并掌握演示文稿标题文字的输入，主题修饰，内容文字的编辑，图片的插入，背景设置，动画设置，幻灯片的插入，幻灯片版式的修改，幻灯片切换效果的设置，幻灯片的移动等操作。

实验内容

打开“实验五素材”目录中的演示文稿“综合实验 1. pptx”，按照下列要求完成对此文稿的修饰并保存。

1. 使用“Mountain Top”主题修饰全文，将全部幻灯片的切换方案设置成“轨道”，效果选项为“自底部”。

视频 4-5
幻灯片背景设置

2. 在第一张幻灯片之后插入版式为“标题幻灯片”的新幻灯片，主标题输入“故宫博物院”，字号设置为 53 磅、字体颜色为自定义红色（RGB 模式：红色 255，绿色 1，蓝色 2）。副标题输入“世界上现存规模最大、最完整的古代皇家建筑群”，背景设置为“胡桃”纹理，并隐藏背景图像。

3. 在第一张幻灯片之前插入版式为“两栏内容”的新幻灯片，将“实验五素材”目录中的图片文件“ppt1. png”插入到第一张幻灯片右侧内容区，图片动画设置为“轮子”，效果选项为“四轮辐图案”，将第二张幻灯片的首段文本移入第一张幻灯片左侧内容区。

4. 将第二张幻灯片版式改为“两栏内容”，原文本全部移入左侧内容区，并设置字号为 19 磅，将“实验五素材”目录中的图片文件“ppt2. png”插入到第二张幻灯片右侧内容区。

5. 将第三张幻灯片移动为第一张幻灯片。

实验步骤

1. 打开演示文稿“综合实验 1. pptx”，在【设计】选项卡的“主题”组中，单击【其他】按钮，如图 4-49 所示。在展开的主题样式列表中选择【Mountain Top】，完成主题修饰，如图 4-50 所示。

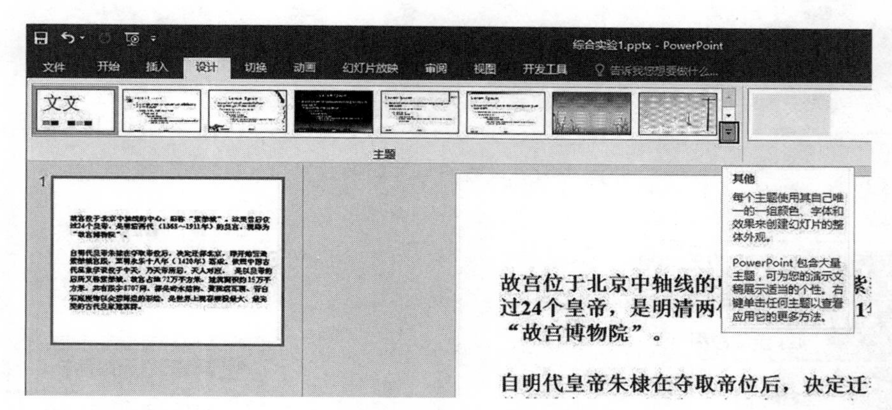

图 4-49　用于展开主题样式列表的“其他”按钮

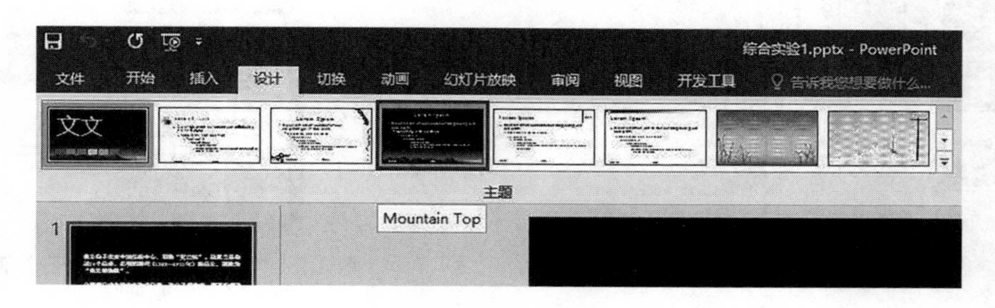

图 4-50　选择对应主题

在“幻灯片缩览”窗口中选中第一张幻灯片，在【切换】选项卡的“切换到此幻灯片”组中单击【其他】按钮，在展开的切换方式列表中选择“动态内容”下的【轨道】。单击【效果选项】按钮，从弹出的下拉菜单中选择【自底部】，再单击“计时”组中的【全部应用】按钮，如图 4-51、图 4-52、图 4-53 所示。

2. 在“幻灯片缩览”窗口，选中第一张幻灯片，在【开始】选项卡的“幻灯片”组中，单击【新建幻灯片】，从弹出的下拉列表中选择【标题幻灯片】。点击主标题文本区，输入“故宫博物院”，选中主标题，在【开始】选项卡的“字体组”中，单击【扩展按钮】，弹出“字体”对话框。在【字体】选项卡中，设置字号“大小”为“53”；单击“字体颜色”按钮，在弹出的下拉列表中选择【其他颜色】，弹出“颜色”对话框。在“颜色”对话框中

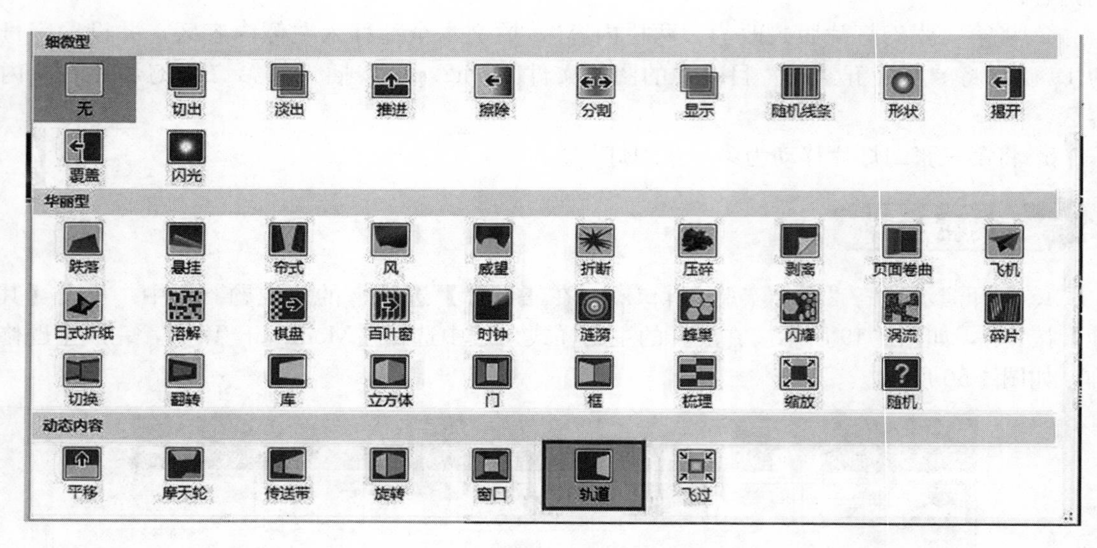

图 4-51　设置幻灯片切换效果

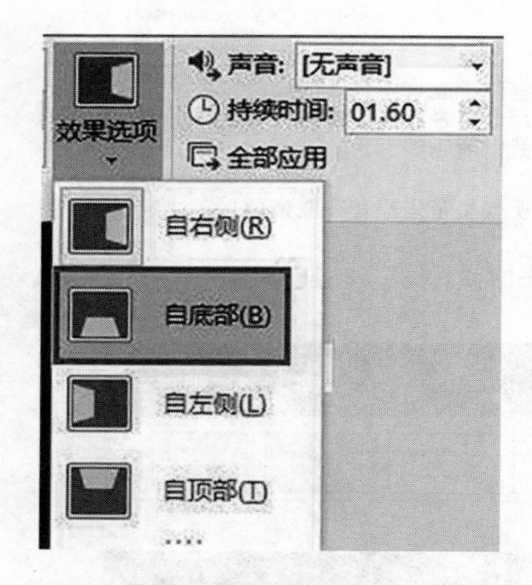

图 4-52　切换效果选择

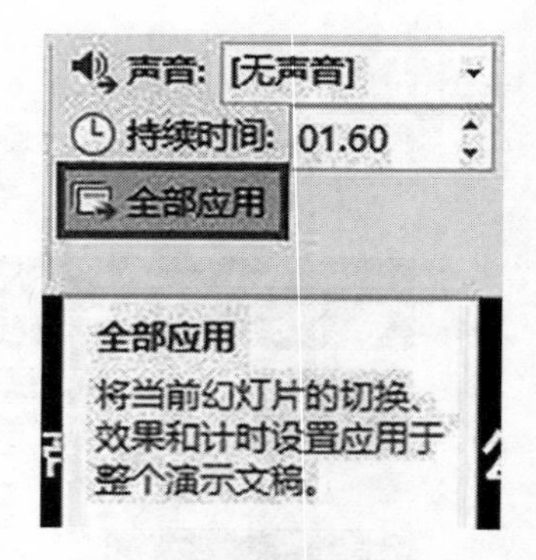

图 4-53　将切换效果应用于全部幻灯片

单击【自定义】选项卡，选择“颜色模式”为“RGB”，设置“红色”、“绿色”、“蓝色”的值分别为“255”、“1”、“2”，单击【确定】按钮后返回“字体”对话框，再单击【确定】按钮。点击第二张幻灯片的副标题文本区，输入“世界上现存规模最大、最完整的古代皇家建筑群”。如图 4-54、图 4-55、图 4-56 所示。

单击【设计】选项卡下“自定义”组中的【设置背景格式】按钮，在幻灯片右侧出现“设置背景格式”窗格，在该窗格中选择【图片或纹理填充】，点击【纹理】按钮，从弹出的列表中选择【胡桃】，并勾选【隐藏背景图形】复选框，单击【关闭】按钮完成设置，如图 4-57、图 4-58、图 4-59 所示。

3. 用鼠标点击“幻灯片缩览”窗口中“第一张幻灯片”前面的空隙处，此时会在空隙处出现一条“显示线”。在【开始】选项卡的“幻灯片组”中，单击【新建幻灯片】，从弹出

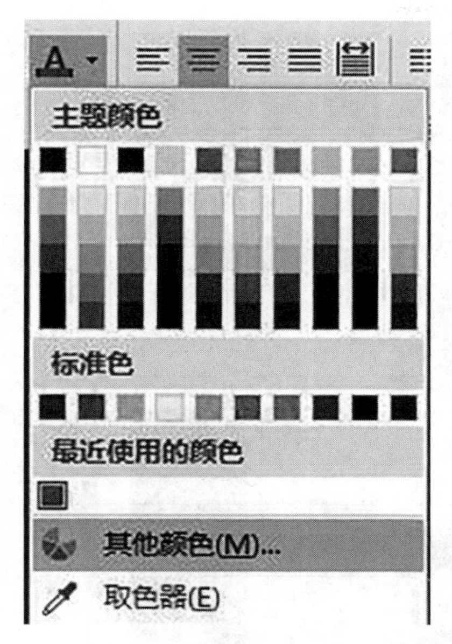

图 4-54　选取“其他颜色”

图 4-55　自定义颜色设置

图 4-56　设置完成后的幻灯片

的下拉列表中选择【两栏内容】。在右侧内容区，单击【图片】按钮，弹出“插入图片”对话框，从“实验五素材”文件夹下选择图片文件“ppt1.png”，单击【插入】按钮，如图

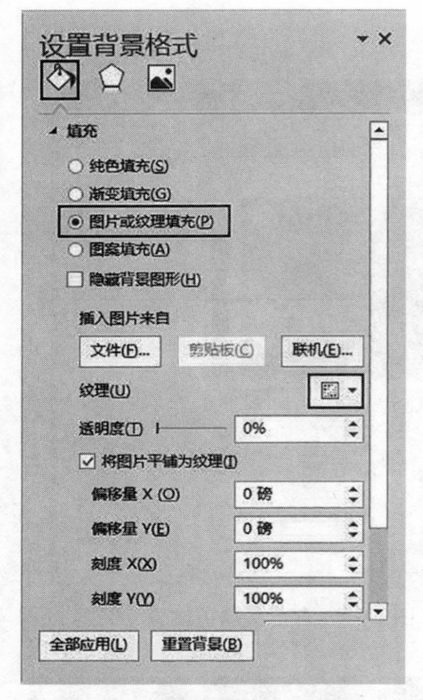

图 4-57　“设置背景格式”窗格

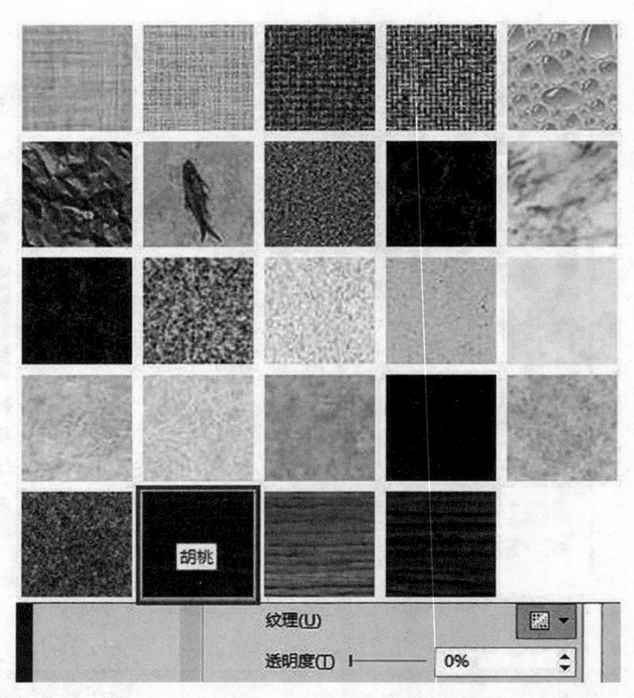

图 4-58　纹理设置

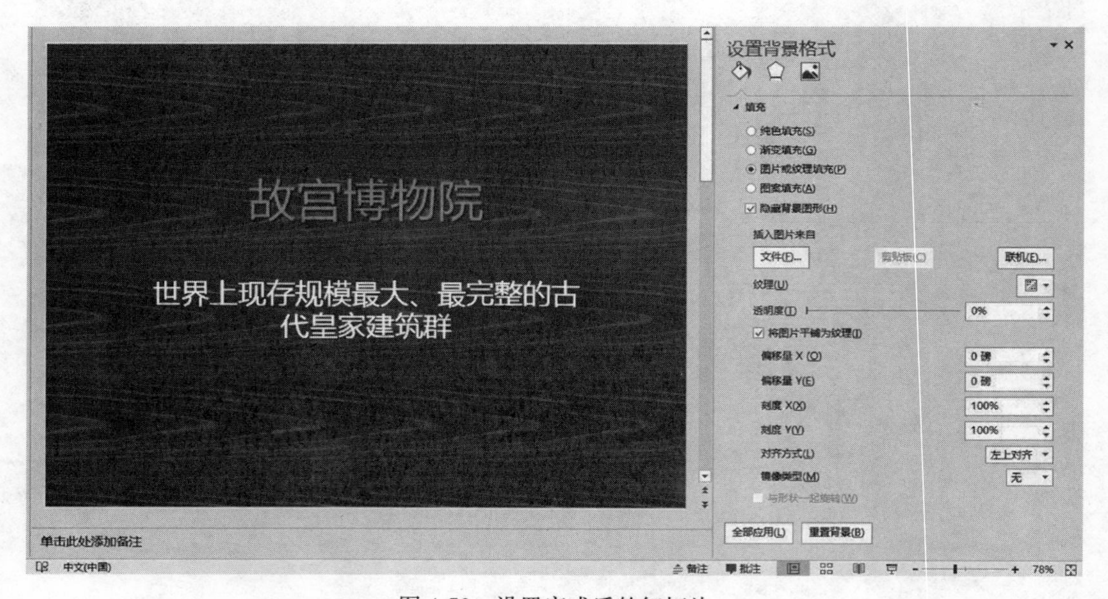

图 4-59　设置完成后的幻灯片

4-60 所示。选中插入的图片，在【动画】选项卡的“动画”组中，单击【其他】下三角按钮，在弹出的下拉列表中选择“进入”下的【轮子】，单击【效果选项】按钮，从弹出的下拉菜单中选择【4 轮辐图案】，完成设置，如图 4-61、图 4-62 所示。选中第二张幻灯片的首段文本，单击【开始】选项卡下“剪贴板”组中的【剪切】按钮（或者单击鼠标右键，从快捷选项卡中选择【剪切】），如图 4-63 所示。将鼠标光标定位到第一张幻灯片左侧内容区，单击“剪贴板”组中【粘贴】按钮，即可完成文本的移动。

图 4-60　插入图片“ppt1. png”

图 4-61　动画设置

4. 在“幻灯片缩览”窗口选中第二张幻灯片，单击【开始】选项卡下“幻灯片”组中的【版式】按钮，在弹出的下拉列表中选择【两栏内容】，如图 4-64 所示。选中该幻灯片的原文本，单击【开始】选项卡下“剪贴板”组中的【剪切】按钮，将鼠标光标定位到左侧内容区，单击【粘贴】按钮，即可将原文本移入左侧区域。选中左侧文本内容，在【开始】选项卡下的“字体”组中设置“字号”为“19”，然后在该幻灯片右侧内容区中单击【插入图片】按钮，从“实验五素材”文件夹下选择图片文件“ppt2. png”，单击【插入】按钮，完

图 4-62　动画效果选项设置

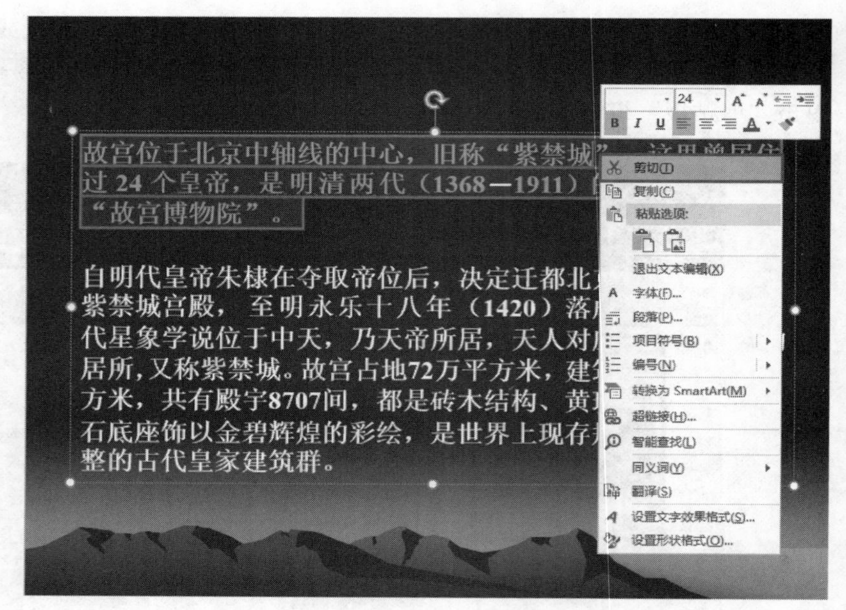

图 4-63　文本设置

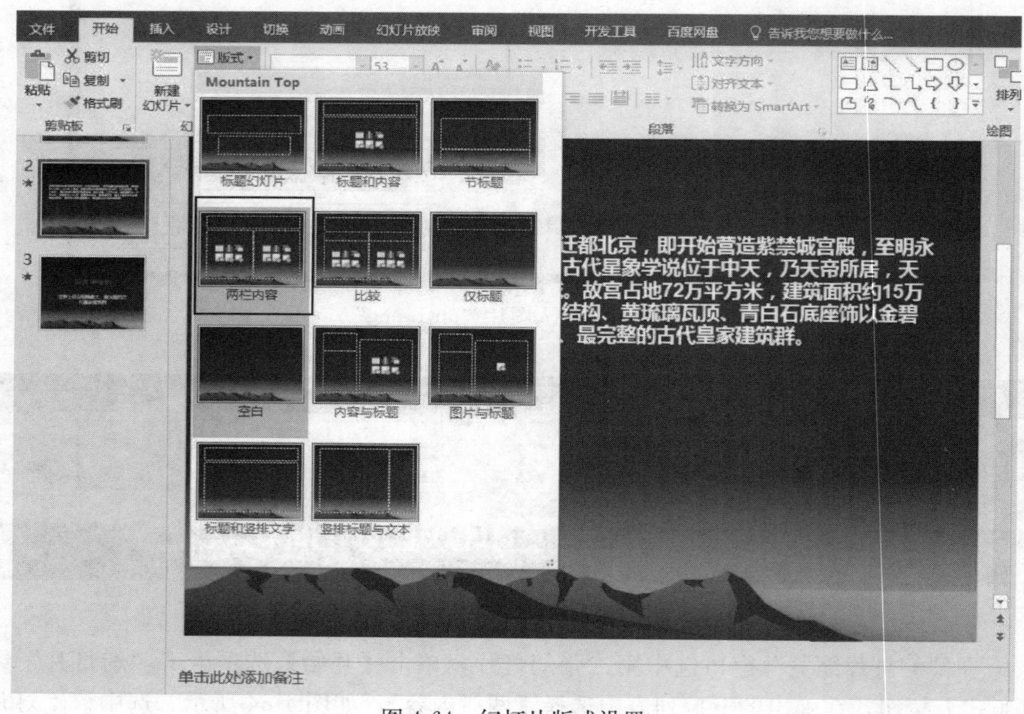

图 4-64　幻灯片版式设置

成图片的插入，如图 4-65 所示。

5. 在“幻灯片缩览”窗口，在第三张幻灯片上按下鼠标左键向上拖动，当移动的第三张幻灯片上边缘超过第一张幻灯片上方时，此刻释放鼠标左键即可实现将第三张幻灯片移动到一张新幻灯片前的效果，此时第三张幻灯片即成了第一张幻灯片。

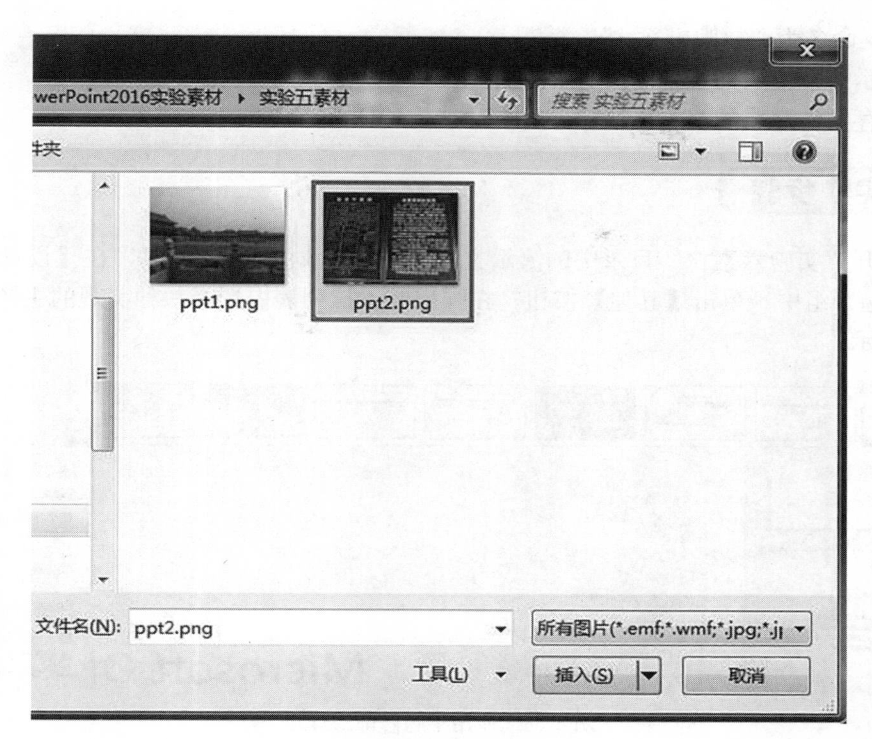

图 4-65　插入图片“ppt2. png”

实验六　综合实验（2）

实验目的

综合练习并掌握演示文稿标题文字的输入，主题修饰，内容文字的编辑，图片的插入，动画设置，表格的插入，幻灯片的插入，幻灯片版式的修改，幻灯片切换效果的设置，背景音乐设置，幻灯片放映方式的设置等操作。

实验内容

视频 4-6 幻灯片放映中的新建演示方案

打开“实验六素材”目录中的演示文稿“图书策划方案 . pptx”，按照下列要求完成对此文稿的操作。

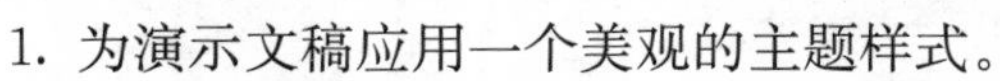

1. 为演示文稿应用一个美观的主题样式。

2. 将演示文稿中的第一页幻灯片，调整为“仅标题”版式，并调整标题到适当的位置。

3. 在标题为“2020 年同类图书销量统计”的幻灯片页中，插入一个 6 行、6 列的表格，列标题分别为“图书名称”、“出版社”、“出版日期”、“作者”、“定价”、“销量”。

4. 为演示文稿设置至少 3 种幻灯片切换方式。

5. 在该演示文稿中创建一个演示方案，该演示方案包含第 1、3、4、6 页幻灯片，并将该演示方案命名为“放映方案 1”。

6. 演示文稿播放的全程需要有背景音乐。

7. 另存制作完成的演示文稿，并将其命名为“PowerPoint. pptx”。

实验步骤

1. 打开“实验六素材”目录中的演示文稿“图书策划方案 . pptx”，在【设计】选项卡下的“主题”组中，单击【其他】按钮，在弹出的下拉列表中选择一种美观的主题样式。如图 4-66 所示。

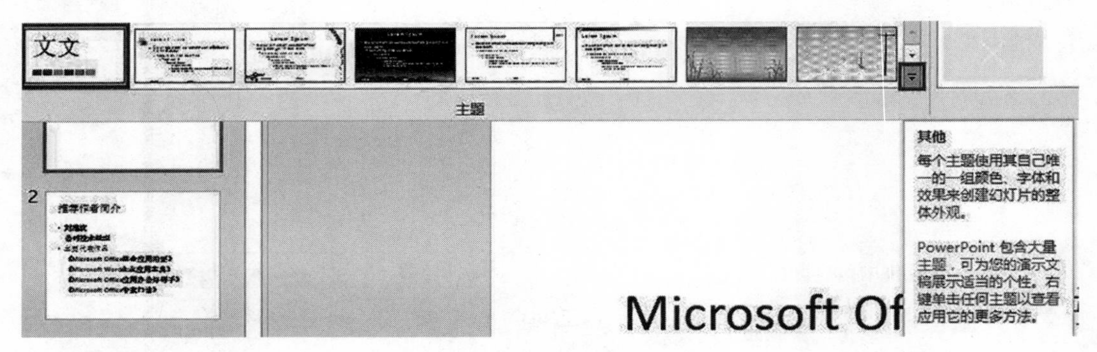

图 4-66　使用主题修饰幻灯片

2. 在“幻灯片缩览”窗口选中第一张幻灯片，单击【开始】选项卡下“幻灯片”组中的【版式】按钮，在弹出的下拉列表中选择【仅标题】，然后将标题拖动到恰当位置，如图 4-67 所示。

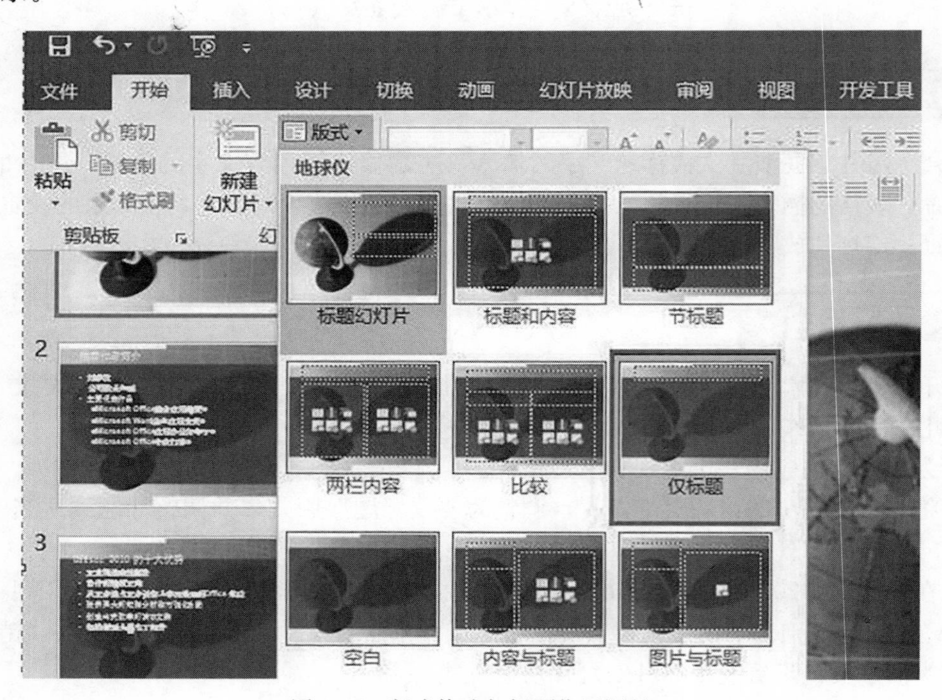

图 4-67　版式修改与标题位置调整

3. 根据题意选中第七张幻灯片，在主标题下方区域单击【插入表格】按钮，如图 4-68 所示。在弹出的“插入表格”对话框中设置“列数”为“6”，“行数”为“6”，然后单击【确定】按钮即可在幻灯片中插入一个 6 行、6 列的表格，如图 4-69 所示。在表格第一行中依次输入列标题“图书名称”、“出版社”、“出版日期”、“作者”、“定价”、“销量”。

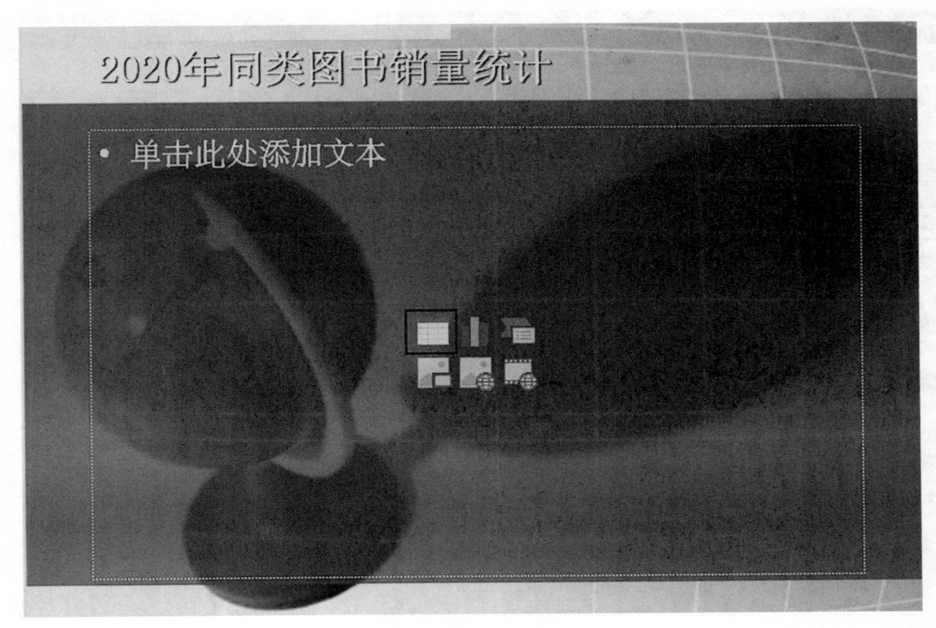

图 4-68　插入表格按钮

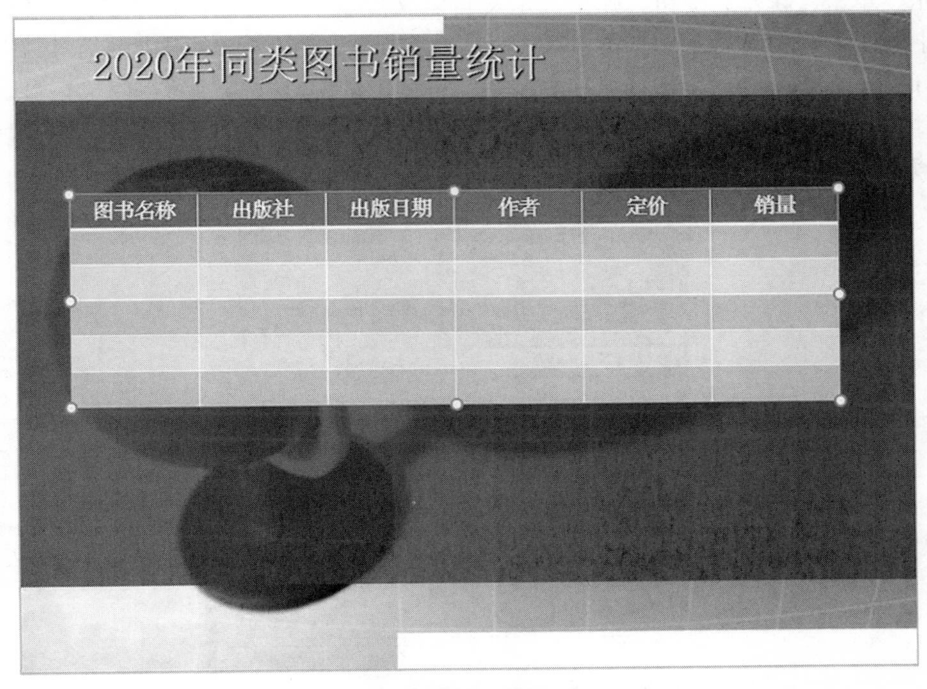

图 4-69　插入的表格

4. 在“幻灯片缩览”窗口中任选择一张幻灯片，在【切换】选项卡的“切换到此幻灯片”分组中，单击【其他】按钮，在弹出的下拉列表中设置一种幻灯片切换方式，如图 4-70 所示。使用同样的方法给其他幻灯片设置不同的切换方式。注意，题目要求设置的幻灯片切换方式要不少于 3 种。

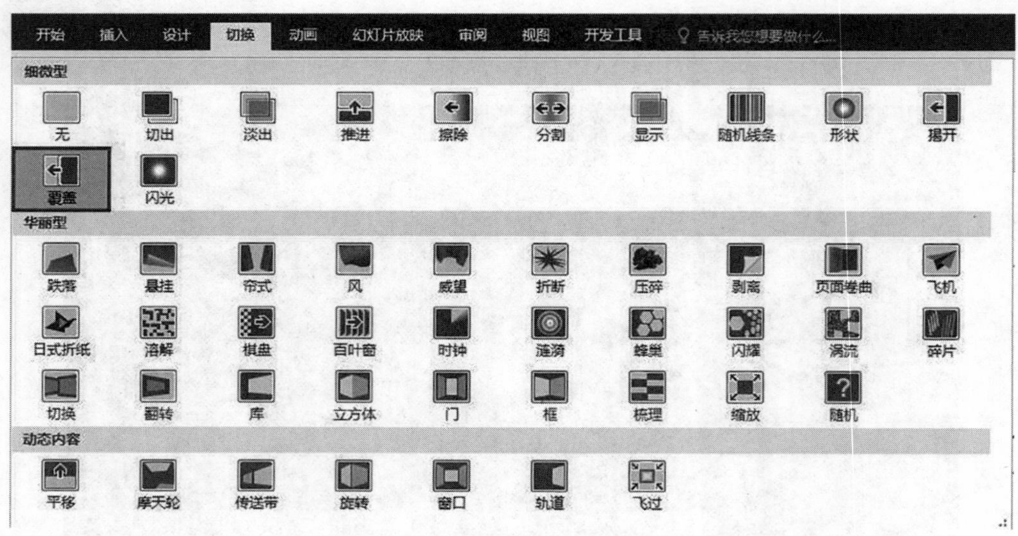

图 4-70　幻灯片切换方式设置

5. 单击【幻灯片放映】选项卡下“开始放映幻灯片”组中的【自定义幻灯片放映】按钮，在下拉菜单中选择【自定义放映】，如图 4-71 所示。弹出“自定义放映”对话框，如图 4-72 所示。单击【新建】按钮，弹出“定义自定义放映”对话框，在“幻灯片放映名称”文本框中输入“放映方案 1”，如图 4-73 所示。从左侧的“在演示文稿中的幻灯片”列表中选择幻灯片 1、3、4、6，单击【添加】按钮，将选中的幻灯片添加到右侧“在自定义放映中的幻灯片”区域，如图 4-74、图 4-75 所示。单击【确定】按钮后重新返回到“自定义放映”对话框中。单击【放映】按钮即可放映“放映方案 1”，如图 4-76 所示。

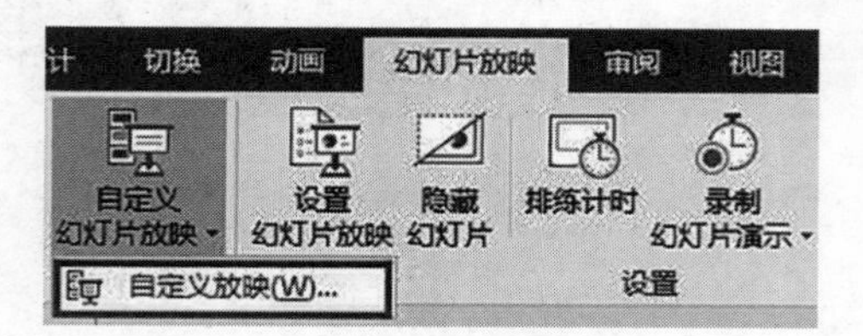

图 4-71　“自定义放映”选项

图 4-72　“自定义放映”对话框

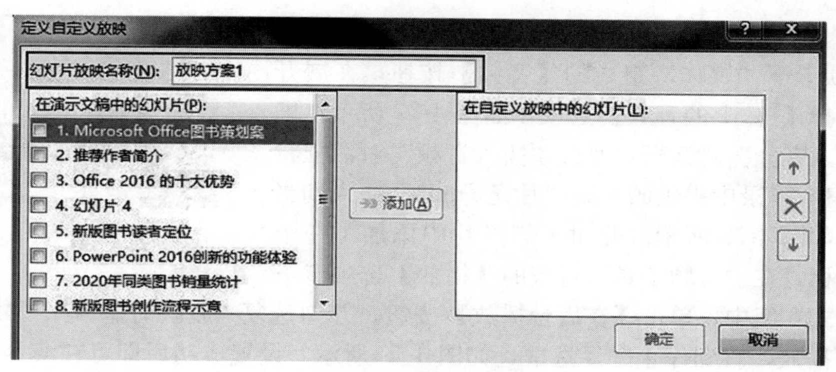

图 4-73　设置“放映方案 1”

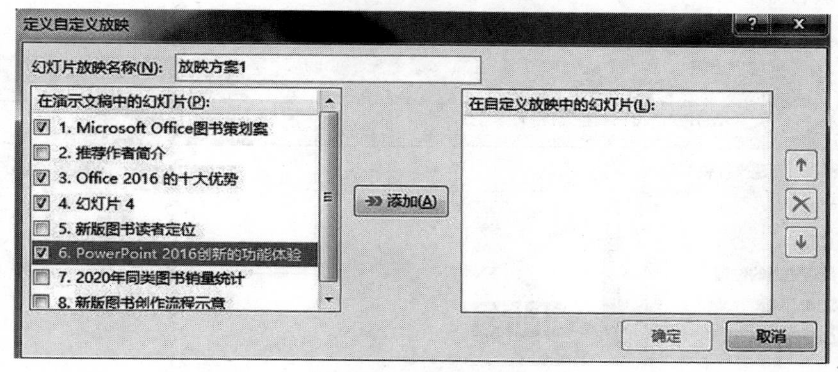

图 4-74　选择幻灯片

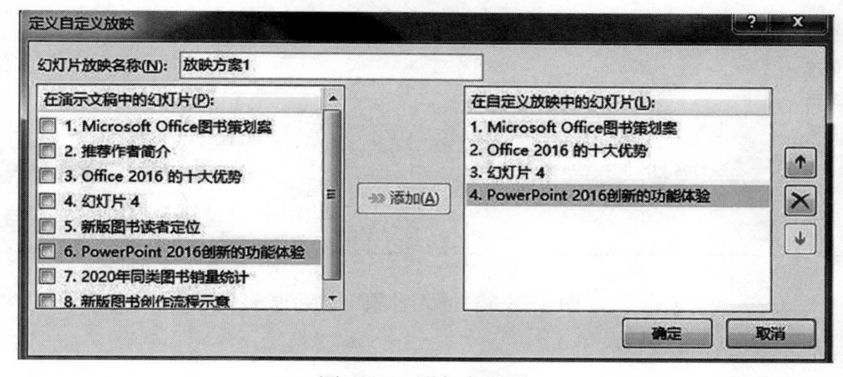

图 4-75　添加幻灯片

图 4-76　新建的“放映方案 1”

6. 在“幻灯片缩览”窗口选中第一张幻灯片，单击【插入】选项卡下“媒体”组中的【音频】按钮，在展开的列表中选择【PC 上的音频】选项，如图 4-77 所示，即可启动“插入音频”对话框。通过“插入音频”对话框将“实验六素材”目录中提供的音频“月光 . mp3”插入到当前幻灯片，如图 4-78 所示。此时，幻灯片中添加了一个小喇叭的图标，在“音频工具”对应的【播放】选项卡下的“音频样式”组中，单击【在后台播放】按钮，并勾选复“放映时隐藏”、“跨幻灯片播放”、“循环播放，直到停止”复选框，如图 4-79 所示。设置成功后即可在演示文稿播放的全程都有背景音乐。

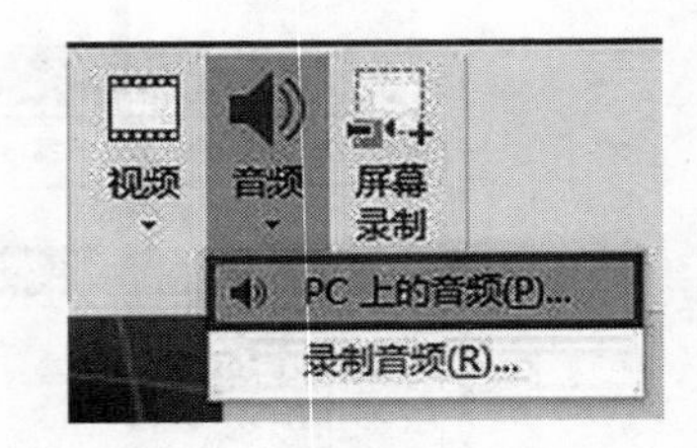

图 4-77　“音频”插入选项

图 4-78　“插入音频”对话框

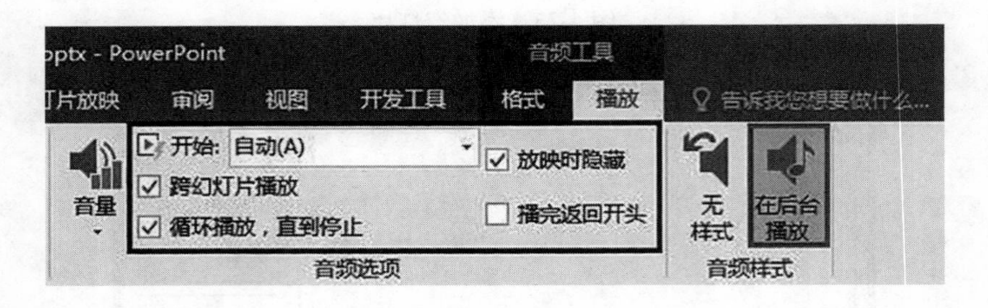

图 4-79　音频播放设置

实验案例　夏令营活动演示文稿的制作

案例题目

小明同学加入了学校的旅游社团，正在参与组织暑期到台湾日月潭的夏令营活动，现在需要制作一份关于日月潭的演示文稿。根据以下要求，并参考“参考图片 . docx”文件中的样例效果，完成演示文稿的制作。

1. 新建一个空白演示文稿，命名为“PPT. pptx”（“. pptx”为扩展名），并保存在“实验案例素材”目录中，此后的操作均基于此文件。

视频 4-7
SmartArt 图形

2. 演示文稿包含 8 张幻灯片，第 1 张版式为“标题幻灯片”，第 2、第 3、第 5 和第 6 张幻灯片为“标题和内容”版式，第 4 张幻灯片为“两栏内容”版式，第 7 张幻灯片为“仅标题”版式，第 8 张幻灯片为“空白”版式；每张幻灯片中的文字内容，可以从“实验案例素材”目录中的“PPT _ 素材 . docx”文件中找到，并参考样例效果将其置于适当的位置；对所有幻灯片应用名称为“流畅”的内置主题；将所有文字的字体统一设置为“幼圆”。

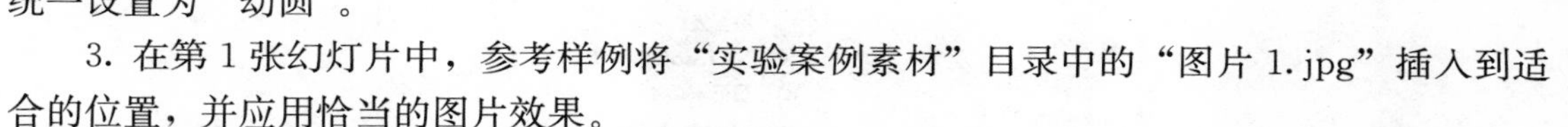

3. 在第 1 张幻灯片中，参考样例将“实验案例素材”目录中的“图片 1. jpg”插入到适合的位置，并应用恰当的图片效果。

4. 将第 2 张幻灯片中标题下的文字转换为 SmartArt 图形，布局为“垂直曲形列表”，并应用“白色轮廓”的样式，字体为幼圆。

5. 将第 3 张幻灯片中标题下的文字转换为表格，表格的内容参考样例文件，取消表格的标题行和镶边行样式，并应用镶边列样式；表格单元格中的文本水平和垂直方向都居中对齐，中文设为“幼圆”字体，英文设为“Arial”字体。

6. 在第 4 张幻灯片的右侧，插入“实验案例素材”目录中名为“图片 2. jpg”的图片，并应用“圆形对角，白色”的图片样式。

7. 参考样例文件效果，调整第 5 和第 6 张幻灯片标题下文本的段落间距，并添加或取消相应的项目符号。

8. 在第 5 张幻灯片中，插入“实验案例素材”目录中的“图片 3. jpg”和“图片 4. jpg”，参考样例文件，将他们置于幻灯片中适合的位置；将“图片 4. jpg”置于底层，并对“图片 3. jpg”（游艇）应用“飞入”的进入动画效果，以便在播放到此张幻灯片时，游艇能够自动从左下方进入幻灯片页面；在游艇图片上方插入“椭圆形标注”，使用短划线轮廓，并在其中输入文本“开船啰!”，然后为其应用一种适合的进入动画效果，并使其在游艇飞入页面后能自动出现。

9. 在第 6 张幻灯片的右上角，插入“实验案例素材”目录中的“图片 5. gif”，并将其到幻灯片上侧边缘的距离设为 0 厘米。

10. 在第 7 张幻灯片中，插入“实验案例素材”目录中的“图片 6. jpg”、“图片 7. jpg”和“图片 8. jpg”。参考样例文件，设置左右两张图片到幻灯片两侧边缘的距离相等，且为其添加适当的图片效果并进行排列，将他们顶端对齐，图片之间的水平间距相等；在幻灯片右上角插入“实验案例素材”目录中的“图片 9. gif”，并将其顺时针旋转 300°。

11. 在第 8 张幻灯片中，将“实验案例素材”目录中的“图片 10. jpg”设为幻灯片背景，并将幻灯片中的文本应用一种艺术字样式，文本居中对齐，字体为“幼圆”；为文本框添加白色填充色和透明效果。

12. 为所有幻灯片设置自动换片，换片时间为 5 秒；为演示文稿第 2—8 张幻灯片添加“涟漪”的切换效果，首张幻灯片无切换效果；为除首张幻灯片之外的所有幻灯片添加编号，编号从“1”开始。

解题步骤

1. 在“实验案例素材”目录中点击右键，在弹出的快捷菜单中选择【新建】|【新建 Microsoft PowerPoint 演示文稿】，如图 4-80 所示。重命名“新建 Microsoft PowerPoint 演示文稿 . pptx”为“PPT. pptx”。双击打开“PPT. pptx”演示文稿，按照【案例题目】中的版式要求新建 8 张幻灯片。

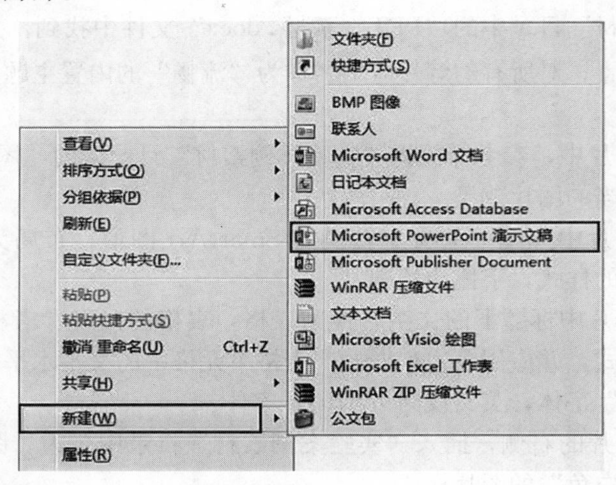

图 4-80 新建“Microsoft PowerPoint 演示文稿”

2. 选择【设计】选项卡，在“主题”组中单击【其他】按钮，在展开的所有主题列表中选择内置主题【流畅】。从“实验案例素材”目录中的“PPT _ 素材 . docx”文件中找到每张幻灯片中的文字内容，并参考样例效果将其置于对应的位置；并将所有文字的字体统一设置为“幼圆”。

3. 在“幻灯片缩览”窗口中选中第 1 张幻灯片，单击【插入】选项卡下的【图片】按钮，浏览素材文件夹，选择“图片 1. jpg”文件，单击【插入】按钮，完成图片插入设置。选中“图片 1. jpg”图片文件，根据“参考图片 . docx”文件的样式，适当调整图片文件的大小和位置。选择图片，单击“图片工具”对应的【格式】选项卡下“图片样式”组中的【图片效果】按钮，在下拉菜单中选择【柔化边缘】|【25 磅】，如图 4-81 所示。

4. 选中第 2 张幻灯片的内容文本框，单击【开始】选项卡下的【转换为 SmartArt】按钮，在下拉菜单框中选择【其他 SmartArt】按钮，如图 4-82 所示，弹出“选择 SmartArt 图形”对话框，在左侧的列表框中选择【列表】，在右侧的列表框中选择【垂直曲形列表】

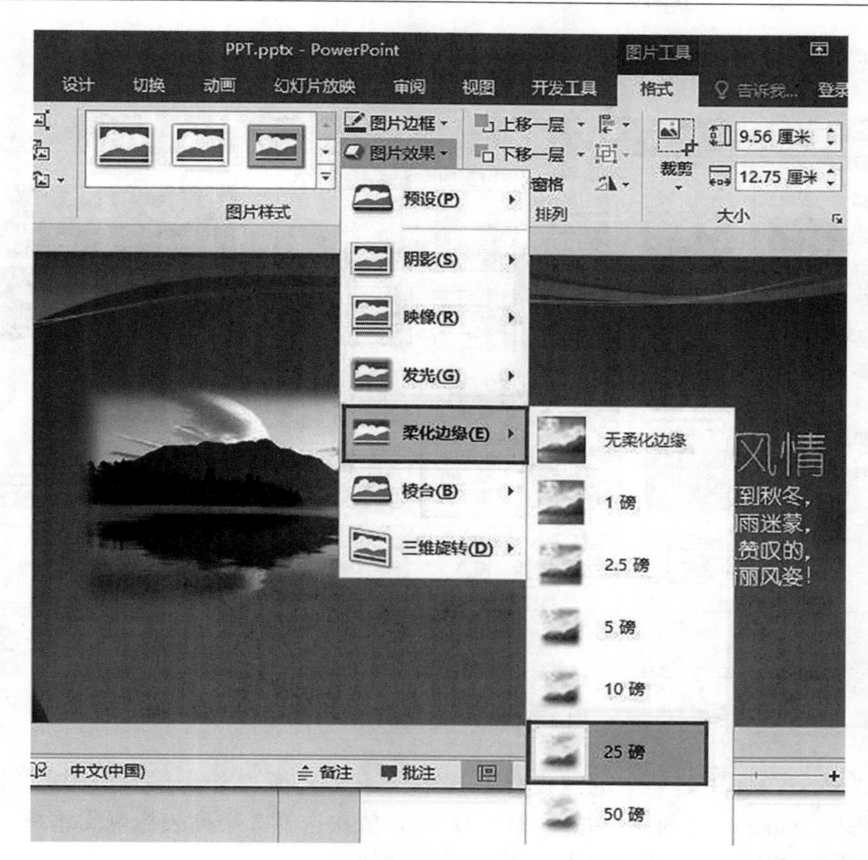

图 4-81　对图片进行“柔化边缘”设置

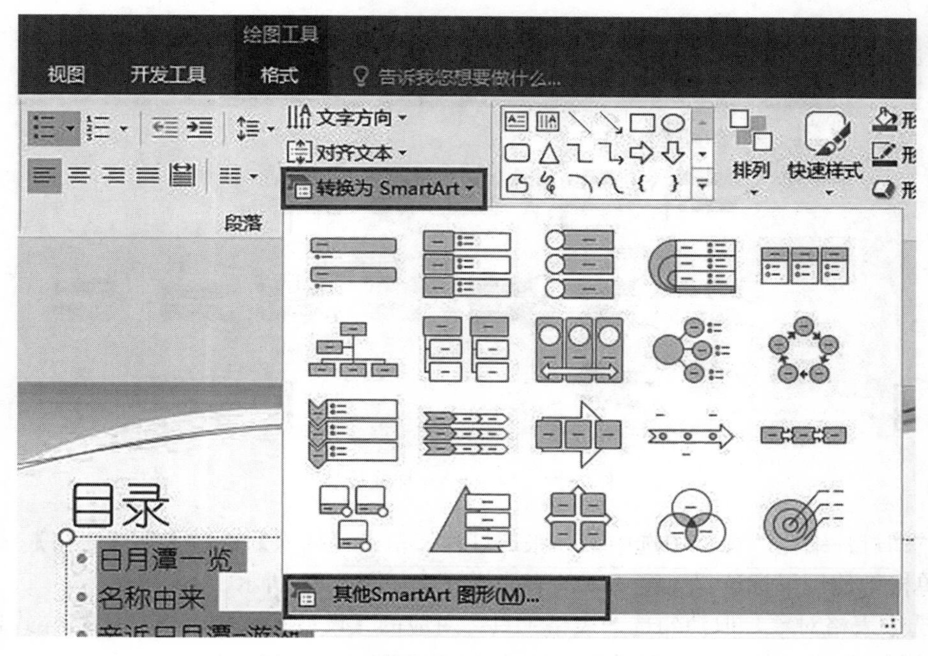

图 4-82　“转换为 SmartArt”下拉菜单

样式，单击【确定】按钮，完成转换设置，如图 4-83 所示。

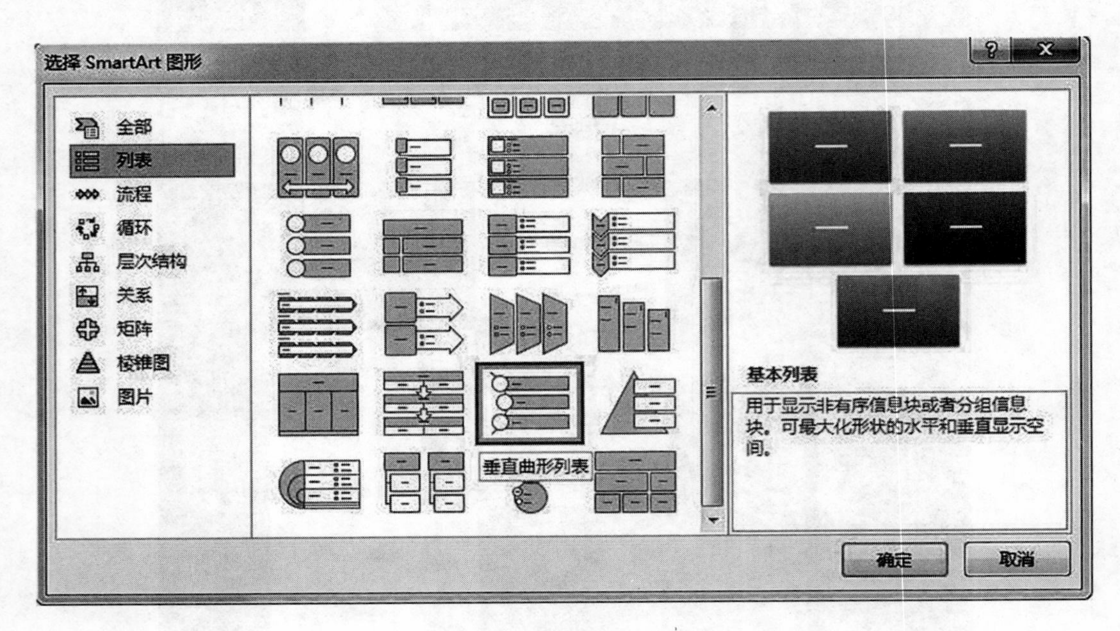

图 4-83　选择 SmartArt 图形

5. 在“SmartArt 工具”中的【设计】选项卡下，选择“SmartArt 样式”组中的“白色轮廓”样式，如图 4-84 所示。按下【Ctrl】键，依次选择 5 个列表标题文本框，单击【开始】选项卡下的“字体”下拉列表框，从中选择“幼圆”。

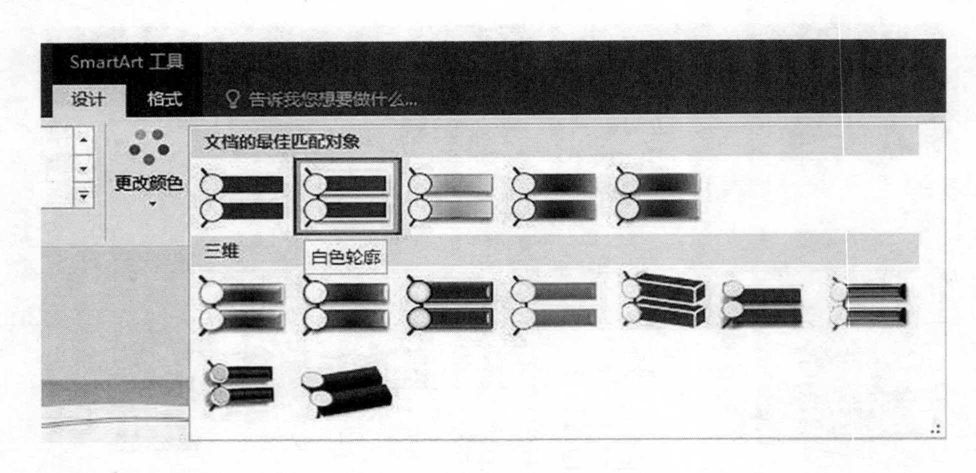

图 4-84　SmartArt 样式设置

6. “幻灯片缩览”窗口中选中第 3 张幻灯片。单击【插入】选项卡下【表格】按钮，在下拉菜单框中使用鼠标选择 4 行 4 列的表格样式，如图 4-85 所示。

7. 选中表格对象，取消勾选“表格工具”对应的【设计】选项卡下“表格样式选项组”中的“标题行”和“镶边行”复选框，勾选“镶边列”复选框，如图 4-86 所示。

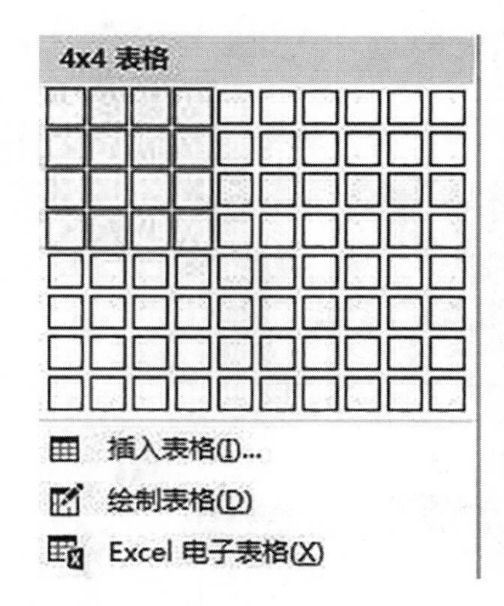

图 4-85　插入表格

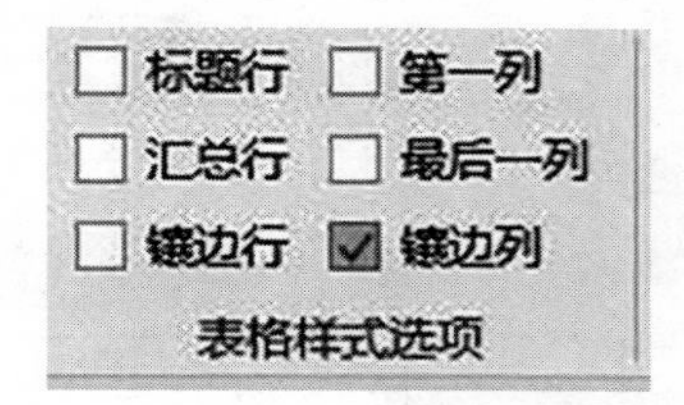

图 4-86　表格样式选项

8. 参考“参考图片 .docx”文件的样式，将文本框中的文字复制粘贴到表格对应的单元格中。选中表格中的所有内容，单击【开始】选项卡下“段落”组中的【居中】按钮。选中表格对象，单击鼠标右键，在弹出的快捷选项卡中选择【设置形状格式】按钮，在幻灯片右侧弹出“设置形状格式”窗格，在上面的按钮中选择“文本框”，在下面的“垂直对齐方式”列表框中选择【中部对齐】，单击“关闭”按钮×完成设置，如图 4-87 所示。

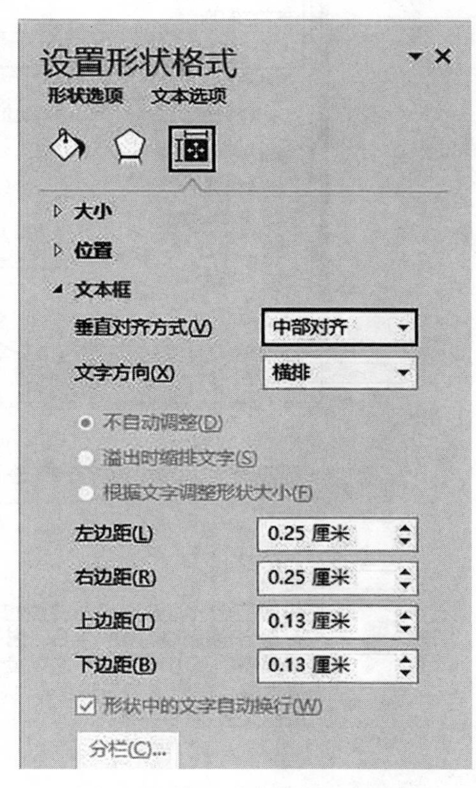

图 4-87　设置垂直方向居中对齐

9. 删除幻灯片中的内容文本框，并调整表格的大小和位置，使其与参考图片文件相似，如图 4-88 所示。

10. 选中表格中的所有内容，单击【开始】选项卡下“字体”组中的【扩展按钮】，在弹出的“字体”对话框中设置“西文字体”为“Arial”，设置“中文字体”为“幼圆”，单击【确定】按钮完成设置，如图 4-89 所示。

11. 在“幻灯片缩览”窗口选中第 4 张幻灯片，单击右侧的【插入图片】按钮，如图 4-90 所示。弹出“插入图片”对话框，在素材文件夹下选择图片文件“图片 2.jpg”，单击【插入】按钮完成图片插入。

12. 选中插入的图片，单击“图片工具”对应的【格式】选项卡，在“图片样式”中按要求选择对应的图片样式，如图 4-91 所示。

中文名称	日月潭	面积	7.73平方千米
外文名称	Sun Moon Lake	气候条件	热带、亚热带季风气候
别名	水沙连	著名景点	文武庙、孔雀园、涵碧楼、慈恩塔
地理位置	南投县鱼池乡	海拔	748米

图 4-88　对齐调整后的表格

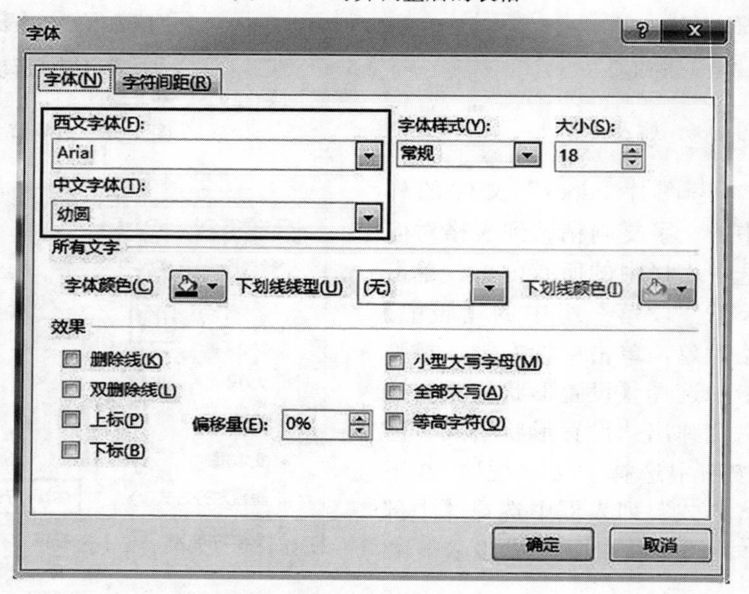

图 4-89　设置字体

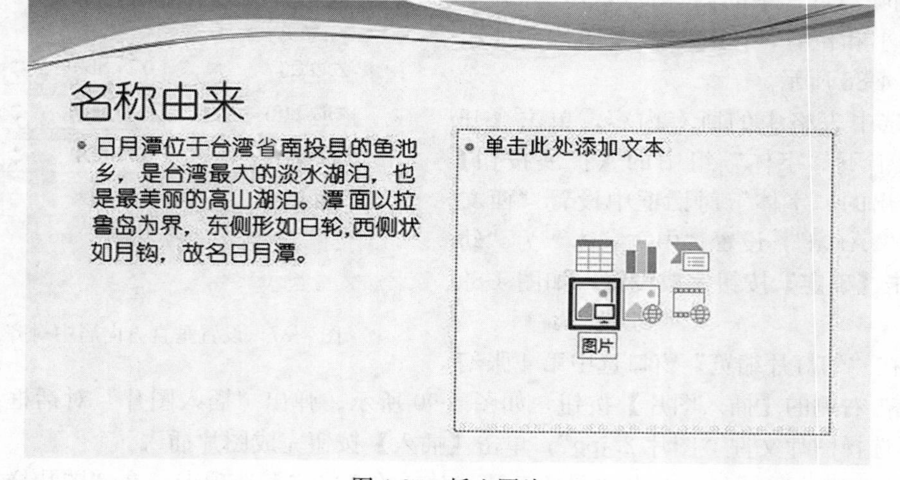

图 4-90　插入图片

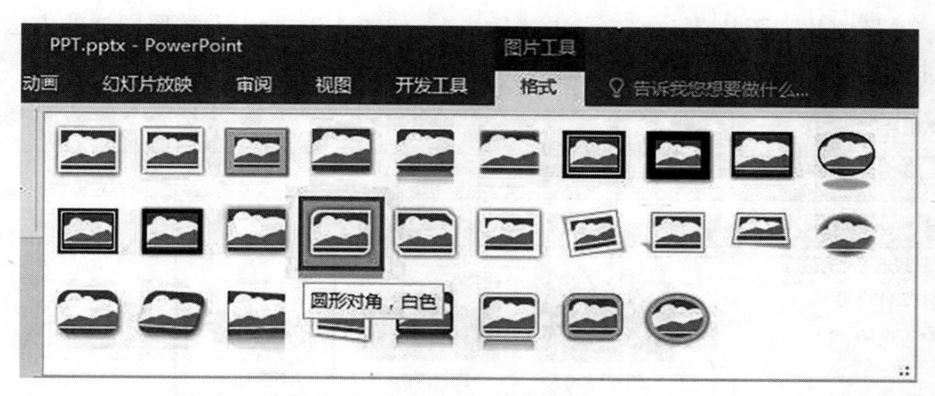

图 4-91　设置图片样式

13. 在“幻灯片缩览”窗口选中第 5 张幻灯片，将光标置于标题下第一段中，单击【开始】选项卡下“段落”组中的【项目符号】按钮，在弹出的下拉列表中选择“无”，如图 4-92 所示。

14. 将光标置于第二段中，单击【开始】选项卡下“段落”组中的【扩展按钮】，弹出“段落”对话框，在【缩进和间距】选项卡中将“段前”设置为“25 磅”，单击【确定】按钮，如图 4-93 所示。按照上述同样的方法调整第 6 张幻灯片中的内容。

15. 在“幻灯片缩览”窗口选中第 5 张幻灯片，单击【插入】选项卡下“图像”组中的“图片”按钮，弹出“插入图片”对话框，浏览素材

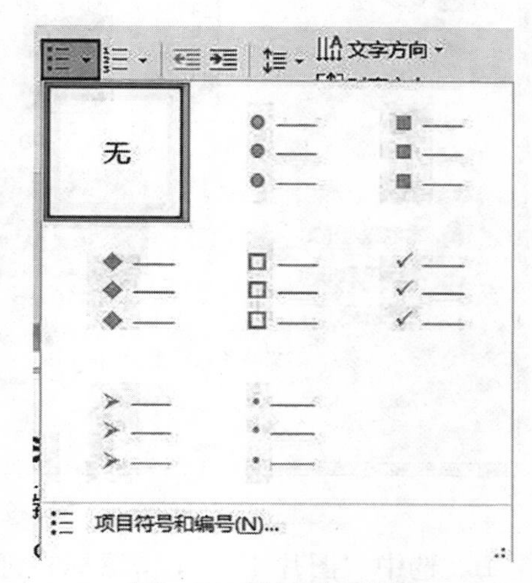

图 4-92　设置项目符号

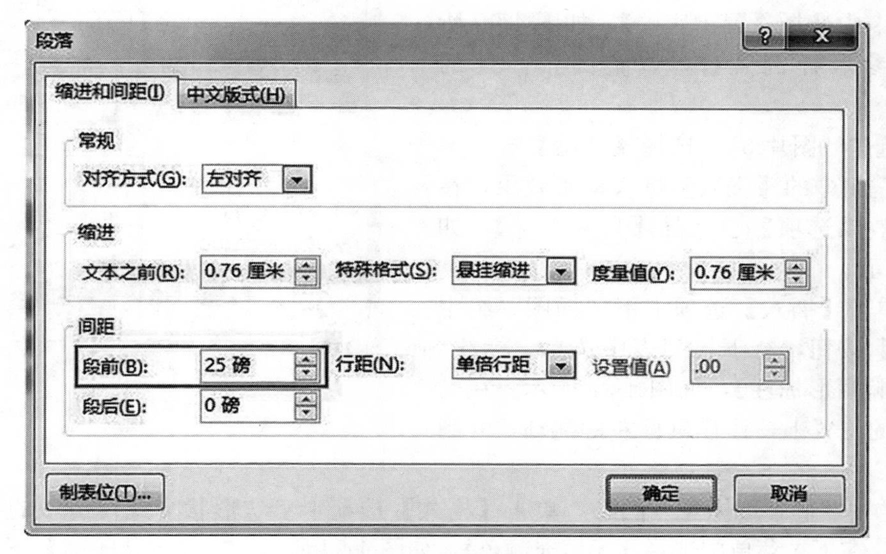

图 4-93　段落属性设置

文件夹，选择图片“图片 3. jpg”，点击【插入】，如图 4-94 所示。按照同样的方法，插入素材文件夹下的“图片 4. jpg”文件。

图 4-94　插入“图片 3. jpg”

16. 选中“图片 4”，单击鼠标右键，在弹出快捷选项卡中选择【置于底层】命令，在级联选项卡中选择【置于底层】，如图 4-95 所示。依据参考样例文件，调整两张图片的位置。

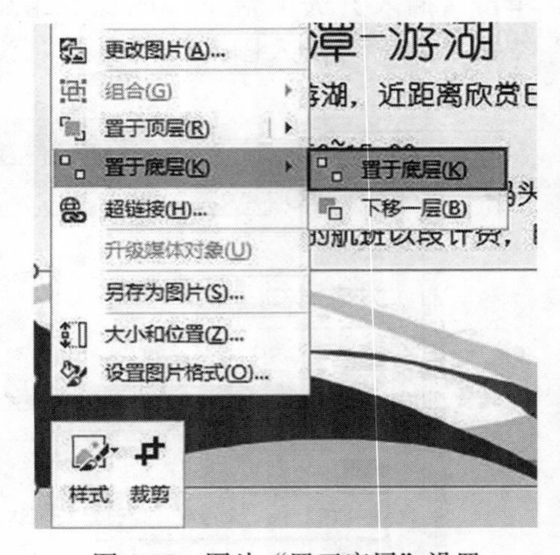

图 4-95　图片“置于底层”设置

17. 选中“图片 3”，选择【动画】选项卡下“动画”组中的【飞入】进入动画效果，在右侧的【效果选项】中选择【自左下部】，如图 4-96 所示。

18. 单击【插入】选项卡下“插图”组中的【形状】按钮，在下拉列表中选择“标注”组中的【椭圆形标注】，如图 4-97 所示。在幻灯片合适的位置上，按住鼠标左键拖动，绘制图形。

19. 选中“椭圆形标注”图形，单击【格式】选项卡下“形状样式”组中的【形状填充】按钮，在下拉菜单中选择【无填充颜色】，如图 4-98 所示。在【形状轮廓】下拉菜单中选择【虚线—短划线】。如图 4-99 所示。

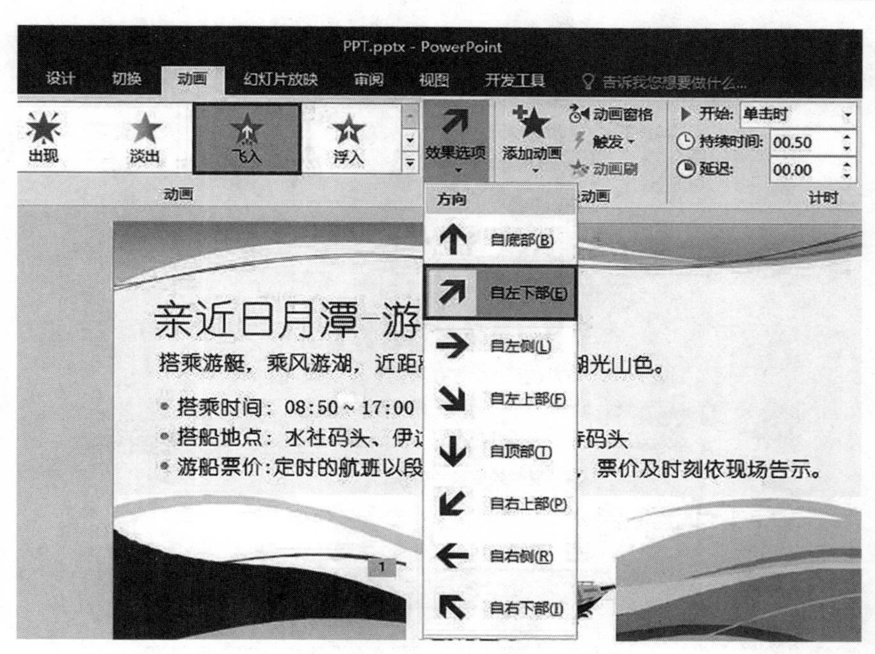

图 4-96　为“图片 3”设置动画效果

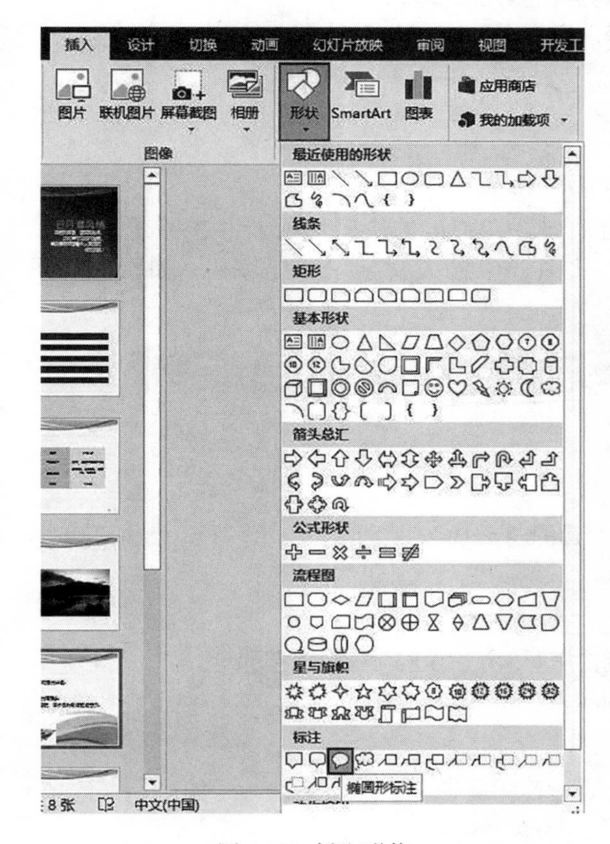

图 4-97　插入形状

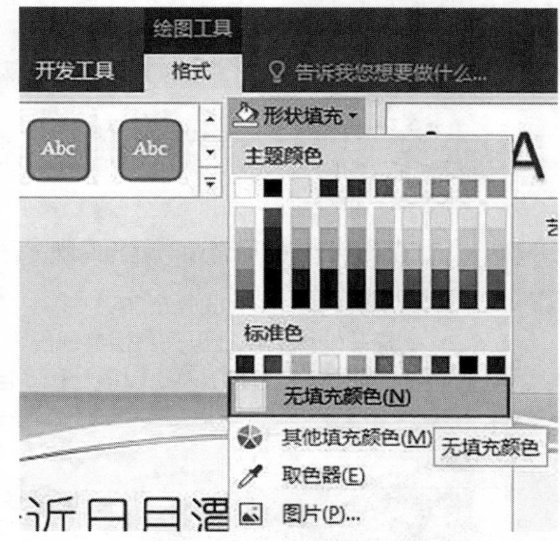

图 4-98　设置形状填充

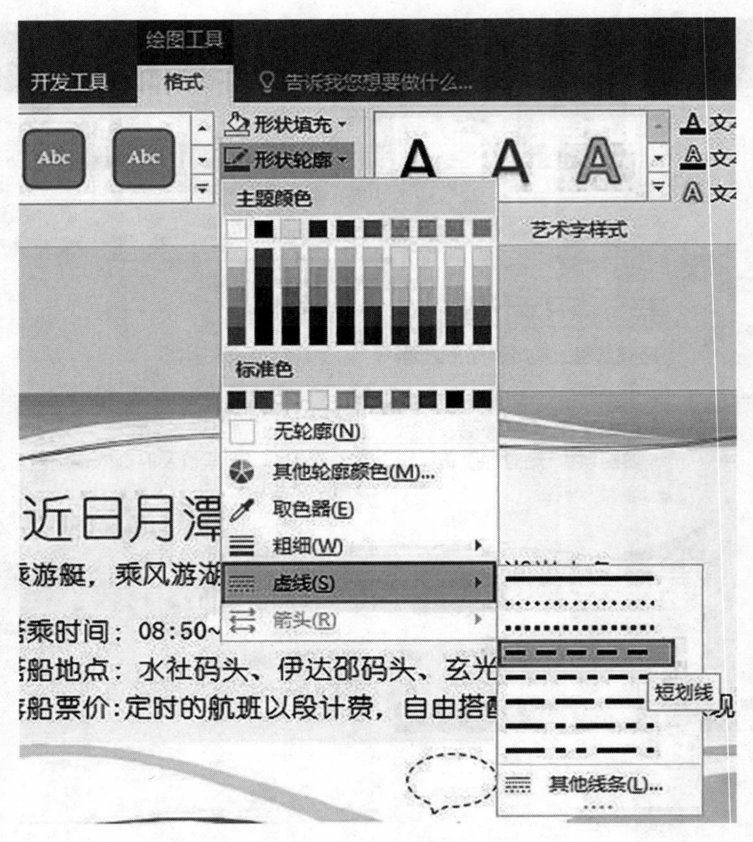

图 4-99　设置形状轮廓

20. 选中“椭圆形标注”图形，单击鼠标右键，在弹出的快捷选项卡中选择【编辑文字】，选择字体颜色为标准色“蓝色”，向形状图形中输入文字“开船啰!”，如图 4-100 所示。

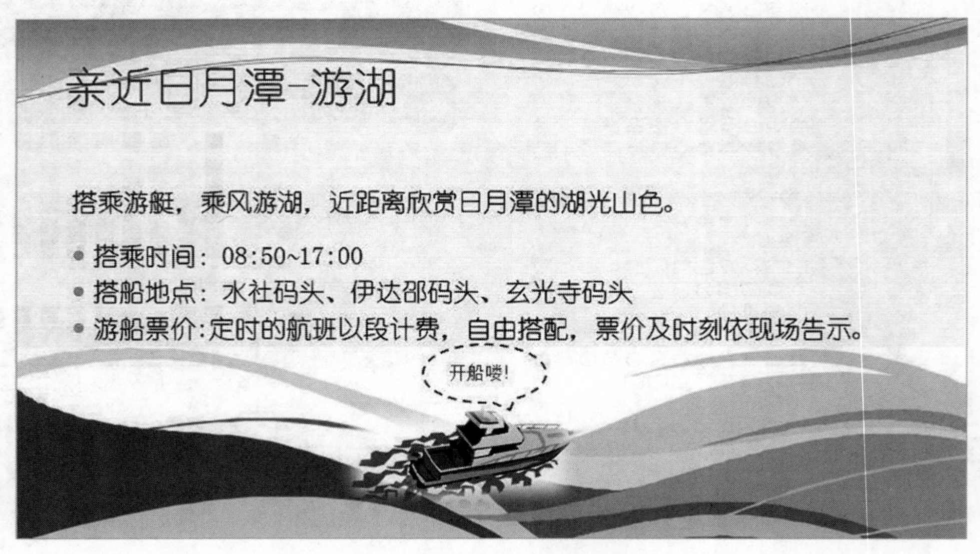

图 4-100　向椭圆形标注输入文本

21. 选中“椭圆形标注”图形，单击【动画】选项卡下“动画”组中的【浮入】进入动画效果，在【计时】组中将“开始”设置为【上一动画之后】，如图 4-101 所示。

图 4-101 为椭圆形标注设置动画次序

22. 在“幻灯片缩览”窗口中选中第 6 张幻灯片。单击【插入】选项卡下“图像”组中的【图片】按钮，弹出“插入图片”对话框，浏览素材文件夹，插入图片“图片 5.gif”。选中“图片 5”，单击【格式】选项卡下“排列”组中的【对齐】按钮，在下拉菜单中选择【顶端对齐】和【右对齐】，适当调整图片的大小，如图 4-102 所示。

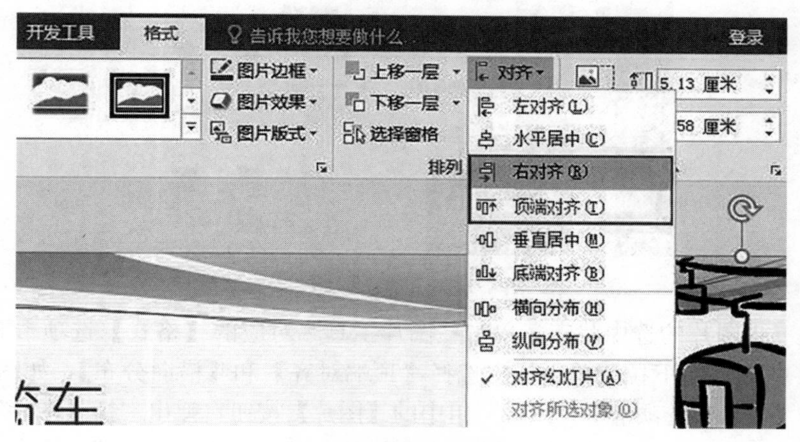

图 4-102 图片对齐方式设置

23. 在“幻灯片缩览”窗口选中第 7 张幻灯片。单击【插入】选项卡下“图像”组中的【图片】按钮，弹出“插入图片”对话框，在素材文件夹下选择“图片 6.jpg”，单击【插入】按钮。按照同样的方法插入图片“图片 7.jpg”和“图片 8.jpg”。

24. 选择“图片 6”，单击“图片工具”对应的【格式】选项卡下“大小”组中的【扩展按钮】，在打开的“设置图片格式”窗格中将水平位置设置为“从左上角、4 厘米”，如图 4-103 所示。再选择“图片 8”，首先将“图片 8”进行相对于幻灯片的“右对齐”，然后在“设置图片格式”窗格中将图片距上角“水平位置”的数据值减少 4 厘米，就做到了“图片 8.jpg”距离幻灯片右侧边缘的水平距离也是 4 厘米。

25. 按住【Ctrl】键依次单击选中三张图片，单击“图片工具”对应的【格式】选项卡下“图片样式”组中的【图片效果】按钮，在下拉菜单

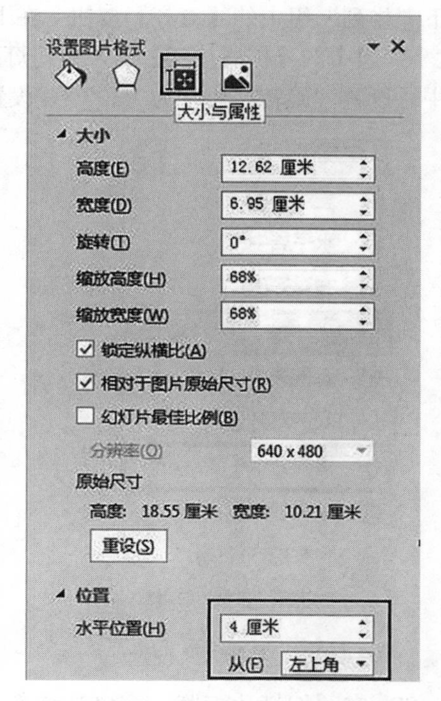

图 4-103 设置“图片 6”水平位置

中选择【映像】|【紧密映像，接触】，如图 4-104 所示。

图 4-104　设置图片效果

26. 保持三张图片的选中状态，单击“图片工具”对应的【格式】选项卡下“排列”组中的【对齐】按钮，在下拉菜单中依次选择【顶端对齐】和【横向分布】，如图 4-105 所示。

27. 单击【插入】选项卡下“图像”组中的【图片】按钮，弹出“插入图片”对话框，在素材文件夹下选择“图片 9. gif”，单击【插入】按钮。选中“图片 9. gif”，单击【格式】选项卡下“排列”组中的【对齐】按钮，在下拉菜单中依次选择【顶端对齐】和【右对齐】。单击“大小”组中的【扩展按钮】，在幻灯片右侧出现“设置图片格式”窗格，在【大小与属性】组中，设置“旋转”角度为“300°”，设置完成后，单击【关闭】按钮，如图 4-106 所示。

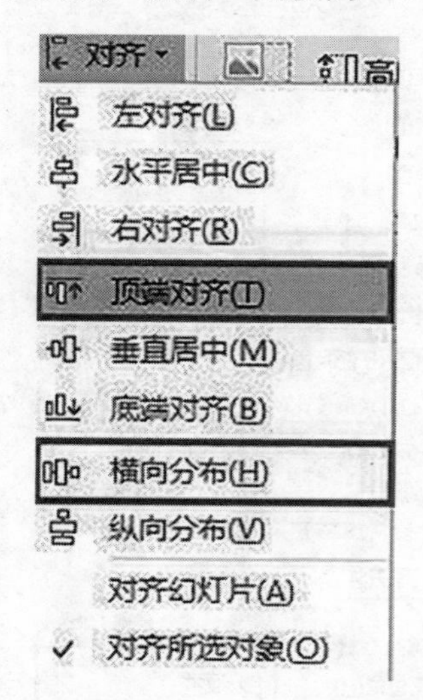

图 4-105　对齐方式设置

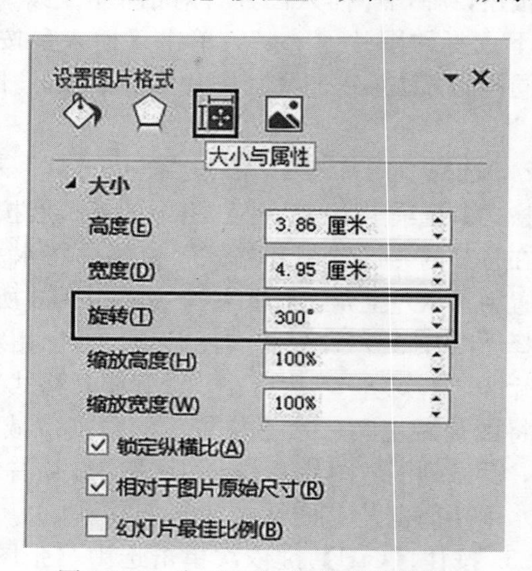

图 4-106　为“图片 9”设置旋转度数

28. 在“幻灯片缩览”窗口选中第 8 张幻灯片。单击【设计】选项卡下【设置背景格式】按钮，在幻灯片右侧会出现“设置背景格式”窗格，选择【图片或文理填充】，单击“插入图片来自文件”下面的【文件】按钮，如图 4-107 所示。弹出“插入图片”对话框，在素材文件夹下选择“图片 10.jpg”，单击【插入】按钮，关闭窗格。

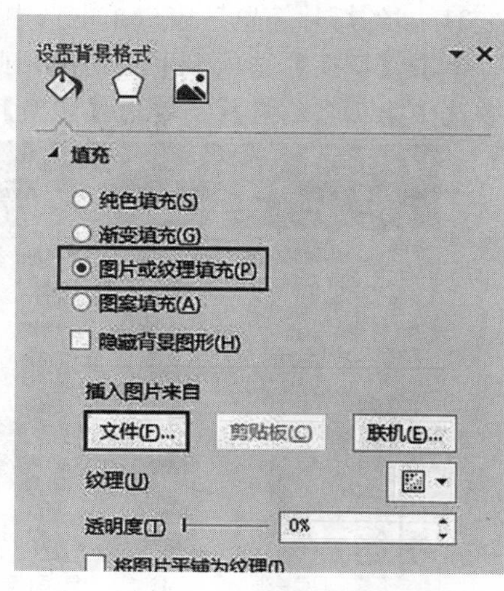

图 4-107 设置背景图片

29. 选中第 8 张幻灯片中的文本框，单击【格式】选项卡下“艺术字样式”组中的艺术字样式列表框，选择【图案填充-蓝色，个性色 1，50%，清晰阴影—个性色 1】样式，如图 4-108 所示。切换到【开始】选项卡，在“字体”组中设置字体为【幼圆】，字号为“48”。选中幻灯片中的文本框，单击【开始】选项卡，在“段落”组中设置对齐方式为【居中】。

30. 选中幻灯片中的文本框，单击【格式】选项卡，在“形状样式”组中，单击【形状填充】，在下拉列表中选择主题颜色【白色，背景 1】，如图 4-109 所示。再次单击【形状填充】命令，在下拉菜单中选择【其他填充颜色】，弹出“颜色”对话框，在“标准”选项卡下，拖动下方的“透明度”滑块，使右侧的比例值显示为 50%，单击【确定】按钮，如图 4-110 所示。

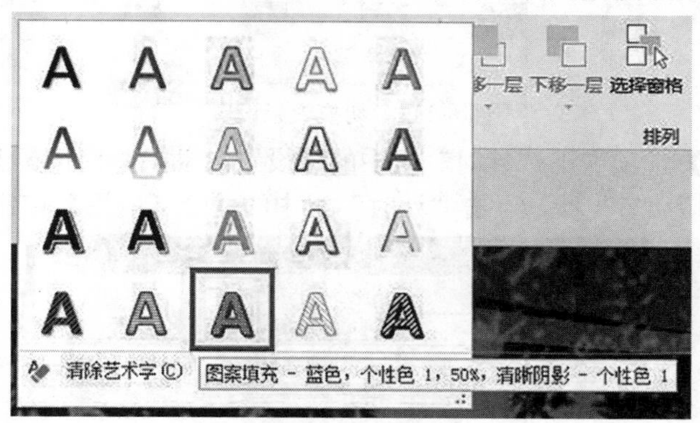

图 4-108 设置艺术字样式

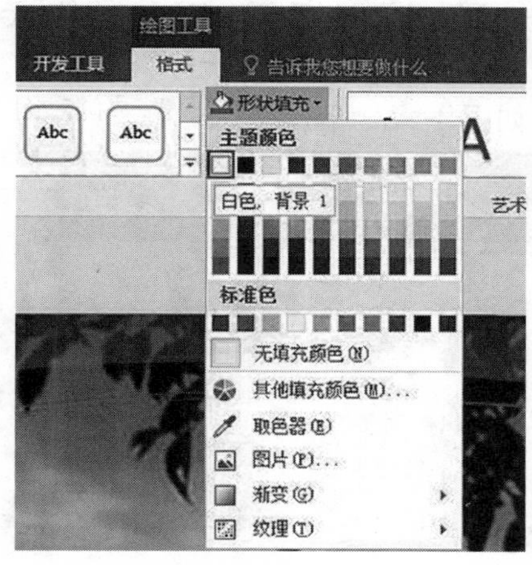

图 4-109 设置形状填充

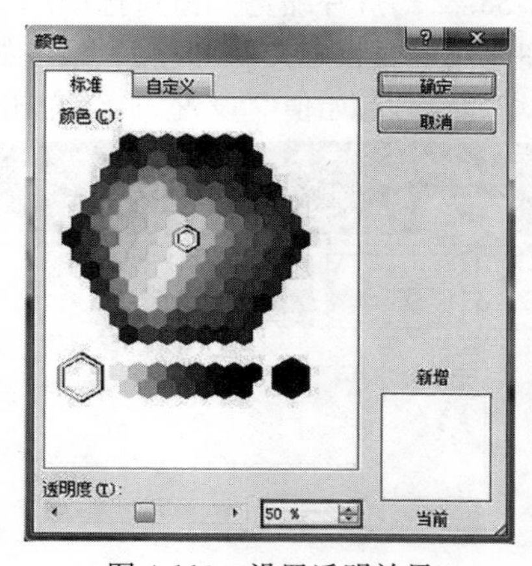

图 4-110 设置透明效果

31. “幻灯片缩览”窗口单击选中第 2 张幻灯片，按住【Shift】键，再选中第 8 张幻灯片。单击【切换】选项卡下“切换到此幻灯片”组中的【涟漪】，如图 4-111 所示。缩览窗口中选中第 1 张幻灯片，单击【切换】选项卡下“切换到此幻灯片”组中的“无”。

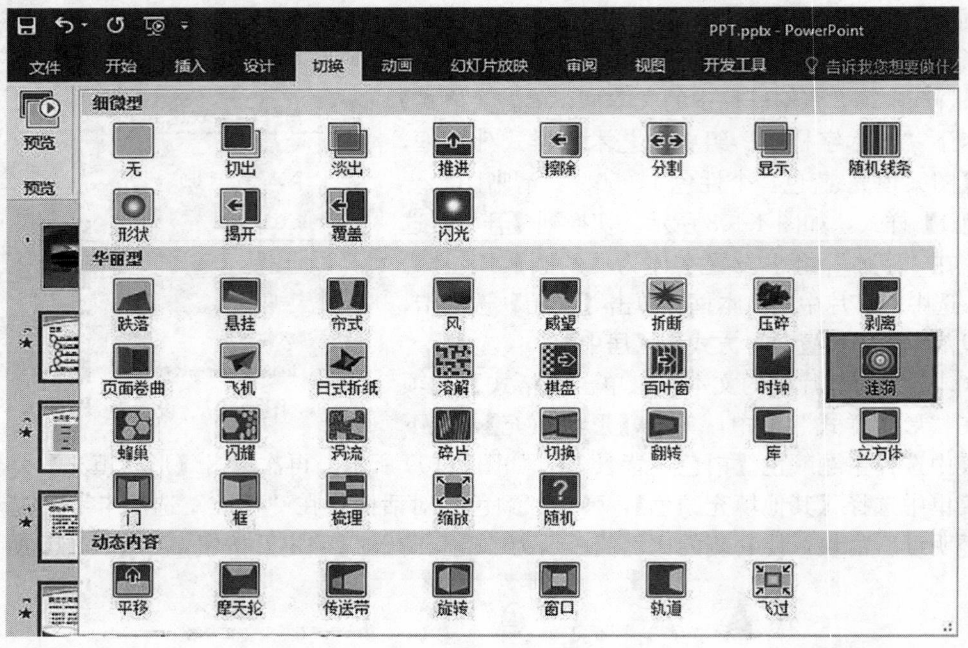

图 4-111　切换效果设置

32. 勾选【切换】选项卡下“计时”组中的【设置自动换片时间】复选框，在右侧的文本框中设置换片时间为“5”秒，点击“计时”组中的【全部应用】按钮，如图 4-112 所示。

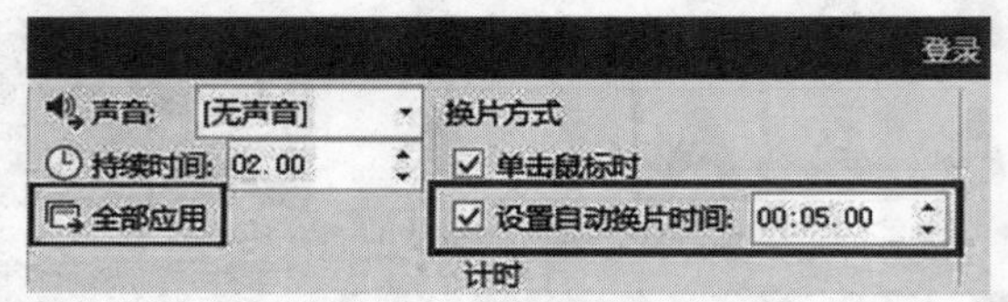

图 4-112　自动换片时间设置

33. “幻灯片缩览”窗口选中第 1 张幻灯片，单击【设计】选项卡下的【幻灯片大小】按钮，选择【自定义幻灯片大小】，如图 4-113 所示。在弹出的“幻灯片大小”对话框，将“幻灯片编号起始值”设置为 0，单击【确定】按钮，如图 4-114 所示。

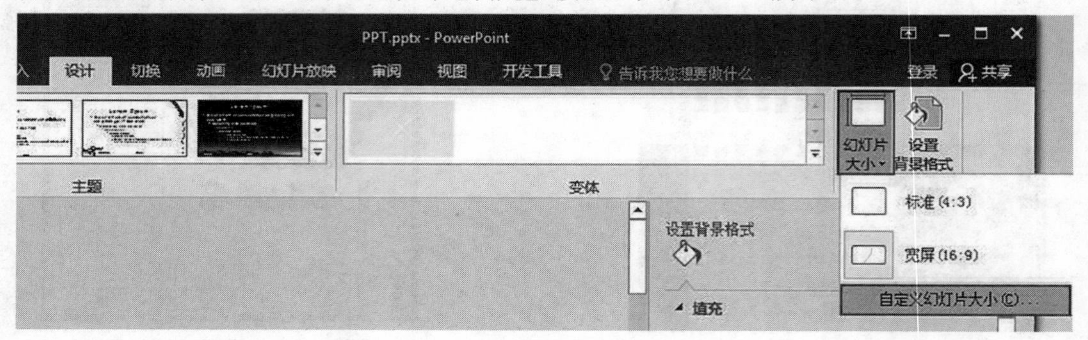

图 4-113　“自定义幻灯片大小”命令

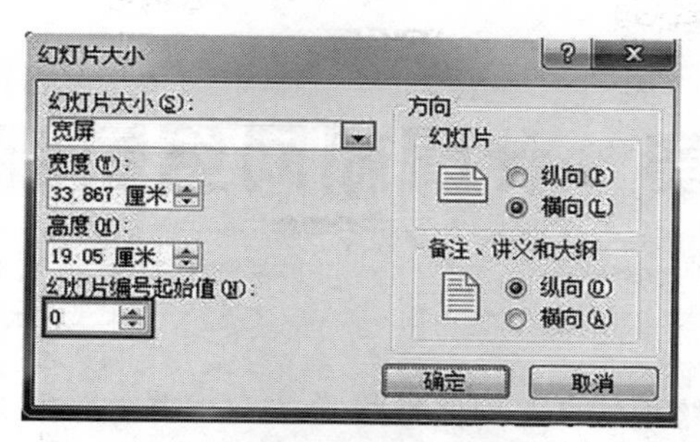

图 4-114　幻灯片起始编号设置

34. 单击【插入】选项卡中“文本”组中的【幻灯片编号】按钮，如图 4-115 所示。弹出“页眉和页脚”对话框，勾选【幻灯片编号】和【标题幻灯片不显示】复选框，单击【全部应用】按钮，如图 4-116 所示。

图 4-115　“幻灯片编号”按钮

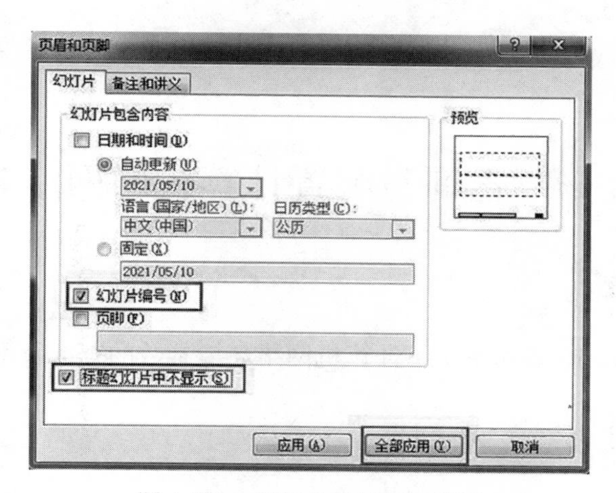

图 4-116　幻灯片编号显示设置

第5章 计算机网络基础及应用

● **本章实验内容**

Windows 10 操作系统下计算机网络环境的基本配置，网络信息检索的基本方法，使用 Microsoft Outlook 2016 收发邮件的基本操作。

● **本章实验目标**

1. 熟悉 Windows 10 操作系统下，计算机网络环境参数的查询及基本配置方法。
2. 熟练掌握 Windows 10 操作系统下，Microsoft Edge 的基本设置方法。
3. 熟悉使用 Microsoft Edge 检索及保存信息的基本方法。
4. 熟练掌握利用 Outlook 2016 创建账户并编辑、发送、接收一个电子邮件的基本操作。

● **本章重点与难点**

1. 重点：Windows 10 操作系统下计算机网络环境的配置方法，使用浏览器检索信息和保存信息的基本方法。
2. 难点：使用 Outlook 2016 创建账户并编辑、发送、接收一个电子邮件的基本操作。

实验一　查询与配置计算机的网络参数

实验目的

熟练掌握 Windows 10 操作系统下计算机网络环境参数的查询及配置方法。

实验内容

1. 在 Windows 10 操作系统下，使用 ipconfig 命令查询 IP 配置参数。
2. 参照如下内容手动配置网络 IP 参数（配置时要依据实际的网络环境而定）：

（1）IP 地址：172.30.30.5。

（2）子网掩码：255.255.255.0。

（3）默认网关：172.30.30.1。

（4）首选 DNS 服务器：202.207.48.3。

（5）备选 DNS 服务器：202.207.48.4。

视频 5-1
查询与配置
计算机

实验步骤

1. 使用 ipconfig 命令查询 IP 配置参数。

（1）在【开始】菜单上点击右键，然后选择【运行】，如图5-1所示。在打开的“运行”对话框中输入“cmd”，点击【确定】，如图5-2所示。之后会打开“命令行窗口”，如图5-3所示。

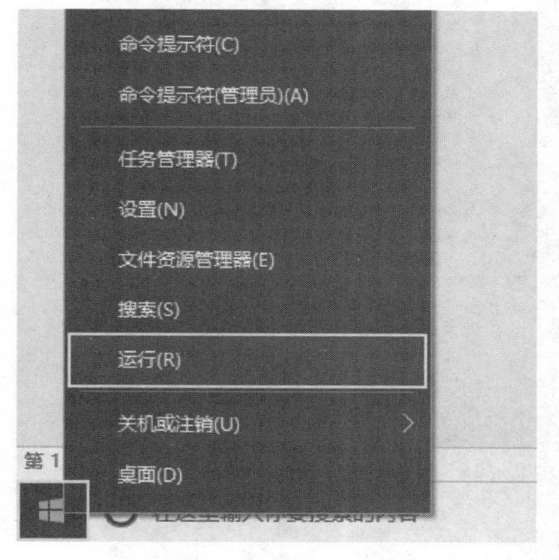

图5-1　右键单击【开始】

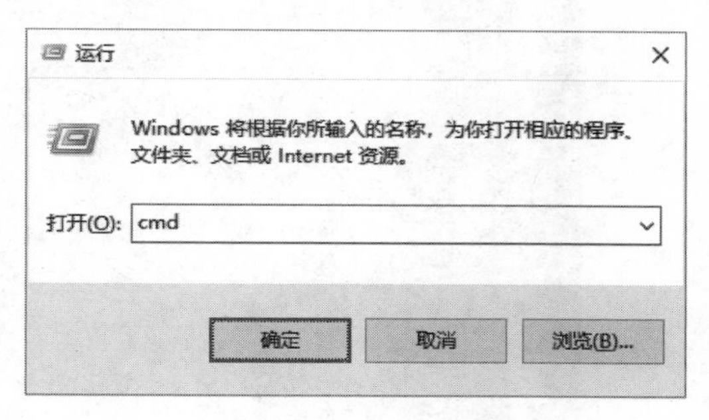

图5-2　输入“cmd”

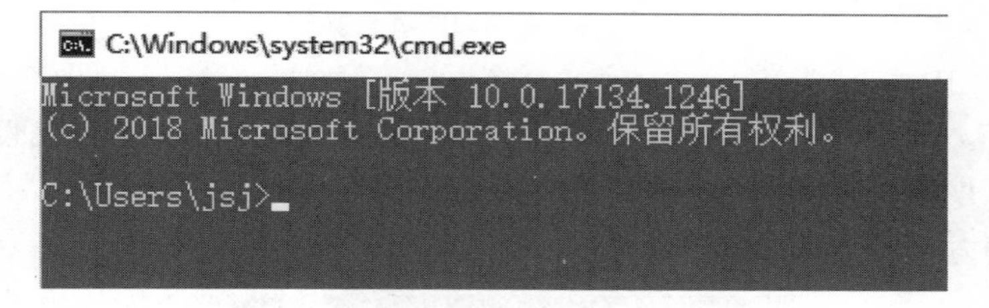

图5-3　命令行窗口

（2）在命令行光标处输入“ipconfig”，然后按【Enter】键，会在命令行窗口显示基本的IP配置参数，包括IP地址、子网掩码和默认网关，如图5-4所示。继续在光标处输入“ipconfig-all”，然后按【Enter】键，会在命令行窗口显示更加详细的网络参数，不仅包含了IP地址、子网掩码和默认网关，还包含了DHCP服务器参数、DNS参数等信息，如图5-5所示。

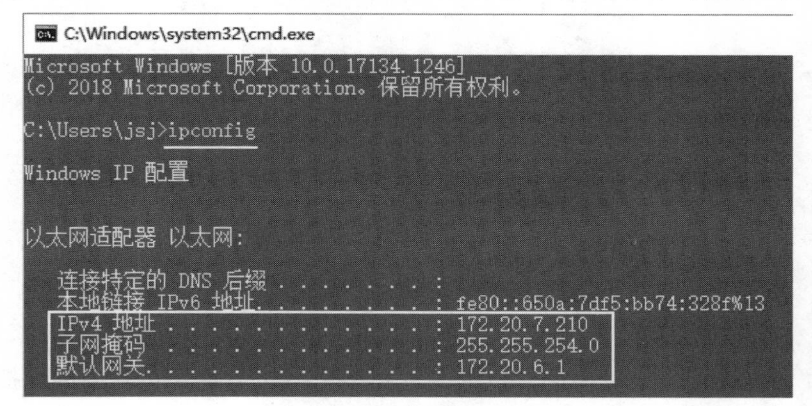

图5-4　基本IP配置参数

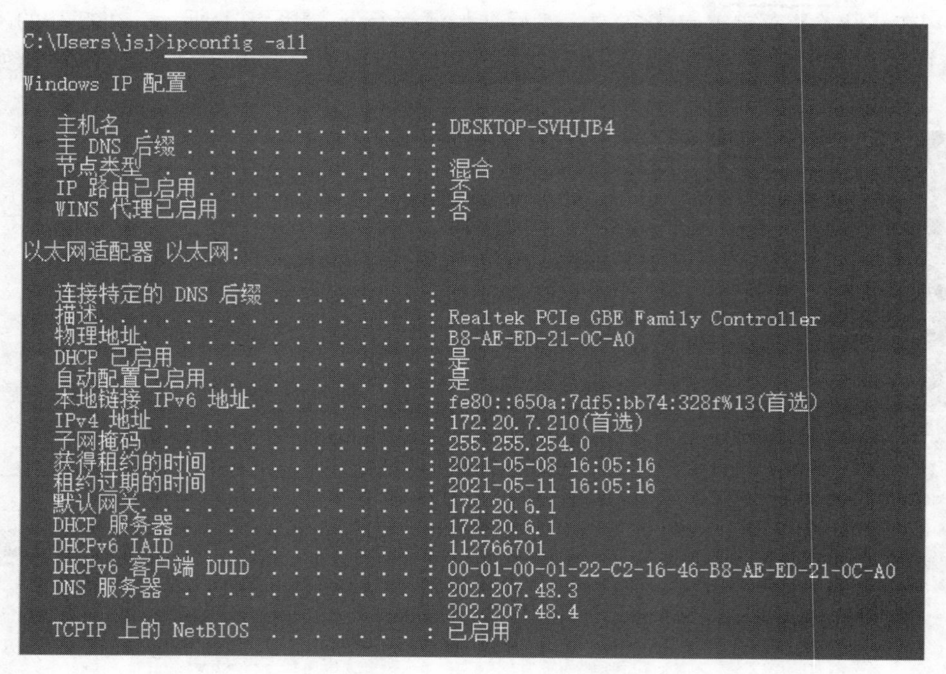

图 5-5　详细的网络参数

2. 配置网络 IP 参数。

(1) 在桌面“网络”图标上点击右键，在弹出的快捷菜单中选择【属性】，如图 5-6 所示。在打开的“网络和共享中心”窗口中，点击窗口左侧的【更改适配器设置】，如图 5-7 所示。之后会打开“网络连接”窗口。

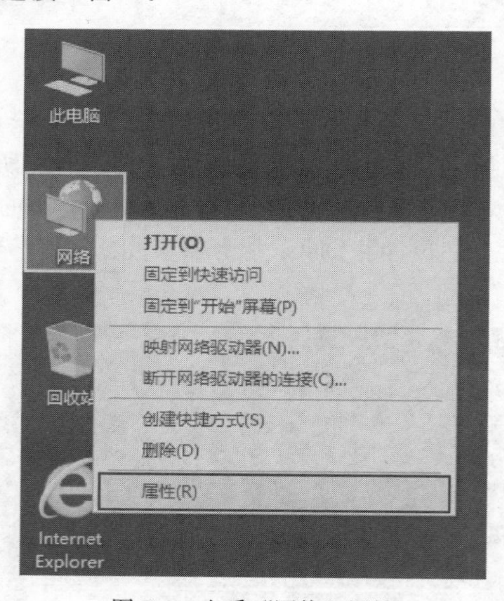

图 5-6　查看“网络”属性

(2) 在“网络连接”窗口中的“以太网”图标上点击右键，在弹出的快捷菜单中选择【属性】，如图 5-8 所示。之后会打开“以太网属性”对话框，如图 5-9 所示。

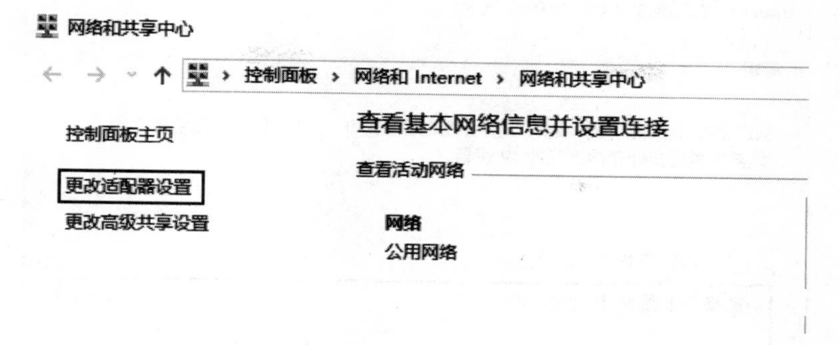

图 5-7　“网络和共享中心”窗口

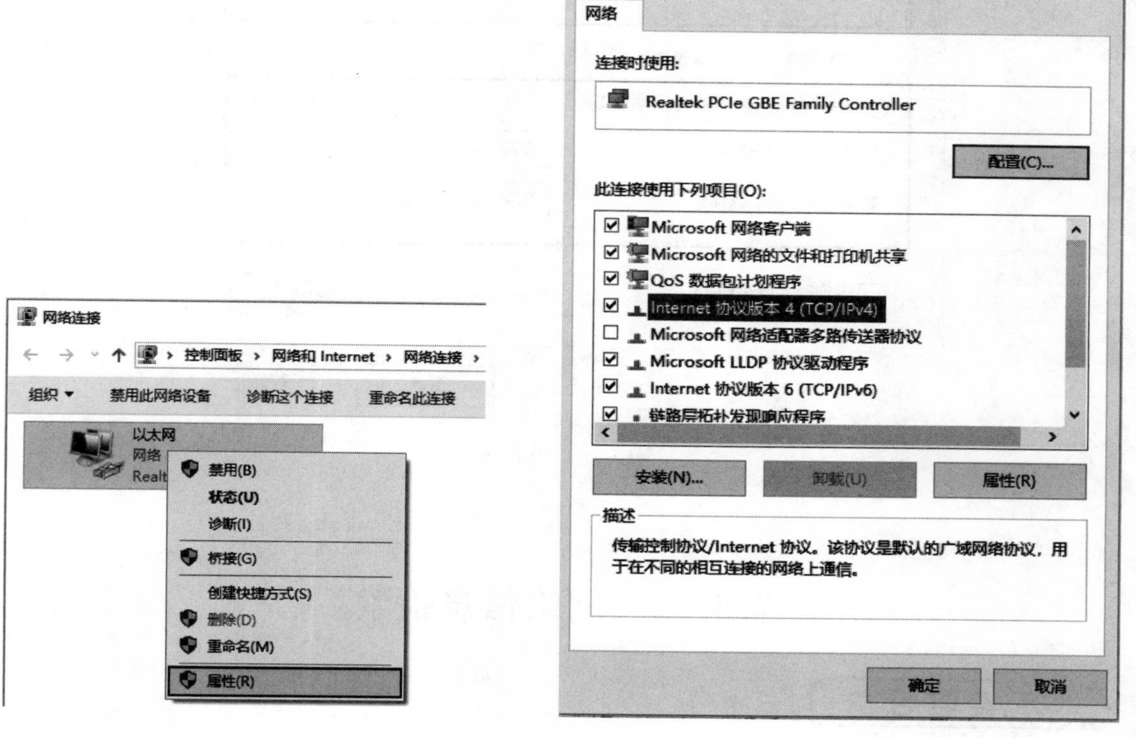

图 5-8　查看“以太网”属性

图 5-9　“以太网属性”对话框

(3) 在“以太网属性”对话框中双击【Internet 协议版本 4（TCP/IPv4）】，或选中【Internet 协议版本 4（TCP/IPv4）】后点击【属性】按钮，会打开“Internet 协议版本 4（TCP/IPv4）”对话框，选择【使用下面的 IP 地址】，然后在“IP 地址”处输入“172.30.30.5”、在“子网掩码”处输入“255.255.255.0”、在“默认网关”处输入“172.30.30.1”。选择【使用下面的 DNS 服务器地址】，然后在“首选 DNS 服务器”处输入“202.207.48.3”，在“备用 DNS 服务器”处输入“202.207.48.4”，最后点击【确定】完成网络 IP 参数的设置，如图 5-10 所示。

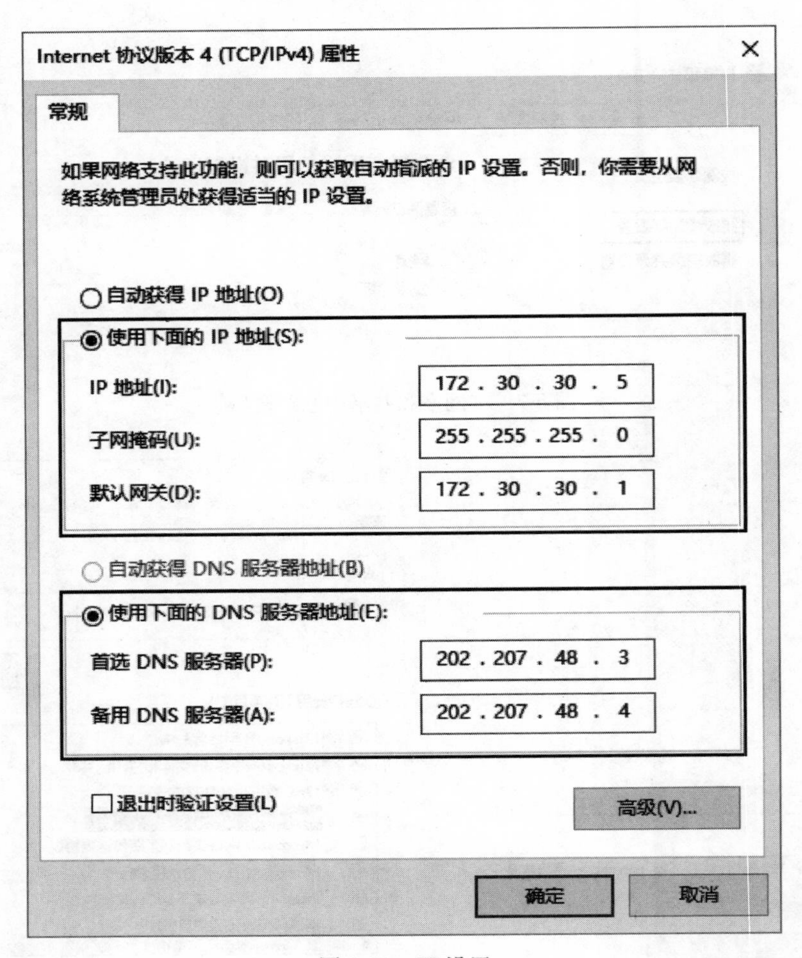

图 5-10　IP 设置

实验二　网络信息检索

实验目的

1. 了解 Windows 10 操作系统下 Microsoft Edge 浏览器浏览网上信息的方法。
2. 了解 Microsoft Edge 浏览器基本设置的方法。
3. 熟练掌握利用 Microsoft Edge 浏览器查找网络信息并保存的方法。

实验内容

1. 使用 Microsoft Edge 浏览器，打开网址：https：//www. baidu. com/，并将其设置为主页。

2. 使用 Microsoft Edge 浏览器，通过百度搜索引擎（https：//www. baidu. com/）搜索含有关键字“内蒙古农业大学”的页面，将搜索到的第一个网站的网页添加到收藏夹中，命名为“内蒙古农业大学主页”。

3. 通过 Microsoft Edge 浏览器查找最近访问过的网页。

视频 5-2
网络信息检索

实验步骤

1. 点击【开始】｜【Microsoft Edge】，如图 5-11 所示。在打开的应用程序中的地址栏中输入网址“https：//www. baidu. com/”，按【Enter】键打开网址，如图 5-12 所示。

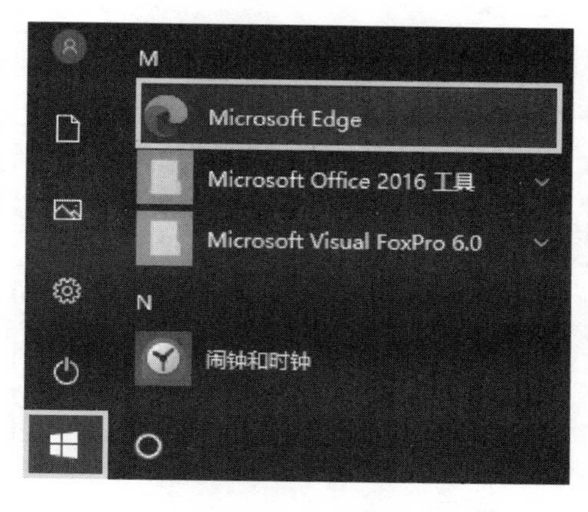

图 5-11　启动“Microsoft Edge”

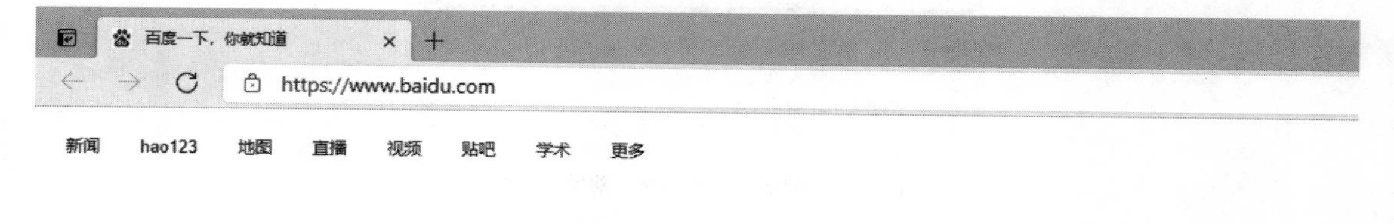

图 5-12　输入网址并打开

2. 点击地址栏右侧按钮 … ，在弹出的菜单栏中点击【设置】，如图 5-13 所示，在打开的“设置”页面中，设置内容选择“外观”，然后设置主页为“https：//www. baidu. com/”，点击右侧【保存】按钮，如图 5-14 所示。

3. 点击【开始】｜【Microsoft Edge】，在打开的“Microsoft Edge”地址栏中输入网址“https：//www. baidu. com/”，按【Enter】键打开网址。在搜索框中输入关键字“内蒙古农业大学”，并按【Enter】键进行搜索，搜索结果如图 5-15 所示。在搜索到的网页

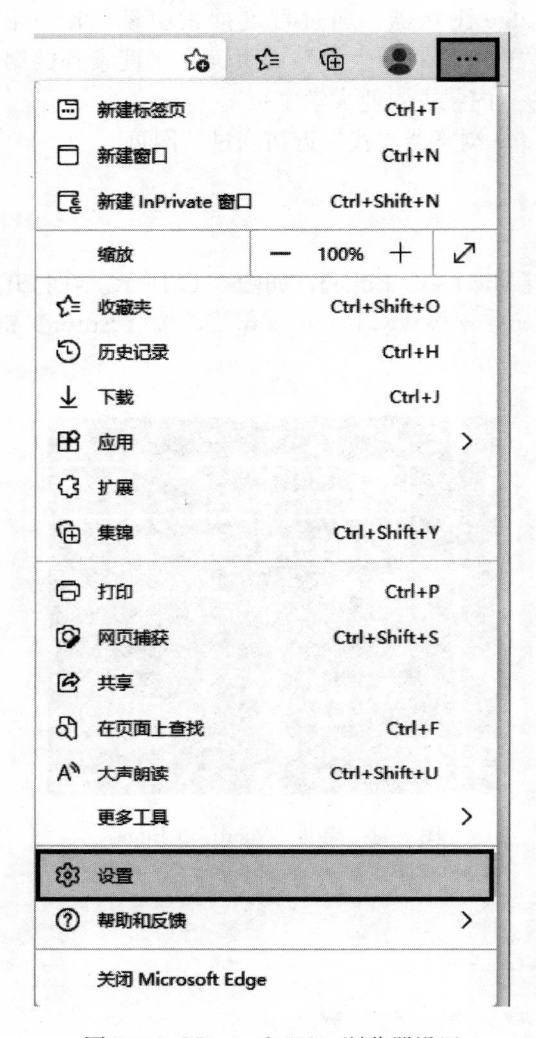

图 5-13　Microsoft Edge 浏览器设置

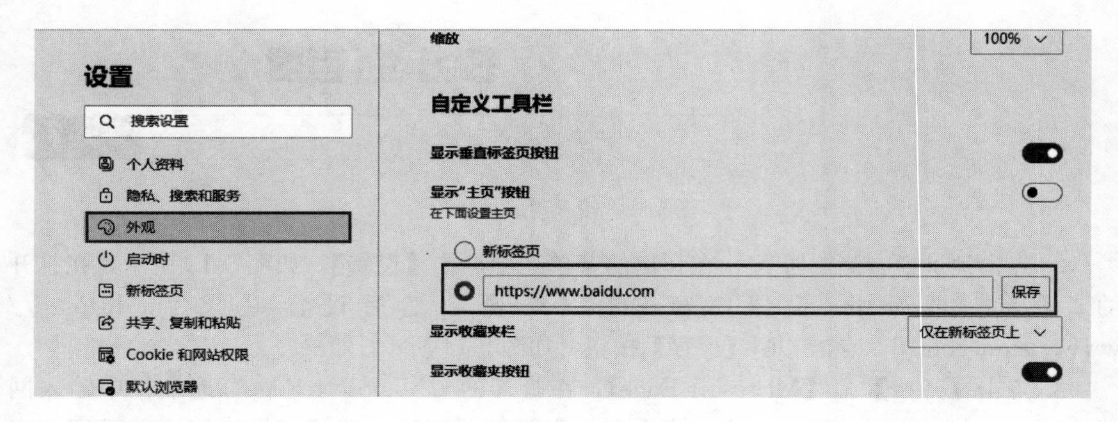

图 5-14　设置主页地址

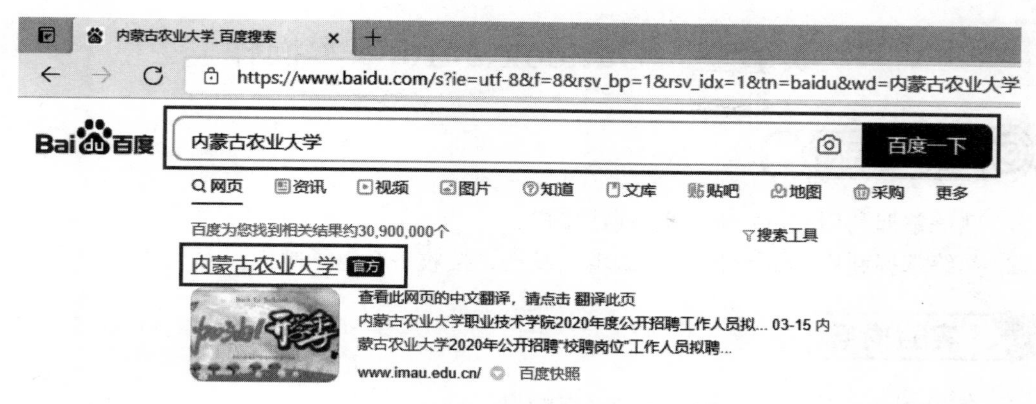

图 5-15　搜索结果

列表中，点击第一个网址链接打开网页，点击该网页地址栏右端按钮☆，在弹出的“编辑收藏夹”对话框的【名称】处，输入内容“内蒙古农业大学主页”，最后点击下方【完成】按钮可以将此页面添加到收藏夹，如图 5-16 所示。

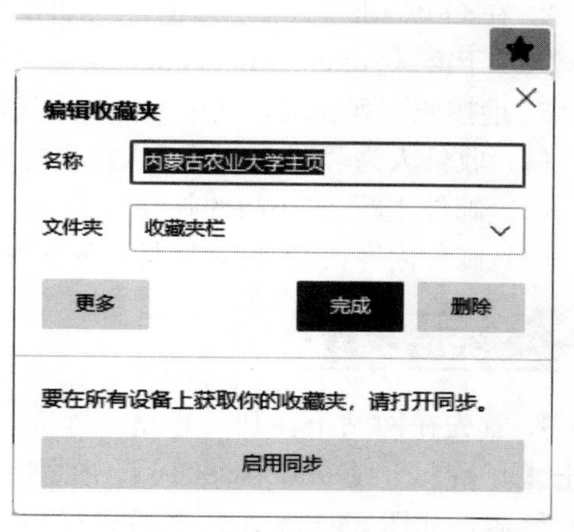

图 5-16　添加收藏夹

4. 点击【开始】|【Microsoft Edge】，在打开的应用程序中，点击地址栏右侧按钮 ···，在弹出的菜单栏中点击【历史记录】，如图 5-17 所示。在弹出的菜单栏中查看历史记录，其中第一条网址即为最近访问的网址，如图 5-18 所示。

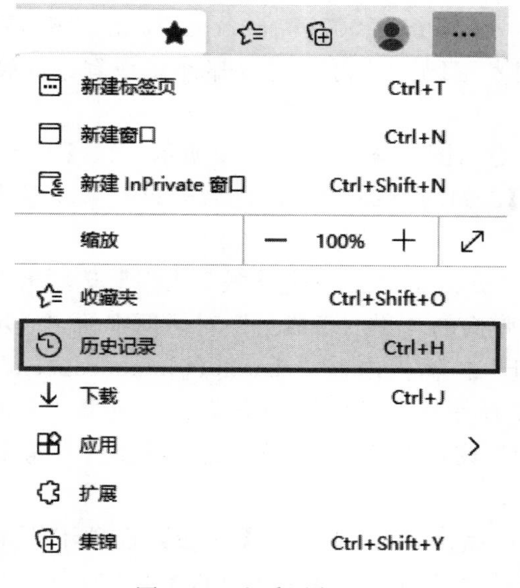

图 5-17　查看历史记录

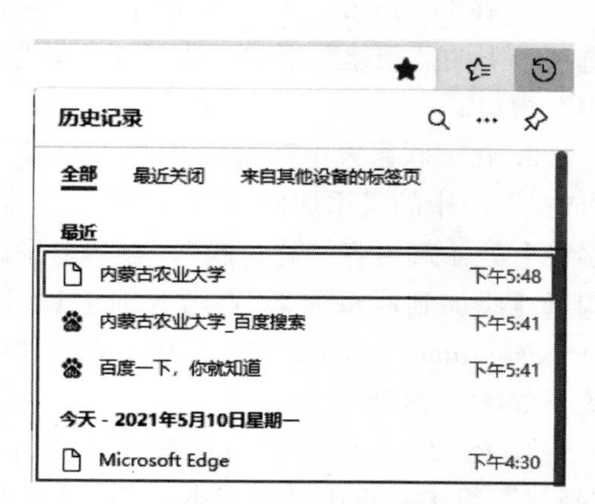

图 5-18　历史记录列表

实验三　Outlook 2016 基本操作

实验目的

1. 熟练掌握利用 Outlook 2016 创建账户。
2. 熟练掌握利用 Outlook 2016 编辑、发送、接收一个电子邮件。

实验内容

1. 在 Outlook 2016 中，新建一个邮件账户。

2. 在 Outlook 2016 中，创建“朋友”联系人组，将“赵海鹏（zhaohp@imau. edu. cn）”、“于霞（yuxia@imau. edu. cn）”的通信信息加入该组中。

3. 请按照下列要求，利用 Outlook Express 发送邮件：

（1）收件人为“朋友”联系人组中的“赵海鹏”；并抄送给“于霞”。

（2）邮件主题：“小胡的邮件”。

（3）邮件内容：“朋友，这是我的邮件，有空常联系！你的朋友小胡!”。

实验步骤

1. 首先在网站上注册、申请一个可用的电子邮箱（如 huhde2007@163. com），然后点击【开始】｜【Outlook 2016】。在第一次使用“Outlook 2016”时会启动 Outlook 2016 欢迎界面，如图 5-19 所示。之后进行 Outlook 和电子邮件账户的连接设置，如图 5-20 至图 5-23 所示。其中，在图 5-21 所示窗口中，首先选择【电子邮件账户】，在“您的姓名”处输入“我的邮箱”，在“电子邮件地址”处输入“huhde2007@163. com”，在“密码”处输入邮件账户登录时使用的密码，在“重新键入密码”处再次输入邮件账户登录时使用的密码。

2. 在 Outlook 2016 应用程序界面左下角处，点击图标，如图 5-24 所示。在【开始】选项卡下的“新建”组中，选择【新建联系人组】，如图 5-25 所示。之后会打开“联系人组”窗口。

3. 在“联系人组”窗口中的“名称”处输入“朋友”，然后点击【联系人组】选项卡下“成员”组中的【添加成员】，如图 5-26 所示。在弹出的“添加新成员”对话框中的“显示名称”处输入内容“赵海鹏”，在“电子邮件地址”处输入内容“zhaohp@imau. edu. cn”，勾选【添加到联系人】，点击【确定】，如图 5-27 所示。按照同样的方式添加成员“于霞（yuxia@imau. edu. cn）”。之后，会在“联系人组”窗口中显示“朋友”联系人组中的联系人，如图 5-28 所示。

4. 在 Outlook 2016 应用程序界面左下角处，点击图标。在【开始】选项卡下的“新建”组中，点击【新建电子邮件】（或点击【新建项目】｜【电子邮件】），如图 5-29 所示。之后会打开“邮件”窗口，此时的“邮件”窗口处于“未命名”状态，如图 5-30 所示。

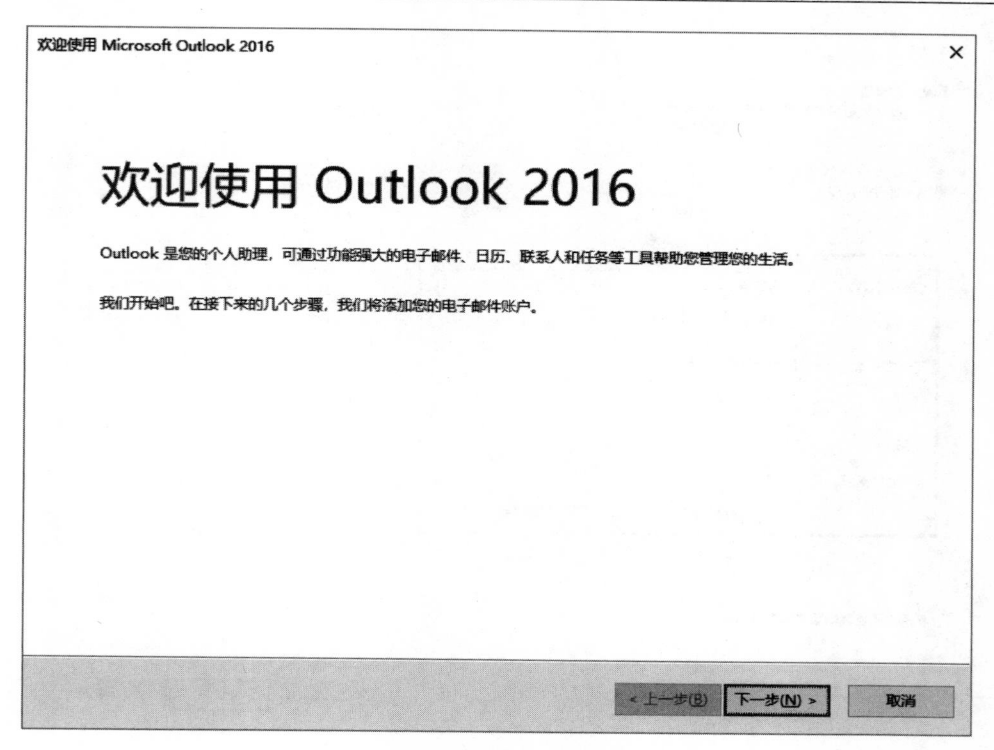

图 5-19　Outlook 2016 欢迎界面

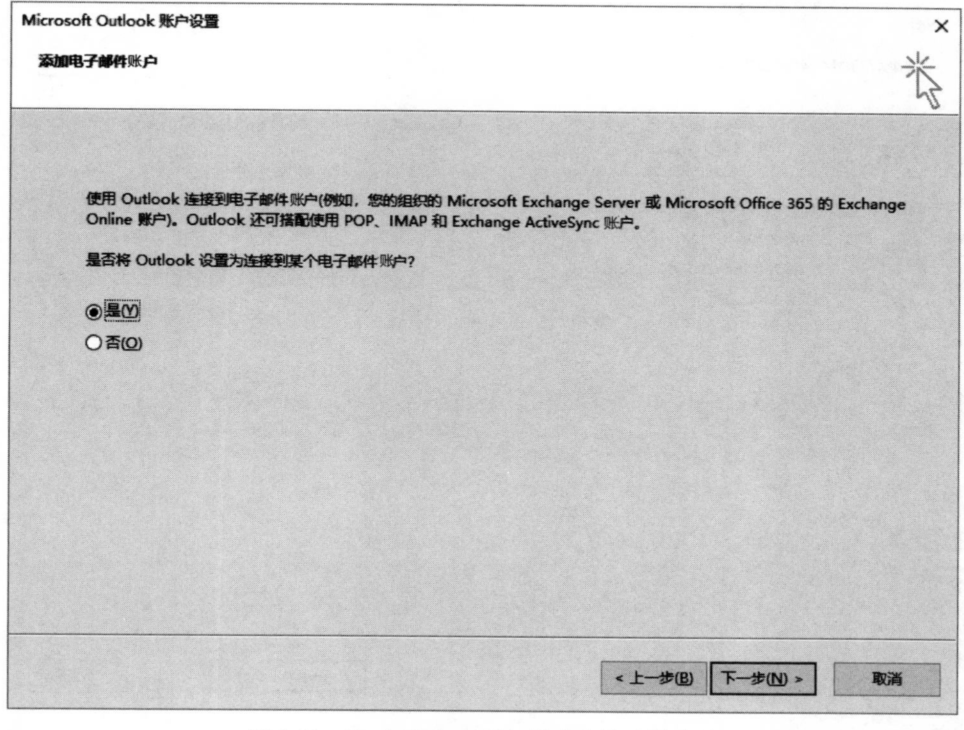

图 5-20　Outlook 和电子邮件账户的连接确认

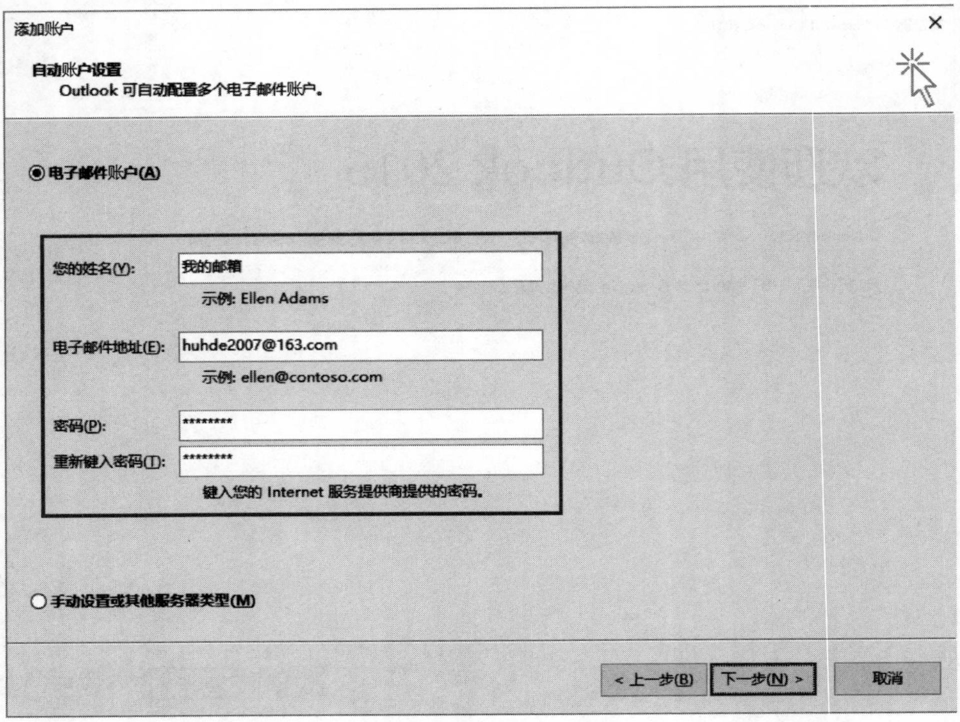

添加账户

自动账户设置
Outlook 可自动配置多个电子邮件账户。

◉ 电子邮件账户(A)

您的姓名(Y): 我的邮箱
示例: Ellen Adams

电子邮件地址(E): huhde2007@163.com
示例: ellen@contoso.com

密码(P): ********
重新键入密码(T): ********
键入您的 Internet 服务提供商提供的密码。

○ 手动设置或其他服务器类型(M)

< 上一步(B)　下一步(N) >　取消

图 5-21　添加电子邮件账户

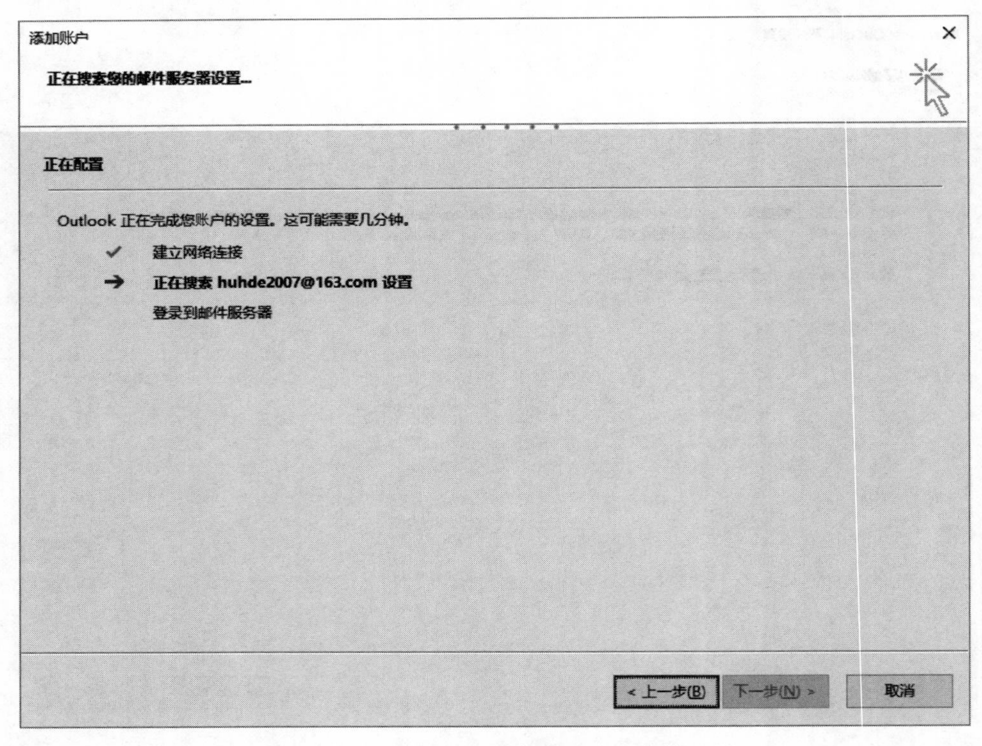

图 5-22　Outlook 和电子邮件账户的连接过程

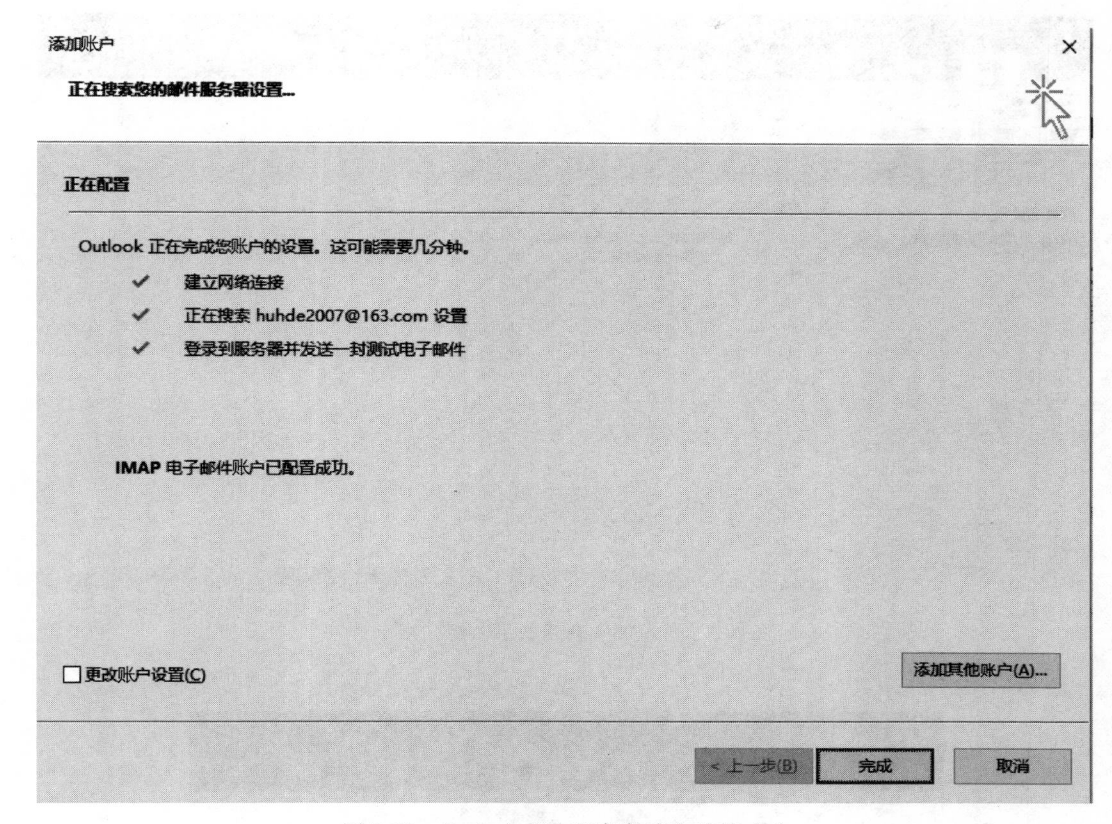

图 5-23　Outlook 和电子邮件账户连接成功

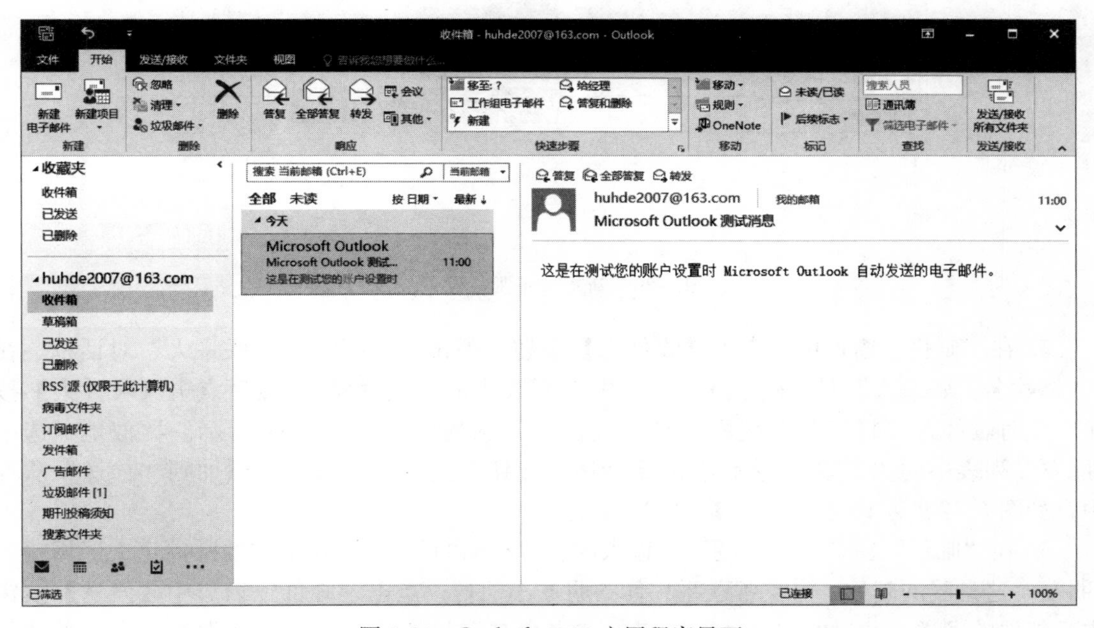

图 5-24　Outlook 2016 应用程序界面

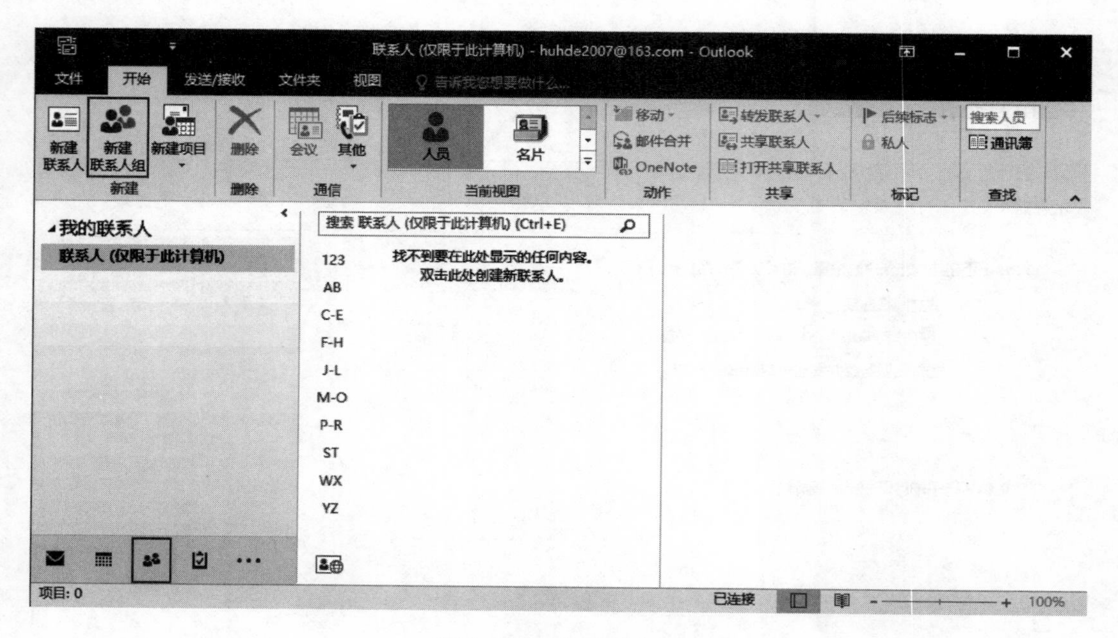

图 5-25　新建联系人组

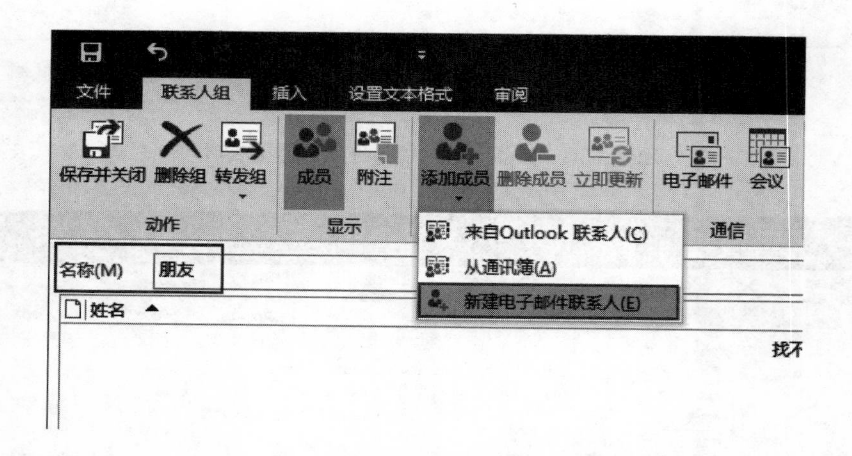

图 5-26　新建电子邮件联系人

5. 在“邮件”窗口中，点击【收件人】按钮，弹出“选择姓名：联系人”对话框。在“选择姓名：联系人”对话框中选中“朋友”列表中的“赵海鹏”，然后点击【收件人】按钮，此时收件人“赵海鹏”被添加到“收件人”队列中，如图 5-31 所示。类似地，选中“朋友”列表中的“于霞”，然后点击【抄送】按钮，此时“于霞”被添加到“抄送”队列中，如图 5-32 所示。之后点击【确定】按钮。

6. 在“邮件”窗口中“主题”处输入内容“小胡的邮件”；在下方的邮件正文区域输入“朋友，这是我的邮件，有空常联系！你的朋友小胡！”；点击“邮件”窗口中【发送】按钮进行邮件的发送，此时的“邮件”窗口的“未命名”状态已成为按照邮件主题命名的“邮件”窗口了，如图 5-33 所示。

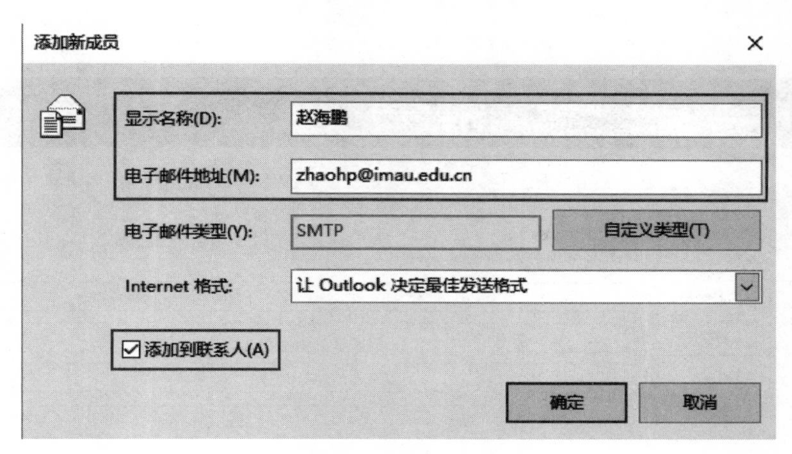

图 5-27　添加联系人信息

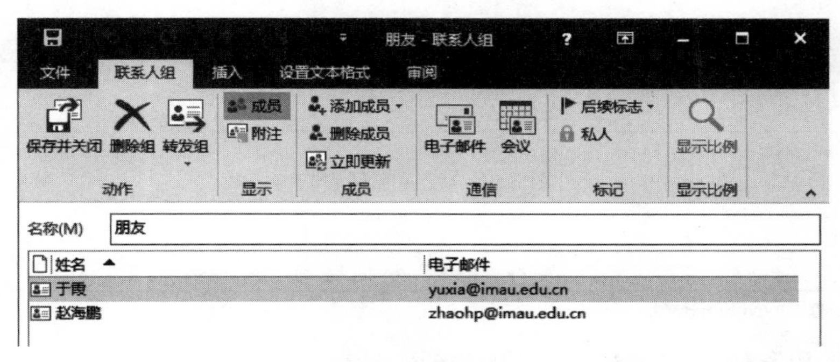

图 5-28　“朋友”联系人组中的联系人

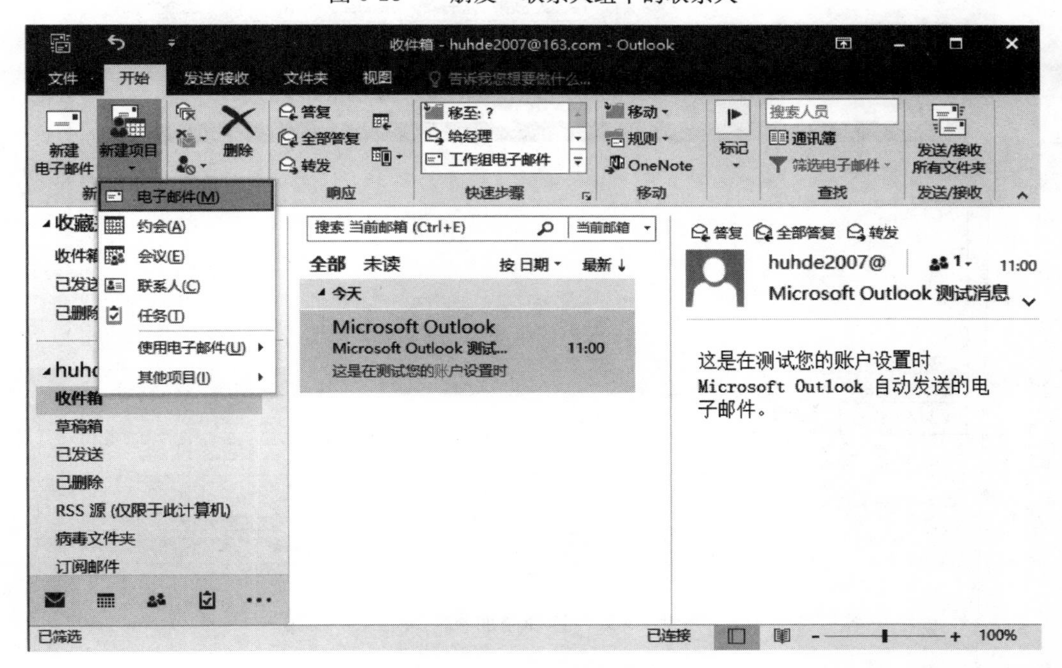

图 5-29　新建电子邮件

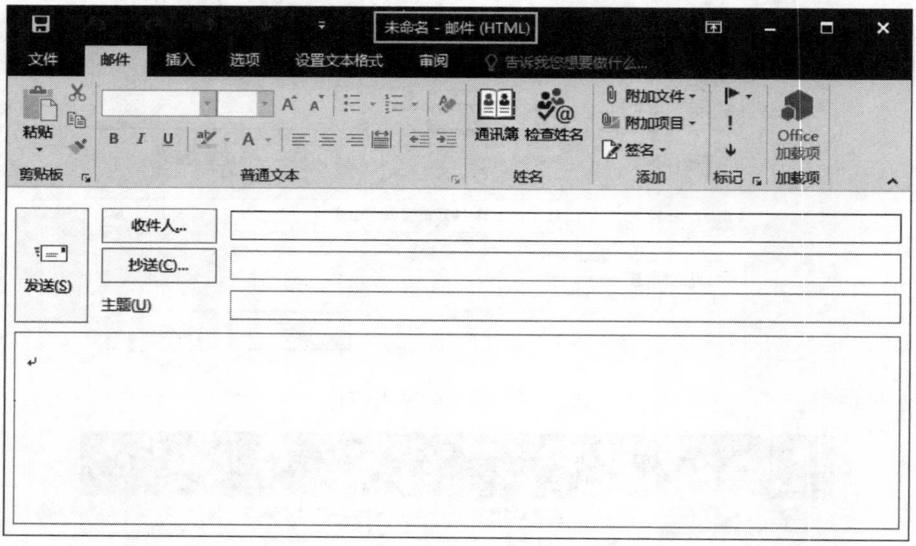

图 5-30　发送邮件窗口

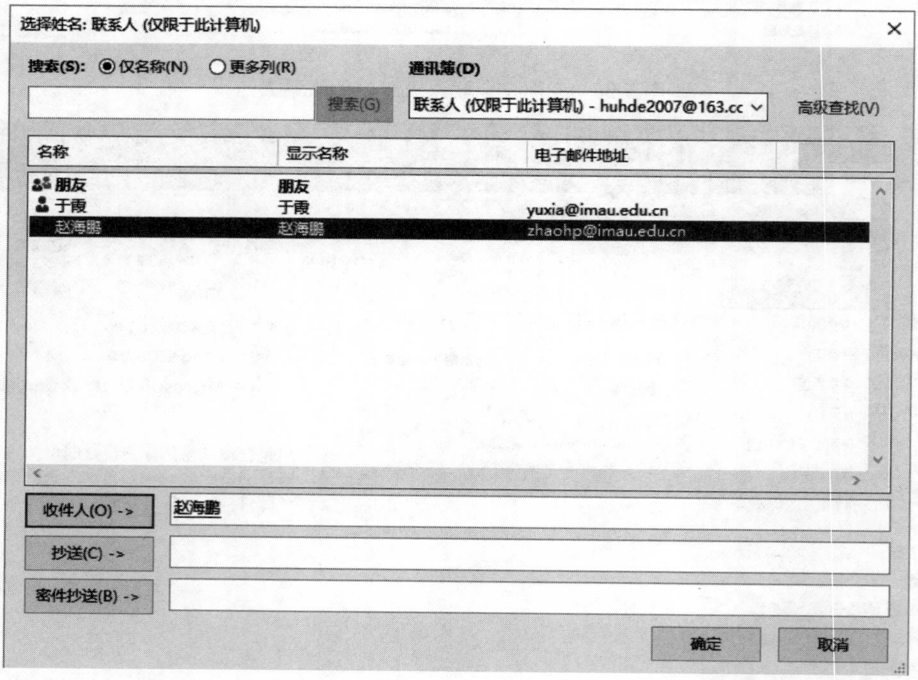

图 5-31　选择添加收件人

7. 对于"邮件"的接收，在 Outlook 2016 应用程序界面左下角处，点击图标✉。然后选择对应邮件账户（这里是 huhde2007@163. com）下的"收件箱"，Outlook 2016 应用程序界面窗口中会显示当前邮件账户所有接收到的邮件，如图 5-34 所示。

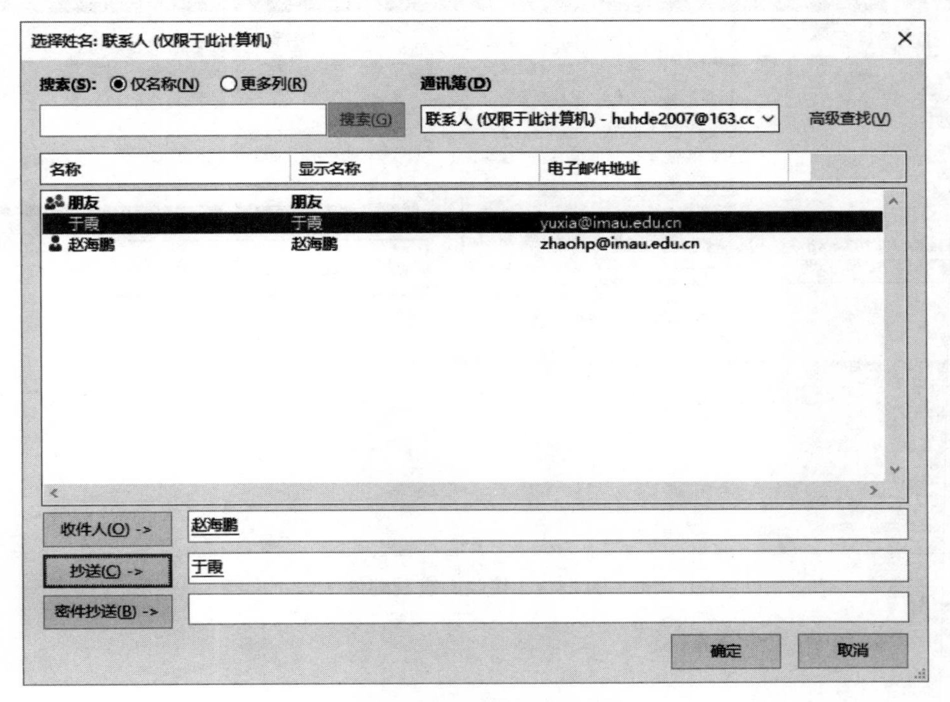

图 5-32　选择添加抄送对象

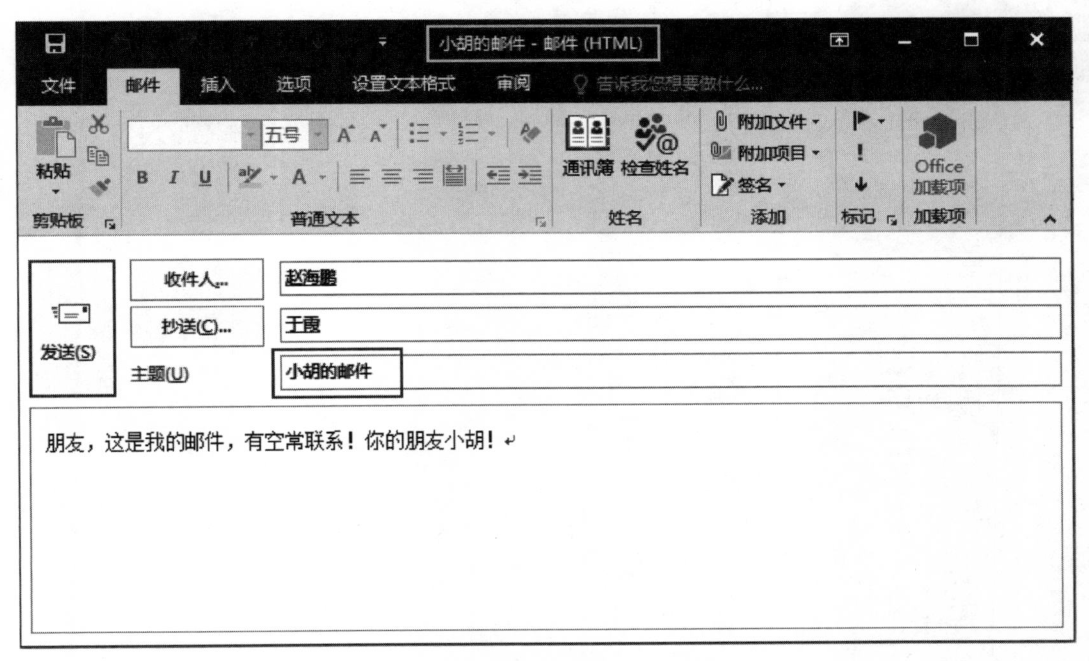

图 5-33　完成邮件内容并发送邮件

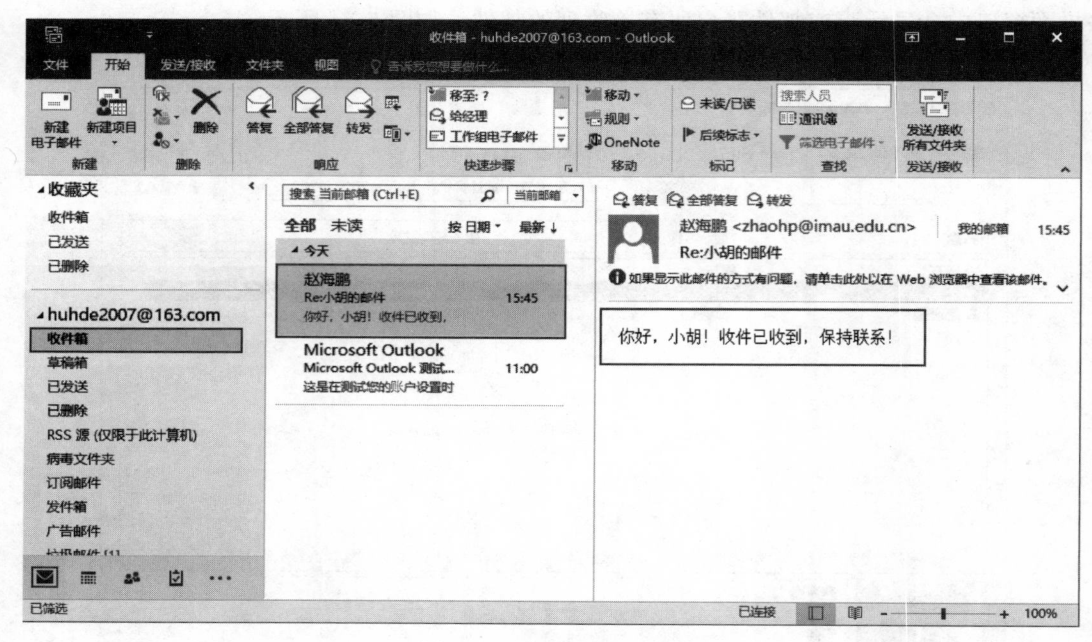
收件箱 - huhde2007@163.com - Outlook
文件
开始
发送/接收
文件夹
视图
新建电子邮件
新建项目
删除
答复
全部答复
转发
移至: ?
给经理
工作组电子邮件
移动
规则
OneNote
未读/已读
后续标志
搜索人员
通讯簿
筛选电子邮件
发送/接收所有文件夹
新建
删除
响应
快速步骤
移动
标记
查找
发送/接收
收藏夹
收件箱
已发送
已删除
huhde2007@163.com
收件箱
草稿箱
已发送
已删除
RSS 源 (仅限于此计算机)
病毒文件夹
订阅邮件
发件箱
广告邮件
搜索 当前邮箱 (Ctrl+E)
当前邮箱
全部
未读
按 日期
最新
今天
赵海鹏
Re:小胡的邮件
15:45
你好，小胡！收件已收到，
Microsoft Outlook
Microsoft Outlook 测试...
11:00
这是在测试您的账户设置时
答复
全部答复
转发
赵海鹏 <zhaohp@imau.edu.cn>
我的邮箱
15:45
Re:小胡的邮件
如果显示此邮件的方式有问题，请单击此处以在 Web 浏览器中查看该邮件。
你好，小胡！收件已收到，保持联系！
已筛选
已连接
100%

图 5-34　接收、查看邮件

参 考 文 献

教育部考试中心，2020. MS Office 高级应用与设计［M］. 北京：高等教育出版社.

聂哲，周晓宏，2021. 大学计算机基础——基于计算思维（Windows 10＋Office 2016）［M］. 北京：中国铁道出版社.

阙清贤，罗如为，2019. 大学计算机基础实验指导与习题解析［M］. 北京：中国水利水电出版社.

沈睿，冯晓霞，2021. 计算机科学基础实验指导［M］.3 版. 北京：电子工业出版社.

唐翠娥，李丽，2020. 大学计算机基础实验指导与练习［M］. 北京：北京大学医学出版社.

唐永华，刘鹏，于洋，等，2020. 大学计算机基础［M］.3 版. 北京：清华大学出版社.

薛河儒，白云莉，2017. 大学计算机基础实验指导［M］.6 版. 北京：高等教育出版社.

曾辉，熊燕，2021. 大学计算机基础实践教程（Windows 10＋Office 2016）（微课版）［M］. 北京：人民邮电出版社.

张开成，蒋传健，2018. 大学计算机基础上机实验指导教程（Windows 7＋Office 2010）［M］.3 版. 北京：清华大学出版社.

图书在版编目（CIP）数据

计算机应用基础实验指导/扈华，卢思安主编．—北京：中国农业出版社，2021.8（2024.6 重印）
全国高等农林院校“十三五”规划教材
ISBN 978-7-109-28552-1

Ⅰ.①计… Ⅱ.①扈… ②卢… Ⅲ.①电子计算机－高等学校－教学参考资料 Ⅳ.①TP3

中国版本图书馆 CIP 数据核字（2021）第 144703 号

中国农业出版社出版
地址：北京市朝阳区麦子店街 18 号楼
邮编：100125
责任编辑：李 晓　　文字编辑：彭明喜
版式设计：王 晨　　责任校对：刘丽香
印刷：三河市国英印务有限公司
版次：2021 年 8 月第 1 版
印次：2024 年 6 月河北第 4 次印刷
发行：新华书店北京发行所
开本：787mm×1092mm 1/16
印张：19.25
字数：470 千字
定价：38.00 元
